人工智能技术丛书

Python深度学习 原理、算法与案例

邓立国　李剑锋　林庆发　邓淇文　著

清華大學出版社
北京

内 容 简 介

本书涵盖深度学习的专业基础理论知识，包括深度学习概述、机器学习基础、神经网络基础、卷积神经网络、循环神经网络、正则化与深度学习优化，以及比较流行的应用场景实践。本书配套70个示例源码及PPT课件。

本书共11章外加3个附录，系统讲解深度学习的基础知识与领域应用实践。本书内容包括深度学习概述、机器学习基础、神经网络基础、卷积神经网络和循环神经网络、正则化与深度学习优化、计算机视觉应用、目标检测应用、文本分析应用、深度强化学习应用、TensorFlow模型应用、Transformer模型应用等。附录中还给出机器学习和深度学习中用到的数学基础知识，包括线性代数、概率论和信息论等。

本书适合Python深度学习初学者、深度学习算法开发人员学习，也适合作为高等院校计算机技术、人工智能、大数据相关专业的教材或教学参考书。

图书在版编目（CIP）数据

Python深度学习原理、算法与案例 / 邓立国等著. —北京：清华大学出版社，2023.3
（人工智能技术丛书）
ISBN 978-7-302-62877-4

Ⅰ. ①P… Ⅱ. ①邓… Ⅲ. ①软件工具—程序设计②机器学习 Ⅳ. ①TP311.561②TP181

中国国家版本馆CIP数据核字（2023）第037765号

责任编辑：夏毓彦
封面设计：王 翔
责任校对：闫秀华
责任印制：沈 露

出版发行：清华大学出版社
网　　址：http://www.tup.com.cn，http://www.wqbook.com
地　　址：北京清华大学学研大厦A座　　**邮　　编：**100084
社 总 机：010-83470000　　**邮　　购：**010-62786544
投稿与读者服务：010-62776969，c-service@tup.tsinghua.edu.cn
质 量 反 馈：010-62772015，zhiliang@tup.tsinghua.edu.cn

印 装 者：三河市人民印务有限公司
经　　销：全国新华书店
开　　本：190mm×260mm　　**印　　张：**21.75　　**字　　数：**586千字
版　　次：2023年5月第1版　　**印　　次：**2023年5月第1次印刷
定　　价：119.00元

产品编号：097357-01

前　言

深度学习（Deep Learning）是人工智能领域的一个概念，和传统的学习相比，深度学习强调学习的深度，揭示内部规律。深度学习是机器学习领域中一个新的研究方向，它被引入机器学习使其更接近最初的目标——人工智能。深度学习是学习样本数据的内在规律和表示层次，这些学习过程中获得的信息对诸如文字、图像和声音等数据的解释有很大的帮助。它的最终目标是让机器能够像人一样具有分析学习能力，能够识别文字、图像和声音等数据。深度学习是一个复杂的机器学习算法，在语音和图像识别方面取得的效果远远超过先前的相关技术。

深度学习是一个多层神经网络，是一种机器学习方法。在深度学习出现之前，由于诸如局部最优解和梯度消失之类的技术问题，没有对具有 4 层或更多层的深度神经网络进行充分的训练，并且其性能也不佳。但是，近年来，Hinton 等人通过研究多层神经网络，增强学习所需的计算机功能，以及通过 Web 的开发促进培训数据的采购，使充分学习成为可能。结果，深度学习显示出了高性能，压倒了其他方法，解决了与语音、图像和自然语言有关的问题，并在 2010 年开始流行。

作为人工智能最重要的基础技术之一，近年来深度学习逐步延伸到更多的应用场景，如自动驾驶、互联网、安防、医疗等领域。随着深度学习模型越来越大，所需的数据量越来越多，所需的 AI 算力资源和训练时间越来越长，深度学习的训练和推理性能将是重中之重。

传统机器学习算法依赖人工设计特征，并进行特征提取，而深度学习方法不需要人工，而是依赖算法自动提取特征。深度学习模仿人类大脑的运行方式，从经验中学习获取知识。这也是深度学习被看作黑盒子，可解释性差的原因。随着计算机软硬件的飞速发展，现阶段通过深度学习模拟人脑来解释数据，包括图像、文本和音频等内容。目前深度学习的主要应用领域有智能手机、语音识别、机器翻译、拍照翻译、自动驾驶等，在其他领域也能见到深度学习的身影，比如风控、安防、智能零售、医疗领域和推荐系统等。

读者需要了解的重要信息

本书作为机器学习与深度学习专业书籍，介绍机器学习的基础知识、深度学习的理论基础和算法，以及常见应用场景及其 Python 实现。案例实践的讲解包含：算法分析、项目应用目的与效果、模型构建、数据准备与预处理、模型训练和预测，以及代码实现、问题分析和实验对比。所有示例均配有源代码与数据。

本书采用理论与实践相结合的方式，利用 Python 语言的强大功能，以最小的编程代价进行深度学习应用实践。本书展示如何将深度学习的算法应用于场景实践，如计算机视觉、目标检测、文本分析以及深度强化学习应用，最后还给出了深度学习的两个框架模型应用：TensorFlow 和 Transformer 模型应用。为了帮助读者理解深度学习算法涉及的数学知识，本书还在附录中给出了机器学习和深度学习中用到的数学基础知识，如线性代数、概率论和信息论。

本书内容

本书基于 Python 3 全程以真实案例驱动，科学系统地介绍机器学习与深度学习领域的科学思维、必备知识、专业工具、完整流程以及经验技巧。

本书整体分 11 章主体内容和 3 章附录，系统地讲解了深度学习基础知识与领域应用实践。第 1 章简要介绍了深度学习与机器学习的关系和深度学习应用场景，第 2 章是机器学习基础，第 3 章是神经网络基础，第 4 章是卷积神经网络和循环神经网络，第 5 章是正则化与深度学习优化，第 6 章是计算机视觉应用，第 7 章是目标检测应用，第 8 章是文本分析应用，第 9 章是深度强化学习应用，第 10 章是 TensorFlow 框架应用，第 11 章是 Transformer 框架应用，附录 A 是线性代数，附录 B 是概率论，附录 C 是信息论。本书的例子都是在 Python 3 集成开发环境 Anaconda 3 中经过实际调试通过的典型案例，书中的大部分实验数据来源于 GitHub，读者可以参考实现。

示例源码、PPT 课件资源下载

本书配套 70 个示例源码及 PPT 课件，需要用微信扫描下面的二维码获取。如果发现问题或者有任何建议，可发送邮件与作者联系，电子邮箱为 booksaga@163.com，邮件主题写“Python 深度学习原理、算法与案例”。

致　谢

本书完成之际，感谢李剑锋、林庆发和邓淇文等作者的努力付出。也要感谢同事，与他们的交流与探讨使得本书得以修正错误和完善知识结构。由于作者水平有限，书中的纰漏之处在所难免，恳请读者不吝赐教。本书编写过程中参考的资源都已在参考文献中列出，所有案例都提供了源代码。

作　者
2023 年 2 月

目　　录

第1章 深度学习概述

随着互联网、云计算、大数据技术的不断发展，生产生活中的许多领域都产生了大量的数据。如何让机器通过分析海量的数据，从数据中学习有价值的规律和模式并进行预测，这已经成为一项重要的任务。随着 AlphaGo 战胜李世石，人工智能、机器学习和深度学习这些概念已经成为一个非常火的话题。

1.1 人工智能

从 1956 年正式提出人工智能（Artificial Intelligence，AI）学科算起，60 多年来，人工智能已取得长足的发展，成为一门广泛的交叉和前沿科学。总的来说，人工智能的目的就是让计算机这台机器能够像人一样思考。如果希望做出一台能够思考的机器，那就必须知道什么是思考，更进一步讲就是必须知道什么是智慧。

人工智能是研究、开发用于模拟、延伸和扩展人的智能的理论、方法、技术及应用系统的一门新的技术科学。

人工智能是计算机科学的一个分支，它企图了解智能的实质，并生产出一种新的能以与人类智能相似的方式做出反应的智能机器，该领域的研究包括机器人、语言识别、图像识别、自然语言处理和专家系统等。人工智能从诞生以来，理论和技术日益成熟，应用领域也不断扩大，可以设想，未来人工智能带来的科技产品将会是人类智慧的“容器”。人工智能可以对人的意识、思维的信息过程进行模拟。人工智能不是人的智能，但能像人那样思考，也可能超过人的智能。

人工智能是一门极富挑战性的科学，从事这项工作的人必须懂得计算机科学、心理学和哲学。人工智能是包括十分广泛的科学，它由不同的学科领域组成，如机器学习、计算机视觉等，总的来说，人工智能研究的一个主要目标是使机器能够胜任一些通常需要人类智能才能完成的复杂工作。但不同的时代、不同的人对这种复杂工作的理解是不同的。

美国斯坦福研究所人工智能中心主任 N.J 尼尔逊教授对人工智能下了一个这样的定义：“人工

智能是关于知识的学科——怎样表示知识以及怎样获得知识并使用知识的科学。”而美国麻省理工学院的温斯顿教授认为：“人工智能就是研究如何使计算机去做过去只有人才能做的智能工作。”这些说法反映了人工智能学科的基本思想和基本内容，即人工智能是研究人类智能活动的规律，构造具有一定智能的人工系统，研究如何让计算机去完成以往需要人的智力才能胜任的工作，也就是研究如何应用计算机的软硬件来模拟人类某些智能行为的基本理论、方法和技术。

人工智能在计算机领域内得到了愈加广泛的重视，并在机器人、经济政治决策、控制系统和仿真系统中得到应用。

人工智能是计算机学科的一个分支，20 世纪 70 年代以来被称为世界三大尖端技术（空间技术、能源技术、人工智能）之一，也被认为是 21 世纪三大尖端技术（基因工程、纳米科学、人工智能）之一。正是因为近 30 年来获得了迅速的发展，在很多学科领域都获得了广泛应用，并取得了丰硕的成果，人工智能已逐步成为一个独立的分支，无论在理论和实践上都已自成一个系统。

人工智能是研究使计算机来模拟人的某些思维过程和智能行为（如学习、推理、思考、规划等）的学科，主要包括计算机实现智能的原理、制造类似于人脑智能的计算机，使计算机能实现更高层次的应用。人工智能涉及计算机科学、心理学、哲学和语言学等学科，可以说几乎是自然科学和社会科学的所有学科，其范围已远远超出了计算机科学的范畴，人工智能与思维科学的关系是实践和理论的关系，人工智能处于思维科学的技术应用层次，是它的一个应用分支。数学常被认为是多种学科的基础科学，数学也进入语言、思维领域，人工智能学科也必须借用数学工具，数学不仅在标准逻辑、模糊数学等范围发挥作用，数学进入人工智能学科，它们将互相促进而更快地发展。

1.2 机 器 学 习

机器学习是一门多领域交叉学科，涉及概率论、统计学、逼近论、凸分析、算法复杂度理论等多门学科，专门研究计算机怎样模拟或实现人类的学习行为，以获取新的知识或技能，重新组织已有的知识结构使之不断改善自身的性能。它是人工智能的核心，是使计算机具有智能的根本途径。

1.2.1 机器学习定义

作为机器学习领域的先驱，Arthur Samuel 于 1959 年在 *IBM Journal of Research and Development* 期刊上发表了一篇名为 *Some Studies in Machine Learning Using the Game of Checkers* 的论文。他在论文中将机器学习非正式地定义为：“在不直接针对问题进行编程的情况下，赋予计算机学习能力的一个研究领域。”

Tom Mitchell（1998）在他的机器学习经典教材 *Machine Learning* 中给出的机器学习的定义如下：“机器学习这门学科所关注的问题是：计算机程序如何随着经验积累自动提高性能。”Mitchell 在书中还给出了一个简短的形式化定义体系：“对于某类任务 T 和性能度量 P，如果一个计算机程序在 T 上以 P 衡量的性能随着经验 E 而自我完善，那么我们称这个计算机程序在从经验 E 学习。”

Trevor Hastie（2009）等 3 位来自斯坦福的统计学家在其编写的经典统计学习图书 *The Elements of Statistical Learning: Data Mining, Inference, and Prediction* 中对机器学习的描述如下：“许多领域都产生了大量的数据，统计学家的工作就是让所有这些数据变得有意义：提取重要的模式和趋势，理解‘数据在说什么’。我们称之为从数据中学习。”从统计学家的角度看，机器学习是使用统计工具在数据上下文中解译数据，从使用多种统计方法做出的决策和结果中进行学习。

李航教授在其经典的《统计学习方法》中对统计机器学习的定义如下：“统计学习（Statistical Learning）是关于计算机基于数据构建概率统计模型并运用模型对数据进行预测和分析的一门学科。统计学习也称为统计机器学习（Statistical Machine Learning）。”他认为统计学习是处理海量数据的有效方法，是计算机智能化的有效手段。统计学习方法主要包含模型、策略和算法 3 个部分，在信息维度起着核心作用，是计算机科学发展的一个重要组成部分。

周志华教授在其《机器学习》教材中对机器学习的定义如下：“机器学习正是这样一门学科，它致力于研究如何通过计算的手段，利用经验来改善系统自身的性能。在计算机系统中，‘经验’通常以‘数据’形式存在，因此，机器学习所研究的主要内容，是关于在计算机上从数据中产生‘模型’（Model）的算法，即‘学习算法’（Learning Algorithm）。有了学习算法，我们只需把经验数据提供给它，它就能基于这些数据产生模型；在面对新的情况时，模型会给我们提供相应的判断。如果说计算机科学是研究关于‘算法’的学问，那么类似地，可以说机器学习是研究关于‘学习算法’的学问。”

通过对上述定义进行分析与比较，机器学习定义有下面几种特征：

（1）机器学习是一门人工智能的科学，该领域的主要研究对象是人工智能，特别是如何在经验学习中改善具体算法的性能。

（2）机器学习是对能通过经验自动改进的计算机算法的研究。

（3）机器学习是用数据或以往的经验，来优化计算机程序的性能标准。

1.2.2 机器学习流派

有道是“罗马不是一天建成的”，机器学习的发展也是历经了很长时间，在这个过程中形成了 5 大流派，这 5 大流派各有各的特点。

1. 符号主义

符号主义（Symbolists）又称为逻辑主义、心理学派或计算机学派，其原理主要为物理符号系统（符号操作系统）假设和有限合理性。符号主义的核心是数理逻辑。数理逻辑在 20 世纪 30 年代开始用于描述智能行为。当计算机出现后，又在计算机上实现了逻辑演绎系统，其代表性成果为 1956 年由 Allen Newell 和 Herbert Simon 编写的启发式程序逻辑理论家（Logic Theorist），它证明了 38 条数学定理，表明了可以应用计算机研究人的思维过程，模拟人类智能活动。

符号主义学派的研究者在 1956 年首先采用人工智能这个术语，后来又发展了启发式算法、专家系统、知识工程理论与技术，并在 20 世纪 80 年代取得很大发展。符号主义曾长期一枝独秀，为人工智能的发展做出了重要贡献，尤其是专家系统的成功开发与应用，为人工智能走向工程应用和实现理论联系实际具有重要的意义。在人工智能的其他学派出现之后，符号主义仍然是人工智能的主流派别。

符号主义学派的代表人物包括 Allen Newell、Herbert Simon、Nilsson、Tom Mitchell、Steve Muggleton、Ross Quinlan 等。

2. 连接主义

连接主义（Connectionism）学派又称为仿生学派或生理学派，其主要原理为神经网络及神经网络间的连接机制与学习算法。连接主义学派认为人工智能源于仿生学，特别是对人脑模型的研究。它的代表性成果是 1943 年由生理学家 McCulloch 和数理逻辑学家 Pitts 创立的脑模型，即 M-P 模型。M-P 模型定义了神经元结构的数学模型，奠定了连接主义学派的基础。

20 世纪 60—70 年代，以感知机（Perceptron）为代表的脑模型的研究出现过热潮，然而由于受到当时的理论模型、生物原型和技术条件的限制，脑模型研究在 20 世纪 70 年代后期至 80 年代初期落入低潮。直到 Hopfield 教授在 1982 年和 1984 年发表了两篇重要论文，提出用硬件模拟神经网络以后，连接主义才又重新抬头。

1986 年，Rumelhart、Hinton 等人提出多层网络中的反向传播（Back-Propagation，BP）算法，结合了 BP 算法的神经网络，称为 BP 神经网络。BP 神经网络模型中采用反向传播算法所带来的问题是：基于局部梯度下降对权值进行调整容易出现梯度弥散（Gradient Diffusion）现象。梯度弥散的根源在于非凸目标代价函数导致求解陷入局部最优，而不是全局最优；而且，随着网络层数的增多，这种情况会越来越严重，这一问题的产生制约了神经网络的发展。与此同时，以 SVM 为代表的其他浅层机器学习算法被提出，并在分类、回归问题上均取得了很好的效果，其原理明显不同于神经网络模型，所以人工神经网络的发展再次进入了瓶颈期。

2006 年，Geoffrey Hinton 等人正式提出深度学习（Deep Learning，DL）的概念。他们在 *Science* 期刊发表的文章 *Reducing the dimensionality of data with neural networks* 中给出了梯度弥散问题的解决方案——通过无监督的学习方法逐层训练算法，再使用有监督的反向传播算法进行调优。在 2012 年的 ImageNet 图像识别大赛中，Hinton 教授领导的小组采用深度学习模型 AlexNet 一举夺冠，AlexNet 采用 ReLU 激活函数，从根本上解决了梯度消失问题，并采用 GPU 极大地提高了模型的运算速度。同年，由斯坦福大学的吴恩达教授和 Google 计算机系统专家 Jeff Dean 共同主导的深度神经网络（Deep Neural Network，DNN）技术在图像识别领域取得了惊人的成绩，在 ImageNet 评测中成功地把错误率从 26%降低到了 15%。2015 年，Yann LeCun、Yoshua Bengio 和 Geoffrey Hinton 共同在 *Nature* 上发表论文 *Deep Learning*，详细介绍了深度学习技术。由于在深度学习方面的成就，3 人于 2018 年获得了 ACM 图灵奖。

自深度学习技术提出后，连接主义势头大振，从模型到算法，从理论分析到工程实现，目前已经成为人工智能最为流行的一个学派。

3. 进化主义

进化主义（Evolutionism）学派认为智能要适应不断变化的环境，通过对进化的过程进行建模，产生智能行为。进化计算（Evolutionary Computing）是在计算机上模拟进化过程，基于“物竞天择，适者生存”的原则，不断迭代优化，直至找到最佳的结果。

在计算机科学领域，进化计算是人工智能，进一步说是智能计算（Intelligent Computing）中涉及组合优化问题的一个子域。其算法受生物进化过程中“优胜劣汰”的自然选择机制和遗传信息的传递规律的影响，通过程序迭代模拟这一过程，把要解决的问题看作环境，在一些可能的解组成的种群中通过自然演化寻求最优解。运用进化理论解决问题的思想起源于 20 世纪 50 年代，从 20 世纪 60—90 年代，进化计算产生了 4 个主要分支：遗传算法（Genetic Algorithm，GA）、遗传编程（Genetic

Programming，GP）、进化策略（Evolutionary Strategy，ES）、进化编程（Evolutionary Programming，EP）。下面将对这 4 个分支依次进行简要的介绍。

1）遗传算法

遗传算法是通过模拟生物界自然选择和自然遗传机制的随机化搜索算法，由美国 John Henry Holand 教授于 1975 年在专著 *Adaptation in Natural and Artificial Systems* 中首次提出。它使用某种编码技术作用于二进制数串之上（称为染色体），其基本思想是模拟由这些串组成的种群的进化过程，通过一种有组织但随机的信息交换来重新组合那些适应性好的串。遗传算法对求解问题的本身一无所知，它仅对算法所产生的每个染色体进行评价，并根据适应性来选择染色体，使适应性好的染色体比适应性差的染色体有更多的繁殖机会。

2）遗传编程

遗传编程由 Stanford 大学的 John R.Koza 在 1992 年撰写的专著 *Genetic Programming* 中提出。它采用遗传算法的基本思想，采用更为灵活的分层结构来表示解空间，这些分层结构的叶节点是问题的原始变量，中间节点则是组合这些原始变量的函数。在这种结构下，每一个分层结构对应问题的一个解，遗传编程的求解过程是使用遗传操作动态改变分层结构以获得解决方案的过程。

3）进化策略

德国柏林工业大学的 Ingo Rechenberg 等人在求解流体动力学柔性弯曲管的形状优化问题时，用传统的方法很难优化设计中描述物体形状的参数，而利用生物变异的思想来随机地改变参数值获得了较好的结果。针对这一情况，他们对这一方法进行了深入的研究，形成了进化策略这一研究分支。进化策略与遗传算法的不同之处在于：进化策略直接在解空间上进行操作，强调进化过程中从父体到后代行为的自适应性和多样性，强调进化过程中搜索步长的自适应性调节，主要用于求解数值优化问题；而遗传算法是将原问题的解空间映射到位串空间之中，然后施行遗传操作，它强调个体基因结构的变化对其适应度的影响。

4）进化编程

进化编程由美国 Lawrence J.Fogel 等人在 20 世纪 60 年代提出，它强调智能行为要具有能预测其所处环境的状态，并且具有按照给定的目标做出适当响应的能力。

进化计算是一种比较成熟、具有广泛适用性的全局优化方法，具有自组织、自适应、自学习的特性，能够有效地处理传统优化算法难以解决的复杂问题（例如 NP 难优化问题）。进化算法的优化要视具体情况进行算法选择，也可以与其他算法相结合，对其进行补充。对于动态数据，用进化算法求最优解可能会比较困难，种群可能会过早收敛。

4. 贝叶斯

统计推断是通过样本推断总体的统计方法，是统计学的一个庞大分支。统计学有两大学派，即频率学派和贝叶斯学派，在统计推断的方法上各有不同。

贝叶斯学派于 20 世纪 30 年代建立，快速发展于 20 世纪 50 年代。它的理论基础是 17 世纪的贝叶斯（Bayes）提出的贝叶斯公式，也称贝叶斯定理或贝叶斯法则。

在探讨“不确定性”这一概念时，贝叶斯学派不去试图解释“事件本身的随机性”，而是从观察事件的“观察者”角度出发，认为不确定性来源于观察者的知识不完备，在这种情况下，通过已经观察到的证据来描述最有可能的猜测过程。因此，在贝叶斯框架下，同一件事情对于知情者而言就是确定事件，对于不知情者而言就是随机事件，随机性并不源于事件本身是否发生，而只是描述观察者对该事件的知识状态。基于这一假设，贝叶斯学派认为参数本身存在一个概率分布，并没有唯一真实参数，参数空间里的每个值都可能是真实模型使用的参数，区别只是概率不同，所以就引入了先验分布（Prior Distribution）和后验分布（Posterior Distribution）来找出参数空间每个参数值的概率。

贝叶斯学派的机器学习方法有一些共同点，首先是都使用贝叶斯公式，其次它们的目的都是最大化后验函数，只是它们对后验函数的定义不相同。下面对主要的贝叶斯学派机器学习方法进行介绍。

1）朴素贝叶斯分类器

朴素贝叶斯分类器假设影响分类的属性（每个维度）是独立的，每个属性对分类结果的影响也是独立的。也就是说,需要独立计算每个属性的后验概率，并将它们相乘作为该样本的后验概率。

2）最大似然估计

最大似然估计（Maximum Likelihood Estimation，MLE）假设样本属性的联合概率分布（概率密度函数）呈现某一种概率分布，通常使用高斯分布（正态分布），需要计算每一类的后验概率，即利用已知的样本结果信息反推具有最大概率导致这些样本结果出现的模型参数值。

3）最大后验估计

最大后验（Maximum A Posteriori，MAP）估计是在给定样本的情况下，最大化模型参数的后验概率。MAP 根据已知样本来通过调整模型参数，使得模型能够产生该数据样本的概率最大，只不过对于模型参数有了一个先验假设，即模型参数可能满足某种分布，不再一味地依赖数据样例。

贝叶斯学派的主要代表学者包括 David Heckerman、Judea Pearl 和 Michael Jordan。

5. 行为类比

行为类比（Analogizer）学派的基本观点为：我们所做的一切、所学习的一切都是通过类比法推理得出的。所谓的类比推理法，即观察我们需要做出决定的新情景和我们已经熟悉的情景之间的相似度。

Peter Hart 是行为类比学派的先驱，他证实了有些事物是与最佳临近算法相关的，这种思想形成了最初的、基于相似度的算法。Vladimir Vapnik 发明了支持向量机、内核机，成为当时运用最广、最成功的基于相似度的学习机。

行为类比学派著名的研究成果包括最佳近邻算法和内核机（Kernel Machine），其最著名的应用场景为推荐系统（Recommender System）。

该学派的主要代表学者包括 Peter Hart、Vladimir Vapnik 和 Douglas Hofstadter。

1.2.3 机器学习简史

机器学习实际上已经存在了几十年或者也可以认为存在了几个世纪。追溯到 17 世纪，贝叶斯、拉普拉斯关于最小二乘法的推导和马尔可夫链，这些构成了机器学习广泛使用的工具和基础。1950 年（艾伦·图灵提议建立一个学习机器）到 2000 年初（有深度学习的实际应用以及最近的进展，比如 2012 年的 AlexNet），机器学习有了很大的进展。

从 20 世纪 50 年代研究机器学习以来，不同时期的研究途径和目标并不相同，可以划分为 4 个阶段。

第一阶段是 20 世纪 50 年代中叶到 60 年代中叶，这个时期主要研究“有无知识的学习”。这类方法主要是研究系统的执行能力。这个时期，主要通过对机器的环境及其相应性能参数的改变来检测系统所反馈的数据，就好比给系统一个程序，通过改变它们的自由空间作用，系统将会受到程序的影响而改变自身的组织，最后这个系统将会选择一个最优的环境生存。在这个时期，最具代表性的研究是 Samuet 的下棋程序。但这种机器学习的方法还远远不能满足人类的需要。

第二阶段从 20 世纪 60 年代中叶到 70 年代中叶，这个时期主要研究将各个领域的知识植入系统里，在本阶段的目的是通过机器模拟人类学习的过程。同时还采用了图结构及其逻辑结构方面的知识进行系统描述，在这一研究阶段，主要是用各种符号来表示机器语言，研究人员在进行实验时意识到学习是一个长期的过程，从这种系统环境中无法学到更加深入的知识，因此研究人员将各专家学者的知识加入系统里，经过实践证明这种方法取得了一定的成效。在这一阶段，具有代表性的工作有 Hayes-Roth 和 Winson 的对结构学习系统方法。

第三阶段从 20 世纪 70 年代中叶到 80 年代中叶，称为复兴时期。在此期间，人们从学习单个概念扩展到学习多个概念，探索不同的学习策略和学习方法，且在本阶段已开始把学习系统与各种应用结合起来，并取得了很大的成功。同时，专家系统在知识获取方面的需求也极大地刺激了机器学习的研究和发展。在出现第一个专家学习系统之后，示例归纳学习系统成为研究的主流，自动知识获取成为机器学习应用的研究目标。1980 年，在美国的卡内基梅隆（CMU）召开了第一届机器学习国际研讨会，标志着机器学习研究已在全世界兴起。此后，机器学习开始得到了大量的应用。1984 年，Simon 等 20 多位人工智能专家共同撰文编写的 *Machine Learning* 文集第二卷出版，国际性杂志 *Machine Learning* 创刊，更加显示出机器学习突飞猛进的发展趋势。这一阶段，代表性的工作有 Mostow 的指导式学习、Lenat 的数学概念发现程序、Langley 的 BACON 程序及其改进程序。

第四阶段为 20 世纪 80 年代中叶，是机器学习的最新阶段。这个时期的机器学习具有如下特点：

（1）机器学习已成为新的学科，它综合应用了心理学、生物学、神经生理学、数学、自动化和计算机科学等形成了机器学习的理论基础。

（2）融合了各种学习方法，且形式多样的集成学习系统研究正在兴起。

（3）机器学习与人工智能各种基础问题的统一性观点正在形成。

（4）各种学习方法的应用范围不断扩大，部分应用研究成果已转化为产品。

（5）与机器学习有关的学术活动空前活跃。

1.2.4　机器学习流程

传统的机器学习主要关注如何学习一个预测模型。一般需要首先将数据表示为一组特征（Feature），特征的表示形式可以是连续的数值、离散的符号或其他形式。然后将这些特征输入预测模型，并输出预测结果。这类机器学习可以看作是浅层学习（Shallow Learning）。浅层学习的一个重要特点是不涉及特征学习，其特征主要靠人工经验或特征转换方法来抽取。

当用机器学习来解决实际任务时，会面对多种多样的数据形式，比如声音、图像、文本等。采用机器学习方法解决实际问题通常需要包含多个步骤，具体如图 1.1 所示。

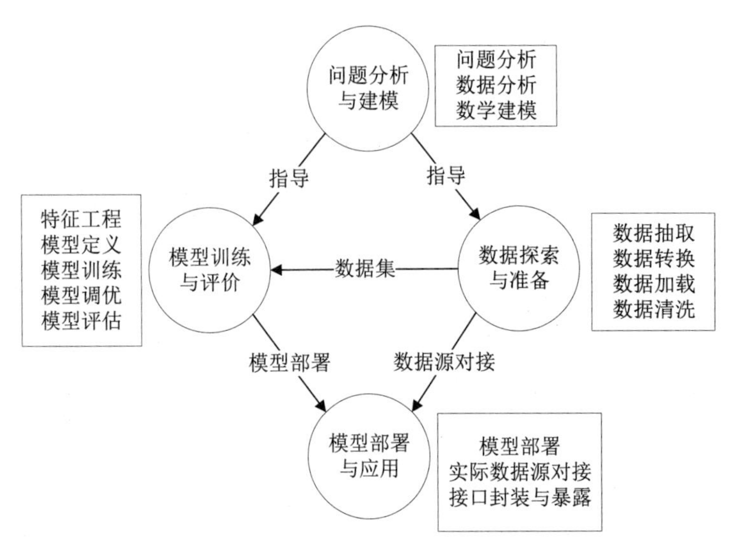

图 1.1　机器学习的数据处理流程

从图 1.1 中可以看出，采用机器学习方法解决实际问题时主要分为问题分析与建模、模型训练与评价、数据探索与准备、模型部署与应用 4 个阶段。

基于上述机器学习流程的定义，图 1.2 对每个阶段要完成的工作进行了较为详细的流程化描述。

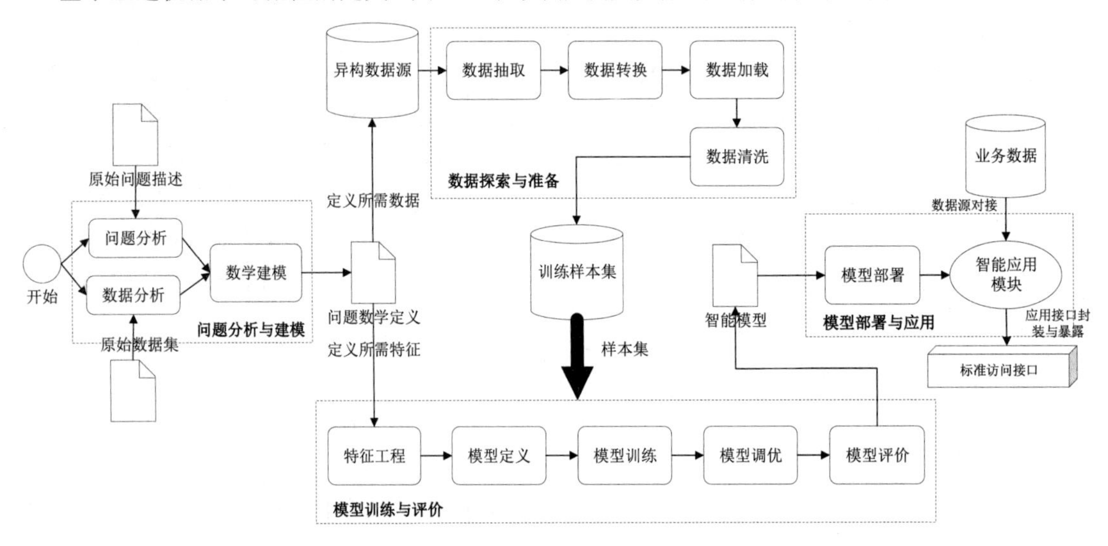

图 1.2　机器学习处理每个阶段的工作流程

上述流程中，每步特征处理以及预测一般都是分开进行处理的。由于特征处理一般都需要人工干预完成，利用人类的经验来选取好的特征，并最终提高机器学习系统的性能。因此，很多机器学习问题变成了特征工程（Feature Engineering）问题。开发一个机器学习系统的主要工作都消耗在了预处理、特征提取以及特征转换上。

1.3　深度学习

深度学习是机器学习领域中一个新的研究方向，它被引入机器学习使其更接近最初的目标——人工智能（Artificial Intelligence，AI）。

深度学习是学习样本数据的内在规律和表示层次，这些学习过程中获得的信息对诸如文字、图像和声音等数据的解释有很大的帮助。它的最终目标是让机器能够像人一样具有分析学习能力，能够识别文字、图像和声音等数据。深度学习是一个复杂的机器学习算法，在语音和图像识别方面取得的效果远远超过先前的相关技术。

深度学习在搜索技术、数据挖掘、机器学习、机器翻译、自然语言处理、多媒体学习、语音、推荐和个性化技术，以及其他相关领域都取得了很多成果。深度学习使机器模仿视听和思考等人类的活动，解决了很多复杂的模式识别难题，使得人工智能相关技术取得了很大进步。

要学习到一种好的高层语义表示（一般为分布式表示），通常需要从底层特征开始，经过多步非线性转换才能得到。一个深层结构的优点是可以增加特征的重用性，从而呈指数级地增加表示能力。因此，表示学习的关键是构建具有一定深度的多层次特征表示。在传统的机器学习中，也有很多有关特征学习的方法，比如主成分分析、线性判别分析、独立成分分析等。但是传统的特征学习一般是通过人为地设计一些准则，然后根据这些准则来选取有效的特征。特征的学习是和最终预测模型的学习分开进行的，因此学习到的特征不一定可以提升最终模型的性能。为了学习一种好的表示，需要构建具有一定“深度”的模型，并通过学习算法来让模型自动学习出好的特征表示（从底层特征到中层特征，再到高层特征），从而最终提升预测模型的准确率。所谓“深度”，是指原始数据进行非线性特征转换的次数。如果把一个表示学习系统看作是一个有向图结构，深度也可以看作是从输入节点到输出节点所经过的最长路径的长度。这样我们就需要一种学习方法可以从数据中学习一个“深度模型”，这就是深度学习。深度学习是机器学习的一个子问题，其主要目的是从数据中自动学习到有效的特征表示。通过多层的特征转换，把原始数据变成更高层次、更抽象的表示。这些学习到的表示可以替代人工设计的特征，从而避免“特征工程”。

深度学习是将原始的数据特征通过多步的特征转换得到一种特征表示，并进一步输入预测函数得到最终结果。和“浅层学习”不同，深度学习需要解决的关键问题是贡献度分配问题（Credit Assignment Problem，CAP），即一个系统中不同的组件（Components）或其参数对最终系统输出结果的贡献或影响。从某种意义上讲，深度学习也可以看作是一种强化学习（Reinforcement Learning，RL），每个内部组件并不能直接得到监督信息，需要通过整个模型的最终监督信息（奖励）得到，并且有一定的延时性。

目前，深度学习采用的模型主要是神经网络模型，其主要原因是神经网络模型可以使用误差反向传播算法，从而可以比较好地解决贡献度分配问题。只要是超过一层神经网络，都会存在贡献度分配问题，因此超过一层的神经网络都可以看作是深度学习模型。随着深度学习的快速发展，模型深度也从早期的 5~10 层到目前的数百层。随着模型深度的不断增加，其特征表示的能力也越来越强，从而使后续的预测更加容易。

1.4 深度学习的应用场景

深度学习是机器学习的一个分支，它除了可以学习特征和任务之间的关联以外，还能自动从简单特征中提取更加复杂的特征，以完成对目标函数的拟合任务。随着神经网络的盛行，深度学习被应用到很多领域。本节主要根据深度学习的技术类别和深度学习的应用场景两个方面进行说明。

1.4.1 技术类型

根据网络模型参数的确定方法，深度学习技术可以分为监督深度学习技术、无监督深度学习技术和增强深度学习技术 3 类。其中监督深度学习技术中的网络模型参数是利用带标注的训练数据对网络进行训练而得到的，无监督深度学习技术中的网络模型参数的确定则无须带标注的训练数据，增强深度学习技术中的网络模型参数是利用特定评分策略对网络输出进行评分后确定的。

1. 监督深度学习技术

监督深度学习技术主要包括多层感知器、卷积神经网络和循环神经网络等。多层感知器技术是早期神经网络研究的基础性成果，也是衡量深度神经网络性能的对比参照基础。卷积神经网络包括分类网络、检测网络、分割网络、跟踪网络和轻量化网络。循环神经网络主要包括长短期记忆（Long Short-Term Memory，LSTM）网络和门控循环单元（Gated Recurrent Unit，GRU）网络。

一般情况下，卷积神经网络均属于前馈神经网络，信息按神经元在网络中的层次由浅至深地进行处理，而层次较浅的神经元参数不会受到层次较深的神经元输出的控制，即网络没有记忆，因此通常不适用于序列学习。循环神经网络引入了深层神经元输出到浅层神经元输入和状态的控制机制，使网络具有记忆功能，更适用于序列学习。由于绝大部分经典自然语言处理任务均属于序列学习的范畴，因此循环神经网络在自然语言处理领域取得了广泛的应用。

2. 无监督深度学习技术

无监督深度学习技术主要包括玻尔兹曼机、自编码器和生成对抗网络等。虽然可以使用监督学习的方式训练网络，但受限于玻尔兹曼机，通常被视为一种早期经典的无监督深度学习技术。自编码器能够通过无监督学习，生成输入数据低维表示，可用于数据的去噪、降维和特征表示等任务。自编码器一般均采用编码器－译码器结构实现自监督学习，主要包括 VAE、Stacked Denoising AE 和 Transforming AE 等技术。生成对抗网络是近年来无监督深度学习技术的研究热点之一，主要包括 GAN、CGAN、WGAN、EBGAN、infoGAN、BigGAN 和 SimGAN 等。生成对抗网络的主要思想是利用生成模型和分辨模型之间的竞争关系，在网络损失度量中包含利于一个模型而不利于另一模型的部分，训练过程使生成模型输出将输入噪声信号尽可能逼近信息输入，而同时提高分辨模型分类与生成模型信息输出与输入的正确性，从而达到网络整体性能的优化。

3. 增强深度学习技术

增强深度学习技术主要包括 Q 学习和策略梯度学习。Q 学习的核心思想是利用深度神经网络逼近贝尔曼方程描述的递归约束关系。Q 学习算法一般采用估计、决策和更新的迭代过程，经典的估计方法有蒙特卡洛树搜索算法、动态规划算法等，基本的 Q 学习方法有 DQN、Double DQN、Prioritized

DQN 和 DRQN 等。策略梯度学习的基本方法是利用深度神经网络实现策略的参数化，并通过梯度优化控制参数权重，选择较好的行为实现策略，常用的策略梯度有有限差分策略梯度、蒙特卡洛策略梯度、Actor-Critic 策略梯度等，主要的策略梯度学习方法有 REINFORCE、TRPO、DGP、DDGP 等。

1.4.2　应用场景

随着算力的不断发展和数据的多样性，深度学习在安防、教育、零售、自动驾驶等诸多领域落地。

1. 图像分类

图像分类任务是模型根据输入的图像进行预估。比如 Esteva 等基于 Inception v3 主干网络，直接使用多达 13 万份带标注的临床影像数据来训练，训练任务是检验该深度神经网络对于皮肤癌分类预估的性能。

例如，深度学习在医学图像分类中的应用。

2. 自然语言处理

自然语言处理（NLP）是一种解释和处理人类语音的算法，属于语言学、计算机科学和人工智能领域。自然语言处理中使用了各种算法来分析数据，从而使系统能够产生人类语言或识别人类语音中的音调变化。

3. 自动驾驶汽车

驾驶的目的是对外部因素做出安全反应，例如周围的汽车、路牌和行人，以便从一个点到达另一个点。尽管我们距离全自动驾驶汽车还有一段距离，但深度学习对于让这项技术达到今天的水平至关重要。

4. 图像识别

图像识别，是指利用计算机对图像进行处理、分析和理解，以识别各种不同模式的目标和对象的技术，是应用深度学习算法的一种实践应用。现阶段，图像识别技术一般分为人脸识别与商品识别，人脸识别主要运用在安全检查、身份核验与移动支付中；商品识别主要运用在商品流通过程中，特别是无人货架、智能零售柜等无人零售领域。

5. 聊天机器人

聊天机器人是通过文本或音频消息模仿人类对话的计算机软件程序。当我们使用在线平台时，聊天机器人非常普遍，如今的人工智能系统能够理解用户的需求和偏好，并推荐在很少或几乎没有人类干预的情况下执行哪些操作。目前市场上有许多流行的会话助手，包括苹果开发的 Siri、微软开发的 Cortana、亚马逊和谷歌助手开发的 Alexa。随着聊天机器人的出现，所有平台现在都可以为其访问者提供定制的体验。聊天机器人使用机器学习算法和深度学习算法来生成回复的组合。经过大量数据的训练，聊天机器人可以理解客户的要求，以及他们面临的困难，并以非常简单的方式指导和帮助客户解决他们的问题。

6. 虚拟助手

亚马逊开发的 Alexa、Apple 开发的 Siri 和 Google Assistant 等虚拟助手是深度学习的流行应用程序。这些用于许多家庭和办公室，以简化日常任务。使用这些助手的人数正在增加，并且这些助手变得越来越聪明，并且在用户与他们互动时越来越多地了解用户及其偏好。虚拟助手使用深度学习来了解我们的兴趣，例如我们最喜欢的聚会场所或我们最喜欢的电视节目。为了理解我们所说的，虚拟助手考虑了人类的语言。虚拟助手还可以将我们的声音翻译成文本格式，为我们安排会议等。此外，虚拟助手在很多地方都得到了应用，并且还被集成到各种设备中，包括物联网和汽车。由于互联网和智能设备，这些虚拟助手将继续变得越来越智能。

7. 地震预报

由于地震预报的破坏性后果，科学家正在努力解决地震预报问题。成功的地震预报可以挽救无数生命。科学家们正试图根据地震发生的时间和地点以及震级来预测地震。深度学习模型能够从原始数据中提取元素再学习，以识别自然事物并对广泛的学科领域做出正确的决策。此外，由于计算能力的改进，大型模型的训练变得更加容易。由于深度学习的算法优势，使得地震预报成为可能。

8. 欺诈检测和新闻聚合

如今的货币交易正在走向数字化，在深度学习的帮助下正在开发许多应用程序，这些应用程序可以帮助检测欺诈行为，从而帮助金融机构节省大量资金。此外，现在可以过滤新闻提要以删除所有不需要的新闻，并且读者可以阅读基于他们感兴趣的领域的新闻。

9. 机器人

深度学习在计算机视觉领域的良好成果推动了一些机器人技术的应用，深度学习在机器人技术中被大量用于执行类似人类的任务。机器人的构建是为了了解它们周围的世界，对它们来说弄清楚是什么是非常重要的。

1.5 本章小结

深度学习算法是能够直接从数据中学习的通用模型，因此它们非常适合机器人技术。当然，机器人技术和人工智能提高了人类的能力和生产力，并实现了从简单思维到类人能力的转变。本章主要介绍人工智能、机器学习和深度学习的基本概念、发展历史、应用场景和它们之间的关系。

1.6 复习题

1. 人工智能的广义定义是什么？
2. 通用型机器学习定义具有什么特征？
3. 机器学习有哪些流派？
4. 机器学习经历了几个发展阶段，具体是哪几个阶段？

5. 什么是浅层学习？
6. 采用机器学习方法解决实际问题通常需要包含哪几个关键步骤？
7. 简述深度学习和机器学习的关系。
8. 深度学习技术的分类。

参 考 文 献

[1]陈海虹等.机器学习原理及应用[M]．成都：电子科技大学出版社，2017.

[2]周志华.机器学习[M]．北京：清华大学出版社，2016.

[3]Anderson J A,Rosenfeld E.Talkingnets:An oral history of neural networks[M].MIT Press，2000.

[4]邱锡鹏.神经网络与深度学习[M]．北京：机械工业出版社，2020.

[5]Azevedo F A, Carvalho L R, Grinberg L T,et al..Equal numbers of neuronal and nonneuronal cells make the human brain an isometrically scaled-up primate brain[J].Journal of Comparative Neurology, 2009,513(5):532-541.

[6]Bengio Y,.Learning deep architectures for AI[J].Foundations and trends RO in Machine Learning,2009,2(1):1-127.

[7]Bengio Y, Courville A, Vincent P.Representation learning: A review and new perspectives[J]. IEEE transactions on pattern analysis and machine intelligence, 2013,35(8):1798-1828.

[8]LeCun Y, Boser B, Denker J S, et al.. Backpropagation applied to handwritten zip code recognition[J]. Neural computation, 1989,1(4):541-551.

[9]LeCun Y, Bottou L, Bengio Y, et al..Gradient-based learning applied to document recognition[J]. Proceedings of theIEEE, 1998,86(11):2278-2324.

[10]Minsky M. Steps toward artificial intelligence[J]. Computers and thought, 1963,406:450.

[11]Rosenblatt F. The perceptron: a probabilistic model for information storage and organization in the brain.[J]. Psychological review,1958,65(6):386.

第 2 章

机器学习基础

深度学习是机器学习的一个特定分支。我们要想充分理解深度学习，必须对机器学习的基本原理有深刻的理解。本章将探讨贯穿本书其余部分的一些机器学习的重要原理。

通俗地讲，机器学习就是让计算机从数据中进行自动学习，得到某种知识（或规律）。作为一门学科，机器学习通常指一类问题以及解决这类问题的方法，即如何从观测数据（样本）中寻找规律，并利用学习到的规律（模型）对未知或无法观测的数据进行预测。

机器学习本质上属于应用统计学，更多地关注如何用计算机统计地估计复杂函数，不太关注为这些函数提供置信区间，因此我们会探讨两种统计学的主要方法：频率派估计和贝叶斯推断。大部分机器学习算法可以分成监督学习和无监督学习两类，我们将探讨不同的分类，并为每类提供一些简单的机器学习算法作为示例。大部分深度学习算法都是基于被称为随机梯度下降的算法求解的。我们将介绍如何组合不同的算法部分，例如优化算法、代价函数、模型和数据集，来建立一个机器学习算法。

本章先介绍机器学习的基本概念和基本要素，并较详细地描述一个简单的机器学习例子——线性回归。

2.1 基本概念

首先我们以一个生活中的例子来介绍机器学习中的一些基本概念，包括样本、特征、标签、模型、学习算法等。本节参考了《机器学习》（周志华，2016）中购买西瓜的例子。假设我们要到市场上购买芒果，但是之前毫无挑选芒果的经验，那么我们如何通过学习来获取这些知识？

首先，我们从市场上随机选取一些芒果，列出每个芒果的特征（Feature），特征也可以称为属性（Attribute），包括颜色、大小、形状、产地、品牌，以及我们需要预测的标签（Label）。标签可以是连续值（比如关于芒果的甜度、水分以及成熟度的综合打分），也可以是离散值（比如好、坏两类标签）。这里，每个芒果的标签都可以通过直接品尝来获得，也可以通过请一些经验丰富的专家来进行标记。

一个标记好特征以及标签的芒果可以看作是一个样本（Sample）。样本也叫示例（Instance）。一组样本构成的集合称为数据集（Data Set）。一般将数据集分为两部分：训练集（Training Set）和测试集（Test Set）。训练集中的样本是用来训练模型的，也叫训练样本（Training Sample），而测试集中的样本是用来检验模型好坏的，也叫测试样本（Test Sample）。

我们通常用一个 d 维向量 $x=[x_1,x_2,\cdots,x_d]^{\mathrm{T}}$ 表示一个芒果的所有特征构成的向量，称为特征向量（Feature Vector），其中每一维表示一个特征。并不是所有的样本特征都是数值型，需要通过转换表示为特征向量。而芒果的标签通常用标量 y 来表示。假设训练集由 N 个样本组成，其中每个样本都是独立同分布（Identically and Independently Distributed，IID）的，即独立地从相同的数据分布中抽取的，记为：

$$\mathrm{D}=\{(x^{(1)},y^{(1)}),(x^{(2)},y^{(2)}),\cdots,(x^{(N)},y^{(N)})\} \tag{2.1}$$

给定训练集 D，我们希望让计算机从一个函数集合 $F=\{f_1(x),f_2(x),\cdots\}$ 中自动寻找一个最优的函数 $f^*(x)$ 来近似每个样本特性向量 x 和标签 y 之间的真实映射关系。对于一个样本 x，我们可以通过函数 $f^*(x)$ 来预测其标签的值：

$$\hat{y}=f^*(x) \tag{2.2}$$

或标签的条件概率：

$$\hat{p}(y\,|\,x)=f_y^*(x) \tag{2.3}$$

如何寻找这个最优的函数 $f^*(x)$ 是机器学习的关键，一般需要通过学习算法（Learning Algorithm）A 来完成。在有些文献中，学习算法也叫作学习器（Learner）。这个寻找过程通常称为学习（Learning）或训练（Training）过程。

这样，下次从市场上买芒果（测试样本）时，可以根据芒果的特征，使用学习到的函数 $f^*(x)$ 来预测芒果的好坏。为了评价的公正性，我们还是独立同分布地抽取一组芒果作为测试集 D'，并在测试集中所有芒果上进行测试，计算预测结果的准确率：

$$\mathrm{Acc}(f^*(x))=\frac{1}{D'}\sum_{(x,y)\in D'} I(f^*(x)=y)D \tag{2.4}$$

其中，$I(\cdot)$ 为指示函数，$|D'|$ 为测试集大小。

机器学习的基本流程是对一个预测任务，输入特征向量为 x，输出标签为 y，我们选择一个函数集合 F，通过学习算法 A 和一组训练样本 D，从 F 中学习到函数 $f^*(x)$。这样对于新的输入 x，就可以用函数 $f^*(x)$ 进行预测。

2.2　机器学习的三要素

机器学习方法都是由模型、策略和算法（优化算法）构成的，即机器学习方法由三要素构成，可以简单地表示为：

方法＝模型＋学习准则＋优化算法

学习准则亦可统称为策略，所有涉及的机器学习方法均拥有这三要素，可以说构建一种机器学习方法就是确定具体的三要素。

2.2.1 模型

对于一个机器学习任务，首先要确定其输入空间 X 和输出空间 Y。不同机器学习任务的主要区别在于输出空间不同。在两类分类问题中 $Y=\{+1,-1\}$，在 C 类分类问题中 $Y=\{1,2,\cdots,C\}$，而在回归问题中 $Y=\mathbb{R}$。

输入空间 X 和输出空间 Y 构成了一个样本空间。对于样本空间中的样本$(x,y)\in X\times Y$，假定存在一个未知的真实映射函数 $g:X\to Y$ 使得：

$$y=g(x) \tag{2.5}$$

或者真实条件概率分布：

$$p_r(y|x) \tag{2.6}$$

机器学习的目标是找到一个模型来近似真实映射函数 $g(x)$或真实条件概率分布 $p_r(y|x)$。

由于我们不知道真实的映射函数 $g(x)$或条件概率分布 $p_r(y|x)$的具体形式，因而只能根据经验来假设一个函数集合 F，称为假设空间（Hypothesis Space），然后通过观测其在训练集 D 上的特性，从中选择一个理想的假设 $f^*\in F$。

假设空间 F 通常为一个参数化的函数族：

$$F=\{f(x;\theta)|\theta\in\mathbb{R}^d\} \tag{2.7}$$

其中，$f(x;\theta)$是参数为 θ 的函数，也称为模型（Model），d 为参数的数量。

常见的假设空间可以分为线性和非线性两种，对应的模型 f 也分别称为线性模型和非线性模型。机器学习的线性模型可以分为一般线性模型和广义线性模型。

1. 一般线性模型

一般线性模型的假设空间为一个参数化的线性函数族，即：

$$f(x;\theta)=w^{\mathrm{T}}x+b \tag{2.8}$$

其中，参数 θ 是需要学习的参数，包含权重向量 w 和偏置 b。

2. 广义线性模型

广义的线性模型可以写为多个非线性基函数 $\phi(x)$的线性组合：

$$f(x;\theta)=w^{\mathrm{T}}\phi(x)+b \tag{2.9}$$

其中，$\phi(x)=[\phi_1(x),\phi_2(x),\cdots,\phi_K(x)]^{\mathrm{T}}$ 为 K 个非线性基函数组成的向量，参数 θ 包含权重向量 w 和偏置 b。如果 $\phi(x)$本身为可学习的核函数，比如常用的核函数如表 2.1 所示。

表2.1 常用的核函数

名 称	表 达 式	参 数
线性核	$k(x_i,x_j)=x_i^{\mathrm{T}}x_j$	
多项式核	$k(x_i,x_j)=(x_i^T x_j)^d$	$d\geqslant 1$ 为多项式的次数
高斯核	$k(x_i,x_j)=\exp\left(-\dfrac{\lVert x_i-x_j\rVert^2}{2\sigma^2}\right)$	$\sigma>0$ 为高斯核的带宽（width）
拉普拉斯核	$k(x_i,x_j)=\exp\left(-\dfrac{\lVert x_i-x_j\rVert}{\sigma}\right)$	$\sigma>0$
Sigmoid 核	$k(x_i,x_j)=\tanh(\beta x_i^{\mathrm{T}}x_j+\theta)$	tanh 为双曲正切函数，$\beta>0$，$\theta<0$

若 $\phi(x)$为线性核函数，则 $f(x;\theta)$为线性方法模型；若 $\phi(x)$为可学习的非线性核函数，如 Sigmoid 函数，则 $f(x;\theta)$就等价于神经网络模型。机器学习模型中参数 θ 的取值称为参数空间（Parameter Space）。

2.2.2 学习准则

机器学习的目标在于从假设空间中学习最优模型。有了模型的假设空间后，机器学习需要确定使用什么样的准则进行学习或者选择最优模型。这其中就涉及期望风险最小化、经验风险最小化和结构风险最小化等学习准则。

一个好的模型 $f(x,\theta^*)$应该在所有(x,y)的可能取值上都与真实映射函数 $y=g(x)$一致，即：

$$|f(x,\theta^*)-y|<\epsilon,\forall(x,y)\in X\times Y \tag{2.10}$$

或与真实条件概率分布 $p_r(y|x)$一致，即这里两个分布相似性的定义不太严谨，更好的方式为 KL 散度或交叉熵。

$$|f_y(x,\theta^*)-p_r(y|x)|<\epsilon,\forall(x,y)\in X\times Y \tag{2.11}$$

模型 $f(x;\theta)$的好坏可以通过期望风险（Expected Risk）$R(\theta)$来衡量，其定义为：

$$R(\theta)=E_{(x,y)\sim p_r(x,y)}[L(y,f(x;\theta))] \tag{2.12}$$

其中，$p_r(x,y)$为真实的数据分布，$L(y,f(\boldsymbol{x};\theta)$为损失函数，用来量化两个变量之间的差异。期望风险也称为期望错误（Expected Error）。

1. 损失函数

监督学习问题是在假设空间中选取模型 f 作为决策函数，对于给定的输入 X，由 $f(X)$给出相应的输出 Y，这个输出的预测值 $f(X)$与真实值 Y 可能一致，也可能不一致，用一个损失函数（Loss Function）或代价函数（Cost Function）来度量预测错误的程度。损失函数是 $f(X)$和 Y 的非负实值函数，记作 $\mathcal{L}(Y,f(X))$，度量模型一次预测的好坏。下面介绍几种常用的损失函数。

1）0-1 损失函数

分类问题所对应的损失函数为 0-1 损失，其是分类准确度的度量，对分类正确的估计值取 0，反之取 1，即 0-1 损失函数（0-1 Loss Function）：

$$L(y, f(x;\theta))=\begin{cases}0, y = f(x;\theta)\\1, y = f(x;\theta)\end{cases}$$

$$=I(y \neq f(x;\theta)) \tag{2.13}$$

其中，$I(\cdot)$是指示函数。0-1 损失函数是一个不连续的分段函数，不利于求解最小化问题，因此在应用时可构造其代理损失（Surrogate Loss）。代理损失是与原损失函数具有相合性（Consistency）的损失函数，最小化代理损失所得的模型参数也是最小化原损失函数的解。当一个函数是连续凸函数，并在任意取值下是 0-1 损失函数的上界时，该函数可作为 0-1 损失函数的代理函数。

2）平方损失函数

平方损失函数（Quadratic Loss Function）经常用在预测标签 y 为实数值的任务中，它直接测量机器学习模型的输出与实际结果之间的距离。定义为：

$$L(y, f(x;\theta)) = \frac{1}{2}(y-f(x;\theta))^2 \tag{2.14}$$

平方损失函数一般不适用于分类问题。

3）交叉熵损失函数

交叉熵损失函数（Cross-Entropy Loss Function）一般用于分类问题。交叉熵用来评估当前训练得到的概率分布与真实分布的差异情况，减少交叉熵损失就是在提高模型的预测准确率。假设样本的标签 $y\in\{1,\cdots,C\}$ 为离散的类别，模型 $f(x;\theta)\in[0,1]^C$ 的输出为类别标签的条件概率分布，即：

$$p(y=c|x;\theta)=f_c(x;\theta) \tag{2.15}$$

并满足：

$$f_c(x;\theta)\in[0,1], \quad \sum_{c=1}^{C} f_c(x;\theta) = 1 \tag{2.16}$$

我们可以用一个 C 维的 One-Hot 向量 y 来表示样本标签。假设样本的标签为 k，那么标签向量 y 只有第 k 维的值为 1，其余元素的值都为 0。标签向量 y 可以看作是样本标签的真实概率分布，即第 c 维（记为 y_c，$1\leqslant c\leqslant C$）是类别为 c 的真实概率。假设样本的类别为 k，那么它属于第 k 类的概率为 1，其他类的概率为 0。

对于两个概率分布，一般可以用交叉熵来衡量它们的差异。标签的真实分布 y 和模型预测分布 $f(x;\theta)$之间的交叉熵为：

$$L(y, f(x;\theta)) = -\sum_{c-1}^{C} y_c \log f_c(x;\theta) \tag{2.17}$$

因为 y 为 One-Hot 向量，所以公式 2.17 也可以写为：

$$L(y,f(\boldsymbol{x};\theta))=-\log f_y(x;\theta) \tag{2.18}$$

其中，$f_y(x;\theta)$可以看作真实类别 y 的似然函数。因此，交叉熵损失函数也就是负对数似然损失函数（Negative Log-Likelihood Function）。

4）铰链损失函数

铰链损失函数（Hinge Loss Function）是一个分段连续函数，其在分类器分类完全正确时取 0。使用铰链损失对应的分类器是支持向量机（Support Vector Machine，SVM），铰链损失的性质决定了 SVM 具有稀疏性，即分类正确但概率不足 1 和分类错误的样本被识别为支持向量（Support Vector），被用于划分决策边界，其余分类完全正确的样本没有参与模型求解。

对于两类分类问题，假设 y 的取值为$\{-1,+1\}$，$f(x;\theta)\in\mathbb{R}$。Hinge 损失函数（Hinge Loss Function）为：

$$L(y,f(x;\theta))=\max(0,1-yf(x;\theta))$$

$$\triangleq[1-yf(\boldsymbol{x};\theta)]_+ \tag{2.19}$$

其中，$[x]_+=\max(0,x)$。

2. 风险最小化准则

一个好的模型 $f(x;\theta)$应当有一个比较小的期望错误，但由于不知道真实的数据分布和映射函数，实际上无法计算其期望风险 $R(\theta)$。给定一个训练集 $D=\{(x^{(n)},y^{(n)})\}_{n=1}^{N}$，我们可以计算其经验风险（Empirical Risk），即在训练集上的平均损失：

$$R_D^{\text{emp}}(\theta)=\frac{1}{N}\sum_{n=1}^{N}\mathcal{L}(y^{(n)},f(x^{(n)};\theta)) \tag{2.20}$$

学习准则是找到一组参数 $\theta*$使得经验风险最小，即：

$$\theta*=\underset{\theta}{\operatorname{argmin}}\,R_D^{\text{emp}}(\theta) \tag{2.21}$$

这就是经验风险最小化（Empirical Risk Minimization，ERM）准则。

3. 正则化

正则化（Regularization）是指在线性代数理论中，不适定问题通常是由一组线性代数方程定义的，而且这组方程组通常来源于有着很大的条件数的不适定反问题。大条件数意味着舍入误差或其他误差会严重地影响问题的结果。

光滑衡量了函数的可导性，如果一个函数是光滑函数，则该函数无穷可导，即任意 n 阶可导。正则性衡量了函数光滑的程度，正则性越高，函数越光滑。机器学习中几乎都可以看到损失函数后面会添加一个额外项，常用的额外项一般有两种，一般英文称作 $L1$ 和 $L2$，中文称作 $L1$ 正则化和 $L2$ 正则化，或者 $L1$ 范数和 $L2$ 范数。$L1$ 和 $L2$ 其实就是数学里面的范数，用范数刚好可以达到我们想要的目的。$L1$ 范数就是绝对值的和，$L2$ 范数就是平方和。$L1$ 正则化和 $L2$ 正则化可以看作是损失函数的惩罚项。所谓惩罚，是指对损失函数中的某些参数做一些限制。对于线性回归模型，使用 $L1$ 正则化的模型建叫作 Lasso 回归，使用 $L2$ 正则化的模型叫作 Ridge 回归（岭回归）。正则化是为了解决过拟合问题。

解决过拟合的方法有两种：

方法一：尽量减少选取变量的数量。人工检查每一个变量，并以此来确定哪些变量更为重要，然后，保留那些更为重要的特征变量。显然这种做法需要对问题足够了解，需要专业经验或先验知识。因此，决定哪些变量应该留下不是一件容易的事情。此外，当你舍弃一部分特征变量时，你也舍弃了问题中的一些信息。例如，也许所有的特征变量对于预测房价都是有用的，我们实际上并不想舍弃一些信息或者说舍弃这些特征变量。最好的做法是采取某种约束可以自动选择重要的特征变量，自动舍弃不需要的特征变量。

方法二：正则化。采用正则化方法会自动削弱不重要的特征变量，自动从许多特征变量中提取重要的特征变量，减小特征变量的数量级。这个方法非常有效，当我们有很多特征变量时，其中每一个变量都能对预测产生一点影响。正如在房价预测的例子中看到的那样，我们可以有很多特征变量，其中每一个变量都是有用的，因此我们不希望把它们删掉，这就导致了正则化概念的发生。

1）*L*1 正则化和 *L*2 正则化的直观理解

*L*1 正则化和 *L*2 正则化（或者 *L*1 范数和 *L*2 范数）的直观理解如图 2.1 所示，右上角一圈一圈的就是误差项的函数。最小化的时候就是 *L*1 范数和 *L*2 范数与误差项相交的时候。左边的 *L*1 函数图像带一个尖角，明显更容易相交在数轴上，就是为整数的点上，这样就会有更多的刚好为 0 的解。而 *L*2 相交在圆弧上，各种位置都有可能。

图 2.1 代表目标函数−平方误差项的等值线和 *L*1、*L*2 范数等值线（左边是 *L*1），我们正则化后的代价函数需要求解的目标就是在经验风险和模型复杂度之间的平衡取舍，在图中形象地表示就是菱形或圆形与等值线的交叉点。

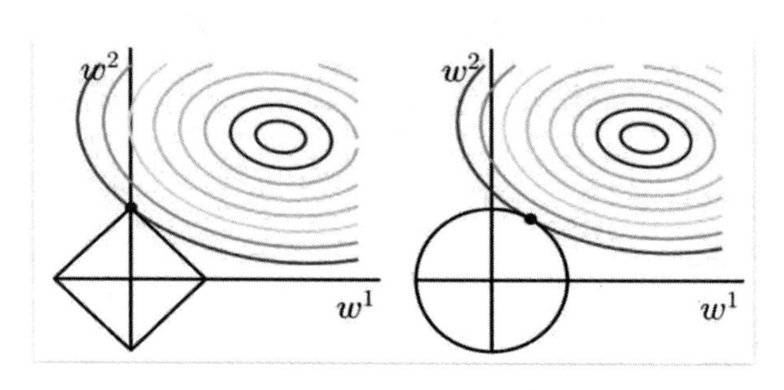

图 2.1　*L*1 和 *L*2 正则化的直观图

彩色线（参见配书资源的图片）就是优化过程中遇到的等高线，一圈代表一个目标函数值，圆心就是样本观测值（假设一个样本），半径就是误差值，受限条件就是黑色边界（就是正则化那部分），二者相交处，才是最优参数。左图中这个顶点的值是$(w^1,w^2)=(0,w)$。可以直观想象，因为 *L*1 函数有很多“突出的角”（二维情况下有 4 个，多维情况下更多），没有加正则项的损失函数与这些角接触的概率会远大于与 *L*1 其他部位接触的概率，而在这些角上，会有很多权值等于 0，这就是 *L*1 可以产生稀疏模型的原因，进而可以用于特征选择。右图中二维平面下 *L*2 正则化的函数图形是一个圆，与方形相比，被磨去了棱角。因此，没有加正则项的损失函数与 *L* 相交时使得 w^1 或 w^2 等于零的概率小了许多，这就是 *L*2 正则化不具有稀疏性的原因。*L*2 正则化相当于为参数定义了一个圆形的解空间，而 *L*1 正则化相当于为参数定义了一个菱形的解空间。*L*1“棱角分明”的解空间显然更容易与目标函数等高线在脚点碰撞，从而产生稀疏解。

2）过拟合

根据大数定理可知，当训练集大小$|D|$趋向于无穷大时，经验风险就趋向于期望风险。然而通常情况下，我们无法获取无限的训练样本，并且训练样本往往是真实数据的一个很小的子集或者包含一定的噪声数据，不能很好地反映全部数据的真实分布。经验风险最小化原则很容易导致模型在训练集上错误率很低，但是在未知数据上错误率很高。这就是所谓的过拟合（Overfitting）。

3）解决过拟合问题

过拟合问题往往是训练数据少、有噪声以及模型能力强等原因造成的。

为了解决过拟合问题，一般在经验风险最小化的基础上再引入参数的正则化（Regularization）来限制模型能力，使其不要过度地最小化经验风险。这种准则就是结构风险最小化（Structure Risk Minimization，SRM）准则：

$$\begin{aligned}\theta* &= \arg\min R_D^{\text{emp}}(\theta) + \frac{1}{2}\lambda\|\theta\|^2 \\ &= \underset{\theta}{\operatorname{argmin}} \frac{1}{N}\sum_{n=1}^{N} L(y^{(n)}, f(x^{(n)};\theta)) + \frac{1}{2}\lambda\|\theta\|^2\end{aligned} \tag{2.22}$$

其中，$\|\theta\|$是 $L2$ 范数的正则化项，用来减少参数空间，避免过拟合；λ 用来控制正则化的强度。从贝叶斯学习的角度来讲，正则化是假设了参数的先验分布，不完全依赖训练数据。

总之，机器学习中的学习准则并不仅仅是拟合训练集上的数据，同时也要使得泛化错误最低。给定一个训练集，机器学习的目标是从假设空间中找到一个泛化错误较低的“理想”模型，以便更好地对未知的样本进行预测，特别是不在训练集中出现的样本。因此，机器学习可以看作是一个从有限、高维、有噪声的数据上得到更一般性规律的泛化问题。和过拟合相反的一个概念是欠拟合（Underfitting），即模型不能很好地拟合训练数据，在训练集的错误率比较高。欠拟合一般是由于模型能力不足造成的。图 2.2 给出了欠拟合和过拟合的示例。

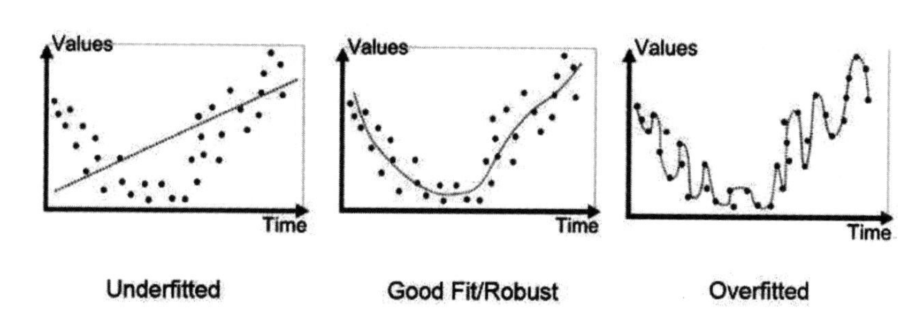

图 2.2　欠拟合（高偏差，低方差）、正常和过拟合（低偏差，高方差）图

2.2.3　优化算法

机器学习的主要挑战是我们的算法必须能够在先前未观测的新输入上表现良好，而不只是在训练集上表现良好，机器学习中有很多优化算法。对于几乎所有机器学习算法，无论是有监督学习、无监督学习，还是强化学习，最后一般都归结为求解最优化问题。因此，最优化方法在机器学习算法的推导与实现中占据中心地位。

在确定了训练集 D、假设空间 F 以及学习准则后，如何找到最优的模型 $f(x,\theta*)$就成了一个最优化（Optimization）问题。机器学习的训练过程其实就是最优化问题的求解过程。

在机器学习中，优化又可以分为参数优化和超参数优化。模型 $f(x;\theta)$中的 θ 称为模型的参数，可以通过优化算法进行学习。除了可学习的参数 θ 之外，还有一类参数是用来定义模型结构或优化策略的，这类参数叫作超参数（Hyper-Parameter）。常见的超参数包括聚类算法中的类别个数、梯度下降法中的步长、正则化项的系数、神经网络的层数、支持向量机中的核函数等。超参数的选取一般都是组合优化问题，很难通过优化算法来自动学习。因此，超参数优化是机器学习的一个经验性很强的技术，通常是按照人的经验设定，或者通过搜索的方法对一组超参数组合进行不断试错调整。

1. 梯度下降法

如果函数是一维的变量，则梯度就是导数的方向；如果函数大于一维，梯度就是在这个点的法向量，并指向数值更高的等值线，这就是为什么求最小值的时候要用负梯度。不同机器学习算法的区别在于模型、学习准则（损失函数）和优化算法的差异。相同的模型也可以有不同的学习算法，它们之间的差异在于使用了不同的学习准则和优化算法。在机器学习中，最简单、常用的优化算法就是梯度下降法，即首先初始化参数 θ_0，然后按下面的迭代公式来计算训练集 D 上风险函数的最小值：

$$\begin{aligned}\theta_{t+1} &= \theta_t - \alpha \frac{\partial R_D(\theta)}{\partial \theta} \\ &= \theta_t - \alpha \bullet \frac{1}{N}\sum_{n=1}^{N} \frac{\partial L(y^{(n)}, f(x^{(n)};\theta))}{\partial \theta}\end{aligned} \tag{2.23}$$

其中，θ_t 为第 t 次迭代时的参数值，α 为搜索步长。在机器学习中，α 一般称为学习率（Learning Rate）。

2. 提前停止

在机器学习中，提前停止是一种正则化形式，用于在用迭代方法（例如梯度下降）训练学习器时避免过度拟合。这种方法更新了学习器，使其更好地适合每次迭代的训练数据，提高了学习器在训练集之外的数据上的表现。但是，提高学习器对训练数据的适应性是以增加泛化误差为代价的。提前停止规则提供了在学习器开始过度训练之前可以运行多少次迭代的指导。提前停止规则已经在许多不同的机器学习方法中使用，理论基础不尽相同。

3. 随机梯度下降法

梯度下降法是一种寻找目标函数最小化的方法。梯度方向是数值下降最快的方向，在机器学习中，根据数据集使用方式不同，分为批量梯度下降（Batch Gradient Descent，BGD）、随机梯度下降（Stochastic Gradient Descent，SGD）和小批量梯度下降（Mini-Batch Gradient Descent）3 种。随机梯度下降算法是从样本中随机抽出一组，训练后按梯度更新一次，再抽取一组，再更新一次，在样本量极其大的情况下，可能不用训练完所有的样本就可以获得一个损失值在可接受范围之内的模型。

4. 小批量梯度下降法

随机梯度下降法的一个缺点是无法充分利用计算机的并行计算能力。小批量梯度下降法是批量梯度下降和随机梯度下降的折中。每次迭代时，我们随机选取一小部分训练样本来计算梯度并更新参数，这样既可以兼顾随机梯度下降法的优点，也可以提高训练效率。第 t 次迭代时，随机选取一个包含 K（K 通常不会设置得很大，一般在 1~100，在实际应用中为了提高计算效率，通常设置为 2 的 n 次方）个样本的子集 I_t，计算这个子集上每个样本损失函数的梯度并进行平均，然后进行参数更新：

$$\theta_{t+1} \leftarrow \theta_t - \alpha \bullet \frac{1}{K} \sum_{(x,y)\in I_t} \frac{\partial L(y, f(x;\theta))}{\partial \theta} \tag{2.24}$$

在实际应用中，小批量随机梯度下降法有收敛快、计算开销小的优点，因此逐渐成为大规模的机器学习中的主要优化算法。

2.3 数据分析

在分析完问题之后，需要对数据进行分析来进一步了解业务，为后续建模的工作做准备。分析数据集、观察数据分布和数据特性可以帮助我们从整体上把握数据，更有效地理解业务问题与特征之间的关系。常用的数据分析方法有多种，例如描述性统计分析、特征之间的相关性分析、回归分析、分类分析以及聚类分析等。

2.3.1 描述性统计分析

描述性统计是指运用制表和分类、图形以及计算概括性数据来描述数据特征的各项活动。描述性统计分析要对调查总体所有变量的有关数据进行统计性描述，主要包括数据的频数分析、集中趋势分析、离散程度分析、数据的分布以及一些基本的统计图形。

（1）数据的频数分析：在数据的预处理部分，利用频数分析和交叉频数分析可以检验异常值。

（2）数据的集中趋势分析：用来反映数据的一般水平，常用的指标有平均值、中位数和众数等。

（3）数据的离散程度分析：主要是用来反映数据之间的差异程度，常用的指标有方差和标准差。

（4）数据的分布：在统计分析中，通常要假设样本所属总体的分布属于正态分布，因此需要用偏度和峰度两个指标来检查样本数据是否符合正态分布。

（5）绘制统计图：用图形的形式来表达数据，比用文字表达更清晰、更简明。在 SPSS 软件中，可以很容易地绘制各个变量的统计图形，包括条形图、饼图和折线图等。

2.3.2 相关分析

相关分析是研究两个或两个以上处于同等地位的随机变量间的相关关系的统计分析方法。例如，人的身高和体重之间、空气中的相对湿度与降雨量之间的相关关系都是相关分析研究的问题。相关分析与回归分析之间的区别：回归分析侧重于研究随机变量间的依赖关系，以便用一个变量去预测另一个变量；相关分析侧重于发现随机变量间的种种相关特性。相关分析在工农业、水文、气象、社会经济和生物学等方面都有应用。相关分析就是对总体中确实具有联系的标志进行分析，其主体是对总体中具有因果关系的标志的分析，它是描述客观事物相互之间关系的密切程度并用适当的统计指标表示出来的过程。

根据散点图，当自变量取某一值时，因变量对应为一个概率分布，如果对于所有的自变量取值的概率分布都相同，则说明因变量和自变量是没有相关关系的。反之，如果自变量的取值不同，因变量的分布也不同，则说明两者是存在相关关系的。

两个变量之间的相关程度通过相关系数 r 来表示。相关系数 r 的值在-1 和 1 之间，但可以是该范围内的任何值。正相关时，r 值在 0 和 1 之间，散点图是斜向上的，这时一个变量增加，另一个变量也增加；负相关时，r 值在-1 和 0 之间，散点图是斜向下的，此时一个变量增加，另一个变量将减少。r 的绝对值越接近 1，两个变量的关联程度越强；r 的绝对值越接近 0，两个变量的关联程度越弱。

$$r=\frac{\sum(x_1-\bar{x}_1)(x_2-\bar{x}_2)}{\sqrt{\sum(x_1-\bar{x}_1)^2\sum(x_2-\bar{x}_2)^2}} \tag{2.25}$$

其中，$r\in[0,1]$，r 越接近 1，x_1 与 x_2 之间的相关程度越强；反之，r 越接近 0，x_1 与 x_2 之间的相关程度越弱。

相关关系根据现象相关的影响因素可以分为单相关、复相关和偏相关。

（1）单相关：研究两个变量之间的相关关系。

（2）复相关：研究一个变量 x_0 与另一组变量$(x_1,x_2,\cdots,x_n)$之间的相关关系。

（3）偏相关：研究多变量时，控制其他变量不变时其中两个变量之间的相关关系。

【例 2.1】使用 NumPy 进行相关分析。

```
# -*- coding: utf-8 -*-
import numpy as np # 导入库
import matplotlib.pyplot as plt
data = np.loadtxt('data5.txt', delimiter='\t') # 读取数据文件
x = data[:, :-1] # 切分自变量
correlation_matrix = np.corrcoef(x, rowvar=0) # 相关性分析
print(correlation_matrix.round(2)) # 打印输出相关性结果
fig = plt.figure() # 调用 figure 创建一个绘图对象
ax = fig.add_subplot(111) # 设置 1 个子网格并添加子网格对象
hot_img = ax.matshow(np.abs(correlation_matrix), vmin=0, vmax=1)
 # 绘制热力图，值域从 0 到 1
fig.colorbar(hot_img) # 为热力图生成颜色渐变条
ticks = np.arange(0, 9, 1) # 生成 0～9，步长为 1
ax.set_xticks(ticks) # 生成 x 轴刻度
ax.set_yticks(ticks) # 设置 y 轴刻度
names = ['x' + str(i) for i in range(x.shape[1])] # 生成坐标轴标签文字
ax.set_xticklabels(names) # 生成 x 轴标签
ax.set_yticklabels(names) # 生成 y 轴标签
```

结果输出：

```
[[ 1.    -0.04   0.27  -0.05   0.21  -0.05   0.19  -0.03 -0.02]
 [-0.04  1.    -0.01   0.73  -0.01   0.62   0.     0.48   0.51]
```

```
[ 0.27  -0.01  1.    -0.01  0.72  -0.    0.65  0.01  0.02]
[-0.05  0.73  -0.01  1.     0.01  0.88  0.01  0.7   0.72]
[ 0.21  -0.01  0.72  0.01  1.    0.02  0.91  0.03  0.03]
[-0.05  0.62  -0.    0.88  0.02  1.    0.03  0.83  0.82]
[ 0.19  0.    0.65  0.01  0.91  0.03  1.    0.03  0.03]
[-0.03  0.48  0.01  0.7   0.03  0.83  0.03  1.    0.71]
[-0.02  0.51  0.02  0.72  0.03  0.82  0.03  0.71  1.  ]]
```

使用 Matplotlib 展示相关分析结果，如图 2.3 所示。

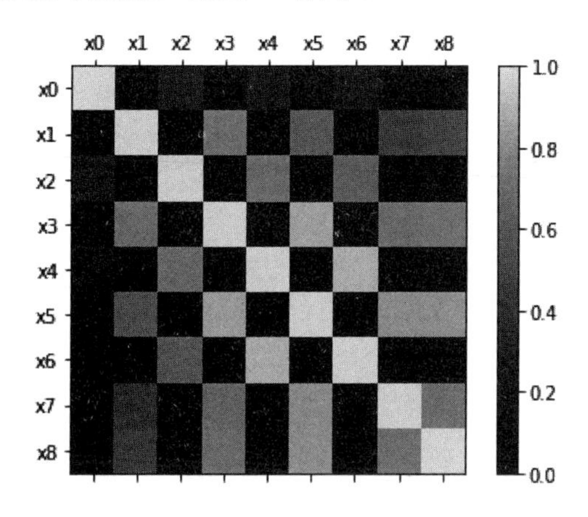

图 2.3　Matplotlib 展示相关分析结果

相关性矩阵的左侧和顶部都是相对变量，从左到右、从上到下依次是列 1 到列 9。由于相关性结果中看的是绝对值的大小，因此需要对 correlation_matrix 进行取绝对值操作，其对应的值域会变为[0,1]。

2.3.3　回归分析

回归分析研究的是因变量（目标）和自变量（特征）之间的关系，用于发现变量之间的因果关系。回归分析按照涉及变量的多少可分为一元回归分析和多元回归分析；按照因变量的多少，可分为简单回归分析和多重回归分析；按照自变量和因变量之间的关系类型，可分为线性回归分析和非线性回归分析。其中，线性回归分析指的是自变量和因变量之间满足线性关系（见图 2.4），其表现形式如下：

$$\hat{y}=\theta_0+\theta_1 x_1+\theta_2 x_2+\cdots+\theta_n x_n \tag{2.26}$$

其中，$\hat{y}$ 是预测值，n 是特征的数量，x_i 是第 i 个特征，θ_j 是第 j 个模型参数（包括偏执项 θ_0 以及特征的权重$(\theta_1,\theta_2,\cdots,\theta_n)$）。

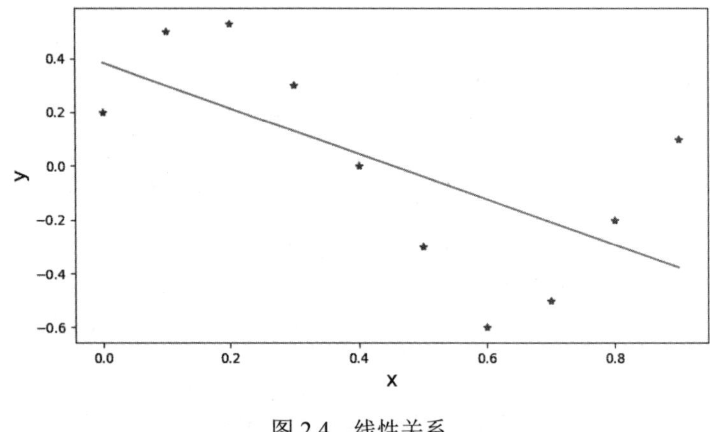

图 2.4 线性关系

现实生活中的数据往往更为复杂，难以用简单的线性模型拟合，因此衍生出了更多非线性模型、多项式回归和逻辑回归等。

回归分析与相关分析的相同之处在于研究变量之间的相关性；不同之处在于，相关分析中两组变量的地位是平等的，而回归分析中两组变量一个是因，一个是果，位置一般不能互换。

2.3.4 分类分析

分类就是将具有某种特征的数据赋予一个标志（或者叫标签），根据这个标志来分门别类。分类是为了产生一个分类函数或者分类模型（也叫分类器），并且包含数据集的特点，用于预测一些未知数据是否符合类别。这种分类器能将数据集中未知的数据项反映成预定的类型中的一种。分类与回归一般都能预测，可能不同的是回归的输出是有序的和线性的值，而分类的输出是非线性的类型值。

有监督机器学习领域中包含许多可用于分类的方法，如逻辑回归、决策树、随机森林、支持向量机、神经网络等。有监督学习基于一组包含预测变量值和输出变量值的样本单元，将全部数据分为一个训练集和一个验证集，其中训练集用于建立预测模型，验证集用于测试模型的准确性。

分类分析能够根据特征的特点将数据对象划分为不同的类型，再通过进一步分析挖掘到更深层次的事物本质。有时不仅是对离散变量采用分类分析，连续变量也可以通过分箱法进行分类分析。分箱法可以将连续变量离散化，从而发掘特征潜在规律，使模型更稳定，降低模型的过拟合风险。常用的分箱方法包括有监督与无监督两种。

2.3.5 聚类分析

聚类的输入是一组未被标记的样本，聚类根据数据自身的距离或相似度将其划分为若干组，划分的原则是组内距离最小化，而组间（外部）距离最大化。

聚类分析的目标就是在相似的基础上收集数据来分类。聚类源于很多领域，包括数学、计算机科学、统计学、生物学和经济学。

聚类分析是一种探索性的分析，在分类的过程中，人们不必事先给出一个分类的标准，聚类分析能够从样本数据出发，自动进行分类。聚类分析所使用的方法不同，常常会得到不同的结论。不同研究者对于同一组数据进行聚类分析，所得到的聚类数未必一致。

常用的聚类分析方法如表 2.2 所示。

表2.2　常用的聚类分析方法

类　别	包括的主要算法
划分（分裂）方法	K-Means 算法（K-平均）、K-MEDOIDS 算法（K-中心点）、CLARANS 算法（基于选择的算法）
层次分析方法	BIRCH 算法（平衡迭代规约和聚类）、CURE 算法（代表点聚类）、CHAMELEON 算法（动态模型）
基于密度的方法	DBSCAN 算法（基于高密度连接区域）、DENCLUE 算法（密度分布函数）、OPTICS 算法（对象排序识别）
基于网格的方法	STING 算法（统计信息网络）、CLIOUE 算法（聚类高维空间）、WAVE-CLUSTER 算法（小波变换）
基于模型的方法	统计学方法、神经网络方法

Python 的主要聚类算法如表 2.3 所示。

表2.3　Python的主要聚类算法

对 象 名	函 数 功 能	所属工具箱
KMeans	K 均值聚类	sklearn.cluster
AffinityPropagation	吸引力传播聚类，几乎优于所有其他方法，不需要指定聚类数，但运行效率较低	sklearn.cluster
MeanShift	均值漂移聚类算法	sklearn.cluster
SpectralClustering	谱聚类，具有效果比 K 均值好，速度比 K 均值快的特点	sklearn.cluster
AgglomerativeClustering	层次聚类，给出一棵聚类层次树	sklearn.cluster
DBSCAN	具有噪声的基于密度的聚类	sklearn.cluster
BIRCH	综合的层次聚类算法，可以处理大规模数据的聚类	sklearn.cluster

这些不同模型的使用方法大同小异，基本都是先用对应的函数建立模型，然后用.fit()方法训练模型，训练好之后，再用.label_方法给出样本数据的标签，或者用.predict()方法预测新的输入标签。此外，SciPy 库中也提供了一个聚类子库——scipy.cluster。

2.4　估计、偏差和方差

统计领域为我们提供了很多工具来实现机器学习目标，不仅可以解决训练集上的任务，还可以泛化。基本的概念如参数估计、偏差和方差，对于正式地刻画泛化、欠拟合和过拟合都非常有帮助。

2.4.1　点估计

点估计试图为一些感兴趣的量提供单个最优预测。一般情况下，感兴趣的量可以是单个参数，或是某些参数模型中的一个向量参数，例如线性回归中的权重，但是也有可能是整个函数。

为了区分参数估计和真实值，我们习惯将参数 θ 的点估计表示为 $\hat{\theta}$ 。

令 $\{x^{(1)},\cdots,x^{(m)}\}$ 是 m 个独立同分布的数据点。点估计（Point Estimator）或统计量（Statistics）是

这些数据的任意函数：

$$\hat{\theta}_m = g(x^{(1)},\dots,x^{(m)}) \tag{2.27}$$

这个定义不要求 g 返回一个接近真实 θ 的值，或者 g 的值域恰好是 θ 的允许取值范围。点估计的定义非常宽泛，给了估计量的设计者极大的灵活性。虽然几乎所有的函数都可以称为估计量，但是一个良好的估计量的输出会接近生成训练数据的真实参数 θ。

现在，我们采取频率派在统计上的观点。换言之，我们假设真实参数 θ 是固定但未知的，而点估计 $\hat{\theta}$ 是数据的函数。由于数据是随机过程采样出来的，数据的任何函数都是随机的。因此，$\hat{\theta}$ 是一个随机变量。点估计也可以指输入和目标变量之间关系的估计。我们将这种类型的点估计称为函数估计。

有时我们会关注函数估计（或函数近似），试图从输入向量 x 预测变量 y。假设有一个函数 $f(x)$ 表示 y 和 x 之间的近似关系，例如假设 $y=f(x)+\epsilon$，其中 ϵ 是 y 中未能从 x 预测的一部分。在函数估计中，我们感兴趣的是用模型估计去近似 f，或者估计 $\hat{f}$。函数估计和估计参数 θ 是一样的，函数估计 $\hat{f}$ 是函数空间中的一个点估计。线性回归和多项式回归都既可以被解释为估计参数 w，又可以被解释为估计从 x 到 y 的函数映射 $\hat{f}$。现在我们回顾点估计最常研究的性质，并探讨这些性质说明了估计的哪些特点。

2.4.2 偏差

估计的偏差被定义为：

$$\text{bias}(\hat{\theta}_m) = E(\hat{\theta}_m) - \theta \tag{2.28}$$

其中期望作用在所有数据（看作是从随机变量采样得到的）上，θ 是用于定义数据生成分布的真实值。如果 $\text{bias}(\hat{\theta}_m)=0$，那么估计量 $\hat{\theta}_m$ 被称为是无偏（Unbiased）的，这意味着 $E(\hat{\theta}_m)=\theta$。如果 $\lim_{m\to\infty}\text{bias}(\hat{\theta}_m)=0$，那么估计量 $\hat{\theta}_m$ 被称为是渐近无偏（Asymptotically Unbiased）的，这意味着 $\lim_{m\to\infty}E(\hat{\theta}_m)=\theta$。

1. 伯努利分布

考虑一组服从均值为 θ 的伯努利分布的独立同分布的样本 $\{x^{(1)},\cdots,x^{(m)}\}$：

$$P(x^{(i)};\theta) = \theta^{x^i}(1-\theta)^{(1-x^{(i)})} \tag{2.29}$$

这个分布中，参数 θ 的常用估计量是训练样本的均值：

$$\hat{\theta}_m = \frac{1}{m}\sum_{i=1}^{m} x^{(i)} \tag{2.30}$$

判断这个估计量是否有偏，我们将公式 2.30 代入公式 2.28：

$$\begin{aligned}\text{bias}(\hat{\theta}) &= E[\hat{\theta}_m]-\theta \\ &= E[\frac{1}{m}\sum_{i=1}^{m}x^{(i)}]-\theta \\ &= \frac{1}{m}\sum_{i=1}^{m}E[x^{(i)}]-\theta \\ &= \frac{1}{m}\sum_{i=1}^{m}\sum_{x^{(i)}=0}^{1}(x^{(i)}\theta^{x^{(i)}}(1-\theta)^{(\ln x^{(i)})})-\theta \\ &= \frac{1}{m}\sum_{i=1}^{m}(\theta)-\theta \\ &= \theta-\theta=0\end{aligned} \tag{2.31}$$

因为 bias($\hat{\theta}_m$)=0，所以我们称估计 $\hat{\theta}_m$ 是无偏的。

2. 均值的高斯分布估计

现在，考虑一组独立同分布的样本$\{x^{(1)},\cdots,x^{(m)}\}$服从高斯分布 $p(x^{(i)})=N(x^{(i)};\mu,\sigma^2)$，其中 $i\in\{1,\cdots,m\}$。回顾高斯概率密度函数如下：

$$p(x^{(i)};\mu,\sigma^2)=\frac{1}{\sqrt{2\pi\sigma^2}}\exp(n\frac{1}{2}\frac{(x^{(i)}-\mu)^2}{\sigma^2}) \tag{2.32}$$

高斯均值参数的常用估计量被称为样本均值（Sample Mean）：

$$\hat{\mu}_m=\frac{1}{m}\sum_{i=1}^{m}x^{(i)} \tag{2.33}$$

判断样本均值是否有偏，我们再次计算它的期望：

$$\begin{aligned}\text{bias}(\hat{\mu}_m) &= E[\hat{\mu}_m]-\mu \\ &= E[\frac{1}{m}\sum_{i=1}^{m}x^{(i)}]-\mu \\ &= (\frac{1}{m}\sum_{i=1}^{m}E[x^{(i)}])-\mu \\ &= (\frac{1}{m}\sum_{i=1}^{m}\mu)-\mu \\ &= \mu-\mu=0\end{aligned} \tag{2.34}$$

因此，我们发现样本均值是高斯均值参数的无偏估计量。

3. 高斯分布方差估计

我们比较高斯分布方差参数 σ^2 的两个不同估计，探讨是否有一个是有偏的。我们考虑的第一个方差估计被称为样本方差（Sample Variance）：

$$\hat{\sigma}_m^2=\frac{1}{m}\sum_{i=1}^{m}(x^{(i)}-\hat{\mu}_m)^2 \tag{2.35}$$

其中 $\hat{\mu}_m$ 是样本均值。则方差的偏估计：

$$\text{bias}(\hat{\sigma}_m^2) = E[\hat{\sigma}_m^2] - \sigma^2 \tag{2.36}$$

我们首先估计项 $E[\hat{\sigma}_m^2]$：

$$\begin{aligned} E[\hat{\sigma}_m^2] &= E[\frac{1}{m}\sum_{i=1}^{m}(x^{(i)} - \hat{\mu}_m)^2] \\ &= \frac{m-1}{m}\sigma^2 \end{aligned} \tag{2.37}$$

我们可以得出 $\hat{\sigma}_m^2$ 的偏差是$-\sigma^2/m$，因此样本方差是有偏估计。

4. 无偏样本方差估计

公式如下：

$$\tilde{\sigma}_m^2 = \frac{1}{m-1}\sum_{i=1}^{m}(x^{(i)} - \hat{\mu}_m)^2 \tag{2.38}$$

对于无偏样本方差估计，正如名字所言，这个估计是无偏的，换言之，我们会发现 $E[\tilde{\sigma}_m^2]=\sigma^2$：

$$\begin{aligned} E[\tilde{\sigma}_m^2] &= E[\frac{1}{m-1}\sum_{i=1}^{m}(x^{(i)} - \hat{\mu}_m)^2] \\ &= \frac{m}{m-1}E[\hat{\sigma}_m^2] \\ &= \frac{m}{m-1}(\frac{m-1}{m}\sigma^2) \\ &= \sigma^2 \end{aligned} \tag{2.39}$$

我们有两个估计量：一个是有偏的，另一个是无偏的。尽管无偏估计总是令人满意，但它并不总是“最好”的估计。我们将看到，经常会使用其他具有重要性质的有偏估计。

2.4.3 方差和标准差

我们有时会考虑估计量的另一个性质，即它作为数据样本的函数，期望的变化程度是多少。正如可以计算估计量的期望来决定它的偏差，我们也可以计算它的方差。估计量的方差（Variance）：

$$\text{Var}(\hat{\theta}) \tag{2.40}$$

其中随机变量是训练集。另外，方差的平方根被称为标准差（Standard Error），记作 $\text{SE}(\hat{\theta})$。

估计量的方差或标准差告诉我们，当独立地从潜在的数据生成过程中重采样数据集时，如何期望估计的变化。正如我们希望估计的偏差较小，我们也希望其方差较小。当我们使用有限的样本计算任何统计量时，真实参数的估计都是不确定的，在这个意义下，从相同的分布得到其他样本时，它们的统计量也会不一样。任何方差估计量的期望程度是我们想量化的误差的来源。

均值的标准差被记作：

$$\text{SE}(\hat{\mu}_m) = \sqrt{\text{Var}[\frac{1}{m}\sum_{i=1}^{m}x^{(i)}]} = \frac{\sigma}{\sqrt{m}} \tag{2.41}$$

其中 σ^2 是样本 $x^{(i)}$的真实方差。标准差通常被记作 σ。可惜，样本方差的平方根和方差无偏估计的平方根都不是标准差的无偏估计。这两种计算方法都倾向于低估真实的标准差，但仍用于实际中。相较而言，方差无偏估计的平方根较少被低估。对于较大的 m，这种近似非常合理。均值的标准差在机器学习实验中非常有用。我们通常用测试集样本的误差均值来估计泛化误差。测试集中样本的数量决定了这个估计的精确度。中心极限定理告诉我们均值会接近一个高斯分布，我们可以用标准差计算出真实期望落在选定区间的概率。例如，以均值 $\hat{\mu}_m$ 为中心的 95%置信区间是：

$$(\hat{\mu}_m - 1.96\mathrm{SE}(\hat{\mu}_m), \hat{\mu}_m + 1.96\mathrm{SE}(\hat{\mu}_m)) \tag{2.42}$$

以上区间是基于均值 $\hat{\mu}_m$ 和方差 $\mathrm{SE}(\hat{\mu}_m)^2$ 的高斯分布。在机器学习实验中，我们通常说算法 A 比算法 B 好，是指算法 A 的误差的 95%置信区间的上界小于算法 B 的误差的 95%置信区间的下界。

伯努利分布示例

我们再次考虑从伯努利分布（回顾 $P(x^{(i)};\theta) = \theta^{x^{(i)}}(1-\theta)^{1-x^{(i)}}$ ）中独立同分布采样出来的一组样本$\{x^{(1)},\cdots,x^{(m)}\}$。这次关注估计 $\hat{\theta}_m = \frac{1}{m}\sum_{i=1}^{m} x^{(i)}$ 的方差：

$$\begin{aligned}
\mathrm{Var}(\hat{\theta}_m) &= \mathrm{Var}\left(\frac{1}{m}\sum_{i=1}^{m} x^{(i)}\right) \\
&= \frac{1}{m^2}\sum_{i=1}^{m}\mathrm{Var}(x^{(i)}) \\
&= \frac{1}{m^2}\sum_{i=1}^{m}\theta(1-\theta) \\
&= \frac{1}{m^2}m\theta(1-\theta) \\
&= \frac{1}{m}\theta(1-\theta)
\end{aligned} \tag{2.43}$$

估计量方差的下降速率是关于数据集样本数目 m 的函数。这是常见的估计量的普遍性质。

2.5　最大似然估计

之前，我们已经看过常用估计的定义，并分析了它们的性质。但是这些估计是从哪里来的呢？我们希望有些准则可以让我们从不同模型中得到特定函数作为好的估计，而不是猜测某些函数可能是好的估计，然后分析其偏差和方差。

最常用的准则是最大似然估计。

考虑一组含有 m 个样本的数据集 $X=\{x^{(1)},\cdots,x^{(m)}\}$，独立地由未知的真实数据生成分布 $p_{\mathrm{data}}(x)$。

令 $p_{\mathrm{model}}(x;\theta)$是一族由 θ 确定在相同空间上的概率分布。换言之，$p_{\mathrm{model}}(x;\theta)$将任意输入 x 映射到实数来估计真实概率 $p_{\mathrm{data}}(x)$。

对 θ 的最大似然估计被定义为：

$$\begin{aligned}\theta_{\mathrm{ML}} &= \underset{\theta}{\operatorname{argmax}}\, p_{\mathrm{model}}(x;\theta) \\ &= \underset{\theta}{\operatorname{argmax}} \prod_{i=1}^{m} p_{\mathrm{model}}(x^{(i)};\theta)\end{aligned} \tag{2.44}$$

多个概率的乘积会因很多原因不便于计算。例如，计算中很可能会出现数值下溢。为了得到一个便于计算的等价优化问题，我们观察到似然对数不会改变其 argmax，但是将乘积转化成了便于计算的求和形式：

$$\theta_{\mathrm{ML}} = \underset{\theta}{\operatorname{argmax}} \sum_{i=1}^{m} \log p_{\mathrm{model}}(x^{(i)};\theta) \tag{2.45}$$

因为当我们重新缩放代价函数时，argmax 不会改变，我们可以除以 m 得到和训练数据经验分布 $\hat{p}_{\mathrm{data}}$ 相关的期望作为准则：

$$\theta_{\mathrm{ML}} = \underset{\theta}{\operatorname{argmax}}\, E_{x\sim\hat{p}_{\mathrm{data}}} \log p_{\mathrm{model}}(x;\theta) \tag{2.46}$$

一种解释最大似然估计的观点是将它看作最小化训练集上的经验分布 $\hat{p}_{\mathrm{data}}$ 和模型分布之间的差异，两者之间的差异程度可以通过 KL 散度度量。KL 散度被定义为：

$$D_{\mathrm{KL}}(\hat{p}_{\mathrm{data}} \| p_{\mathrm{model}}) = E_{x\sim\hat{p}_{\mathrm{data}}}[\log \hat{p}_{\mathrm{data}}(x) - \log p_{\mathrm{model}}(x)] \tag{2.47}$$

左边一项仅涉及数据生成过程，和模型无关。这意味着当我们训练模型最小化 KL 散度时，我们只需要最小化：

$$-E_{X\sim\hat{p}_{\mathrm{data}}}[\log p_{\mathrm{model}}(x)] \tag{2.48}$$

当然，这和公式 2.46 中的最大化是相同的。

最小化 KL 散度其实就是在最小化分布之间的交叉熵。许多作者使用术语“交叉熵”特定表示伯努利或 softmax 分布的负对数似然，但那是用词不当。任何一个由负对数似然组成的损失都是定义在训练集上的经验分布和定义在模型上的概率分布之间的交叉熵。例如，均方误差是经验分布和高斯模型之间的交叉熵。

我们可以将最大似然看作是使模型分布尽可能和经验分布 $\hat{p}_{\mathrm{data}}$ 相匹配的尝试。理想情况下，我们希望匹配真实的数据生成分布 p_{data}，但我们没法直接知道这个分布。

虽然最优 θ 在最大化似然或是最小化 KL 散度时是相同的，但目标函数值是不一样的。在软件中，我们通常将两者都称为最小化代价函数。因此，最大化似然变成了最小化负对数似然（NLL），或者等价的是最小化交叉熵。将最大化似然看作最小化 KL 散度在这个情况下是有帮助的，因为已知 KL 散度最小值是零。当 x 取实数时，负对数似然是负值。

2.5.1 条件对数似然和均方误差

最大似然估计很容易扩展到估计条件概率 $P(y|x;\theta)$，从而给定 x 预测 y。实际上，这是最常见的情况，因为这构成了大多数监督学习的基础。如果 X 表示所有的输入，Y 表示我们观测到的目标，那么条件最大似然估计是：

$$\theta_{\mathrm{ML}} = \underset{\theta}{\operatorname{argmax}}\, P(Y \mid X; \theta) \tag{2.49}$$

如果假设样本是独立同分布的，那么这可以分解成：

$$\theta_{\mathrm{ML}} = \underset{\theta}{\operatorname{argmax}} \sum_{i=1}^{m} \log P(y^{(i)} \mid x^{(i)}; \theta) \tag{2.50}$$

线性回归作为最大似然

线性回归可以被看作是最大似然过程，将线性回归作为学习从输入 x 映射到输出 $\hat{y}$ 的算法。从 x 到 $\hat{y}$ 的映射选自最小化均方误差。现在，我们以最大似然估计的角度审视线性回归。我们现在希望模型能够得到条件概率 $p(y|x)$，而不只是得到一个单独的预测 $\hat{y}$。想象有一个无限大的训练集，我们可能会观测到几个训练样本有相同的输入 x，但是有不同的 y。现在学习算法的目标是拟合分布 $p(y|x)$ 到和 x 相匹配的不同的 y。为了得到我们之前推导出的相同的线性回归算法，我们定义 $p(y|x)=N(y;\hat{y}(x;w),\sigma^2)$。函数 $\hat{y}(x;w)$预测高斯的均值。在这个例子中，我们假设方差是用户固定的某个常量 σ^2。这种函数形式 $p(y|x)$会使得最大似然估计得出和之前相同的学习算法。由于假设样本是独立同分布的，条件对数似然如下：

$$\sum_{i}^{m} \log p(y^{(i)} \mid x^{(i)}; \theta) = -m \log \sigma - \frac{m}{2} \log(2\pi) - \sum_{i=1}^{m} \frac{\left\| \hat{y}^{(i)} - y^{(i)} \right\|^2}{2\sigma^2} \tag{2.51}$$

其中 $\hat{y}^{(i)}$ 是线性回归在第 i 个输入 $x^{(i)}$上的输出，m 是训练样本的数目。对比均方误差和对数似然：

$$\mathrm{MSE}_{\mathrm{train}} = \frac{1}{m} \sum_{i=1}^{m} \left\| \hat{y}^{(i)} - y^{(i)} \right\|^2 \tag{2.52}$$

我们立刻可以看出最大化关于 w 的对数似然和最小化均方误差会得到相同的参数估计 w。但是对于相同的最优 w，这两个准则有着不同的值。这验证了 MSE 可以用于最大似然估计。正如我们即将看到的，最大似然估计有几个理想的性质。

2.5.2　最大似然的性质

最大似然估计最吸引人的地方在于，它被证明当样本数目 $m\to\infty$时，就收敛率而言是最好的渐近估计。在合适的条件下，最大似然估计具有一致性，意味着训练样本数目趋向于无穷大时，参数的最大似然估计会收敛到参数的真实值。这些条件是：

（1）真实分布 p_{data} 必须在模型族 $p_{\mathrm{model}}(\cdot;\theta)$中，否则没有估计可以还原 p_{data}。

（2）真实分布 p_{data} 必须刚好对应一个 θ 值，否则最大似然估计恢复出真实分布 p_{data} 后，也不能决定数据生成过程使用哪个 θ。

除了最大似然估计外，还有其他的归纳准则，其中许多共享一致估计的性质。然而，一致估计的统计效率（Statistic Efficiency）可能区别很大。有些一致估计可能会在固定数目的样本上获得一个较低的泛化误差，或者等价地，可能只需要较少的样本就能达到一个固定程度的泛化误差。

统计效率通常用于有参情况（Parametric Case）的研究中（例如线性回归）。在有参情况中，我们的目标是估计参数值（假设有可能确定真实参数），而不是函数值。一种度量我们和真实参数相差多少的方法是计算均方误差的期望，即计算 m 个从数据生成分布中出来的训练样本上的估计参数和真实参数之间差值的平方。有参均方误差估计随着 m 的增加而减少，当 m 较大时，Cramér-Rao 下界（Rao，1945；Cramér，1946）表明不存在均方误差低于最大似然估计的一致估计。因为这些原因（一致性和统计效率），最大似然通常是机器学习中的首选估计。当样本数目小到会发生过拟合时，正则化策略（如权重衰减）可用于获得训练数据有限时方差较小的最大似然有偏版本。

2.6 特 征 工 程

特征工程是利用数据领域的相关知识来创建能够使机器学习算法达到最佳性能的特征的过程。简而言之，特征工程是从原始数据中提取特征的过程，这些特征可以很好地表征原始数据，并且可以利用它们建立的模型在未知数据上的表现性能达到最优。本节内容将从数据预处理、特征选择和降维 3 个部分展开。

2.6.1 数据预处理

在工程实践中，原始数据经过数据清洗后，在使用之前还需要进行数据预处理。数据预处理没有标准的流程，通常情况下对于不同的任务和数据集，属性会有所不同。本节主要从特征缩放和特征编码两方面进行叙述。

1. 特征缩放

如果输入数值的属性比例差距大，就容易导致机器学习算法表现不佳。例如，一条数据存在两个特征，分别为特征 A 和特征 B。特征 A 的分布范围为[0, 1]，特征 B 的分布范围为[−1, 1]，特征 A 和特征 B 的分布范围相差非常大。如果我们对这样的数据不进行任何处理，直接用于模型训练中，则可能导致模型在训练时一直朝着特征 B 下降的方向收敛，而在特征 A 的方向变化不大，导致模型训练精度不高，收敛速度也很慢。所以我们要调整样本数据每个维度的量纲，让数据每个维度量纲接近或者相同。常用的方法有归一化和标准化。

1）归一化

通过对原始数据的变化把数据映射到[0,1]。常用最大、最小函数作为变换函数，变换公式如下：

$$X' = \frac{x - \min x}{\max x - \min x} \tag{2.53}$$

2）标准化

对于多维数据，将原始数据的每一维变换到均值为 0、方差为 1 的范围内。变换公式如下：

$$X' = \frac{x - \bar{x}}{\sigma} \tag{2.54}$$

其中，$\bar{x}$ 为平均值，σ 为标准差。

归一化和标准化虽然都是在保持数据分布不变的情况下对数据的量纲进行调整，但是对比公式 2.53 和公式 2.54 可以看出，归一化的处理只和最大值、最小值相关，标准化和数据的分布相关，并且标准化可以避免归一化中异常值的影响。所以，大部分情况下可以优先考虑使用标准化方法。

2. 特征编码

1）类别特征

在数据处理中，类别特征总是需要进行一些处理，仅仅通过离散的数字来表示类别特征会对机器学习的过程造成很大的困难。当类别特征的基数很大时，数据就会变得十分稀疏。相对于数字特征，类别特征的缺失值更难以进行插补。接下来使用 Adult Data Set 这一公开数据集中的部分数据说明各个编码方法是如何应用的。这里取出的 5 条数据标签为[State-gov,Self-emp-not-inc,Private,Private,State-gov]。

（1）One-Hot 编码

One-Hot（One-of-*K*）编码是在长为 *K* 的数组上进行编码。One-Hot 编码的基础思想被广泛应用于大多数线性算法。One-Hot 编码将对应类别的样本特征映射到 *K* 维数组中，其中表示该类别的维度值为 1，其余维度值为 0。在 One-Hot 算法中，需要将第一行去除，以避免特征间的线性互相关性。One-Hot 编码是一种简洁直观的编码方式，缺点在于大多数情况下不能很好地处理缺失值和因变量，因此表示能力较差。One-Hot 编码对上述标签的编码结果为：

$$\begin{pmatrix} 0 & 1 & 0 & 0 & 0 \\ 0 & 0 & 1 & 1 & 0 \end{pmatrix} \tag{2.55}$$

编码中，State-gov 这一变量代表的行被忽略，矩阵的第一行代表 Self-emp-not-inc 这一变量，若为 1，则代表该样本标签为 Self-emp-not-inc。

（2）哈希编码

哈希编码使用定长的数组进行 One-Hot 编码，首先将类别编码映射为一个哈希值，然后对哈希值进行 One-Hot 编码。哈希编码避免了对特别稀疏的数据进行 One-Hot 编码可能导致的稀疏性。这种编码方式可能发生冲突，通常会降低结果的表达能力，但是也有可能会使结果变得更好。对于新的变量来说，哈希编码的处理方式具有更强的鲁棒性。对于本文中的例子，假设 Hash（Self-emp-not-inc）=2、Hash（Private）=0、Hash（State-gov）=1，则上述数据集的哈希编码为：

$$\begin{pmatrix} 1 & 0 & 0 & 0 & 1 \\ 0 & 1 & 0 & 0 & 0 \end{pmatrix} \tag{2.56}$$

（3）标签编码

标签编码给每个类别变量一个独特的数字 ID，这一处理方式在实践中最为常见。对于基于树的算法来说，这种编码不会增加维度。在实践中，可以对数字 ID 的分配进行随机化处理来避免碰撞。对于本节中的例子，将 Private 编码为 0、Self-emp-not-inc 编码为 1、State-gov 编码为 2，则该数据集的标签编码为[2,1,0,0,2]。

（4）计数编码

计数编码用训练集中类别变量出现的次数来代替变量本身，这一方法适用于线性和非线性算法，但是对于异常数据十分敏感。在实践中，可以对出现次数进行对数转换，同时用 1 替代未出现的变量。计数编码可能会引入许多冲突，比如相似的编码可能代表不同的变量。对于本节的例子，该数据集的计数编码为[2,1,2,2,2]。

（5）标签计数编码

标签计数编码根据类别变量在训练集中出现的次数进行排序，例如出现次数最少的类别用 1 表示、出现次数排在第 N 的类别用 N 表示等。标签计数编码对线性和非线性算法同样有效，并且对异常值不敏感。相比计数编码，标签计数编码对于不同的类别变量总有不同的编码。对于本节的例子，该数据集的标签计数编码为[2,1,3,3,2]。

（6）目标编码

目标编码是将列中的每个值替换为该类别的均值目标值。这一目标可以为二元分类或回归变量。目标编码的方法通过避免将变量的编码值设定成 0 值来使其变得光滑，同时添加了随机噪声来对抗过拟合。如果被正确使用，目标编码可能是线性或非线性编码的最好方式。对于本节中的例子，假设目标值为[1,1,1,1,0]，则目标编码结果为[0.5,1,1,1,0.5]。

（7）类别嵌入

类别嵌入使用神经网络的方法将类别变量嵌入为一个稠密的向量。类别嵌入通过函数逼近的方式将类别变量嵌入欧式空间中。类别嵌入可以带来更快的模型训练和更少的存储开销，相比 One-Hot 编码可以带来更好的准确率。对于本节中的例子，类别嵌入三维平面的结果如下：

$$\begin{pmatrix} 0.05 & 0.60 & 0.05 & 0.05 & 0.05 \\ 0.10 & 0.20 & 0.95 & 0.95 & 0.10 \\ 0.95 & 0.20 & 0.20 & 0.20 & 0.95 \end{pmatrix} \tag{2.57}$$

（8）多项式编码

无交互的线性算法无法解决异或问题，但是多项式核可以。多项式编码对于类别变量的交互进行编码。多项式编码可以通过 FS、哈希和 VW 等技术来扩大特征空间。假设本文数据集中另一列的类别特征为[White,White,White,Black,Asian-Pac-Islander]，若第一列特征为 Private 或第二列特征为 White 的情况下编码为 1，其余情况下编码为 0，则生成的多项式编码为[1,1,1,1,0]。

（9）扩展编码

扩展编码从一个变量来创建多个类别变量。基数较大的特征可能会具有远多于其本身的信息。对于本节中的例子，根据是否为 Private 和是否为 State-gov 生成的两个扩展编码为[0,0,1,1,0]和[1,0,0,0,1]。

（10）统一编码

统一编码将不同的类别变量映射到相同的变量。真实的数据可能是混乱的，例如文本中可能会有不同的拼写错误、缩写和全称，不同的表达具有相同的意义，这些情况均可以进行统一编码。

（11）NaN 编码

考虑到数据中出现的 NaN 值可能会具有信息，NaN 编码赋予 NaN 值一个显式的编码。在使用 NaN 编码时，要求 NaN 值在训练集和测试集中出现的原因是相同的，或者通过数据集的局部验证确认 NaN 代表同一种信息。

2）数字特征

相对于类别特征，数字特征更容易应用到算法中，同时数字特征中的缺失值也更容易被填补。数字特征可能包括浮点数、计数数字和其他数字。下面使用数据举例说明以下编码方法的流程。

（1）取整

取整一般是指对含有小数的数字变量进行向上取整或者向下取整。取整可以理解为对信息的压缩，鉴于有时过度的精确会导致噪声，这一过程会保留数据中最重要的部分。取整会将变量从可能的连续值变为离散值，因此这些变量可以当作类别变量进行处理。取整前，可以应用对数变换。例如，取整将上述 5 条数据处理为[0,2,1,3,2]。

（2）桶化

桶化指的是将数字变量置入一个桶中，然后用桶的编号进行编码。桶化的规则可以依据一定的程序进行设定，依据数量的大小或者使用一定的模型来找到最优的桶。桶化的优势在于，对训练集范围之外的变量依然能够进行良好的表示。设桶化过程中的所有桶为[0,1]、[1,2]、[2,3]。桶化将上述 5 条数据处理为[1,2,2,3,3]。

（3）缩放变换

缩放变换指的是将数字化变量缩放到一个指定的范围，包括标准变换、最小最大变换、根号变换和对数变换。

（4）缺失值填补

缺失值填补可以和硬编码相结合，有 3 种办法：用均值填补，是一种非常基础的方法；用中位数填补，相对于异常值具有更强的鲁棒性；使用外部模型填补，这种方法可能会引入算法的误差。

（5）交互（加、减、乘、除）

交互，尤其是用于数字变量之间的编码时，某一因素的真实效应（单独效应）随着另一因素水平的改变而改变。当两种或两种以上暴露因素同时存在，所致的效应不等于它们单个作用相联合的效应时，则称因素之间存在交互作用。在实践中，人类的直觉不一定会起作用，有时看起来奇怪的交互反而会带来显著的效果。

（6）线性算法的非线性编码

对非线性的特征进行编码，可以提高线性算法的性能，常见的方法有使用多项式核、随机森林方法、遗传算法、局部线性嵌入、光谱嵌入、t-SNE 等。

3）时间型变量

时间型变量（如日期）需要有一个更好的局部验证范式（如后退测试）。在时间型变量的处理中很容易犯下错误，因此在这个领域有很多挑战。

（1）投影到一个圆上

在实践中，我们可以将一个特征（如一周中的一天）映射到一个圆上的两个共轭点。投影时，需要确保最大值到最小值的距离与最小值加一相同。投影的方法可以用于一周中的一天、一月中一天、一天中的小时等。

（2）趋势线

除了使用总消费进行描述外，我们还可以用过去一周内的消费、过去一个月内的消费和过去一年内的消费等统计量进行描述。这一方法给算法提供了一个可参考的趋势，两个消费相同的顾客可能会具有完全不同的行为，一个顾客可能在开始时消费较多，另一个可能在开始时消费较少。

（3）趋近主要活动

在实践中，我们可以将时间编码为类别特征，例如用放假前的天数来描述一个日期。我们可以使用的主要活动包括全国假期、主要体育活动、周末、每个月的第一个周六。这些因素可能会对一些行为造成影响。

4）空间变量

空间变量指描述空间中一个地点的变量，比如 GPS 坐标、城市、国家、地址等。

（1）用地点分类

使用一个类别变量可以将部分地点转化为同一个变量，比如插值、K-Means 聚类、转化成经度和纬度、在街道名称上添加邮政编码等。

（2）趋近中心

部分地点变量可能会有一个中心点，我们可以描述一个地点和中心点的近似程度。例如，一些小的城镇可能继承一些近邻大城市的文化，通信的地点可以被关联到近邻的商业中心。

5）文本特征

自然语言通常可以使用和类别变量同样的处理方法。深度学习的发展促进了自动化特征工程，并逐渐占据主导地位。但是使用精心处理后的特征进行传统机器学习训练的方法仍然很有竞争力。自然语言处理的主要挑战是数据中的高稀疏性，这会导致维度灾难。

（1）清理

首先，我们需要对自然语言进行一定的处理，大概有以下几个固定的流程：

① 小写化：将标识符从大写字母转化成小写字母。

② 通用编码：将方言或其他语言转化成它们的 ASCII 表示方法。

③ 移除非数字字母：移除语言文本中的标点符号，仅仅保留其中的大小写字母和数字。

④ 重新匹配：修复匹配问题或标识内的空格。

（2）标记化

标记化用不同的方法对自然语言进行标记，主要方法如下：

① 词标记：将句子切分成单词标记。

② N-Grams：将连续的标记编码在一起。比如，“Knowledge begins with practice”可以被标记

化为[Knowledge begins, begins with, with practice]。

③ Skip-Grams：将连续的标记编码在一起，但是跳过其中的一小部分。比如，“Knowledge begins with practice”可以被标记为[Knowledge with, begins practice]。

④ Char-Grams：和 N-Grams 方法类似，但是在字符级别进行编码。比如，“Knowledge”可以被标记为[Kno, now, owl, wle, led, edg, dge]。

⑤ Affixes：和 Char-Grams 方法类似，但是仅对后缀和前缀进行处理。

（3）移除

需要移除的主要包括以下 3 种单词：

① 停止词：移除出现在停止词清单的单词或标记。

② 稀有词：移除训练集中出现很少次数的单词。

③ 常见词：移除过于常见的词。

（4）词根

词根编码主要包括下列几种方法：

① 拼写纠正：将标识转化为它的正确拼写。

② 截断：仅截取单词的前 N 个字符。

③ 词干：将单词或标识符转化为它的词根形式。

④ 异体归类：找到词语的语法词根。

（5）补充信息

补充文本中的信息有以下几种方法：

① 文档特征：对空格、制表符、新行、字母等标识进行计数。

② 实体插入：在文本中加入更通用的标识。

③ 解析树：使用逻辑模式和语法成分对句子进行解析。

④ 阅读水平：计算文档的阅读水平。

（6）相似性

衡量文本相似性的方法有以下几种：

① 标识相似性：计算两段文本中出现的标识数量。

② 压缩举例：查看一段文本是否可以使用另一段文本进行压缩。

③ 距离度量：通过计算一段文本如何通过一系列操作转化为另一段文本计算文本之间的相似性。

④ Word2Vec：检查两个向量之间的余弦相似度。

⑤ TF-IDF：用于识别文档中最重要的标识符，移除不重要的标识，或作为一个降维前的预处理。

2.6.2 特征选择

在实际项目中经常会遇到维数灾难问题，这是由于特征过多导致的。若是能从中选择出对于该问题重要的特征，使得后续的学习模型仅使用这部分特征进行学习，则会大大缓解维数灾难问题。常见的特征选择方法包括 3 类：过滤式、包裹式和嵌入式，本节将逐一对这 3 类方法进行介绍。

1. 过滤式选择

过滤式选择方法先对数据集进行特征选择，然后训练学习器。其特征选择过程与后续学习器无关。过滤式选择是按照发散性或者相关性对各个特征进行评分，设定阈值或者待选择特征的数量进行特征选择。根据评分方法的不同，过滤式选择方法又可以分为很多种方法，比如单变量选择法、方差选择法、Fisher 得分法、Relief 选择法、卡方检验选择法、相关系数选择法等。

1）单变量选择法

不需要考虑特征之间的相互关系，按照特征变量和目标变量之间的相关性或互信息对特征进行排序，过滤掉最不相关的特征变量。优点是计算效率高、不易过拟合。

2）方差选择法

首先计算各个特征的方差，然后根据阈值或者待选择特征的个数选择满足要求的特征。一般来说，阈值或者待选择特征个数设置合适，方差接近 0 的特征基本都会过滤掉，方差接近 0 可说明该特征在不同样本上取值不变，对于学习任务没有帮助。在实际项目中，可根据实际情况进行参数设置。方差计算公式如下：

$$S^2 = \frac{\sum_{i=1}^{n}(x_i - \mu)^2}{n} \tag{2.58}$$

其中 μ 为第 i 个特征的均值，n 为样本数量。

3）Fisher 得分法

对于分类问题，好的特征应该是在同一个类别中的取值比较相似、在不同类别之间的取值差异较大。因此，特征的重要性可以用 Fisher 得分来表示，计算公式如下：

$$S_i = \frac{\sum_{j=1}^{K} n_j(\mu_{ij} - \mu_i)^2}{\sum_{j=1}^{K} n_j \rho_{ij}^2} \tag{2.59}$$

其中，μ_{ij} 和 ρ_{ij} 分别是特征在类别中的均值和方差，μ_i 为特征 i 的均值，n_j 为类别 j 中的样本数。Fisher 得分越高，特征在不同类别之间的差异性越大，在同一类别中的差异性越小，则特征越重要。

4）Relief 选择法

Relief（Relevant Features）算法是著名的过滤式特征选择方法，最初版本主要针对二分类问题，由 Kira 和 Rendell 在 1992 年首次提出。Relief 算法是一种特征权重算法，通过设计一个“相关统计量”来度量某个特征对于学习任务的重要性，该统计量是一个向量，每个分量分别对应一个初始特征，需要指定一个阈值，选择比阈值大的相关统计量分量对应的初始特征即可，也可以指定需要的特征数量 k，然后选择相关统计量分量最大的 k 个特征。

5）卡方检验选择法

在统计学中，卡方检验用来评价两个事件是否独立，即 $P(AB)=P(A)*P(B)$。卡方检验是以卡方分布为基础的一种假设检验方法，主要用于分类变量。其基本思想是根据样本数据推断总体的分布与期望分布是否有显著性差异，或者推断两个分类变量是否独立或者相关。

首先假设两个变量是独立的（此为原假设），然后观察实际值和理论值之间的偏差程度，若偏差足够小，则认为偏差是很自然的样本误差，接受原假设，即两个变量独立；若偏差大到一定程度，则否定原假设，接受备选假设，即两者不独立。卡方检验的公式如下：

$$\text{CHI}(x,y)=X^2(x,y)=\sum\frac{(A-T)^2}{T} \tag{2.60}$$

其中，A 为实际值，T 为理论值。

CHI 值越大，说明两个变量越不可能是独立不相关的。也就是说，CHI 值越大，两个变量之间的相关性越高，就可以用于特征选择，计算每一个特征与标签之间的 CHI 值，然后按照大小进行排序，最后选择满足临界值要求的 CHI 值或者根据待选择的特征个数进行特征选择。同样，也可以利用 F 检验和 t 检验等假设检验方法进行特征选择。

6）相关系数选择法

（1）Pearson 相关系数

Pearson 相关系数是一种最简单的能够帮助理解特征和响应变量之间关系的方法，该方法衡量的是变量之间的线性相关性，结果的取值区间为[−1,1]，−1 表示完全负相关，1 表示完全正相关，0 表示没有线性相关，即相关系数的绝对值越大、相关性越强，相关系数的值越接近 0，相关性越弱。

Pearson 相关也称为积差相关，是英国统计学家 Pearson 于 20 世纪提出的一种计算直线相关的方法。假设有两个变量 X 和 Y，那么两个变量之间的 Pearson 相关系数可通过如下公式进行计算：

$$\rho_{X,Y}=\frac{\text{cov}(X,Y)}{\sigma_X\sigma_Y}=\frac{E(XY)-E(X)E(Y)}{\sqrt{E(X^2)-E^2(X)}\sqrt{E(Y^2)E^2(Y)}} \tag{2.61}$$

用于特征选择时，Pearson 相关系数易于计算，通常在拿到数据（经过清洗和特征提取之后的）之后的第一时间执行。Pearson 相关系数的一个明显缺陷是，作为特征排序机制，只对线性关系敏感，如果关系是非线性的，即使两个变量具有一一对应的关系，Pearson 相关系数也可能会接近 0。

（2）距离相关系数

距离相关系数就是为了克服 Pearson 相关系数的弱点，在一些情况下，即便 Pearson 相关系数是 0，我们也不能断言这两个变量是独立的，因为 Pearson 相关系数只对线性相关敏感，如果距离相关系数是 0，就可以说这两个变量是独立的。例如，x 与 x^2 之间的 Pearson 系数为 0，但是距离相关系数不为 0。类似于 Pearson 相关系数，距离相关系数被定义为距离协方差，由距离标准差来归一化。

距离相关系数定义：利用 Distance Correlation 研究两个变量 u 和 v 的独立性，记为 $\text{dcorr}(u,v)$。当 $\text{dcorr}(u,v)=0$ 时，说明 u 和 v 相互独立；$\text{dcorr}(u,v)$ 越大，说明 u 和 v 的相关性越强。设 $\{(u_i,v_i),i=1,2,\cdots,n\}$ 是总体 (u,v) 的随机样本，定义两个随机变量 u 和 v 的 DC 样本估计值公式如下：

$$\hat{\mathrm{d}}\mathrm{corr}(u,v)=\frac{\hat{\mathrm{d}}\mathrm{cov}(u,v)}{\sqrt{\hat{\mathrm{d}}\mathrm{cov}(u,u)\hat{\mathrm{d}}\mathrm{cov}(v,v)}} \tag{2.62}$$

其中，$\hat{\mathrm{d}}\mathrm{cov}^2(u,v)=\hat{S}_1+\hat{S}_2-2\hat{S}_3$，$\hat{S}_1$、$\hat{S}_2$、$\hat{S}_3$ 计算公式如下：

$$\begin{aligned}
\hat{S}_1&=\frac{1}{n^2}\sum_{i=1}^{n}\sum_{j=1}^{n}\| u_i-u_j\|_{d_u}\| v_i-v_j\|_{d_v}\\
\hat{S}_2&=\frac{1}{n^2}\sum_{i=1}^{n}\sum_{j=1}^{n}\| u_i-u_j\|_{d_u}\frac{1}{n^2}\sum_{i=1}^{j}\sum_{j=1}^{n}\| v_i-v_j\|_{d_v}\\
\hat{S}_3&=\frac{1}{n^3}\sum_{i=1}^{n}\sum_{j=1}^{b}\sum_{l=1}^{n}\| u_i-u_l\|_{d_u}\| v_j-v_l\|_{d_v}
\end{aligned} \tag{2.63}$$

同理，可计算 $\hat{\mathrm{d}}\mathrm{cov}(u,u)$ 和 $\hat{\mathrm{d}}\mathrm{cov}(v,v)$。

用于特征选择时，我们可根据上述公式计算各个特征与标签数据的距离相关系数，根据阈值或者待选择特征的个数进行特征选择。

2. 包裹式选择

包裹式特征选择法的特征选择过程与学习器相关，使用学习器的性能作为特征选择的评价准则，选择最有利于学习器性能的特征子集。一般来说，由于包裹式选择直接对学习器性能进行优化，因此从最终的性能来看包裹式选择比过滤式选择更好，但是选择过程需要多次训练学习器，因此包裹式选择的计算开销通常要比过滤式选择大得多。包裹式特征选择可使用不同的搜索方式进行候选子集的搜索，包括确定性搜索、随机搜索等方法。

1）确定性搜索

确定性搜索包括前向搜索、后向搜索和双向搜索。前向搜索即从空集开始逐个添加对学习算法性能有益的特征，直到达到特征选择个数的阈值或者学习算法性能开始下降；后向搜索即从初始的特征集逐个剔除对学习算法无益的特征，直到达到特征选择个数的阈值或者学习算法性能开始下降；双向搜索即将前向搜索与后向搜索结合起来，每一轮逐渐增加选定的相关特征（这些特征在后续轮中将确定不会被剔除），同时减少无关特征。显然，无论是前向搜索、后向搜索还是双向搜索策略都是贪心的，因为这 3 个策略仅仅考虑在本轮选择中使学习算法性能最优。

2）随机搜索

随机搜索即每次产生随机的特征子集，使用学习算法的性能对该特征子集进行评估，若优于以前的特征子集，则保留，否则重新进行随机搜索。随机算法中包含众多启发式算法，例如模拟退火、随机爬山和遗传算法等，在此不再赘述，这里主要介绍在拉斯维加斯方法框架下的 LVW（Las Vegas Wrapper）算法。

LVW 是一种典型的包裹式特征选择方法，在拉斯维加斯方法框架下使用随机策略来进行子集搜索，并以最终分类器的误差为特征子集评价准则。

3）递归特征消除

（1）RFE

递归特征消除（Recursive Feature Elimination，RFE）的主要思想是反复地构建模型（如 SVM 或者回归模型），然后选出最好的（或者最差的）的特征（可以根据系数来选），把选出来的特征放到一边，然后在剩余的特征上重复这个过程，直到所有特征都遍历了。这个过程中特征被消除的次序就是特征的排序。因此，这是一种寻找最优特征子集的贪心算法。

RFE 的稳定性很大程度上取决于在迭代的时候底层用哪种模型。例如，如果 RFE 采用普通的回归方法，没有经过正则化的回归是不稳定的，那么 RFE 就是不稳定的；如果 RFE 采用的是 Ridge(L2)，而用 Ridge 正则化的回归是稳定的，那么 RFE 就是稳定的。sklearn 在 feature_selection 模块中封装了 RFE，感兴趣的读者可以参考 sklearn 相关文档进行进一步学习。

（2）RFECV

RFE 设定参数 n_features_to_select 时存在一定的盲目性，可能使得模型性能变差。比如，n_features_to_select 过小时，相关特征可能被移除特征集，导致信息丢失；n_features_to_select 过大时，无关特征没有被移除特征集，导致信息冗余。在工程实践中，RFECV 通过交叉验证（Cross Validation）寻找最优的 n_features_to_select，以此来选择最佳数量的特征，它所有的子集的个数是 2 的 d 次方减 1（包含空集）。指定一个外部的学习算法，比如 SVM 之类的。通过该算法计算所有子集的 validation error。选择 error 最小的那个子集作为所挑选的特征。sklearn 封装了结合 CV 的 RFE，即 RFECV。在 RFECV 中，如果减少特征会造成性能损失，那么将不会去除任何特征。

4）稳定性选择

稳定性选择是一种二次抽样和选择算法相结合的较新的方法，选择算法可以是回归、SVM 或其他类似的方法。它的主要思想是在不同的数据子集和特征子集上运行特征选择算法，不断地重复，最终汇总特征选择结果，比如可以统计某个特征被认为是重要特征的频率（被选为重要特征的次数除以它所在的子集被测试的次数）。理想情况下，重要特征的得分会接近 100%。稍微弱一点的特征得分会是非 0 的数，而最无用的特征得分将会接近 0。

在 sklearn 的官方文档中，该方法叫作随机稀疏模型。sklearn 在随机 Lasso 和随机逻辑回归中有对稳定性选择的实现。

3. 嵌入式选择

嵌入式特征选择是将特征选择过程与学习器训练过程融为一体，两者在同一个优化过程中完成，并不是所有的机器学习方法都可以作为嵌入法的基学习器，一般来说，可以得到特征系数或者可以得到特征重要性（Feature Importance）的算法才可以作为嵌入法的基学习器。

1）基于正则项

正则化惩罚项越大，模型的系数就会越小。当正则化惩罚项大到一定程度时，部分特征系数会变成 0；当正则化惩罚项继续增大到一定程度时，所有的特征系数都会趋于 0。其中一部分特征系数会更容易先变成 0，这部分系数就是可以筛掉的，即选择特征系数较大的特征。

2）基于树模型

（1）随机森林

随机森林具有准确率高、鲁棒性好、易于使用等优点，这使得它成为目前最流行的机器学习算法之一。随机森林提供了两种特征选择的方法：平均不纯度减少（Mean Decrease Impurity）和平均精确率减少（Mean Decrease Accuracy）。

① 平均不纯度减少

随机森林由多个决策树构成，决策树中的每一个节点都是关于某个特征的条件，为的是将数据集按照不同的响应变量一分为二。利用不纯度可以确定节点：对于分类问题，通常采用基尼系数或者信息增益；对于回归问题，通常采用的是方差或者最小二乘拟合。当训练决策树的时候，可以计算出每个特征减少了多少树的不纯度。对于一个决策树森林来说，可以计算出每个特征平均减少了多少不纯度，并把平均减少的不纯度作为特征选择的值。

② 平均精确率减少

另一种常用的特征选择方法就是直接度量每个特征对模型精确率的影响，主要思路是打乱每个特征的特征值顺序，并且度量顺序变动对模型的精确率影响。很明显，对于不重要的变量来说，打乱顺序对模型的精确率影响不会太大，但是对于重要的变量来说，打乱顺序就会降低模型的精确率。

sklearn.ensemble 中的 RandomForestClassifier 和 RandomForestRegressor 中均有方法 feature_importances_，该值越大，说明特征越重要，可根据此返回值中各个特征的值判断特征的重要性，进而进行特征的选择。

（2）基于 GBDT

GBDT 选择特征的细节其实就是 CART 生成的过程。这里有一个前提，GBDT 的弱分类器默认选择的是 CART。其实也可以选择其他弱分类器，选择的前提是低方差和高偏差。框架服从 Boosting 框架即可。CART 生成的过程其实就是一个选择特征的过程。在 CART 生成的过程中，被选中的特征即为 GBDT 选择的特征。同随机森林一样，sklearn.ensemble 中的 GradientBoostingClassifier 和 GradientBoostingRegressor 中均有方法 feature_importances_，该值越大，说明特征越重要，可根据此返回值中各个特征的值判断特征的重要性，进而进行特征的选择。

（3）基于 XGBoost

XGBoost 和 GBDT 同理，在 XGBoost 中采用 3 种方法来评判模型中特征的重要程度：weight，在所有树中被用作分割样本的特征的总次数；gain，在出现过的所有树中产生的平均增益；cover，在出现过的所有树中的平均覆盖范围（注意：覆盖范围指的是一个特征用作分割点后其影响的样本数量，即有多少样本经过该特征分割到两个子节点）。详细内容可参考 XGBoost 官方文档。

2.6.3 降维

当特征选择完成后，可以直接训练模型，但是可能由于特征矩阵过大导致计算量大、训练时间长的问题，因此降低特征矩阵维度也是必不可少的。常见的降维方法有主成分分析（Principal Component Analysis，PCA）和线性判别分析（Linear Discriminant Analysis，LDA）。

1. 主成分分析

主成分分析作为最经典的降维方法，属于一种线性、无监督、全局的降维算法。它基于投影思想，先识别出最接近数据的超平面，然后将数据集投影到上面，使得投影后的数据方差最大，旨在找到数据中的主成分，并利用这些主成分表示原始数据，从而达到降维的目的。

假设数据集 $X=\{x_1,x_2,\cdots,x_n\}$，其中 x_i 为列向量，$i\in\{1,2,\cdots,n\}$。向量内积在几何上表示为第一个向量投影到第二个向量上的长度，因此向量 x_i 在 ω（单位向量）上的投影可以表示为 $x_i^{\mathrm{T}}\omega$。PCA 算法的目标是找到一个投影方向 ω，使得数据集 X 在 ω 上的投影方差尽可能大。

当数据集 $X=\{x_1,x_2,\cdots,x_n\}$ 表示的是中心化后的数据时，即 $\frac{1}{n}\sum_{i=1}^{n}x_i=0$。投影后均值表示为 $\mu=\frac{1}{n}\sum_{i=1}^{n}x_i^{\mathrm{T}}\omega=(\frac{1}{n}\sum_{i=1}^{n}x_i^{\mathrm{T}})\omega=0$。投影后的方差表示公式如下：

$$
\begin{aligned}
D(x)&=\frac{1}{n}\sum_{i=1}^{n}(x_i^{\mathrm{T}}\omega)^2=\frac{1}{n}\sum_{i=1}^{n}(x_i^{\mathrm{T}}\omega)^{\mathrm{T}}(x_i^{\mathrm{T}}\omega)\\
&=\frac{1}{n}\sum_{i=1}^{n}\omega^{\mathrm{T}}x_ix_i^{\mathrm{T}}\omega=\omega^{\mathrm{T}}(\frac{1}{n}\sum_{i=1}^{n}x_ix_i^{\mathrm{T}})\omega
\end{aligned}
\tag{2.64}
$$

$\frac{1}{n}\sum_{i=1}^{n}x_ix_i^{\mathrm{T}}$ 就是样本协方差矩阵，所以就转化成求解一个最大化问题：

$$
\begin{cases}\max\{\omega^{\mathrm{T}}\sum\omega\}\\ s.t.\ \omega^{\mathrm{T}}\omega=1\end{cases}
\tag{2.65}
$$

引入拉格朗日乘子：

$$
L=-\omega^{\mathrm{T}}\sum\omega+\lambda(\omega^{\mathrm{T}}\omega-1)
\tag{2.66}
$$

对 ω 求导并令导数等于 0，可得 $\sum\omega=\lambda\omega$，则 $D(x)=\omega^{\mathrm{T}}\sum\omega=\lambda\omega^{\mathrm{T}}\omega=\lambda$。至此，可以分析出数据集 X 投影后的方差就是数据集 X 的协方差矩阵的特征值。因此，PCA 算法要找的最大方差也就是协方差矩阵最大的特征值，最佳投影方向就是最大特征值所对应的特征向量。次佳投影方向位于最佳投影方向的正交空间中，是第二大特征值对应的特征向量，以此类推。

PCA 求解方法可以归纳为如下步骤：

（1）中心化处理，即每一位特征减去各自的平均值。

（2）计算协方差矩阵。

（3）计算协方差矩阵的特征值与特征向量。

（4）将特征值从大到小排序，保留前 k 个特征值对应的特征向量。

（5）将原始数据集转换到由前 k 个特征向量构建的新空间中。

2. 线性判别分析

线性判别分析是一种有监督算法，可以用于数据降维。它是 Ronald Fisher 在 1936 年发明的，所以又称为 Fisher LDA。与 PCA 相同的是，它也是基于投影思想实现的，将带上标签的数据点，通过投影变换的方法投影到更低维的空间。在这个低维空间中，同类样本尽可能接近，异类样本尽可能远离。与 PCA 不同的是，LDA 更关心的是分类而不是方差。

从简单的二分类问题出发分析 LDA 算法，假设有 C_1、C_2 两个类别的样本，两类的均值分别为

$\mu_1=\frac{1}{N_1}\sum_{x\in C_1}x$、$\mu_2=\frac{1}{N_2}\sum_{x\in C_2}x$。假设投影方向为$\omega$，我们需要最大化投影后的类间距离，公式如下：

$$\begin{cases}\max_{\omega}\left\|\omega^{\mathrm{T}}(\mu_1-\mu_2)\right\|_2^2\\ s.t.\ \omega^{\mathrm{T}}\omega=1\end{cases} \tag{2.67}$$

进一步优化目标，公式如下：

$$J(\omega)=\frac{\omega^{\mathrm{T}}(\mu_1-\mu_2)(\mu_1-\mu_2)^{\mathrm{T}}\omega}{\sum_{x\in C_i}\omega^{\mathrm{T}}(x-\mu_i)(x-\mu_i)^{\mathrm{T}}\omega} \tag{2.68}$$

接下来定义类内散度，公式如下：

$$S_{\omega}=\sum_{x\in C_i}(x-\mu_i)(x-\mu_i)^{\mathrm{T}} \tag{2.69}$$

定义类间散度，公式如下：

$$S_B=(\mu_1-\mu_2)(\mu_1-\mu_2)^{\mathrm{T}} \tag{2.70}$$

故目标由公式 2.70 变换如下：

$$\max_{\omega}=\frac{\omega^{\mathrm{T}}S_B\omega}{\omega^{\mathrm{T}}S_{\omega}\omega} \tag{2.71}$$

对ω求导，令其为 0，得：

$$(\omega^{\mathrm{T}}S_{\omega}\omega)S_B\omega=(\omega^{\mathrm{T}}S_B\omega)S_{\omega}\omega \tag{2.72}$$

令$\lambda=J(\omega)=\frac{\omega^{\mathrm{T}}S_B\omega}{\omega^{\mathrm{T}}S_{\omega}\omega}$，所以$S_B\omega=\lambda S_{\omega}\omega$，$S_{\omega}^{-1}S_B\omega=\lambda\omega$，又成为求矩阵特征值与特征向量的问题，最大化$J(\omega)$，即求$S_{\omega}^{-1}S_B$的最大特征值，投影向量即为该特征值对应的特征向量。

LDA 求解方法可以归纳为如下步骤：

（1）计算类内矩阵S_{ω}。

（2）计算类间矩阵S_B。

（3）计算矩阵$S_{\omega}^{-1}S_B$。

（4）计算$S_{\omega}^{-1}S_B$最大的d个特征值和特征向量，按列组成投影矩阵ω。

（5）对样本集中的每一个样本x_i计算投影后的坐标，$Z_i=W^{\mathrm{T}}x_i$。

2.7 本章小结

本章从机器学习三要素、数据分析、估计与方差、最大似然估计到如何有效地进行特征工程等方面进行了简要介绍。首先，从机器学习模型、学习准则到优化算法 3 个方面进行了机器学习基本要素的介绍。其次，分别介绍了数据分析的类别与方法。再次，介绍了统计方法实现机器学习目标的估计、偏差、方差和最大似然估计等，不仅可以解决训练集上的任务，还可以泛化。最后，特征选择则是从原始特征中筛选出重要特征，缓解维数灾难问题，使用降维方法降低特征矩阵维度，能够减少计算量和缩短模型训练时间。

2.8　复　习　题

1. 机器学习的基本流程是什么？

2. 不同机器学习任务的主要区别是什么？

3. 机器学习的目标是什么？

4. 为什么说最优化方法在机器学习算法的推导与实现中占据中心地位？

5. 数据分析的作用是什么？

6. 什么准则可以让我们从不同模型中得到特定函数作为好的估计，而不是猜测某些函数可能是好的估计，然后分析其偏差和方差？

参 考 文 献

[1]周志华.机器学习[M]. 北京：清华大学出版社，2016：P121-139，298-300.

[2]Thomas Mayer.The Macroeconomic Loss Function:A Critical Note[J]. Applied Economics Letters，2003，10(6):347-349.

[3]邱锡鹏.神经网络与深度学习[M]. 北京：机械工业出版社，2020.

[4]L. Rosasco,T. Poggio.机器学习正规化之旅. MIT-9.520 讲义笔记，2015.

[5]陈大伟，闫昭，刘昊岩.SVD 系列算法在评分预测中的过拟合现象[J]. 山东大学学报（工学版）. 2014，44(3)：P15-21.

[6]（美）Tom Mitchell. Machine Learning[M]. 北京：机械工业出版社，2003.

第3章

神经网络基础

近几年，神经网络相关的书籍大量发行，相关研究越来越多，越来越多的新网络结构被提出并取得了不错的成效。神经网络已然成为计算机领域最热门的方向之一。本章将介绍神经网络的产生、组成单元以及如何使用简单的神经网络解决实际问题。

在学习神经网络之前，我们需要对神经网络底层先做一个基本的了解。我们将在本节介绍线性神经网络、感知机以及反向传播等算法，让读者能够有一个全面的认识。

3.1 神经网络概述

深度学习是机器学习中一个需要使用深度神经网络的子域，在神经网络被研究了半个多世纪之后，Hinton 提出了解决梯度“消失”和“爆炸”的方法（2006 年），迎来了新一轮的浪潮。2012年，Hinton 课题组使用其构建的卷积神经网络 AlexNet 参加 ImageNet 图像识别比赛，并力压 SVM 方法夺得冠军，使得更多人开始注意到神经网络，同时神经网络的相关研究也得到了充分重视。

3.1.1 神经网络简史

早期神经网络的创造灵感来源于生物神经网络，最早期的神经网络也被称为人工神经网络（Artificial Neural Network，ANN）。最早提出的人工神经网络是 20 世纪 50 年代的感知机（Perception），它包含输入层、输出层和一个隐藏层，只能够拟合最简单的一些函数，在单个神经元上能够进行训练，这也是神经网络发展史上公认的第一次浪潮。随着数学的发展和计算能力的提高，在 20 世纪 80 年代，误差反向传播（Back Propagation，BP）和多层感知机（Multilayer Perceptron，MLP）被提出。其中，MLP 包含多个隐藏层，能够拟合更加复杂的函数，使用反向传播能够训练层数较浅的多层感知机，由此掀起了第二次浪潮。后来人们也开始尝试通过增加网络层数来解决更复杂的问题，并且在初期取得了一定的效果。并不是神经网络层数越深越好，因为随着层数的增加会出现明显的

“梯度”消失或“梯度”爆炸的现象。2006 年，Hinton 使用预训练加微调的方法解决了以上问题，掀起了第三次浪潮，并在 2016 年出现相关书籍，神经网络逐渐从理论研究走向实际应用，在声音、图像、推荐等领域有了成功的应用并产生了实际的价值。

3.1.2 神经网络基础理论

神经网络是通过数学算法来模拟人的思维，是数据挖掘中机器学习的典型代表。神经网络是人脑的抽象计算模型。

本节介绍学习神经网络所需掌握的基础知识，包括神经元、损失函数、激活函数、正向传播以及反向传播。了解这些知识有助于理解神经网络的工作原理和过程。

1. 神经元

生物神经元即神经元细胞，是神经系统基本的结构和功能单位，分为细胞体和突起两部分。细胞体由细胞核、细胞膜、细胞质组成，具有联络和整合输入信息并传出信息的作用。突起有树突和轴突两种。树突短而分枝多，直接由细胞体扩张突出，形成树枝状，其作用是接受其他神经元轴突传来的冲动并传给细胞体。轴突长而分枝少，为粗细均匀的细长突起，常起于轴丘，其作用是接受外来刺激，再由细胞体传出。轴突除分出侧枝外，其末端形成树枝样的神经末梢。末梢分布于某些组织器官内，形成各种神经末梢装置。感觉神经末梢形成各种感受器；运动神经末梢分布于骨骼肌肉，形成运动终极。

1）生物神经元

生物神经网络中各神经元之间连接的强弱按照外部的激励信号进行适应变化，而每个神经元又随着所接受的多个激励信号的综合结果表现出兴奋和抑制状态。人脑的学习过程就是神经元之间连接强度随外部激励信息进行适应变化的过程，人脑处理信息的结果由各神经元状态的整体效果确定。神经元在结构上由细胞体、树突、轴突和突触 4 部分组成，如图 3.1 所示。

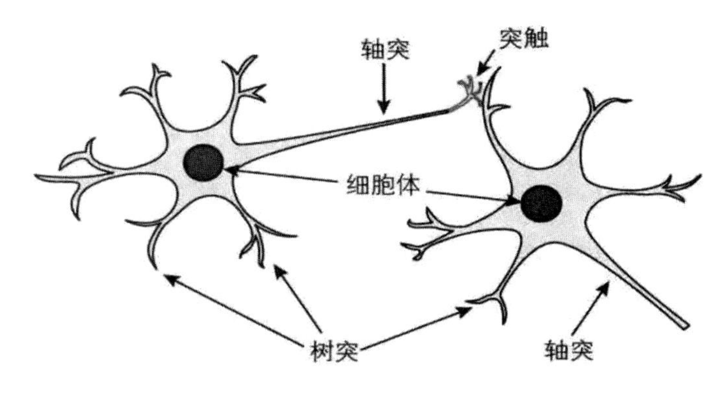

图 3.1　生物神经元的结构

- 细胞体：细胞体由细胞核、细胞质和细胞膜等组成。
- 树突：树突是精致的管状延伸物，是细胞体向外延伸出的许多较短的分支，围绕细胞体形成灌木丛状，它们的作用是接受来自四面八方传入的神经冲击信息，相当于细胞的“输入端”，信息流从树突出发，经过细胞体，然后由轴突传出。

- 轴突：轴突是由细胞体向外冲出的最长的一条分支，形成一条通路，信号能经过此通路从细胞体长距离地传送到脑神经系统的其他部分，其相当于细胞的“输出端”。
- 突触：突触是神经元之间通过一个神经元的轴突末梢和其他神经元的细胞体或树突进行通信连接，这种连接相当于神经元之间的输入输出的接口。

2）人工神经元

人工神经元是对生物神经元的功能和结构的模拟，是对生物神经的形式化描述，是对生物神经元信息处理过程的抽象。

人工神经元接收一个或多个输入（代表神经树突处的兴奋性突触后电位和抑制性突触后电位），并将它们相加以产生输出（或激活，代表沿其轴突传递的神经元的动作电位）。通常每个输入都单独加权，总和通过称为激活函数或传递函数的非线性函数。传递函数通常具有 Sigmoid 形状，但它也可能采用其他非线性函数、分段线性函数或阶跃函数的形式。它们也经常单调递增、连续、可微且有界。阈值函数启发了构建逻辑门，称为阈值逻辑，适用于构建类似大脑处理的逻辑电路。

2. 感知机

感知机模型如图 3.2 所示。感知机将获得的多项输入乘以对应的权重求和得到中间结果 m，将求和结果 m 和设定的阈值 0 比较大小，如果最终的结果大于等于该值，则输出 1，否则输出 0。这一比较过程可以形象地看成生物细胞接收到信号神经元之后，决定是否释放神经电流。

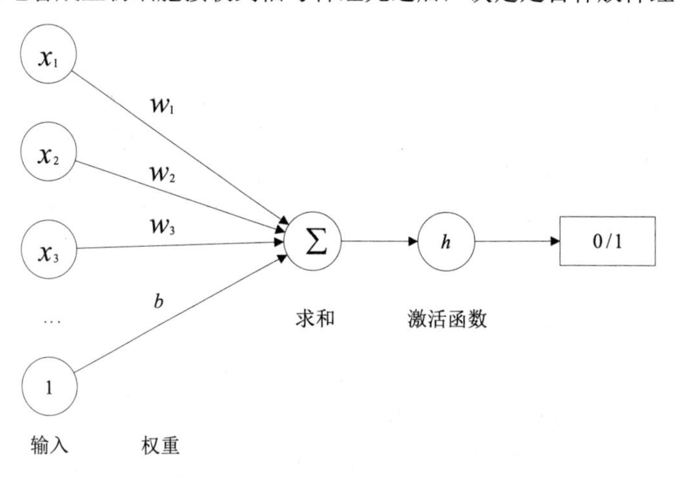

图 3.2 感知机模型

感知机模型的数学定义如公式 3.1、公式 3.2 以及公式 3.3 所示。

中间结果：

$$m=\sum_{i=1}^{n} w_i x_i + b \tag{3.1}$$

感知机的输出结果表示：

$$\text{output}=h(m)=\begin{cases}1 & m\geqslant 0\\ 0 & m<0\end{cases} \tag{3.2}$$

代价函数公式：

$$\begin{aligned} J_p(\theta) &= \sum_{x^{(i)}\in M_0} \theta^{\mathrm{T}} x^{(i)} - \sum_{x^{(j)}\in M_1} \theta^{\mathrm{T}} x^{(j)} \\ &= \sum_{i=1}^{n}((1-y^i)h(x^{(i)}) - y^{(i)}(1-h(x^i)))\theta^{\mathrm{T}} x^{(i)} \\ &= \sum_{i=1}^{n}(h(x^{(i)}) - y^{(i)})\theta^{\mathrm{T}} x^{(i)} \end{aligned} \tag{3.3}$$

其中，x_i 表示输入项，w_i 表示对应的权重，b 为偏移项。令 $\theta^{\mathrm{T}} x = \sum_{i=0}^{n} w_i x_i$ ，即 θ^{T} 为 $w_0,\cdots,w_n$ 组成的向量。

如公式 3.3 所示，预测结果的误差来源有两类：一类是实际类别为 0 但是预测类别为 1，用 M_0 表示这类集合，误差为 $\sum_{x^{(i)}\in M_0} \theta^{\mathrm{T}} x^{(i)}$ ；另一类是实际类别为 1 但预测类别为 0，用 M_1 表示这类输入数据的集合，误差为 $\sum_{x^{(j)}\in M_1} \theta^{\mathrm{T}} x^{(j)}$ 。因为感知机的阈值设置为 0，且 $\sum_{x^{(j)}\in M_1} \theta^{\mathrm{T}} x^{(j)}$ 为小于 0 的数，为了统一两类误差的符号，所以在其之前增添负号并与一类误差进行求和，得到最终的误差。

为了减少总误差，并求得误差最小时所对应的参数值，采用参数优化方法中的随机梯度下降方法（Stochastic Gradient Descent，SGD）来更新参数的误差的最小值，如公式 3.4 所示。其中，α 为学习率，需要人为设置。

$$w = w + \alpha(y - h(x))x = \begin{cases} w - \alpha x & y = 0, h(x) = 1 \\ w + \alpha x & y = 1, h(x) = 0 \\ w & \text{其他} \end{cases} \tag{3.4}$$

起初感知机被寄予希望能够解决人工智能的部分难题，但 MIT 人工智能实验室创始人 Marvin Minsky 和 Seymour Paper 在 *Perceptrons* 中指出感知机不能解决线性不可分问题。

3. 损失函数

在神经网络的设计过程中，使用合适的损失函数（Loss Function）是相当重要的，从其作用的角度出发，代价函数（Cost Function）的定义是用来找到问题最优解的函数。从严格意义上讲，损失函数表示对于单个样本输出值与实际值之间的误差。代价函数表示在整个训练集上所有样本误差的平均，即损失函数的平均。目标函数（Object Function）是最终需要优化的函数，一般等于代价函数加上正则化项。

假设有训练样本 $x = (x_1, x_2, \cdots, x_n)$ ，标签为 y，模型为 h，参数为 θ。神经网络的预测值为 $h(\theta) = \theta^{\mathrm{T}} x$ 。这里用 $L(\theta)$ 表示损失函数，表示单个样本预测值与真实值之间的误差。每个模型都需要多个样本来进行训练，将所有 $L(\theta)$ 取均值得到代价函数 $J(\theta)$，表示在整个训练集上的平均误差。在不考虑结构化风险的情况下，将 $J(\theta)$直接当作目标函数，这里的目标函数既是衡量模型效果的函数，也是模型最终需要优化的函数。

在训练过程中，用 $J(\theta)$来判断是否需要终止训练，则整个训练过程可以表示为 $\min_{\theta} J(\theta)$ 。理想情况下，$J(\theta)$取最小值 0 的时候停止训练，此时就会得到最优的参数 θ，代表模型能够完全拟合，没有任何训练误差。在一般情况下，$J(\theta)$不能达到理论最小值 0。因此，可以在训练过程中加入终止条件，例如迭代次数，或者是 $J(\theta)$在误差精度内不再下降时终止训练。

如果不考虑结构风险，而是直接把代价函数作为最后的目标函数，往往会出现过拟合的现象，即模型在训练集上表现很好，但是在测试集或其他数据集上性能明显下降。这表示模型除了学习到针对某个问题共同的特征之外，还学习到了该训练集上特有的数据规律，导致模型的泛化能力弱。为了避免模型过拟合现象的发生，需要在经验风险 $J(\theta)$的基础上融入结构化风险 $J(f)$。$J(f)$专门用来衡量模型的复杂度，也叫作正则化项。正则化项的引入是人为地加入先验知识，利用先验知识来防止过拟合。关于正则化，后面第 5 章有论述。

神经网络中的损失函数非常多，假设用 y 表示真实值，x 表示输入的数据，h 表示模型，L 表示损失函数，常见的损失函数有以下几项。

1）0-1 损失函数

$$L(y,f(x))\begin{cases}1,\ y\neq f(x)\\0,\ y=f(x)\end{cases} \tag{3.5}$$

如公式 3.5 所示，预测值和实际值不相等就为 1，相等就为 0。该损失函数方便统计所有预测中判断错误的个数。需要注意的是，0-1 损失函数不是凸函数，也不是光滑的，所以在实际使用中直接进行优化很困难。

2）绝对值损失函数

$$L(y,f(x))=\sum_{i=1}^{n}|y_i-f(x_i)| \tag{3.6}$$

如公式 3.6 所示，将真实值与预测值差的绝对值之和作为损失函数，容易理解，也被叫作 L1 损失函数。需要注意的是，绝对值损失函数不连续，所以在实际使用中可能有多个局部最优点，当数据集进行调整时，此损失函数的解可能会有一个较大的变动。

3）对数损失函数

$$L(y,P(y|x))=-\log P(y|x) \tag{3.7}$$

如公式 3.7 所示，对数损失函数背后蕴含了极大似然估计的思想，适合表征概率分布特征，适合多分类。

4）平方损失函数

$$L(y|f(x))=\sum_{i=1}^{N}(y_i-f(x_i))^2 \tag{3.8}$$

如公式 3.8 所示，将真实值与预测值的差值进行平方求和来表示损失，解决了绝对值损失函数不是全局可导的问题，也叫作 L2 损失函数。平方操作会把异常点的影响放大，因此会使解有一个较大的波动，即异常点的影响较大，需要大量的正常数据进行训练来进行矫正，适合用于回归问题。

5）指数损失函数

$$L(y \mid f(x)) = \exp(-yf(x)) \tag{3.9}$$

如公式3.9所示，由于此类损失函数对于错误分类给予了最大的惩罚，因此此类损失函数对异常点非常敏感，适用于分类任务。AdaBoost分类算法中使用的就是指数损失函数。

6）Hinge损失函数

$$L(y, f(x)) = \max(0, 1 - yf(x)) \tag{3.10}$$

如公式3.10所示，正确分类损失为0，否则为$1 - yf(x)$。通常情况下，$f(x) \in [-1,1]$，$y \in \{-1,1\}$。需要注意的是，该函数在$yf(x)$处不可导，因此直接使用梯度法不合适，使用次梯度下降法作为其优化算法。Hinge损失函数的健壮性高，专注于整体误差，用于SVM。

7）交叉熵损失函数

$$L(x, y) = -\frac{1}{n}\sum_{x}[y \ln f(x) + (1-y)\ln(1-f(x))] \tag{3.11}$$

如公式3.11所示，其中n表示样本总数量，交叉熵刻画的是两个概率分布之间的距离，因此适合衡量预测和真实整体概率分布之间的差距，适用于二分类或多分类任务。

4. 激活函数

激活函数（Activation Function）是指将神经元的输入映射到输出时所需要进行的函数变换，具有非线性、可微性和单调性。

在最早的单层神经网络感知机中，输入x和输出m的关系是线性的，当时还没有激活函数的概念，在最后输出结果之前将$m = \sum_{i=1}^{n} w_i x_i + b$与0做比较，大于0则输出分类为1，小于0则输出分类为0。如图3.3所示，即使前面的层数变成多层，输入用$\boldsymbol{x}$向量表示，$\boldsymbol{x}$到中间层第一个神经元的映射权重用$\boldsymbol{w}_1^2$向量表示，$\boldsymbol{w}_1^2 = (w_{1-1}, w_{2-1}, w_{3-1}, b_{4-1})^{\mathrm{T}}$，可以得到$\boldsymbol{m} = \boldsymbol{w}_1^{2\mathrm{T}}\boldsymbol{x} + \boldsymbol{w}_2^{2\mathrm{T}}\boldsymbol{x} + \boldsymbol{w}_3^{2\mathrm{T}}\boldsymbol{x} + \boldsymbol{w}_4^{2\mathrm{T}}\boldsymbol{x}$，依然还是线性的，不能拟合非线性问题。

因此，在神经网络中加入激活函数即可加入非线性的特征，使神经网络能够解决非线性问题。加入了激活函数的神经元。

其中，输出$y = h(\sum_i w_i x_i + b)$，$h$表示激活函数。常见的激活函数有Sigmoid、Tanh、ReLU、Softmax等。

1）Sigmoid

Sigmoid的表达式如下：

$$f(z) = \frac{1}{1 + \mathrm{e}^{-z}} \tag{3.12}$$

可以把输出映射到0~1，当取无穷大时，取值为1；当取无穷小时，取值为0。

2）Tanh

Tanh 的表达式如下：

$$\mathrm{Tanh}(x)=\frac{\mathrm{e}^{x}-\mathrm{e}^{-x}}{\mathrm{e}^{x}+\mathrm{e}^{-x}} \tag{3.13}$$

把输出映射到-1 到 1 之间，但在 x 极大或极小时梯度很小，此时使用梯度下降算法训练很慢。

3）ReLU

ReLU 的表达式如下：

$$\mathrm{ReLU}=\max(0,x) \tag{3.14}$$

可知 ReLU 损失函数本质上是一个取最大值的函数。

4）Softmax

Softmax 的表达式如下：

$$\mathrm{Softmax}(Z_i)=\frac{\mathrm{e}^{Z_i}}{\sum_{c=1}^{C}\mathrm{e}^{c}} \tag{3.15}$$

i 代表某一层的第 i 个神经元的输出值，C 为输出节点的个数，通过此函数把输出值变为和为 1 的概率分布，适合多分类问题。

5. 正向传播

训练神经网络首先进行正向传播，然后通过反向传播算法对权重进行修正。这里以具有两层隐藏层、一层输入层、一层输出层的前馈神经网络为例进行介绍。

图 3.3 所示为输入层、隐藏层 1、隐藏层 2、输出层，从左到右依次为 1、2、3、4 层。输入为二维向量 $x=(x_1,x_2)^{\mathrm{T}}$，输出为一个实数 y。设激活函数为 h，这里假设每个神经元选择相同的激活函数以便推导。用 I_l 表示第 l 层的输入、O_l 表示第 l 层的输出，可以得到 I_l 与 O_l 的关系如公式 3.16 所示。

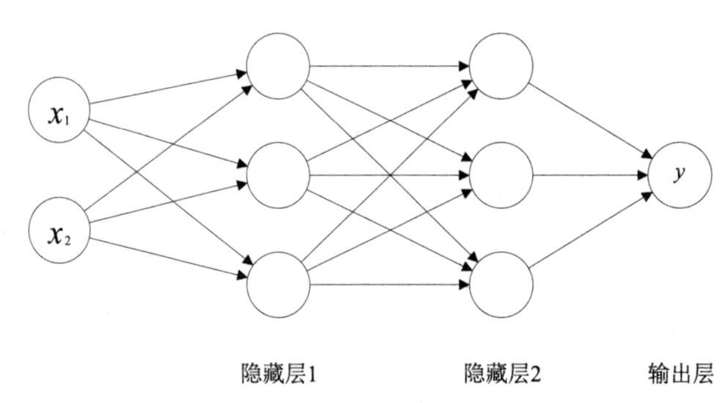

图 3.3　正向传播神经网络示意图

$$O_l=h(I_l) \tag{3.16}$$

相邻两层之间的关系如公式 3.17 所示。

$$I_l = W_l O_{l-1} \tag{3.17}$$

W_l 表示权重矩阵。对于第一层，也就是输入层而言，I_l=x。由此推导，$O_1 = h(I_1), I_2 = W_2 O_1$，$O_2 = h(I_2), I_3 = W_3 O_2, O_3 = h(I_3), I_4 = W_4 O_3, O_4 = h(I_4)$，这里 O_4 就是 y，总结起来，输出 y 与输入 x 之间的关系如公式 3.18 所示。

$$y = h(W_4 h(W_3 h(W_2 h(I_1)))) \tag{3.18}$$

这就是整个正向传播过程。

6. 反向传播

反向传播算法在神经网络发展史上具有重要意义，1974 年由哈佛大学的 Paul Werbos 发明 BP 算法。我们把由一个输入层、一个输出层和一个或多个隐藏层构成的神经网络称为 BP 神经网络。对于训练好的网络，我们直接给定一个输入就能获得对应的输出，而 BP 算法是经典的训练神经网络算法。

训练网络的目的就是通过最小化损失函数来更新权重，BP 算法是更新权重的一种方法。对于一个 BP 神经网络而言，除第一层外，每层都有一个对应的权重 W_l，在训练过程中通过以下方式更新权重：

$$W_l = W_l - \eta \frac{\partial \text{Loss}}{\partial W_l} \tag{3.19}$$

Loss 是定义的损失函数，η 是学习率常数，由我们训练之前设置。L 代表神经网络的层数，O_L 表示最后一层的输出，y 表示实际值，都可以看作向量，当输出神经元只有一个时，变为标量。BP 算法的核心在于求出损失函数关于权值矩阵的偏导 $\frac{\partial \text{Loss}}{\partial W_l}$。

由上一节得出的结论：

$$O_l = h(I_l)，\quad I_l = W_l O_{l-1}$$
$$y = O_L = h(W_4 h(W_3 h(W_2 h(I_1)))) \tag{3.20}$$

可将 Loss 看作以 W_l 为变量的一个函数，根据链式法则，可得权重矩阵 W_l:

$$\frac{\partial \text{Loss}}{\partial W_l} = \frac{\partial \text{Loss}}{\partial I_l}\frac{\partial I_l}{\partial W_l} = \frac{\partial \text{Loss}}{\partial I_l}\frac{\partial W_l O_{l-1}}{\partial W_l} = \xi_l {O_{l-1}}^{\text{T}} \tag{3.21}$$

ξ_l 为第 l 层的误差向量，然后利用链式法则推出相邻两层误差向量之间的关系：

$$\xi_l = \frac{\partial \text{Loss}}{\partial I_l} = \frac{\partial \text{Loss}}{\partial O_l}\frac{\partial O_l}{\partial I_l} = \frac{\partial \text{Loss}}{\partial I_{l+1}}\frac{\partial I_{l+1}}{\partial O_l}\frac{\partial O_l}{\partial I_l} = \xi_{l+1} {W_{l+1}}^{\text{T}} h'(I_l) \tag{3.22}$$

最后一层的误差 $\xi_L = \frac{\partial \text{Loss}}{\partial I_L} = \frac{\partial f(h(I_L))}{\partial I_L}$，激活函数 h 和损失函数 f 都已知，即求出最后一层的

误差 ζ_L，此时 $\frac{\partial \text{Loss}}{\partial W_L}$ 变为已知。然后更新最后一层权重 $W_L = W_L - \eta \frac{\partial \text{Loss}}{\partial W_L}$ ，就可以从最后一层推出 $L-1$ 层的误差 ζ_{L-1}，进而得出 $\frac{\partial \text{Loss}}{\partial W_{L-1}}$ ，再使用 $W_{L-1} = W_{L-1} - \eta \frac{\partial \text{Loss}}{\partial W_{L-1}}$ 更新第 L-1 的权重，以此类推，就可以更新整个网络的所有参数。

3.2 线性神经网络

线性回归（Linear Regression）是采用线性方程作为预测函数，对特定的数据集进行回归拟合，从而得到一个线性模型。比如最简单的线性回归模型：一元线性方程，它的因变量 y 随着自变量 x 的变化而变化，故回归拟合的目的是找到最优参数 w、b，使得此线性函数能最好地拟合已知的数据集（此处假设数据集中只有两列数据，即只有一个属性 x 和它对应的真实值 y）。而由于一元线性方程代表的是一条直线，故当样本数目达到一定数量时，它不可能完美地拟合整个数据集。那么，如何才能选出最优的参数 w、b，使得该简单的线性模型能最好地拟合已知的数据集呢？这里就需要找到模型的损失函数，然后用梯度下降算法来不断学习得到最优参数。本节将详细介绍简单线性回归模型训练的基本步骤。

1. 一元线性模型

已知数据集 X，对应的结果集 Y，我们假设预测函数式为：

$$h_\theta(x) = \theta_0 + \theta_1 x \tag{3.23}$$

其中，θ_0 、θ_1 为待确定的参数。

公式 3.23 是一元线性模型的预测函数。我们要做的是使用数据集 X 和对应的结果集 Y，通过不断调整参数 θ_0 、θ_1，使得输入数据集 X 后，预测函数计算得到对应的值 $h(x)$ 与真实的结果集 Y 的整体误差最小，此时找到的参数 θ_0 、θ_1 为最佳参数，它们确定了预测函数 $h_\theta(x)$ 的表达式，从而使输入未知数据点 x^* 时，模型能够更加自信地计算出它对应的 $h(x^*)$ 。下面用一个例子更形象地进行说明。

假如存在如下数据集：

输入值 x	结果 y
1	3
2	5
3	8
4	9
5	9

我们假设 $h(x)=1+2x$，那么当输入 $x=1$ 时，计算出 $h(1)=3$，与已知结果 y 相符。同理，可以算出，当输入 $x=2$、4 时，计算出预测值 $h(x)$同样与已知结果 y 相符。而当输入 $x=3$、5 时，计算出 $h(x)$与结果 y 不相符，线性回归就是通过已知数据集来确定预测函数的参数，它的目标是使得预测值与已

知的结果集的整体误差最小，从而对于新的数据x，能够更加精确地预测出它对应的y值应该为多少。

怎样判断预测函数已经最好地拟合了数据集呢？通过回顾之前学习到的知识，其实不难猜出，当预测值$h(x^*)$与真实值y之间差距最小时，即找到了最好的拟合参数。因此，最直接地定义它们之间差距的方式就是计算它们的差值的平方。

2. 损失函数

损失函数（Loss Function）的公式是：

$$L_\theta(x)=\frac{1}{2m}\sum_{i=1}^{m}(h_\theta(x)-y)^2 \tag{3.24}$$

已知一元线性模型的预测函数为公式3.23，则它对应的损失函数为：

$$L_\theta(x)=\frac{1}{2m}\sum_{i=1}^{m}(\theta_0+\theta_1 x-y)^2 \tag{3.25}$$

在公式3.24和公式3.25中，m是数据集的样本量。可以看出，损失函数其实就是计算所有样本点的预测值与它的真实值之间“距离”的平方后求平均。所以，为了更好地拟合已知数据集，需要损失函数$L_\theta(x)$的值越小越好。因此，我们的目标就是找到一组θ_0、θ_1，使得它所对应的预测函数$h_\theta(x)$计算出每个数据点的预测值与对应的真实值之间的差距的平方的均值最小，即$L_\theta(x)$最小，此时的θ_0、θ_1为我们要找到的参数。为了实现这个目标，需要通过梯度下降算法不断地更新参数θ_0、θ_1的值，使得损失函数$L_\theta(x)$的值越来越小，直到迭代次数达到一定数量或者损失函数$L_\theta(x)$的值接近甚至等于0为止，此时的参数θ_0、θ_1为所找的参数值。有了损失函数，就能精确地测量模型对训练样本拟合的好坏程度。

3. 梯度下降算法

梯度下降（Gradient Descent）算法是一个最优化算法，在机器学习中常被用来递归性地逼近最小偏差模型。梯度下降算法属于迭代法中的一种，它常被用于求解线性或非线性的最小二乘问题。求解机器学习算法的模型参数属于无约束优化问题，而梯度下降是其最常采用的方法之一，还有另一种常用的方法是最小二乘法。在求解损失函数的最小值时，可以通过梯度下降法来一步步地迭代求解，得到最小化的损失函数和模型参数值。反过来，如果我们需要求解损失函数的最大值，这时就需要用梯度上升法来迭代了。

因此，对于上面提到的简单线性回归模型，为了找出使得损失函数值最小时的参数θ_0、θ_1，需要使用梯度下降算法。

梯度下降算法的原理是：取一个点(a,b)为起始点，即为θ_0、θ_1赋初值为a、b，从这个点出发，往某个方向踏一步，而这一步需要能最快到达$L_\theta(x)$为最小值的位置。为了便于理解，我们可以假设在一个三维空间里，以θ_0作为x轴，以θ_1作为y轴，以损失函数$L_\theta(x)$作为z轴，那么我们的目标就是找到$L_\theta(x)$取得最小值的点所对应的x轴上的值和y轴上的值，即找到z轴方向上的最低点。由于损失函数$L_\theta(x)$是凸函数，它存在最低点，我们把三维空间的图转化为等高线图，可以画出类似图3.4所示的图形。

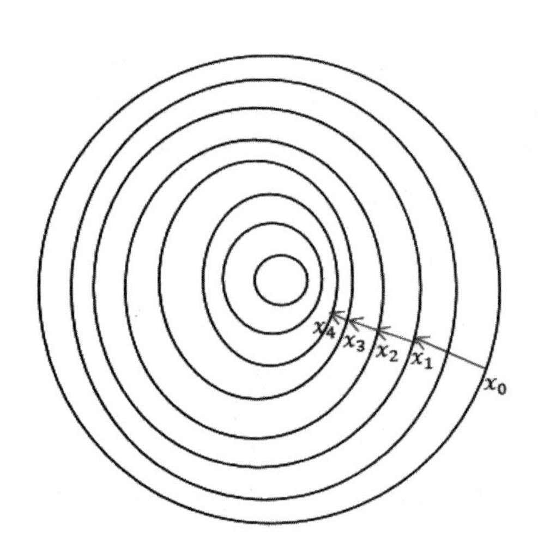

图 3.4　梯度下降等高线图

梯度下降算法的思想是：首先随机初始化 θ_0 、 θ_1 的值分别为 a、b，然后可以想象当一个人站在初始(a,b)的位置上，向四周看一圈，找到最陡的下坡方向，然后向此方向前进一步，在新的位置上再环顾四周，然后向着最陡的下坡方向迈进一步，一直循环此操作，直到到达 z 轴方向的最低点，也就是损失函数取得最小值为止。每次找的最陡的下坡方向就是该位置的切线方向，可以通过在该点求偏微分得到，而迈出的步伐大小可以通过调节参数η来确定，η 也叫学习率，一般取值较小。

对于一元线性模型，我们的目标就是找到一组 θ_0 、 θ_1 ，它所对应的预测函数 $h_\theta(x)$ 计算出每个数据点的预测值与对应的真实值之间的差值平方的均值最小，即损失函数 $L_\theta(x)$ 最小，此时的 θ_0 、θ_1 为我们要找到的参数。为了实现这个目标，需要通过梯度下降算法不断地更新参数 θ_0 、 θ_1 的值，使得损失函数 $L_\theta(x)$ 的值越来越小。因为梯度下降算法需要用到偏微分，由公式 3.23 和公式 3.24 结合一阶导数的求导公式可知：

$$\frac{\partial h_\theta(x)}{\partial \theta_0}=1,\frac{\partial h_\theta(x)}{\partial \theta_1}=x \tag{3.26}$$

$$\frac{\partial L_\theta(x)}{\partial \theta_0}=2\times\frac{1}{2m}\sum_{i=1}^{m}(h_\theta(x)-y)\times\frac{\partial h_\theta(x)}{\partial \theta_0} \tag{3.27}$$

$$\frac{\partial L_\theta(x)}{\partial \theta_1}=2\times\frac{1}{2m}\sum_{i=1}^{m}(h_\theta(x)-y)\times\frac{\partial h_\theta(x)}{\partial \theta_1} \tag{3.28}$$

结合公式 3.26、公式 3.27 和公式 3.28，化简后可得：

$$\frac{\partial L_\theta(x)}{\partial \theta_0}=\frac{1}{m}\sum_{i=1}^{m}(h_\theta(x)-y) \tag{3.29}$$

$$\frac{\partial L_\theta(x)}{\partial \theta_1}=\frac{1}{m}\sum_{i=1}^{m}((h_\theta(x)-y)x) \tag{3.30}$$

使用梯度下降算法，首先需要给 θ_0 和 θ_1 赋初值，然后每一轮同时更新 θ_0 和 θ_1 的值。一般来说，将 θ_0 和 θ_1 赋初值为 0，然后通过梯度下降算法不断地更新它们的值，使得损失函数值越来越小，其中更新参数 θ_0 、 θ_1 的公式为：

$$\theta_0 = \theta_0 - \eta \frac{\partial L_\theta(x)}{\partial \theta_0} \tag{3.31}$$

$$\theta_1 = \theta_1 - \eta \frac{\partial L_\theta(x)}{\partial \theta_1} \tag{3.32}$$

将公式 3.29 和公式 3.30 分别代入公式 3.31 和公式 3.32 中，可得到一元线性模型中，更新参数 θ_0 、θ_1 的公式为：

$$\theta_0 = \theta_0 - \frac{\eta}{m}\sum_{i=1}^{m}(h_\theta(x) - y) \tag{3.33}$$

$$\theta_1 = \theta_1 - \frac{\eta}{m}\sum_{i=1}^{m}((h_\theta(x) - y)x) \tag{3.34}$$

其中，η 为学习率，每轮需要给 θ_0 和 θ_1 同时更新值，直到迭代次数达到一定数量或者损失函数 $L_\theta(x)$ 的值足够小甚至等于 0 为止。

4. 二元线性回归模型

前面的章节介绍了最简单的线性回归模型，它只有一个因变量 x 与对应的结果 y。如果数据集中有两个特征 x_1、x_2，那么此时需要用到二元线性回归模型，它的预测函数为：

$$h_\theta(x) = \theta_0 + \theta_1 x_1 + \theta_2 x_2 \tag{3.35}$$

对应的损失函数为：

$$L_\theta(x) = \frac{1}{2m}\sum_{i=1}^{m}(\theta_0 + \theta_1 x_1 + \theta_2 x_2 - y)^2 \tag{3.36}$$

故，用公式 3.36 对 3 个参数求导可得：

$$\frac{\partial L_\theta(x)}{\partial \theta_0} = \frac{1}{m}\sum_{i=1}^{m}(h_\theta(x) - y) \tag{3.37}$$

$$\frac{\partial L_\theta(x)}{\partial \theta_1} = \frac{1}{m}\sum_{i=1}^{m}((h_\theta(x) - y)x_1) \tag{3.38}$$

$$\frac{\partial L_\theta(x)}{\partial \theta_2} = \frac{1}{m}\sum_{i=1}^{m}((h_\theta(x) - y)x_2) \tag{3.39}$$

同样地，二元线性回归模型也是使用梯度下降算法，通过多次迭代更新参数 θ_0 、θ_1 、θ_2 的值，从而使得它的损失函数值越来越小。因此，首先需要给 θ_0 、θ_1 、θ_2 赋初值，一般都赋值为 0，然后每一轮都同时更新 θ_0 、θ_1 、θ_2 的值。通过多次迭代更新后，使得损失函数 $L_\theta(x)$ 的值越来越接近 0。其中，更新参数 θ_0 、θ_1 、θ_2 的公式分别为：

$$\theta_0 = \theta_0 - \eta \frac{\partial L_\theta(x)}{\partial \theta_0} = \theta_0 - \frac{\eta}{m}\sum_{i=1}^{m}(h_\theta(x) - y) \tag{3.40}$$

$$\theta_1 = \theta_1 - \eta \frac{\partial L_\theta(x)}{\partial \theta_1} = \theta_1 - \frac{\eta}{m}\sum_{i=1}^{m}((h_\theta(x) - y)x_1) \tag{3.41}$$

$$\theta_2 = \theta_2 - \eta \frac{\partial L_\theta(x)}{\partial \theta_2} = \theta_2 - \frac{\eta}{m}\sum_{i=1}^{m}((h_\theta(x) - y)x_2) \tag{3.42}$$

其中，η为学习率，每轮需要给θ_0、θ_1、θ_2同时更新值，直到迭代次数达到一定数量，或者损失函数$L_\theta(x)$的值足够小甚至等于 0 为止。

5. 多元线性回归模型

同样的道理，当每笔数据有两个以上的特征时，可以使用多元线性回归模型来拟合数据集。多元线性模型的预测函数为：

$$h_\theta(x) = \theta_0 + \theta_1 x_1 + \theta_2 x_2 + \cdots + \theta_n x_n \tag{3.43}$$

在现实案例中，每笔数据一般都有很多特征，故常用多元线性模型来进行回归拟合。在进行多元线性回归拟合之前，还需要对数据进行预处理等。关于多元线性回归模型请查阅相关书籍。

6. 用简单线性回归模型预测考试成绩

本示例是一个非常简单的例子。数据集由一个特征：学习时长（time），与其对应的 y 值：考试成绩（score）组成。通过一个简单线性回归模型，使用已知数据集对模型进行训练，训练后得出线性回归模型的参数，从而得到学习时长与考试成绩之间的关系。通过训练好的模型，输入学习时长，就能预测出对应的考试成绩。

1）创建数据集并提取特征和标签

首先需要导入相关的模块，然后创建数据集，这里使用 Pandas 数据分析包。具体代码如下：

【例 3.1】简单线性回归模型预测考试成绩。

```
#导入相关的模块
from collections import OrderedDict
import pandas as pd
#创建数据集
data = {'学习时长':[0.5, 0.65, 1, 1.25, 1.4,1.75, 1.75, 2, 2.25, 2.45, 2.65, 3,
3.25,3.5, 4, 4.25, 4.5, 4.75, 5, 5.5, 6],
'成绩':[12,23,18,43,20,22,23,35,50,63,48,55,76,62,73,82,76,64,82,91,93]}
dataOrderDict = OrderedDict(data)
dataDf = pd.DataFrame(dataOrderDict)
#提取特征和标签，分别存放到 data_X、data_Y 中
data_X = dataDf.loc[:,'学习时长']
data_Y = dataDf.loc[:,'成绩']
```

将数据集的散点图画出来，可以看一下数据的分布，代码如下：

```
#导入画图的库函数
import matplotlib.pyplot as plt
#画出数据集的散点图
plt.scatter(data_X,data_Y,color='red',label='score')
#设置散点图的标题、坐标轴的标签
plt.title("Data distribution image")
```

```
plt.xlabel('the learning time')
plt.ylabel('score')
#将图显示出来
plt.show()
```

结果输出如图 3.5 所示。

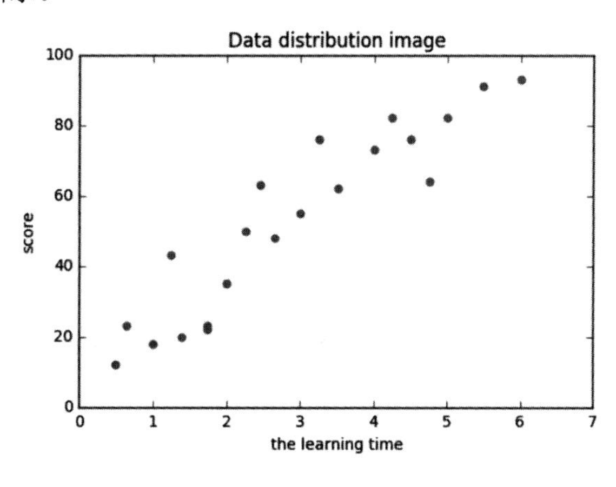

图 3.5　案例数据分布图

下一步需要将数据集拆分为训练集和测试集，训练集用于训练模型，然后用测试集计算模型的得分。这里使用 sklearn 中的 train_test_split 函数实现对数据集的拆分。然后输出拆分后的训练集、测试集的大小。

```
from sklearn.model_selection import train_test_split
from sklearn.linear_model import LinearRegression
X_train,X_test,y_train,y_test = train_test_split(data_X,data_Y,test_size=0.2)
print('data_X.shape:',data_X.shape)
print('X_train.shape:',X_train.shape)
print('X_test.shape:',X_test.shape)
print('data_Y.shape:',data_Y.shape)
print('y_train.shape:',y_train.shape)
print('y_test.shape:',y_test.shape)
```

输出结果如下：

```
data_X.shape: (21,)
X_train.shape: (16,)
X_test.shape: (5,)
data_Y.shape: (21,)
y_train.shape: (16,)
y_test.shape: (5,)
```

接着画出训练数据和测试数据的图像，代码如下：

```
plt.scatter(X_train,y_train,color='blue',label='training data')
plt.scatter(X_test,y_test,color='red',label='testing data')
plt.legend(loc=2)
plt.xlabel('the learning time')
plt.ylabel('score')
plt.show()
```

结果输出如图 3.6 所示。

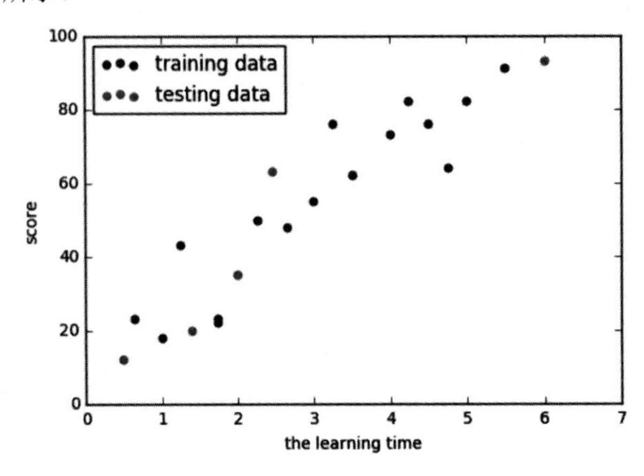

图 3.6　训练集和测试集的数据点分布图

2）模型训练

在 sklearn 中，LinearRegression 类实现了线性回归算法。前面已经将数据集拆分为训练集和测试集，这里将训练集中的数据输入模型中进行训练，具体代码如下：

```
#导入 LinearRegression 类
from sklearn.linear_model import LinearRegression
#将 X_train、y_train 转化成 1 列数据
X_train = X_train.reshape(-1,1)
y_train = y_train.reshape(-1,1)
#生成线性回归模型，然后将训练集数据输入模型中进行训练
model = LinearRegression()
model.fit(X_train,y_train)
```

这样线性回归模型就训练好了，由于数据集只含有一个特征值，故该案例的预测函数为：

$$h_\theta(x)=\theta_0+\theta_1 x \tag{3.44}$$

训练后即得到了最佳拟合线，故它的参数 θ_0、θ_1 的值可以通过 model.intercept_和 model.coef_得到，具体代码如下：

```
#截距
a = model.intercept_
#回归系数
b = model.coef_
print('最佳拟合线：截距 a=',a,'回归系数 b=',b)
```

其中 θ_0、θ_1 分别对应截距 a 和回归系数 b。运行代码，输出结果如下：

```
最佳拟合线：截距 a= [ 9.09387798] 回归系数 b= [[ 15.07109838]]
```

下面绘制最佳拟合曲线图像，代码如下：

```
plt.scatter(X_train,y_train,color='blue',label='training data')
y_train_predData = model.predict(X_train)
plt.plot(X_train,y_train_predData,color='green',linewidth=3,label='best fit line')
plt.legend(loc=2)
```

```
plt.xlabel('the learning time')
plt.ylabel('score')
plt.show()
```

输出的拟合曲线如图 3.7 所示。

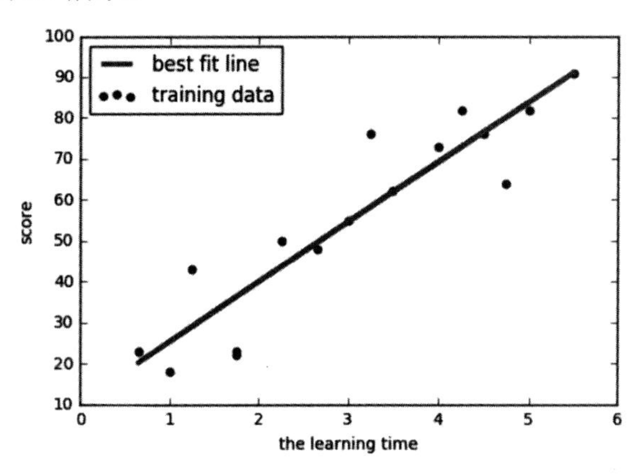

图 3.7　最佳拟合曲线图

下面将测试集数据点也画出来，看看最佳拟合曲线是否能在测试集上也表现不错，代码如下：

```
plt.scatter(X_train,y_train,color='blue',label='training data')
y_train_predData = model.predict(X_train)
plt.plot(X_train,y_train_predData,color='green',linewidth=3,label='best fit
line')
plt.scatter(X_test,y_test,color='red',label='testing data')
plt.legend(loc=2)
plt.xlabel('the learning time')
plt.ylabel('score')
plt.show()
```

结果输出如图 3.8 所示。

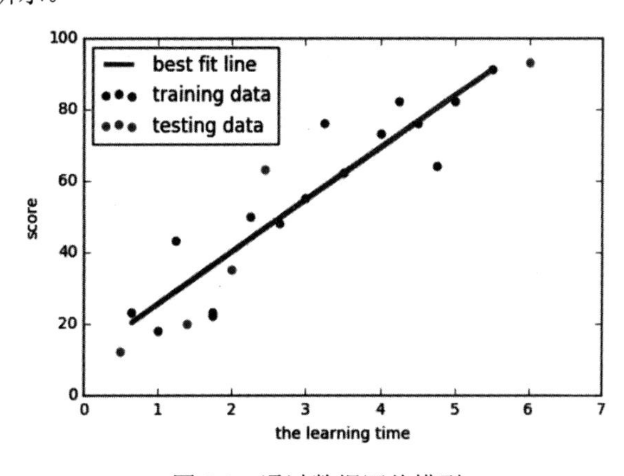

图 3.8　通过数据评估模型

可以看到，测试数据点也是围绕在最佳拟合曲线附近，证明拟合曲线还是不错的。这个训练好的线性回归模型在训练集和测试集上的得分是多少呢？可以通过 model.score()函数来计算，这个函数可以在官网 API 中查到详细信息，它是通过公式：

$$R^2 = 1 - \frac{u}{v} \tag{3.45}$$

来计算得到的。其中：

$$u=((y\_\text{true}-y\_\text{pred})**2).\text{sum}() \tag{3.46}$$

$$v=((y\_\text{true}-y\_\text{true.mean}())**2).\text{sum}() \tag{3.47}$$

sum()为求和函数，mean()为均值函数，u 和 v 都是非负数，故得分最高为 1。具体代码如下：

```
X_test = X_test.reshape(-1,1)
y_test = y_test.reshape(-1,1)
trainData_score = model.score(X_train,y_train)
testData_score = model.score(X_test,y_test)
print('trainData_score:',trainData_score)
print('testData_score:',testData_score)
```

输出结果如下：

```
trainData_score: 0.845515661166
testData_score: 0.890717012244
```

我们也可以用这个训练好的模型预测成绩，输入一个学习时长，比如 3.7，然后调用 model.predict()函数即可，代码如下：

```
y_pred = model.predict(3.7)
print('y_realValue:',y_pred)
```

输出结果如下：

```
y_realValue: [[ 64.78608188]]
```

如果读者自己运行一下代码，可能得到不一样的结果，这是因为训练集和测试集是打乱顺序的，因此最终训练后的参数可能有些不同。

这个例子用的数据集比较少，而且是只有一个特征的简单模型。现实中的模型数据量会比这个数据集大很多，特征也复杂多样。

3.3 感 知 机

感知机是二类分类的线性分类模型，其输入为实例的特征向量，输出为实例的类别。感知机是神经网络与支持向量机的基础。

3.3.1 感知机模型

感知机是最简单的人工神经网络结构之一，由 Frank Rosenblatt 于 1957 年发明。它基于一种稍微不同的人工神经元（见图 3.9），称为阈值逻辑单元（Threshold Logic Unit，TLU），或称为线性阈值单元（Linear Threshold Unit，LTU）。

它的输入和输出是数字（而不是二元开/关值），并且每个输入连接都一个权重。TLU 计算其输入的加权和（$z=w_1x_1+w_2x_2+\cdots+w_nx_n=w^\mathrm{T}x$），然后将阶跃函数应用于该和，并输出结果：$h_w(x)=\mathrm{step}(z)$，其中 $z=w^Tx$。

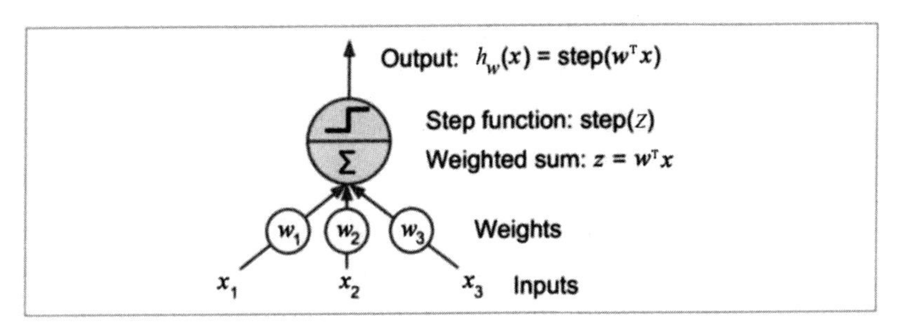

图 3.9 感知机

感知机的激活函数可以有很多选择，比如我们可以选择下面这个阶跃函数 f（见公式 3.48）来作为激活函数（假设阈值等于 0）：

$$f(z)=\begin{cases}1 & z>0\\0 & 其他\end{cases} \tag{3.48}$$

单个 TLU 可用于简单的线性二元分类。它计算输入的线性组合，如果结果超过阈值，和逻辑回归分类或线性支持向量机分类一样，它也是输出正类或者输出负类。例如，你可以使用单个 TLU，基于花瓣长度和宽度对鸢尾花进行分类。训练 TLU 意味着去寻找合适的 w_0、w_1 和 w_2 值。

感知机只由一层 TLU 组成，每个 TLU 连接到所有输入。当一层神经元连接着前一层的每个神经元时，该层被称为全连接层。感知机的输入来自输入神经元，输入神经元只输出从输入层接收的任何输入。所有的输入神经元都位于输入层。此外，通常再添加一个偏置特征（等于 1）：这种偏置特性通常用一种称为偏置神经元的特殊类型神经元来表示，它总是输出 1。图 3.10 展示了一个具有两个输入和 3 个输出的感知机，它可以将实例同时分成为三个不同的二元类，这使它成为一个多输出分类器。

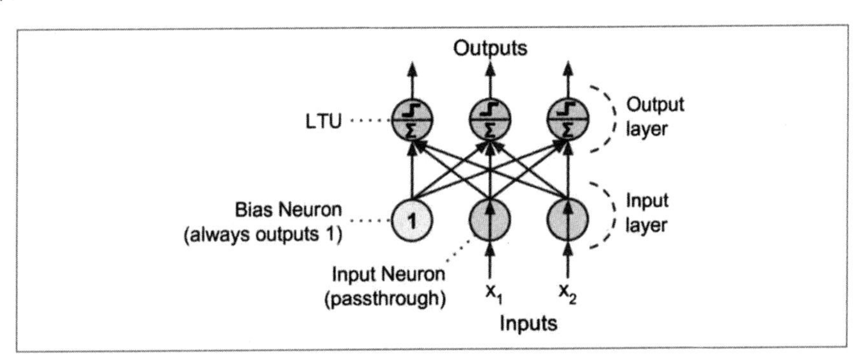

图 3.10 具有两个输入和 3 个输出的感知器

借助线性代数，利用公式 3.49 方便同时计算出几个实例的一层神经网络的输出：

$$h_{w,b}(X)=f(XW+b) \tag{3.49}$$

在这个公式中：

（1）X 表示输入特征矩阵，每行是一个实例，每列是一个特征。

（2）函数 f 被称为激活函数，当人工神经网络是 TLU 时，激活函数是阶跃函数。

（3）权重矩阵 W 包含所有的连接权重，除了偏置神经元外。每有一个输入神经元权重矩阵就有一行，神经层每有一个神经元权重矩阵就有一列。

（4）偏置量 b 含有所有偏置神经元和人工神经元的连接权重。每有一个人工神经元就对应一个偏置项。

那么感知机是如何训练的呢？Frank Rosenblatt 提出的感知器训练算法在很大程度上受到 Hebb 规则的启发。在 1949 出版的《行为组织》一书中，Donald Hebb 提出，当一个生物神经元经常触发另一个神经元时，这两个神经元之间的联系就会变得更强。这个规则后来被称为 Hebb 规则（Hebbian Learning）。我们使用这个规则的变体来训练感知机，该规则考虑了网络所犯的误差。更具体地，感知机一次被输送一个训练实例，对于每个实例，它进行预测。对于每一个产生错误预测的输出神经元，修正输入的连接权重，以获得正确的预测。公式 3.50 展示了 Hebb 规则。

$$w_{i,j}^{(\text{next step})} = w_{i,j} + \eta(y_j - \hat{y}_j)x_i \tag{3.50}$$

在这个公式中：

（1）$w_{i,j}$ 是第 i 个输入神经元与第 j 个输出神经元之间的连接权重。

（2）η 是学习率。

（3）y_j 是当前训练实例的第 j 个输出神经元的目标输出，它是一个目标值。

（4）$\hat{y}_j$ 是当前训练实例的第 j 个输出神经元的输出，它是一个预估值。

（5）x_i 是当前训练实例的第 i 个输入值。

每个输出神经元的决策边界是线性的，因此感知机不能学习复杂的模式。然而，如果训练实例是线性可分的，该算法将收敛到一个解，这个解不是唯一的，当数据点线性可分的时候，存在无数个可以将它们分离的超平面。

sklearn 提供了一个 Perceptron 类，它实现了单个 TLU 网络。它可以实现大部分功能，例如用于 Iris 数据集。

【例 3.2】感知机在 Iris 数据集的使用。

```
import numpy as np
from sklearn.datasets import load_iris
from sklearn.linear_model import Perceptron
iris = load_iris()
#花瓣长度，宽度
X = iris.data[:, (2, 3)]  # petal length, petal width
y = (iris.target == 0).astype(np.int)
per_clf = Perceptron(max_iter=1000, tol=1e-3, random_state=42)
per_clf.fit(X, y)
```

默认情况下，sklearn 提供的 Perceptron 类具有如下特点：

（1）不需要设置学习率（Learning Rate）。

（2）不需要正则化处理。

（3）仅使用错误样本更新模型。

与逻辑回归分类器相反，感知机不输出分类概率。

感知机结构简单，故它有一些严重缺陷，无法解决一些稍微复杂的问题。感知机里神经元的作用可以理解为对输入空间进行直线划分，单层感知机无法解决最简单的非线性可分问题，比如感知机可以顺利求解与（AND）和或（OR）问题，但是对于异或（XOR）问题（见图 3.11），单层感知机无法通过一条直线进行分割。

任何其他线性分类模型，比如逻辑回归分类器都是这样的。但是由于研究人员对感知机的期望更高，所以有些人感到失望，进而放弃了对感知机的进一步研究。

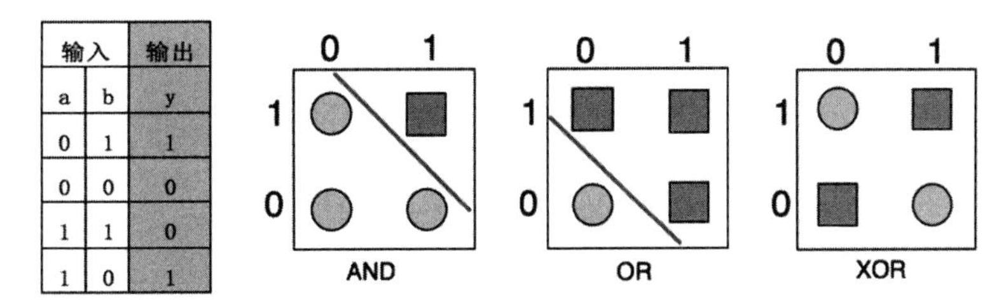

图 3.11　XOR 问题

然而，事实证明，感知机的一些局限性可以通过堆叠多个感知机消除。由此产生的人工神经网络被称为多层感知机（Multi-Layer Perceptron，MLP）。特别地，多层感知机可以解决 XOR 问题，可以通过计算图 3.12 所示的 MLP 模型的输出来验证输入的每一个组合：输入(0,0)或(1,1)则输出 0，输入(0,1)或(1,0)则输出 1。除了 4 个连接的权重不是 1 外，其他连接的权重都是 1。

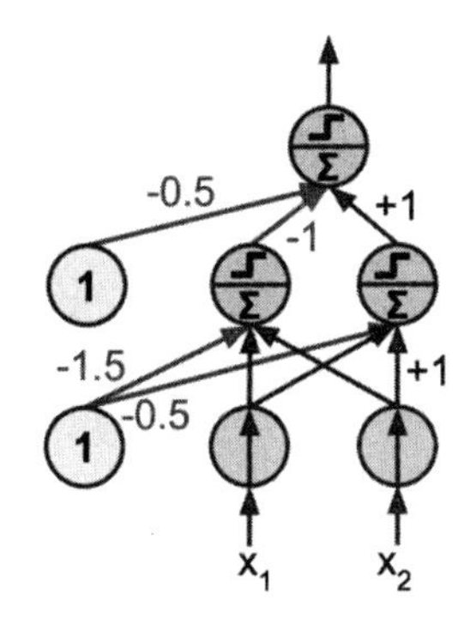

图 3.12　解决 XOR 分类问题的 MLP 模型

下列代码演示一个线性感知机如何判断鸢尾花是否属于某一个种类。

【例 3.3】感知机识别鸢尾花。

```
import numpy as np
import os
%matplotlib inline
import matplotlib as mpl
import matplotlib.pyplot as plt
mpl.rc('axes', labelsize=14)
mpl.rc('xtick', labelsize=12)
mpl.rc('ytick', labelsize=12)
```

```
# 存放图像的地址
PROJECT_ROOT_DIR = "."
CHAPTER_ID = "ann"
IMAGES_PATH = os.path.join(PROJECT_ROOT_DIR, "images", CHAPTER_ID)
os.makedirs(IMAGES_PATH, exist_ok=True)
def save_fig(fig_id, tight_layout=True, fig_extension="png", resolution=300):
    path = os.path.join(IMAGES_PATH, fig_id + "." + fig_extension)
    print("Saving figure", fig_id)
    if tight_layout:
        plt.tight_layout()
    plt.savefig(path, format=fig_extension, dpi=resolution)
import numpy as np
from sklearn.datasets import load_iris
from sklearn.linear_model import Perceptron
%matplotlib inline
import matplotlib as mpl
import matplotlib.pyplot as plt
iris = load_iris()
#花瓣长度，花瓣宽度
X = iris.data[:, (2, 3)]
y = (iris.target == 0).astype(np.int)
per_clf = Perceptron(max_iter=1000, tol=1e-3, random_state=42)
per_clf.fit(X, y)
#计算出决策函数的斜率和截距
a = -per_clf.coef_[0][0] / per_clf.coef_[0][1]
b = -per_clf.intercept_ / per_clf.coef_[0][1]
axes = [0, 5, 0, 2]
x0, x1 = np.meshgrid(
        np.linspace(axes[0], axes[1], 500).reshape(-1, 1),
        np.linspace(axes[2], axes[3], 200).reshape(-1, 1),
    )
X_new = np.c_[x0.ravel(), x1.ravel()]
y_predict = per_clf.predict(X_new)
zz = y_predict.reshape(x0.shape)
#绘制感知机分类图
plt.figure(figsize=(10, 4))
plt.plot(X[y==0, 0], X[y==0, 1], "bs", label="Not Iris-Setosa")
plt.plot(X[y==1, 0], X[y==1, 1], "yo", label="Iris-Setosa")
plt.plot([axes[0], axes[1]], [a * axes[0] + b, a * axes[1] + b], "k-", linewidth=3)
from matplotlib.colors import ListedColormap
custom_cmap = ListedColormap(['#9898ff', '#fafab0'])
plt.contourf(x0, x1, zz, cmap=custom_cmap)
plt.xlabel("Petal length", fontsize=14)
plt.ylabel("Petal width", fontsize=14)
plt.legend(loc="lower right", fontsize=14)
plt.axis(axes)
save_fig("perceptron_iris_plot")
plt.show()
```

最后分类结果如图 3.13 所示。

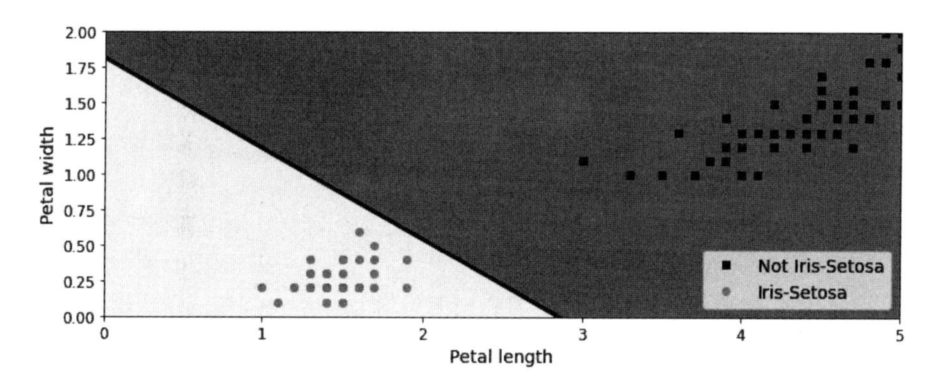

图 3.13　感知机识别鸢尾花

3.3.2　多层感知机

MLP 由一个输入层、一个或多个被称为隐藏层的 TLU 组成（见图 3.14），一个 TLU 层称为输出层。靠近输入层的层通常被称为较低层，靠近输出层的层通常被称为较高层。除了输出层外，每一层都有一个偏置神经元，并且全连接到下一层。

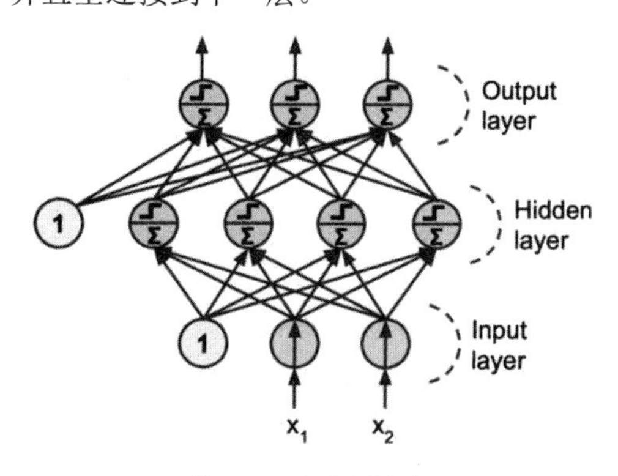

图 3.14　多层感知机

信号从输入到输出是单向流动的，也就是每一层的节点仅和下一层的节点相连，这种架构被称为前馈神经网络（Feedforward Neural Network，FNN）。感知机其实就是一个单层的前馈神经网络，因为它只有一个节点层——输出层进行复杂的数学计算。允许同一层节点相连或一层的节点连到前面各层中的节点的架构被称为递归神经网络。当人工神经网络具有多个隐藏层的时候，就被称为深度神经网络（Deep Neural Network，DNN）。

1. 反向传播

MLP 的训练方法比感知机复杂得多。一种方法是把网络中的每个隐藏节点或输出节点看作是一个独立的感知机单元，使用与公式 3.50 相同的权重更新公式。但是很显然，这种方法行不通，因为缺少隐藏节点的真实输出的先验知识。这样就很难确定各隐藏节点的误差项。

直到 1986 年，David Rumelhart、Geoffrey Hinton、Ronald Williams 发表了一篇突破性的论文，提出了至今仍在使用的反向传播算法（Back Propagation，BP）。总而言之，反向传播算法使用了高效的方法自动计算梯度下降。只需要两次网络传播（一次向前，一次向后），反向传播算法就可以对每个模型参数计算网络误差的梯度。换句话说，反向传播算法为了减小误差，可以算出每个连接权重和每个偏置项的调整量。当得到梯度之后，就做一次常规的梯度下降，不断重复这个过程，直到网络得到收敛解。

下面我们对反向传播算法进行详细介绍。

（1）每次处理一个小批量（例如，每个批次包含 32 个实例），用训练集多次训练 BP，每次被称为一个轮次（Epoch）。

（2）每个小批量先进入输入层，输入层再将其发到第一个隐藏层。计算得到该层所有神经元（小批量的每个实例）的输出。输出接着传到下一层，直到得到输出层的输出。这个过程就是前向传播，就像做预测一样，只是保存了每个中间结果，中间结果要用于反向传播。

（3）计算输出误差，也就是使用损失函数比较目标值和实际输出值，然后返回误差。

（4）计算每个输出连接对误差的贡献程度。这是通过链式法则（就是对多个变量做微分的方法）实现的。

（5）使用链式法则，计算最后一个隐藏层的每个连接对误差的贡献，这个过程不断反向传播，直到到达输入层。

（6）使用 BP 算法做一次梯度下降步骤，用刚刚计算的误差梯度调整所有连接权重。

反向传播算法十分重要，再归纳一下：对每个训练实例，反向传播算法使用前向传播先做一次预测，然后计算误差，接着反向经过每一层以测量每个连接的误差贡献量（反向传播），最后调整所有连接权重以降低误差（梯度下降）。

对于每次训练来说，都要先设置 Epoch 数，每次 Epoch 其实做的就是 3 件事：前向传播，反向传播，然后调整参数。接着进行下一次 Epoch，直到 Epoch 数执行完毕。

需要注意，随机初始化隐藏层的连接权重很重要。假如所有的权重和偏置都初始化为 0，则在给定一层的所有神经元都是一样的，反向传播算法对这些神经元的调整也会是一样的。换句话说，就算每层有几百个神经元，模型的整体表现就像每层只有一个神经元一样。如果权重是随机初始化的，就可以破坏对称性，训练出不同的神经元。

2. 激活函数

为了使反向传播算法正常工作，研究人员对 MLP 的架构做了一个关键调整，也就是用 Logistic 函数（Sigmoid）代替阶跃函数：

$$\sigma(z)=1/(1+\exp(-z)) \tag{3.51}$$

这是必要的，因为阶跃函数只包含平坦的段，因此没有梯度，而梯度下降不能在平面上移动。而 Logistic 函数处处都有一个定义良好的非零导数，允许梯度下降在每一步上取得一些进展。反向传播算法也可以与其他激活函数一起使用，下面就是两个流行的激活函数：

双曲正切函数：

$$\text{Tanh}(z)=2\sigma(2z)-1 \tag{3.52}$$

类似于 Logistic 函数，它是 S 形、连续可微的，但是它的输出值范围为-1~1，而不是 Logistic 函数的 0~1。这往往使每层的输出在训练开始时或多或少都变得以 0 为中心，这常常有助于加快收敛速度。

ReLU 函数：

$$\mathrm{ReLU}(z)=\max(0,z) \tag{3.53}$$

ReLU 函数是连续的，但是在 z=0 时不可微，因为函数的斜率在此处突然改变，斜率突然改变导致梯度下降，在 0 点左右跳跃。但在实践中，ReLU 效果很好，并且具有计算快速的优点，于是成为默认的激活函数。

这些流行的激活函数及其派生函数如图 3.15 所示。但是，究竟为什么需要激活函数呢？如果将几个线性变化组合起来，得到的还是线性变换。比如，对于 $f(x)=2x+3$ 和 $g(x)=5x-1$，两者组合起来仍是线性变换：$f(g(x))=2(5x-1)+3=10x+1$。如果层之间不具有非线性，则深层网络和单层网络其实是等同的，这样就不能解决复杂问题。相反地，足够深且有非线性激活函数的 DNN，在理论上可以近似于任意连续函数。

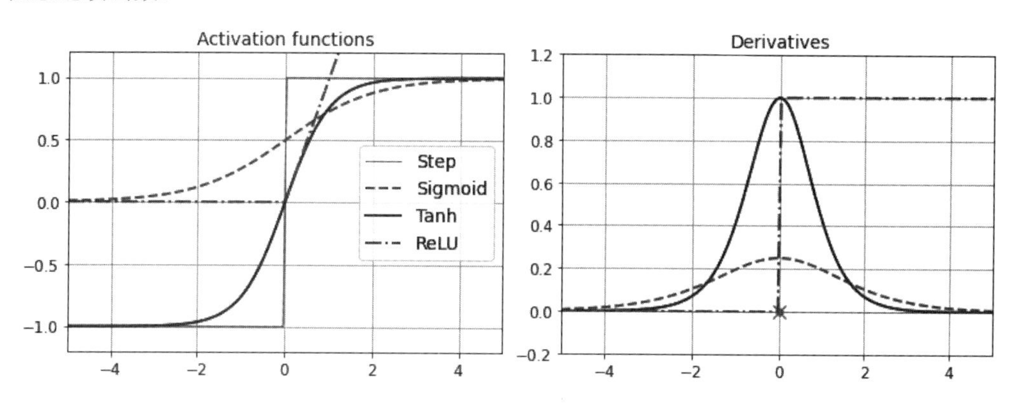

图 3.15　激活函数及其派生函数

3. 分类 MLP

与感知机一样，MLP 可用于分类。对于二元分类问题，只需要一个使用逻辑激活函数的输出神经元：输出是一个 0 和 1 之间的值，这个输出我们可以将它解释为正类的估计概率。负类的估计概率等于 1 减去正类的概率。

MLP 也可以处理多标签二进制分类。例如，邮件分类系统可以预测一封邮件是垃圾邮件还是正常邮件，同时可以预测是紧急邮件还是非紧急邮件。这时，就需要两个输出神经元，两个都是用 Logistic 函数：第一个输出垃圾邮件的概率，第二个输出紧急邮件的概率。更为一般地讲，需要为每个正类分配一个输出神经元。多个输出概率的和不一定非要等于 1。这样模型就可以输出各种标签的组合：非紧急非垃圾邮件、紧急非垃圾邮件、非紧急垃圾邮件和紧急垃圾邮件。

如果每个实例只能属于一个类，但可能是三个或多个类中的一个，比如对于数字图片分类，可以使用类 0 到类 9，则每一类都要有一个输出神经元，整个输出层要使用 Softmax 激活函数（见图 3.16）。Softmax 函数可以保证每个估计概率位于 0 和 1 之间，并且各个值相加等于 1。这被称为多类分类。

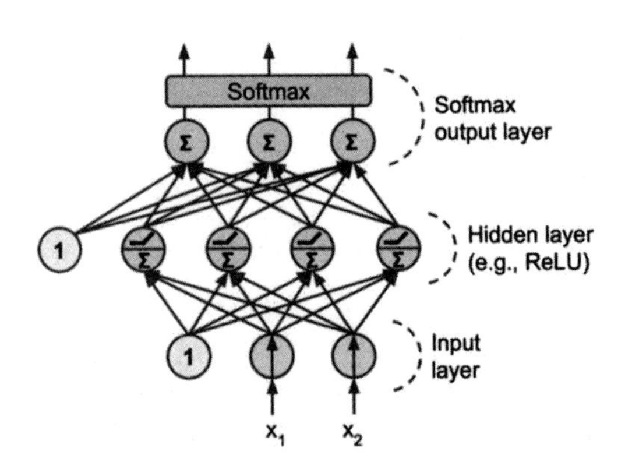

图 3.16 使用 Softmax 激活函数的 MLP

对于多分类 MLP 的损失函数，由于我们要预测概率分布，一般选择交叉熵损失函数（也称为对数损失）。

sklearn 提供了多层感知机的 MLPClassifier 类来实现分类功能，它实现了通过反向传播算法进行训练的 MLP 算法。

下面的示例代码中，MLP 在两个数组上进行训练：大小为(*n*_samples,*n*_features)的数组 *X* 用来存储表示训练样本的浮点型特征向量，大小为(*n*_samples,)的数组 *y* 用来存储训练样本的目标值（类别标签）。

【例 3.4】多层感知机。

```
from sklearn.neural_network import MLPClassifier
X = [[0., 0.], [1., 1.]]
y = [0, 1]
clf = MLPClassifier(solver='lbfgs', alpha=1e-5,
                hidden_layer_sizes=(5, 2), random_state=1)
clf.fit(X, y)
```

拟合（训练）后，该模型可以预测新样本的标签：

```
>>> clf.predict([[2., 2.], [-1., -2.]])
array([1, 0])
```

MLP 可以为训练数据拟合一个非线性模型。 clf.coefs_包含构成模型参数的权值矩阵：

```
>>> [coef.shape for coef in clf.coefs_]
[(2, 5), (5, 2), (2, 1)]
```

目前，MLPClassifier 只支持交叉熵损失函数，它通过运行 predict_proba 方法进行概率估计。

MLP 算法使用反向传播的方式，对于分类问题而言，它最小化了交叉熵损失函数，为每个样本 *x* 给出了一个向量形式的概率估计 $P(y|x)$：

```
>>> clf.predict_proba([[2., 2.], [1., 2.]])
array([[1.967...e-04, 9.998...-01],
      [1.967...e-04, 9.998...-01]])
```

MLPClassifier 通过应用 Softmax 作为输出函数来支持多分类。

此外，该模型还支持多标签分类，其中一个样本可以属于多个类别。对于每个种类，原始输出经过 Logistic 函数变换后，大于或等于 0.5 的值将为 1，否则为 0。对于样本的预测输出，值为 1 的索引表示该样本的分类类别：

```
>>> X = [[0., 0.], [1., 1.]]
>>> y = [[0, 1], [1, 1]]
>>> clf = MLPClassifier(solver='lbfgs', alpha=1e-5,
...                     hidden_layer_sizes=(15,), random_state=1)
...
>>> clf.fit(X, y)
MLPClassifier(alpha=1e-05, hidden_layer_sizes=(15,), random_state=1,
              solver='lbfgs')
>>> clf.predict([[1., 2.]])
array([[1, 1]])
>>> clf.predict([[0., 0.]])
array([[0, 1]])
```

4. 回归 MLP

除了分类功能之外，MLP 还可以用来回归任务。如果想要预测一个值，例如根据许多特征预测房价，就只需要一个输出神经元，它的输出值就是预测值。对于多变量回归（一次预测多个值），则每一个维度都要有一个神经元。例如，想要定位一幅图片的中心，就要预测 2D 坐标，因此需要两个输出神经元。如果再给物体周围加个边框，则还需要两个值：对象的宽度和高度。

sklearn 提供了多层感知机的 MLPRegressor 类来实现回归功能。通常，当用 MLP 做回归时，输出神经元不需要任何激活函数。但是如果要让输出是正值，则可对输出值使用 ReLU 激活函数。另外，还可以使用 Softplus 激活函数，这是 ReLU 的一个平滑化变体：Softplus(z)= log(1+exp(z))。z 是负值时，Softplus 接近 0；z 是正值时，Softplus 接近 z。最后，如果想让输出落入一定范围内，则可以使用调整过的 Logistic 或双曲正切函数：Logistic 函数用于 0~1，双曲正切函数用于-1~1。

训练中的损失函数一般是均方误差，但如果训练集有许多异常值，则可以使用平均绝对误差。

5. 实用技巧

在使用 sklearn 提供的多层感知机分类的时候，应该注意以下问题。

1）正则化

首先是正则化问题。MLPRegressor 类和 MLPClassifier 类都使用参数 alpha 作为正则化（L2 正则化）系数，正则化通过惩罚大数量级的权重值以避免过拟合问题。增大 alpha 值会使得权重参数的值倾向于取比较小，从而解决高方差的问题，也就是过拟合的现象，这样会产生曲率较小的决策边界。类似地，减小 alpha 值会使得权重参数的值倾向于取比较大的值来解决高偏差，也就是欠拟合的现象，这样会产生更加复杂的决策边界。

图 3.17 展示了不同的 alpha 值下的决策函数的变化。

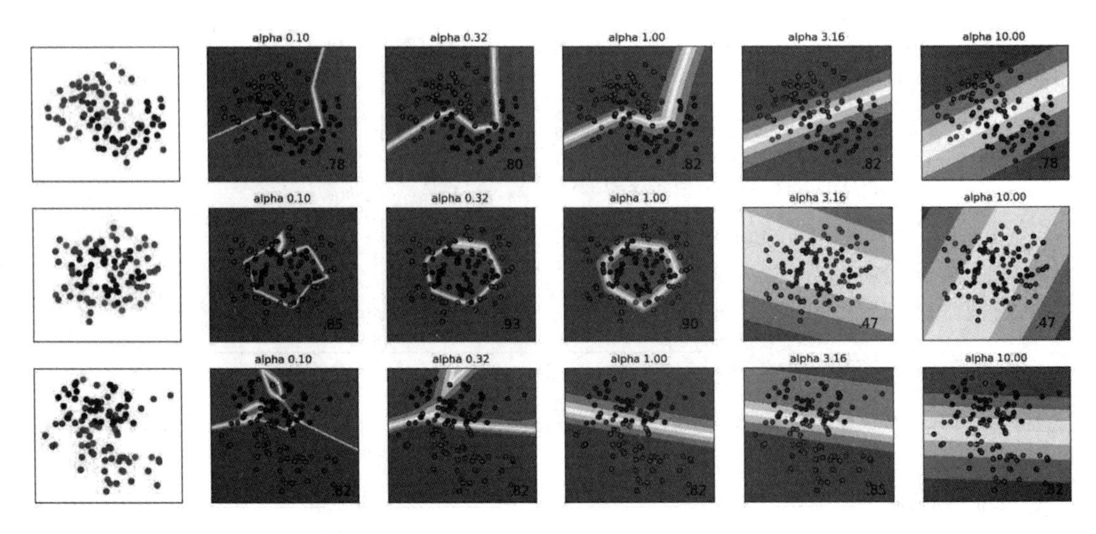

图 3.17 不同的 alpha 值对决策边界的影响

2）归一化

多层感知机对特征的缩放是敏感的，所以强烈建议数据进行训练前要进行归一化处理。例如，将输入向量 X 的每个属性放缩到[0,1]或[-1,+1]，或者将其标准化，使其具有 0 均值和方差 1。另外要注意的是，为了得到有意义的结果，必须对测试集也应用相同的尺度缩放。读者可以使用 StandardScaler 进行标准化。

【例 3.5】将数据归一化。

```
from sklearn.preprocessing import StandardScaler
from sklearn import datasets
#加载鸢尾花数据集
iris = datasets.load_iris()
#花瓣长度，花瓣宽度
X = iris["data"][:, (2, 3)]
X_train = X[:100]
X_test = X[100:]
scaler = StandardScaler()
scaler.fit(X_train)
X_train = scaler.transform(X_train)
X_test = scaler.transform(X_test)
```

另一个推荐的方法是在 Pipeline 中使用 StandardScaler。最好使用 GridSearchCV 找到一个合理的正则化参数，通常范围在 10.0**-np.arange(1,7)。根据经验可知，我们观察到 L-BFGS 是收敛速度更快且在小数据集上表现更好的解决方案。对于规模相对比较大的数据集，Adam 是非常鲁棒的，它通常会迅速收敛，并得到相当不错的表现。另一方面，如果学习率调整得正确，使用 Momentum 或 Nesterov' s Momentum 的 SGD 可能比这两种算法更好。

3）使用 warm_start 的各种控制

如果希望更多地控制 SGD 中的停止标准或学习率，或者想要进行额外的监视，使用 warm_start=True 和 max_iter=1 并且自身迭代可能会有所帮助：

```
>>> clf = MLPClassifier(hidden_layer_sizes=(15,), random_state=1, max_iter=1,
```

```
warm_start=True)
```

3.4　支持向量机

支持向量机（Support Vector Machine，SVM）是一个经典的两类分类算法，其找到的分割超平面具有更好的鲁棒性，因此广泛使用在很多任务上，并表现出了很强的优势。

3.4.1　支持向量机的原理

支持向量机是一个功能强大并且全面的机器学习模型，它能够实现以下监督学习任务：线性分类和非线性分类、回归，甚至是异常值检测。它是机器学习领域最受欢迎的模型之一。

支持向量机的优势在于：

（1）在高维空间中非常高效。

（2）即使在数据维度比样本数量大的情况下仍然有效。

（3）在决策函数（称为支持向量）中使用训练集的子集，因此它也是高效利用内存的。

（4）具有通用性，不同的核函数与特定的决策函数一一对应。

1. 函数间隔

在感知机模型中，可以找到多个可以分类的超平面将数据分开，并且优化时希望所有的点都被准确分类。实际上，离超平面很远的点已经被正确分类，它对超平面的位置没有影响。为了解决这个问题，最需要关心的是那些离超平面很近的点，这些点很容易被误分类。如果可以让离超平面比较近的点尽可能远离超平面，最大化几何间隔，那么分类效果会更好一些。SVM 的思想正是起源于此。

在图 3.18 中，分离超平面为 $\boldsymbol{w}^{\mathrm{T}}x+b=0$，如果所有的样本不光可以被超平面分开，还和超平面保持一定的函数距离（图 3.18 中为 1），那么这样的分类超平面是比感知机的分类超平面更优的。可以证明，这样的超平面只有一个。将和超平面平行的、保持一定函数距离的这两个超平面对应的向量定义为支持向量，如图 3.18 虚线上的点所示。

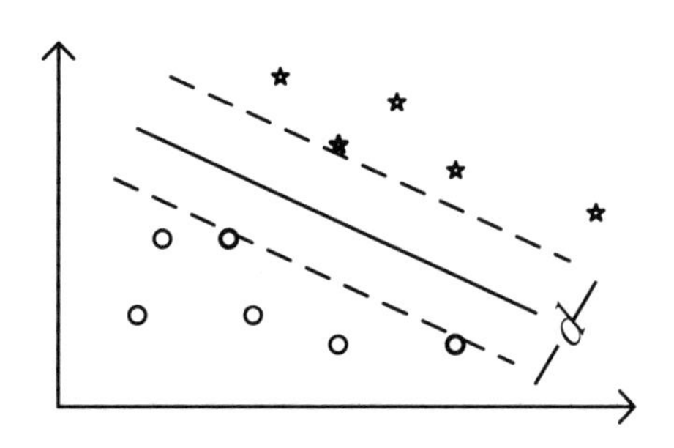

图 3.18　支持向量的表示

支持向量到超平面的距离为 $1/\|\boldsymbol{w}\|_2$，两个支持向量之间的距离为 $d=2/\|\boldsymbol{w}\|_2$。在分离超平面固定为 $\boldsymbol{w}^{\mathrm{T}}x+b=0$ 的时候，$|\boldsymbol{w}^{\mathrm{T}}x+b|$ 表示点 x 到超平面的相对距离。通过观察 $\boldsymbol{w}^{\mathrm{T}}x+b$ 和 y 是否同

号，判断分类是否正确，这些知识在感知机模型中都有讲到。这里引入函数间隔的概念，定义函数间隔 γ' 如下：

$$\gamma' = y(\boldsymbol{w}^{\mathrm{T}}x+b) \tag{3.54}$$

可以看到，它就是感知机模型里面的误分类点到超平面距离的分子。训练集中，m 个样本点对应的 m 个函数间隔的最小值就是整个训练集的函数间隔。

函数间隔并不能正常反映点到超平面的距离。在感知机模型中提到，当分子成比例地增长时，分母也是成倍增长的。为了统一度量，需要对法向量 $\boldsymbol{w}$ 加上约束条件，这样就得到了几何间隔，定义为公式 3.55。

$$\gamma = \frac{y(\boldsymbol{w}^{\mathrm{T}}x+b)}{\|\boldsymbol{w}\|_2} = \frac{\gamma'}{\|\boldsymbol{w}\|_2} \tag{3.55}$$

几何间隔才是点到超平面的真正距离，感知机模型中用到的距离是几何距离。

综上所述，要想找到具有最大间隔（Maximum Margin）的划分超平面，就是要找到能满足图中约束的参数 $\boldsymbol{w}$ 和 b，使得 γ 最大化为数学表达式，如公式 3.56 所示。

$$\begin{gathered}\max_{w,b} \frac{2}{\|\boldsymbol{w}\|} \\ s.t. y_i(\boldsymbol{w}^{\mathrm{T}}x_i+b) \geqslant 1, i=1,2,\cdots,N\end{gathered} \tag{3.56}$$

2. 对偶

现在希望求解公式 3.56 得到最大间隔划分超平面所对应的模型，具体如公式 3.57 所示。

$$f(x) = w^{\mathrm{T}}x+b \tag{3.57}$$

其中，w 和 b 是模型参数。待优化式子本身是一个凸二次规划（Convex Quadratic Programming）问题，可以直接用现成的优化计算包求解，不过还有更高效的办法。

使用拉格朗日乘子法可得到其对偶问题（Dual Problem）。具体来说，对每条约束添加拉格朗日乘子 $\alpha_i \geqslant 0$，则该问题的拉格朗日函数可写为公式 3.58。

$$L(w,b,\alpha) = \frac{1}{2}\|w\|^2 + \sum_{i=1}^{m}\alpha_i(1-y_i(w^{\mathrm{T}}x_i+b)) \tag{3.58}$$

其中，$\alpha=(\alpha_1;\alpha_2;\cdots;\alpha_m)$，令 $L(w,b,\alpha)$ 对 w 和 b 的偏导为 0，可得公式 3.59 和公式 3.60。

$$w = \sum_{i=1}^{m}\alpha_i y_i \boldsymbol{x}_i \tag{3.59}$$

$$0 = \sum_{i=1}^{m}\alpha_i y_i \tag{3.60}$$

联立公式 3.58、公式 3.59 和公式 3.60 就可以得到待优化的对偶问题，如公式 3.61 所示。

$$\max_{a}\sum_{i=1}^{m}\alpha_i-\frac{1}{2}\sum_{i=1}^{m}\sum_{j=1}^{m}\alpha_i\alpha_j y_i y_j x_i^{\mathrm{T}}x_j$$
$$s.t.\quad \sum_{i=1}^{m}\alpha_i y_i=0, \tag{3.61}$$
$$\alpha_i\geqslant 0,\quad i=1,2,\cdots,m$$

使用 SMO 算法求得最优解 $\alpha^*=(\alpha_1^*,\alpha_2^*,\cdots,\alpha_N^*)^{\mathrm{T}}$，根据定理，原问题与对偶问题的解对应的充要条件为 KKT 条件成立，在本问题中如公式 3.62 所示。

$$\frac{\partial}{\partial w}L(w,b,\alpha)=w-\sum_{i=1}^{N}\alpha_i y_i x_i=0$$
$$\frac{\partial}{\partial b}L(w,b,\alpha)=-\sum_{i=1}^{N}\alpha_i y_i=0$$
$$\alpha_i^*(y_i(w^*\cdot x_i+b^*)-1)=0 \tag{3.62}$$
$$y_i(w^*\cdot x_i+b^*)-1\geqslant 0$$
$$\alpha_i^*\geqslant 0$$

故 $w^*=\sum_{i=1}^{N}\alpha_i^* y_i x_i$（SVM 的模型只与支持向量相关，因为非支持向量对应的 $\alpha^*=0$）。在此时选择一个分量 $\alpha_j^*>0$（一定存在，即支持向量对应的 α），$y_j(w^*\cdot x_j+b^*)-1=0$，计算得公式 3.63。

$$b^*=y_j-\sum_{i=1}^{N}\alpha_i^* y_i(x_i^{\mathrm{T}}\cdot x_j) \tag{3.63}$$

最后可以求得分类决策函数为公式 3.64。

$$f(x)=\mathrm{sign}(w^*\cdot x+b^*)=\mathrm{sign}(\sum_{i=1}^{N}\alpha_i^* y_i(x^{\mathrm{T}}\cdot x_i)+b^*) \tag{3.64}$$

之所以这样处理，是因为以下几点：

（1）对偶问题将原始问题中的约束转为了对偶问题中的等式约束。

（2）方便核函数的引入。

（3）改变了问题的复杂度。由求特征向量 w 转化为求比例系数，在原始问题下求解的复杂度与样本的维度有关，即 w 的维度。在对偶问题下，只与样本数量有关。

（4）求解更高效，因为只用求解比例系数 α，而比例系数 α 只有支持向量才为非 0，其他全为 0。

3. 软间隔 SVM

当数据线性不可分时，硬间隔 SVM 不满足，此时某些样本点满足不了硬间隔 SVM 的约束条件，函数间隔大于等于 1，可以给每个样本引入松弛变量 ξ_i，将约束条件变为 $y_i(w\cdot x_i+b)\geqslant 1-\xi_i$，对于松弛变量需要给予一定的惩罚，否则松弛变量越大，越能满足约束条件，此时决策函数不起作用。因此，目标函数变为公式 3.65。

$$\min \frac{1}{2}\|w\|^2 + C\sum_{i=1}^{N}\xi_i$$
$$s.t. y_i(\boldsymbol{w}^{\mathrm{T}} \cdot \boldsymbol{x}_i + b) \geqslant 1 - \xi_i, i = 1,2,\cdots,N \tag{3.65}$$
$$\xi_i \geqslant 0, i = 1,2,\cdots,N$$

求解过程与硬间隔 SVM 类似。

注意，软间隔对偶问题中的限制条件 $0 \leqslant a_i \leqslant C$，$C$ 理解为调节优化方向中两个指标（间隔大小、分类准确度）偏好的权重。

软间隔 SVM 针对硬间隔 SVM 容易出现的过度拟合问题适当放宽了间隔的大小，容忍一些分类错误（Violation），把这些样本当作噪声处理，本质上是间隔大小和噪声容忍度的一种博弈。而参数 C 决定了具体博弈内容，即对哪个指标要求更高。C 越大，意味着 ξ 需要越小，则间隔越严格，就可能造成过拟合，因此在 SVM 中的过拟合也可以通过减小 C 来进行正则化。

（1）当 C 趋于无穷大时，也就是不允许出现分类误差的样本存在，是一个硬间隔 SVM 问题（过拟合）。

（2）当 C 趋于 0 时，不再关注分类是否正确，只要求间隔越大越好，那么将无法得到有意义的解并且算法不会收敛（欠拟合）。

4. KKT 条件

设目标函数为 $f(x)$、不等式约束为 $g(x)$，并且 $f(x)$ 和 $g(x)$ 均为凸函数。有时还会添加上等式约束条件 $h(x)$。此时的约束优化问题描述如公式 3.66 所示。

$$\min f(X)$$
$$s.t. h_j(X) = 0 \qquad j = 1,2,\cdots,p \tag{3.66}$$
$$g_k(X) \leqslant 0 \qquad k = 1,2,\cdots,q$$

则定义不等式约束下的拉格朗日函数 L，其表达式如公式 3.67 所示。

$$L(X,\lambda,\mu) = f(X) + \sum_{j=1}^{p}\lambda_j h_j(X) + \sum_{k=1}^{q}\mu_k g_k(X) \tag{3.67}$$

其中，$f(x)$ 是原目标函数，$h_j(x)$ 是第 j 个等式约束条件，λ_j 是对应的约束系数，g_k 是不等式约束，u_k 是对应的约束系数。

此时若要求解上述优化问题，则必须满足公式 3.68 表述的条件（也是需要求解的条件）。

$$\nabla_x L(X,\lambda_j,\mu_k) = 0$$
$$\lambda_j \neq 0$$
$$\mu_k \geqslant 0$$
$$\mu_k g_k(X^*) = 0 \tag{3.68}$$
$$h_j(X^*) = 0 \qquad j = 1,2,\cdots,p$$
$$g_k(X^*) \leqslant 0 \qquad j = 1,2,\cdots,q$$

这些求解条件就是 KKT（Karush-Kuhn-Tucker）条件：第一行是对拉格朗日函数取极值时带来

的一个必要条件；第二行是拉格朗日系数约束（同等式情况）；第三行是不等式约束情况；第四行是互补松弛条件；第五、六行表示原约束条件。

对于一般的问题而言，KKT 条件是使一组解成为最优解的必要条件；当原问题是凸问题的时候，KKT 条件也是充分条件。

5. 核函数

对于任意两个样本点，如果其在维度扩张后空间的内积等于这两个样本在原来的空间经过一个函数后的输出，则定义这个函数为核函数。

由前述 SVM 的对偶形式可以看出，目标函数和分类决策函数都只涉及输入实例与实例之间的内积。使用核函数可将低维输入空间映射到高维特征空间，原本线性不可分的样本在高维空间大概率线性可分（因为在高维空间样本会变稀疏）。$K(x,z) =< \phi(x)\cdot\phi(z) >$，其中 $\phi(x)$ 为映射，可将 SVM 中输入实例与实例之间的内积用核函数替换，而不用求映射关系，这便是核技巧。

对偶问题的目标函数可以转变为公式 3.69。

$$\min_{\alpha} \frac{1}{2}\sum_{i=1}^{N}\sum_{j=1}^{N}\alpha_{\mathrm{i}}^{\mathrm{T}}\alpha_j y_i^{\mathrm{T}} y_j K(x_i, x_j) - \sum_{i=1}^{N}\alpha_i \tag{3.69}$$

分类决策函数如公式 3.70 所示。

$$f(x) = \mathrm{sign}(\sum_{i=1}^{N}\alpha_i y_j K(x_i, x) + b^*) \tag{3.70}$$

当样本在原始空间线性不可分时，可将样本从原始空间映射到一个更高维的特征空间，使得样本在这个特征空间内线性可分。引入这样的映射后，在对偶问题的求解中无须求解真正的映射函数，只需要知道其核函数即可。

通俗一点来说就是，不论是硬间隔还是软间隔，在 SVM 计算过程中都有 X 转置点积 X，X 的维度低一点时还好算，当想把 X 从低维映射到高维时（让数据变得线性可分），这一步计算很困难。等于说在计算时需要先计算把 X 映射到高维的 $\phi(x)$，再计算 $\phi(x_1)$ 和 $\phi(x_2)$ 的点积。这一步计算起来开销很大，难度也很大。此时引入核函数，这两步计算便成了一步计算，即只需把两个 x 代入核函数，计算核函数。例如，已知一个映射如公式 3.71 所示。

$$\phi : x := \exp(-x^2)\begin{bmatrix} 1 \\ \sqrt{\frac{2}{1}}x \\ \sqrt{\frac{2^2}{2!}}x \\ \cdots \end{bmatrix} \tag{3.71}$$

对应核函数如公式 3.72 所示。

$$K(x_i, x_j) = \exp(-(x_i - x_j)^2) \tag{3.72}$$

证明如公式 3.73 所示。

$$\begin{aligned}K(x_i,x_j)&=\exp(-(x_i-x_j)^2)\\&=\exp(-x_i^2)\exp(-x_j^2)\exp(2x_ix_j)\\&=\exp(-x_i^2)\exp(-x_j^2)\sum_{k=0}^{\infty}\frac{(2x_ix_j)^k}{k!}\\&=\sum_{k=0}^{\infty}(\exp(-x_i^2)\sqrt{\frac{2^k}{k!}}x_i^k)(\exp(-x_j^2)\sqrt{\frac{2^k}{k!}}x_j^k)\\&=\phi(x_i)^{\mathrm{T}}\phi(x_j)\end{aligned} \tag{3.73}$$

常见的核函数包括以下几种：

（1）线性核（Linear Kernel）函数：$K(x,z)=x^{\mathrm{T}}z$。

（2）多项式核（Polynomial Kernel）函数：$K(x,z)=(x\cdot z+1)^p$。

（3）高斯核（RBF Kernel）函数：$K(x,z)=\exp\left(-\frac{\|x-z\|^2}{2\sigma^2}\right)$，将数据映射到无穷多维。

（4）Laplace 核函数：$K(x,z)=\exp\left(-\frac{\|x-z\|}{\sigma}\right)$。

（5）Sigmoid 核函数：$K(x,z)=\mathrm{Tanh}(\beta x^{\mathrm{T}}z+\theta),\beta>0,\theta<0$。

对于核函数的选择，从数据是否线性可分的角度来看，可按照如下经验使用：

（1）Linear 核：主要用于线性可分的情形。参数少，速度快。对于一般数据，分类效果已经很理想了。

（2）RBF 核：主要用于线性不可分的情形。参数多，分类结果非常依赖于参数。有很多人通过训练数据的交叉验证来寻找合适的参数，不过这个过程比较耗时。使用 LIBSVM 的默认参数时，RBF 核比 Linear 核效果稍差。通过进行大量参数的尝试，一般能找到比 Linear 核更好的效果。

对于核函数的选择，从样本数目 m 和特征数目 n 的大小关系角度来看，可按照如下经验使用：

（1）Linear 核：样本 n 和特征 m 很大且特征 m>>n 时，高斯核函数映射后空间维数更高、更复杂、更容易过拟合，此时使用高斯核函数弊大于利，选择使用线性核函数会更好；样本 n 很大，特征 m 较小时，同样难以避免计算复杂的问题，因此会有更多考虑。

（2）RBF 核：样本 n 一般在大小特征 m 较小时，进行高斯核函数映射后不仅能够实现将原训练数据在高维空间中线性划分，而且计算方面不会有很大的消耗，利大于弊。

6. 合页损失函数

合页损失函数（Hinge Loss Function）的形式如公式 3.74 所示。

$$L(y\cdot(w^{\mathrm{T}}\cdot x+b))=[1-y(w^{\mathrm{T}}\cdot x+b)]_+ \tag{3.74}$$

其中，下标“+”表示以下取正值的函数，现在用 z 表示中括号中的部分，即公式 3.75。

$$[z]_+=\begin{cases}z & z>0\\0 & z\leqslant 0\end{cases} \tag{3.75}$$

SVM 的损失函数就是合页损失函数加上正则化项，如公式 3.76 所示。

$$\sum_{i}^{N}[1-y_i(w^{\mathrm{T}}\cdot x_i+b)]_+ +\lambda\|w\|^2 \tag{3.76}$$

相比之下，合页损失函数不仅要求正确分类，而且确信度足够高时损失才是 0。也就是说，合页损失函数对机器学习有更高的要求。

3.4.2 线性支持向量机分类

线性支持向量机的思想可以通过以下例子来说明。

如图 3.19 所示是 Iris 数据集中的样本数据，可以看到我们很容易找到一条直线把这两个类别直接分开，也就是说它们是线性可分的。

图 3.19 左图上画出了 3 个可能的线性分类器的决策边界，其中绿色的虚线效果最差，因为它无法将两个类别区分开来。另外两个看起来在训练集上似乎表现很好，但是它们的决策边界与边缘数据离得太近，所以如果有新数据引入的话，模型可能不会在新数据集上表现得和之前一样好。

再看看右边的图，实线代表的是一个 SVM 分类器的决策边界。其中两条虚线上都有一些样本实例，实线在这两条虚线的中间。这条线不仅将两个类别区分开来，同时它还与此决策边界最近的训练数据实例离得足够远。

我们可以把 SVM 分类器看成在两个类别之间创建一条尽可能宽的道路（这个道路就是右图的两条平行虚线），因此也可以称为大间距分类（Large Margin Classification）。

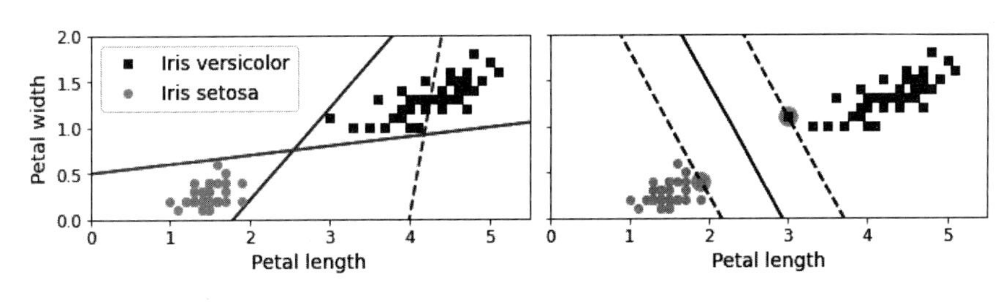

图 3.19 大间距分类

可以看到的是，如果数据集中新增加的训练数据在两条平行线外侧的话，则不会对决策边界产生任何影响，决策边界完全由两条平行线（图 3.19 右图虚线）上的数据决定。这些决策边界上的数据实例称为支持向量，这些实例已在图 3.19 右图中用圆圈标记出来。

1. 线性支持向量机分类示例

【例 3.6】大间距分类。

```
from sklearn.svm import SVC
from sklearn import datasets
import matplotlib.pyplot as plt
#加载鸢尾花数据集
iris = datasets.load_iris()
#花瓣长度，花瓣宽度
X = iris["data"][:, (2, 3)]
y = iris["target"]
```

```
setosa_or_versicolor = (y == 0) | (y == 1)
X = X[setosa_or_versicolor]
y = y[setosa_or_versicolor]
# SVM 分类器模型
svm_clf = SVC(kernel="linear", C=float("inf"))
svm_clf.fit(X, y)
# 较差的模型
x0 = np.linspace(0, 5.5, 200)
pred_1 = 5*x0 - 20
pred_2 = x0 - 1.8
pred_3 = 0.1 * x0 + 0.5
def plot_svc_decision_boundary(svm_clf, xmin, xmax):
    w = svm_clf.coef_[0]
    b = svm_clf.intercept_[0]
    # 在决策边界, w0*x0 + w1*x1 + b = 0
    # => x1 = -w0/w1 * x0 - b/w1
    x0 = np.linspace(xmin, xmax, 200)
    decision_boundary = -w[0]/w[1] * x0 - b/w[1]
    margin = 1/w[1]
    gutter_up = decision_boundary + margin
    gutter_down = decision_boundary - margin
    svs = svm_clf.support_vectors_
    plt.scatter(svs[:, 0], svs[:, 1], s=180, facecolors='#FFAAAA')
    plt.plot(x0, decision_boundary, "k-", linewidth=2)
    plt.plot(x0, gutter_up, "k--", linewidth=2)
    plt.plot(x0, gutter_down, "k--", linewidth=2)
fig, axes = plt.subplots(ncols=2, figsize=(10,2.7), sharey=True)
plt.sca(axes[0])
plt.plot(x0, pred_1, "g--", linewidth=2)
plt.plot(x0, pred_2, "m-", linewidth=2)
plt.plot(x0, pred_3, "r-", linewidth=2)
plt.plot(X[:, 0][y==1], X[:, 1][y==1], "bs", label="Iris versicolor")
plt.plot(X[:, 0][y==0], X[:, 1][y==0], "yo", label="Iris setosa")
plt.xlabel("Petal length", fontsize=14)
plt.ylabel("Petal width", fontsize=14)
plt.legend(loc="upper left", fontsize=14)
plt.axis([0, 5.5, 0, 2])
plt.sca(axes[1])
plot_svc_decision_boundary(svm_clf, 0, 5.5)
plt.plot(X[:, 0][y==1], X[:, 1][y==1], "bs")
plt.plot(X[:, 0][y==0], X[:, 1][y==0], "yo")
plt.xlabel("Petal length", fontsize=14)
plt.axis([0, 5.5, 0, 2])
plt.show()
```

需要注意的是，支持向量机对特征的取值范围非常敏感。

如图 3.20 所示，在左边的图中，纵坐标的取值范围要远大于横坐标的取值范围，所以支持向量机的“最宽的道路”非常接近水平线。

但在做了特征缩放（Feature Scaling）后，纵坐标的取值范围与横坐标的取值范围差异变小。如使用 sklearn 的 StrandardScaler，决策边界看起来较为理想（图 3.20 右图）。

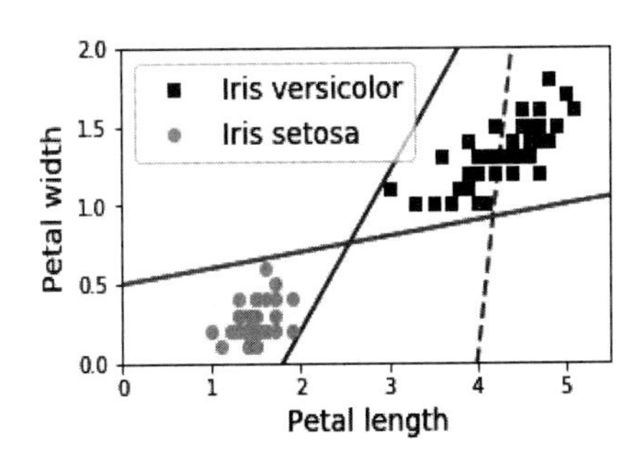

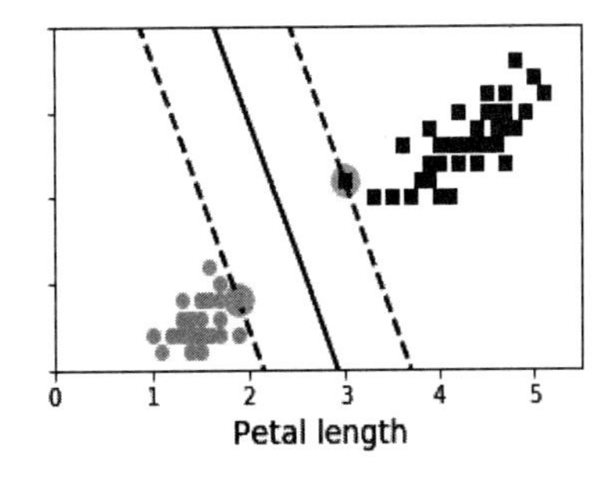

图 3.20　支持向量机特征大间距分类

【例 3.7】特征缩放。

```
from sklearn.svm import SVC
import numpy as np
import matplotlib.pyplot as plt
Xs = np.array([[1, 50], [5, 20], [3, 80], [5, 60]]).astype(np.float64)
ys = np.array([0, 0, 1, 1])
svm_clf = SVC(kernel="linear", C=100)
svm_clf.fit(Xs, ys)
plt.figure(figsize=(9,2.7))
plt.subplot(121)
plt.plot(Xs[:, 0][ys==1], Xs[:, 1][ys==1], "bo")
plt.plot(Xs[:, 0][ys==0], Xs[:, 1][ys==0], "ms")
plot_svc_decision_boundary(svm_clf, 0, 6)
plt.xlabel("$x_0$", fontsize=20)
plt.ylabel("$x_1$    ", fontsize=20, rotation=0)
plt.title("Unscaled", fontsize=16)
plt.axis([0, 6, 0, 90])
from sklearn.preprocessing import StandardScaler
scaler = StandardScaler()
X_scaled = scaler.fit_transform(Xs)
svm_clf.fit(X_scaled, ys)
plt.subplot(122)
plt.plot(X_scaled[:, 0][ys==1], X_scaled[:, 1][ys==1], "bo")
plt.plot(X_scaled[:, 0][ys==0], X_scaled[:, 1][ys==0], "ms")
plot_svc_decision_boundary(svm_clf, -2, 2)
plt.xlabel("$x'_0$", fontsize=20)
plt.ylabel("$x'_1$  ", fontsize=20, rotation=0)
plt.title("Scaled", fontsize=16)
plt.axis([-2, 2, -2, 2])
```

运行结果如图 3.21 所示。

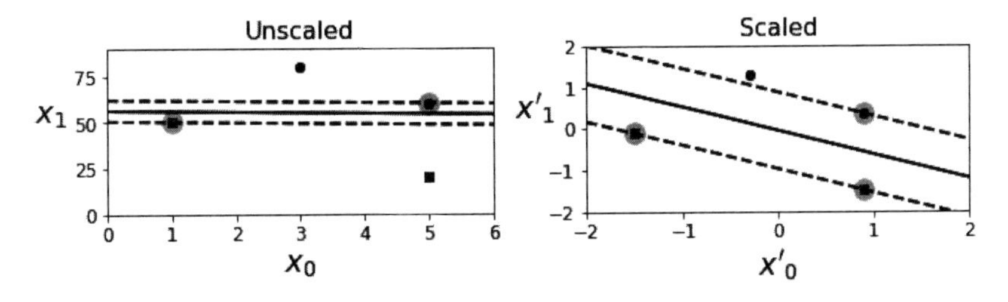

图 3.21　支持向量机特征缩放比较

2. 软间隔分类

从上面两个例子我们可以看到，所有数据样本都整齐地分布在两个不同的类别中，所以我们可以很方便地找出一条决策边界。但是，很多时候数据分布不是这样的，经常是类别里面混入一些其他类别的数据，也就是异常点。

如果我们严格地要求所有点都不在“道路”上并且被正确地分类，则称其为硬间隔分类（Hard Margin Classification）。

硬间隔分类中有两个主要问题：

（1）仅在线性可分的情况下适用。

（2）对异常点非常敏感。

下面我们用一个简单的例子来说明这个过程。

如图 3.22 所示，在左图中，如果存在这种异常点，则无法找到一个硬间隔。在右图中，如果存在这种类型的异常点，则最终的决策边界与前面无异常值的决策边界会有很大的差异，并且它的泛化性能可能不太好。因为它的“道路”选择受到异常点的干扰。

【例 3.8】硬间隔分类与异常点。

```
from sklearn.svm import SVC
import numpy as np
import matplotlib.pyplot as plt
from sklearn import datasets
#加载鸢尾花数据集
iris = datasets.load_iris()
#花瓣长度，花瓣宽度
X = iris["data"][:, (2, 3)]
y = iris["target"]
setosa_or_versicolor = (y == 0) | (y == 1)
X = X[setosa_or_versicolor]
y = y[setosa_or_versicolor]
X_outliers = np.array([[3.4, 1.3], [3.2, 0.8]])
y_outliers = np.array([0, 0])
Xo1 = np.concatenate([X, X_outliers[:1]], axis=0)
yo1 = np.concatenate([y, y_outliers[:1]], axis=0)
Xo2 = np.concatenate([X, X_outliers[1:]], axis=0)
yo2 = np.concatenate([y, y_outliers[1:]], axis=0)
svm_clf2 = SVC(kernel="linear", C=10**9)
svm_clf2.fit(Xo2, yo2)
fig, axes = plt.subplots(ncols=2, figsize=(10,2.7), sharey=True)
plt.rcParams['font.sans-serif'] = ['SimHei']
plt.sca(axes[0])
plt.plot(Xo1[:, 0][yo1==1], Xo1[:, 1][yo1==1], "bs")
plt.plot(Xo1[:, 0][yo1==0], Xo1[:, 1][yo1==0], "yo")
plt.text(0.3, 1.0, "不可能!", fontsize=24, color="red")
plt.xlabel("Petal length", fontsize=14)
plt.ylabel("Petal width", fontsize=14)
plt.annotate("异常点",
          xy=(X_outliers[0][0], X_outliers[0][1]),
          xytext=(2.5, 1.7),
          ha="center",
```

```
            arrowprops=dict(facecolor='black', shrink=0.1),
            fontsize=16,
           )
plt.axis([0, 5.5, 0, 2])
plt.sca(axes[1])
plt.plot(Xo2[:, 0][yo2==1], Xo2[:, 1][yo2==1], "bs")
plt.plot(Xo2[:, 0][yo2==0], Xo2[:, 1][yo2==0], "yo")
plot_svc_decision_boundary(svm_clf2, 0, 5.5)
plt.xlabel("Petal length", fontsize=14)
plt.annotate("异常点",
            xy=(X_outliers[1][0], X_outliers[1][1]),
            xytext=(3.2, 0.08),
            ha="center",
            arrowprops=dict(facecolor='black', shrink=0.1),
            fontsize=16,
           )
plt.axis([0, 5.5, 0, 2])
plt.show()
```

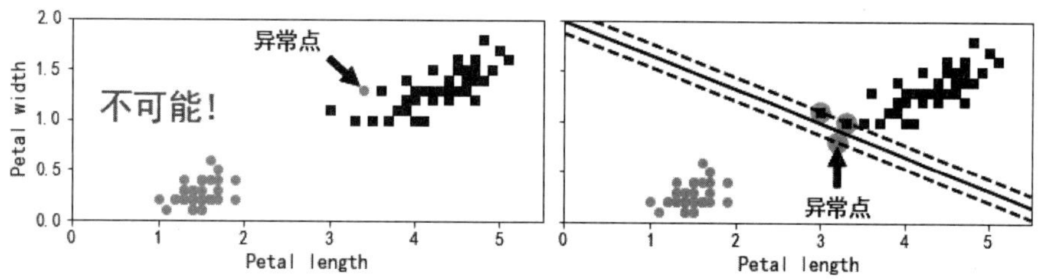

图 3.22　硬间隔对异常值的敏感度

为了避免这些情况，我们需要用一个更灵活的模型。所以我们的目标是：

（1）尽可能保持“道路”足够宽。

（2）不合格的数据实例尽可能少一些。比如，数据实例在“道路”里面，甚至越过道路进入另一侧。我们把这些称为间隔冲突。

在上面两个目标之间找到一个良好的平衡。这个称为软间隔分类（Soft Margin Classification）。

在 sklearn 创建 SVM 模型的时候，我们可以通过参数 C 控制这个平衡。较小的 C 值会使得“道路”更宽，但是不合格的数据实例会更多。

图 3.23 展示了两个软间隔 SVM 分类器在同一个非线性可分的数据集上的决策边界与间隔。

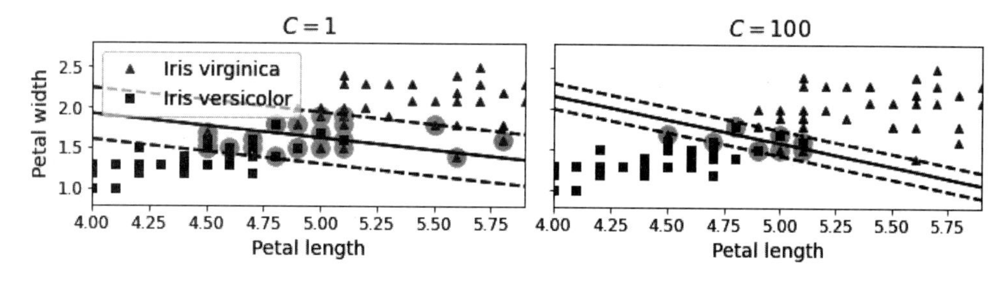

图 3.23　大间隔（左）与更少的间隔冲突（右）

如果 C 取值较小，那么就会得到左图的结果。相反，如果 C 取值较大，那么就会得到右图的结果。从上面两个图中我们可以看到，C 取较小值的时候，“道路”看起来较宽，这样进入“道路”或者越过另一侧的数据实例较多；C 取较大值的时候，“道路”看起来较窄，进入“道路”或者越过另一侧的数据实例较少。尽管如此，左图的实际泛化能力更好。如果出现支持向量机模型过拟合的情况，可以尝试通过降低 C 值来对其正则化。

下面是一个示例，加载 Iris 数据集，对特征进行缩放，然后训练一个线性 SVM 模型（使用 LinearSVC 类指定 C=1 以及 hinge 损失函数）用于检测 Iris 的 Virginica Flower。模型的结果就是图 3.23 中 C=1 时的图。

【例 3.9】软间隔分类。

```
import numpy as np
from sklearn import datasets
from sklearn.pipeline import Pipeline
from sklearn.preprocessing import StandardScaler
from sklearn.svm import LinearSVC
iris = datasets.load_iris()
#花瓣长度，宽度
X = iris["data"][:, (2, 3)]
#三类鸢尾属植物之一 Iris virginica
y = (iris["target"] == 2).astype(np.float64)
svm_clf = Pipeline([
        ("scaler", StandardScaler()),
        ("linear_svc", LinearSVC(C=1, loss="hinge", random_state=42)),
    ])
svm_clf.fit(X, y)
```

这样生成的模型如图 3.23 所示。

读者可以利用这个训练好的支持向量机分类器进行预测：

```
>>> svm_clf.predict([[5.5, 1.7]])
array([1.])
```

不过与逻辑回归分类器不同的是，支持向量机分类器不会返回每个类的概率。

上面的代码也可以进行改写，也可以用 SVC 类，即使用 SVC(kernel="linear", C=1)。但是它的速度会慢很多，特别是在训练集非常大的情况下，所以并不推荐这种用法。

另一种用法是使用 SGDClassifier 类，即 SGDClassifier(loss="hinge", alpha=1/(m*C))。这样会使用随机梯度下降训练一个线性 SVM 分类器。它的收敛不如 LinearSVC 类快，但是在处理非常大的数据集（无法全部放入内存的规模）时非常适用，或者是处理在线分类任务（Online Classification）时比较适用。

LinearSVC 类会对偏置项进行正则化，所以我们应该先通过减去训练集的平均数使训练集居中。如果使用 StandardScaler 处理数据，则这个会自动完成。此外，必须确保设置 loss 的超参数为 hinge，因为它不是默认值。最后，为了性能更好，我们应该设置 dual 超参数为 False，除非数据集中的特征数比训练数据条目还要多。

3.4.3 非线性支持向量机分类

尽管 SVM 分类器非常高效，并且在很多场景下都非常实用，但是很多数据集并不是线性可分的。一个处理非线性数据集的方法是增加更多特征，例如多项式特征。在某些情况下，这样可以让数据集变成线性可分。下面我们看看图 3.24 的左图。

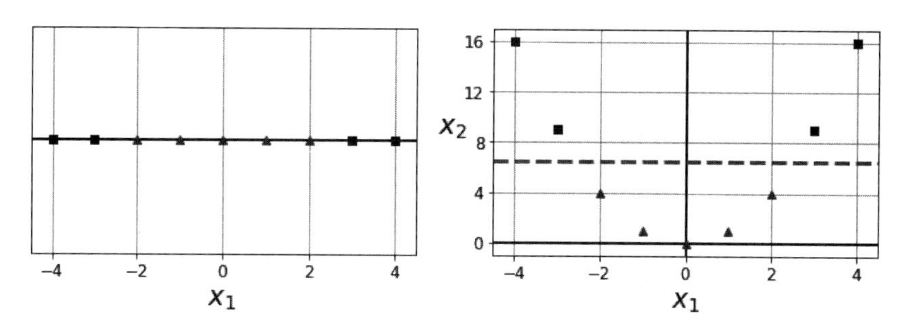

图 3.24 通过添加特征使数据集线性可分

它展示了一个简单的数据集，只有一个特征，这个数据集一看就知道不是线性可分的。但是如果我们增加一个特征，则这个 2 维数据集便成为完美的线性可分。

使用 sklearn 实现这个功能时，我们可以创建一个 Pipeline，包含一个 PolynomialFeatures transformer，然后紧接着一个 StandardScaler 和一个 LinearSVC。

下面我们使用 moons 数据集测试一下，这是一个用于二元分类的数据集，数据点以交错半圆的形状分布，如图 3.25 所示。

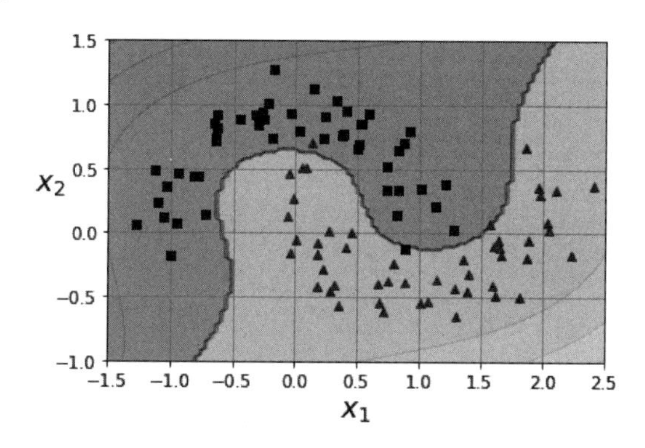

图 3.25 使用多项式特征的线性支持向量机分类器

我们可以使用 make_moons()方法构造这个数据集。

【例 3.10】多项式特征。

```
from sklearn.datasets import make_moons
from sklearn.pipeline import Pipeline
from sklearn.preprocessing import PolynomialFeatures
polynomial_svm_clf = Pipeline([
        ("poly_features", PolynomialFeatures(degree=3)),
        ("scaler", StandardScaler()),
        ("svm_clf", LinearSVC(C=10, loss="hinge", random_state=42))
    ])
polynomial_svm_clf.fit(X, y)
```

1. 多项式内核

增加多项式特征的办法易于实现，并且适用于所有的机器学习算法，而不仅仅是支持向量机。但是，如果多项式的次数较低的话，则无法处理非常复杂的数据集；而如果太高的话，则会创建出非常多的特征，让模型速度变慢。

不过在使用支持向量机时，我们可以使用一个非常神奇的数学技巧，称为核技巧。它可以在不添加额外的多项式属性的情况下，实现与之一样的效果。这个方法在SVC类中实现，下面我们还是继续在moons数据集上进行测试。

【例3.11】多项式内核。

```
from sklearn.svm import SVC
poly_kernel_svm_clf = Pipeline([
        ("scaler", StandardScaler()),
        ("svm_clf", SVC(kernel="poly", degree=3, coef0=1, C=5))
    ])
poly_kernel_svm_clf.fit(X, y)
poly100_kernel_svm_clf = Pipeline([
        ("scaler", StandardScaler()),
        ("svm_clf", SVC(kernel="poly", degree=10, coef0=100, C=5))
    ])
poly100_kernel_svm_clf.fit(X, y)
fig, axes = plt.subplots(ncols=2, figsize=(10.5, 4), sharey=True)
plt.sca(axes[0])
plot_predictions(poly_kernel_svm_clf, [-1.5, 2.45, -1, 1.5])
plot_dataset(X, y, [-1.5, 2.4, -1, 1.5])
plt.title(r"$d=3, r=1, C=5$", fontsize=18)
plt.sca(axes[1])
plot_predictions(poly100_kernel_svm_clf, [-1.5, 2.45, -1, 1.5])
plot_dataset(X, y, [-1.5, 2.4, -1, 1.5])
plt.title(r"$d=10, r=100, C=5$", fontsize=18)
plt.ylabel("")
plt.show()
```

上面的代码会使用一个3阶多项式内核训练一个SVM分类器，如图3.26左图所示。

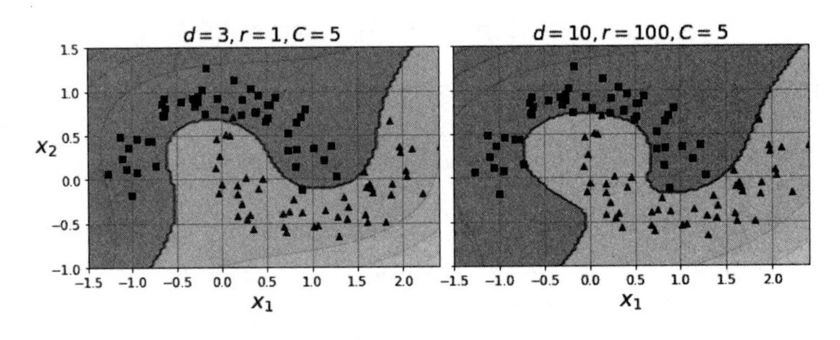

图3.26 多项式内核训练的支持向量机

图3.26右图是另一个SVM分类器，使用的是10阶多项式核。很明显，如果模型存在过拟合的现象，则可以减少多项式的阶。反之，如果欠拟合，则可以尝试增加它的阶。超参数coef0控制的是多项式特征影响模型的程度。

一个比较常见的搜索合适的超参数的方法是使用网格搜索（Grid Search）。一般使用一个较大的网格搜索范围快速搜索，然后用一个更精细的网格搜索在最佳值附近再尝试。最好能了解每个超参数是做什么的，这样有助于设置超参数的搜索空间。

2. 相似特征

另一个处理非线性问题的技巧是增加一些特定的特征，这些特征由一个相似函数（Similarity Function）计算所得。这个相似函数衡量的是：对于每条数据，它与一个特定地标（Landmark）的相似程度。

举个例子，我们看一个之前讨论过的一维数据集，给它加上两个地标（见图 3.27 左图）。下面我们定义一个相似函数——高斯径向基函数（Gaussian Radial Basis Function），并指定 γ=0.3，公式如下：

$$\phi_{\gamma}(x,l) = \exp(-\gamma\|x - l\|^2) \tag{3.77}$$

这个函数的图像是一个钟形，取值范围为 0~1。越接近 0，离地标越远；越接近 1，离地标越近；等于 1 时，就是在地标处。现在我们开始计算新特征，例如，我们可以看看 $x_1 = -1$ 的实例：它与第一个地标的距离是 1，与第二个地标的距离是 2。所以它的新特征是 $x_2 = \exp(-0.3 \times 1^2) \approx 0.74$，$x_3 = \exp(-0.3 \times 2^2) \approx 0.30$。图 3.27 右图显示的是转换后的数据集（剔除掉原先的特征），可以很明显地看到，现在数据集已经变成是线性可分的。

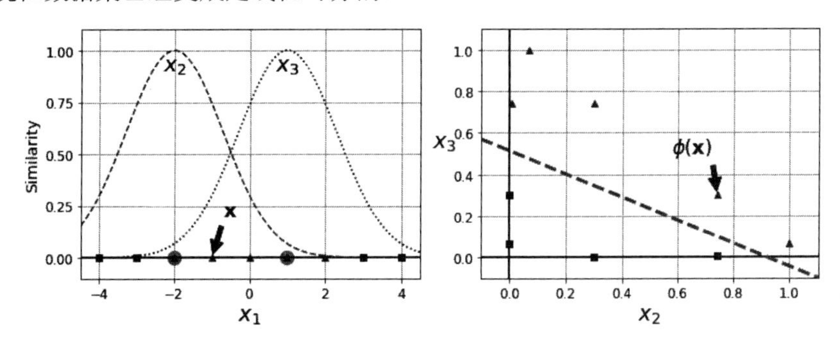

图 3.27 使用高斯径向基函数的相似特征

关于如何选择地标，最简单的办法是：为数据集中的每条数据的位置创建一个地标。这样会创建出非常多的维度，因此可以让转换后的训练集是线性可分的概率增加。缺点是，如果一个训练集有 *m* 条数据、*n* 个特征，则在转换后会有 *m* 条数据与 *m* 个特征（假设抛弃之前的特征）。如果训练集非常大的话，则会有数量非常大的特征数量。

【例 3.12】相似特征。

```
import numpy as np
import matplotlib.pyplot as plt
X1D = np.linspace(-4, 4, 9).reshape(-1, 1)
X2D = np.c_[X1D, X1D**2]
def gaussian_rbf(x, landmark, gamma):
    return np.exp(-gamma * np.linalg.norm(x - landmark, axis=1)**2)
gamma = 0.3
x1s = np.linspace(-4.5, 4.5, 200).reshape(-1, 1)
```

```
x2s = gaussian_rbf(x1s, -2, gamma)
x3s = gaussian_rbf(x1s, 1, gamma)
XK = np.c_[gaussian_rbf(X1D, -2, gamma), gaussian_rbf(X1D, 1, gamma)]
yk = np.array([0, 0, 1, 1, 1, 1, 1, 0, 0])
plt.figure(figsize=(10.5, 4))
plt.subplot(121)
plt.grid(True, which='both')
plt.axhline(y=0, color='k')
plt.scatter(x=[-2, 1], y=[0, 0], s=150, alpha=0.5, c="red")
plt.plot(X1D[:, 0][yk==0], np.zeros(4), "bs")
plt.plot(X1D[:, 0][yk==1], np.zeros(5), "g^")
plt.plot(x1s, x2s, "g--")
plt.plot(x1s, x3s, "b:")
plt.gca().get_yaxis().set_ticks([0, 0.25, 0.5, 0.75, 1])
plt.xlabel(r"$x_1$", fontsize=20)
plt.ylabel(r"Similarity", fontsize=14)
plt.annotate(r'$\mathbf{x}$',
             xy=(X1D[3, 0], 0),
             xytext=(-0.5, 0.20),
             ha="center",
             arrowprops=dict(facecolor='black', shrink=0.1),
             fontsize=18,
            )
plt.text(-2, 0.9, "$x_2$", ha="center", fontsize=20)
plt.text(1, 0.9, "$x_3$", ha="center", fontsize=20)
plt.axis([-4.5, 4.5, -0.1, 1.1])
plt.subplot(122)
plt.grid(True, which='both')
plt.axhline(y=0, color='k')
plt.axvline(x=0, color='k')
plt.plot(XK[:, 0][yk==0], XK[:, 1][yk==0], "bs")
plt.plot(XK[:, 0][yk==1], XK[:, 1][yk==1], "g^")
plt.xlabel(r"$x_2$", fontsize=20)
plt.ylabel(r"$x_3$  ", fontsize=20, rotation=0)
plt.annotate(r'$\phi\left(\mathbf{x}\right)$',
             xy=(XK[3, 0], XK[3, 1]),
             xytext=(0.65, 0.50),
             ha="center",
             arrowprops=dict(facecolor='black', shrink=0.1),
             fontsize=18,
            )
plt.plot([-0.1, 1.1], [0.57, -0.1], "r--", linewidth=3)
plt.axis([-0.1, 1.1, -0.1, 1.1])
plt.subplots_adjust(right=1)
plt.show()
```

3. 高斯 RBF 内核

与多项式特征的方法一样，相似特征的方法在所有机器学习算法中都非常有用。但是它在计算所有的额外特征时，计算的开销可能会非常大，特别是在大型训练集上。不过，在支持向量机中，使用核技巧非常好的一点是：它可以在不增加这些相似特征的情况下，达到与增加这些特征相似的结果。下面我们使用 SVC 类试一下高斯 RBF 核：

```
rbf_kernel_svm_clf = Pipeline([
```

```
        ("scaler", StandardScaler()),
        ("svm_clf", SVC(kernel="rbf", gamma=5, C=0.001))
    ])
rbf_kernel_svm_clf.fit(X, y)
```

这个模型如图 3.28 左下图所示。

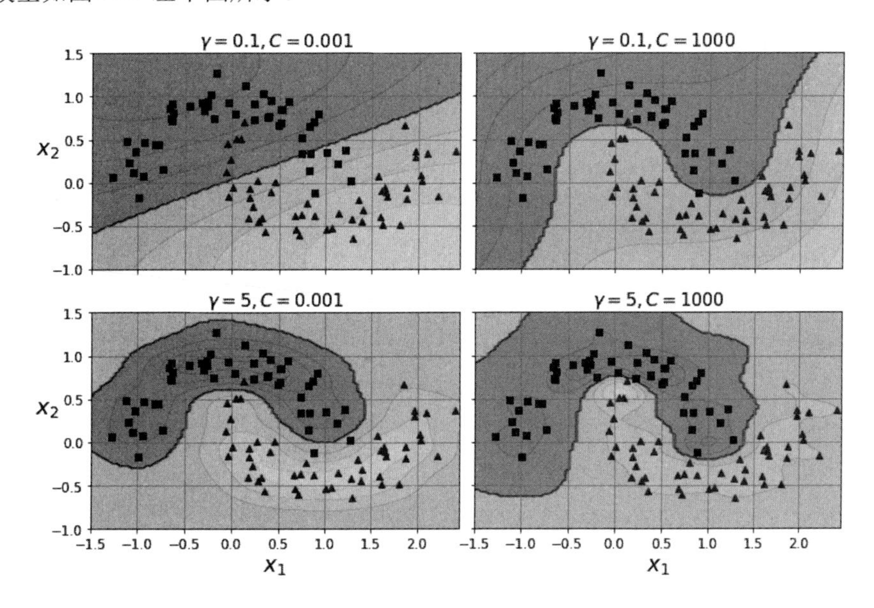

图 3.28　使用 RBF 核的支持向量机分类器

【例 3.13】 高斯 RBF 内核。

```
from sklearn.svm import SVC
from sklearn.pipeline import Pipeline
from sklearn.preprocessing import StandardScaler
from sklearn.datasets import make_moons
import matplotlib.pyplot as plt
import numpy as np
X, y = make_moons(n_samples=100, noise=0.15, random_state=42)
def plot_predictions(clf, axes):
    x0s = np.linspace(axes[0], axes[1], 100)
    x1s = np.linspace(axes[2], axes[3], 100)
    x0, x1 = np.meshgrid(x0s, x1s)
    X = np.c_[x0.ravel(), x1.ravel()]
    y_pred = clf.predict(X).reshape(x0.shape)
    y_decision = clf.decision_function(X).reshape(x0.shape)
    plt.contourf(x0, x1, y_pred, cmap=plt.cm.brg, alpha=0.2)
    plt.contourf(x0, x1, y_decision, cmap=plt.cm.brg, alpha=0.1)
def plot_dataset(X, y, axes):
    plt.plot(X[:, 0][y==0], X[:, 1][y==0], "bs")
    plt.plot(X[:, 0][y==1], X[:, 1][y==1], "g^")
    plt.axis(axes)
    plt.grid(True, which='both')
    plt.xlabel(r"$x_1$", fontsize=20)
    plt.ylabel(r"$x_2$", fontsize=20, rotation=0)
gamma1, gamma2 = 0.1, 5
C1, C2 = 0.001, 1000
```

```
    hyperparams = (gamma1, C1), (gamma1, C2), (gamma2, C1), (gamma2, C2)
    svm_clfs = []
    for gamma, C in hyperparams:
        rbf_kernel_svm_clf = Pipeline([
                ("scaler", StandardScaler()),
                ("svm_clf", SVC(kernel="rbf", gamma=gamma, C=C))
            ])
        rbf_kernel_svm_clf.fit(X, y)
        svm_clfs.append(rbf_kernel_svm_clf)
    fig, axes = plt.subplots(nrows=2, ncols=2, figsize=(10.5, 7), sharex=True,
sharey=True)
    for i, svm_clf in enumerate(svm_clfs):
        plt.sca(axes[i // 2, i % 2])
        plot_predictions(svm_clf, [-1.5, 2.45, -1, 1.5])
        plot_dataset(X, y, [-1.5, 2.45, -1, 1.5])
        gamma, C = hyperparams[i]
        plt.title(r"$\gamma = {}, C = {}$".format(gamma, C), fontsize=16)
        if i in (0, 1):
            plt.xlabel("")
        if i in (1, 3):
            plt.ylabel("")
    plt.show()
```

其他图代表的是使用不同的超参数gamma(γ)与C训练出来的模型。增加gamma值可以让钟型曲线更窄（见图3.28左图），并最终导致每个数据实例的影响范围更小：决策边界最终变得更不规则，更贴近各个实例。与之相反，较小的gamma值会让钟型曲线更宽，所以实例有更大的影响范围，并最终导致决策边界更平滑。所以gamma值的作用类似于一个正则化超参数：如果模型有过拟合，则应该减小此值；而如果有欠拟合，则应该增加此值（与超参数C类似）。

当然也存在其他核，但是使用得非常少。例如，有些核仅用于特定的数据结构。String Kernel有时候用于分类文本文档或DNA序列。

有这么多的核可供使用，到底如何选择呢？根据经验，首先应该尝试线性核（之前提到过LinearSVC比SVC(kernel='linear')速度快得多），特别是训练集非常大，或者有特别多特征的情况下。如果训练集并不是很大，我们也可以尝试高斯RBF核，它在大多数情况下都非常好用。如果我们还有充足的时间以及计算资源的话，也可以使用交叉验证与网格搜索试验性地尝试几个其他核，尤其是存在某些核特别适合这个训练集数据结构的时候。

4. 计算复杂度

LinearSVC类基于liblinear库，为线性SVM实现了一个优化的算法。它并不支持核方法，但是它与训练实例的数量和特征数量几乎呈线性相关，它的训练时间复杂度大约是$O(mn)$。

如果对模型精确度要求很高的话，算法执行的时间会更长。这个由容差超参数ε（在sklearn中称为tol）决定。在大部分分类问题中，使用默认的tol即可。

SVC类基于libsvm库，实现了一个支持核技巧的算法，训练时间复杂度一般在$O(m \times n)$与$O(m^3 \times n)$之间。也就是说，在训练数据条目非常多（例如几十万条）时，它的速度会下降到非常慢。所以这个算法特别适合问题复杂但是训练数据集为小型数据集或中型数据集的情况。不过它还是可以良好地适应特征数量的增加，特别是对于稀疏特征（Sparse Features，例如每条数据几乎没有非0特征）。在这种情况下，算法复杂度大致与实例的平均非零特征数成比例。

表 3.1 对比了 sklearn 中 SVM 分类的类。

表3.1　用于支持向量机分类的sklearn的类的比较

类	时间复杂度	需 要 缩 放	核 技 巧
LinearSVC	$O(m\times n)$	是	否
SGDClassifier	$O(m\times n)$	是	否
SVC	$O(m^2\times n)$到 $O(m^3\times n)$	是	是

3.4.4　支持向量机回归

支持向量分类的方法可以被扩展用作解决回归问题。这个方法被称作支持向量回归。

支持向量分类生成的模型只依赖于训练集的子集，因为构建模型的损失函数不在乎边缘之外的训练点。类似地，支持向量回归生成的模型只依赖于训练集的子集，因为构建模型的损失函数忽略任何接近模型预测的训练数据。

它的主要思想是逆转目标：在分类问题中，需要在两个类别中拟合尽可能宽的“道路”（也就是使间隔增大），同时限制间隔冲突；而在支持向量机回归中，它会尝试尽可能地拟合更多的数据实例到“道路”（间隔）上，同时限制间隔冲突（也就是指远离道路的实例）。道路的宽度由超参数 ε 控制。

图 3.29 展示的是两个线性支持向量机回归模型在一些随机线性数据上训练之后的结果，其中一个有较大的间隔（ε=1.5），另一个的间隔较小（ε=0.5）。

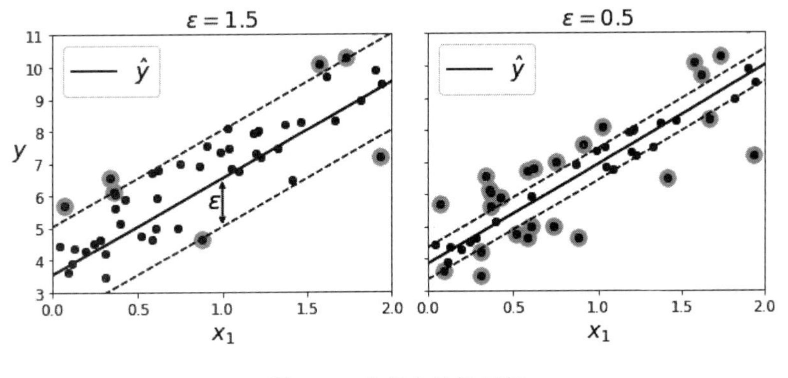

图 3.29　支持向量机回归

如果后续增加的训练数据包含在间隔内，则不会对模型的预测产生影响，所以这个模型也被称为 ε 不敏感。

【例 3.14】线性支持向量机回归。

```
from sklearn.svm import LinearSVR
import numpy as np
import matplotlib.pyplot as plt
np.random.seed(42)
m = 50
X = 2 * np.random.rand(m, 1)
y = (4 + 3 * X + np.random.randn(m, 1)).ravel()
```

```
svm_reg = LinearSVR(epsilon=1.5, random_state=42)
svm_reg.fit(X, y)
svm_reg1 = LinearSVR(epsilon=1.5, random_state=42)
svm_reg2 = LinearSVR(epsilon=0.5, random_state=42)
svm_reg1.fit(X, y)
svm_reg2.fit(X, y)
def find_support_vectors(svm_reg, X, y):
    y_pred = svm_reg.predict(X)
    off_margin = (np.abs(y - y_pred) >= svm_reg.epsilon)
    return np.argwhere(off_margin)
svm_reg1.support_ = find_support_vectors(svm_reg1, X, y)
svm_reg2.support_ = find_support_vectors(svm_reg2, X, y)
eps_x1 = 1
eps_y_pred = svm_reg1.predict([[eps_x1]])
def plot_svm_regression(svm_reg, X, y, axes):
    x1s = np.linspace(axes[0], axes[1], 100).reshape(100, 1)
    y_pred = svm_reg.predict(x1s)
    plt.plot(x1s, y_pred, "k-", linewidth=2, label=r"$\hat{y}$")
    plt.plot(x1s, y_pred + svm_reg.epsilon, "k--")
    plt.plot(x1s, y_pred - svm_reg.epsilon, "k--")
    plt.scatter(X[svm_reg.support_], y[svm_reg.support_], s=180,
facecolors='#FFAAAA')
    plt.plot(X, y, "bo")
    plt.xlabel(r"$x_1$", fontsize=18)
    plt.legend(loc="upper left", fontsize=18)
    plt.axis(axes)
fig, axes = plt.subplots(ncols=2, figsize=(9, 4), sharey=True)
plt.sca(axes[0])
plot_svm_regression(svm_reg1, X, y, [0, 2, 3, 11])
plt.title(r"$\epsilon = {}$".format(svm_reg1.epsilon), fontsize=18)
plt.ylabel(r"$y$", fontsize=18, rotation=0)
plt.annotate(
        '', xy=(eps_x1, eps_y_pred), xycoords='data',
        xytext=(eps_x1, eps_y_pred - svm_reg1.epsilon),
        textcoords='data', arrowprops={'arrowstyle': '<->', 'linewidth': 1.5}
    )
plt.text(0.91, 5.6, r"$\epsilon$", fontsize=20)
plt.sca(axes[1])
plot_svm_regression(svm_reg2, X, y, [0, 2, 3, 11])
plt.title(r"$\epsilon = {}$".format(svm_reg2.epsilon), fontsize=18)
plt.show()
```

注意，训练数据需要先做缩放以及中心化的操作，中心化又叫零均值化，是指变量减去它的均值。其实就是一个平移的过程，平移后所有数据的中心是(0,0)。

在处理非线性的回归任务时，也可以使用核化的支持向量机模型。例如，图 3.30 展示的是 SVM 回归在一个随机的二次训练集上的表现，使用的是二阶多项式核。

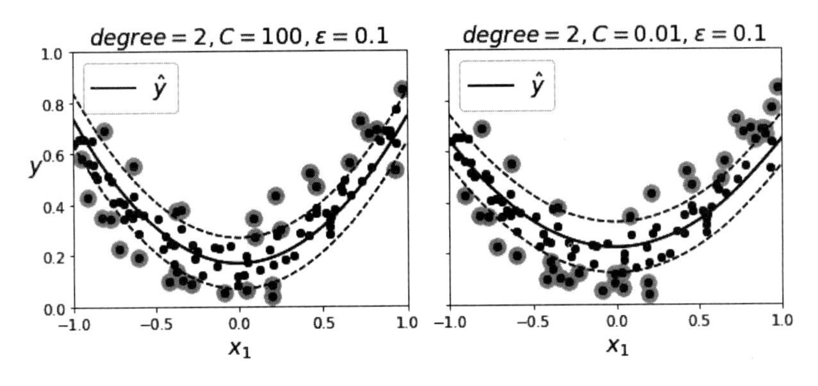

图 3.30　使用二阶多项式核的支持向量机回归

左边的图中几乎没有正则化（超参数 C 的值较大），而右边图中过度正则化（超参数 C 值较小）。

下面的代码使用 sklearn SVR 类（支持核方法）生成图 3.30 中图的对应模型。SVR 类等同于分类问题中的 SVC 类，并且 LinearSVR 类等同于分类问题中的 LinearSVC 类。LinearSVR 类与训练集的大小线性相关（与 LinearSVC 类一样），而 SVR 类在训练集剧增时，速度会严重下降（与 SVC 类一致）。

【例 3.15】二阶多项式核的支持向量机回归。

```
    from sklearn.svm import SVR
    import matplotlib.pyplot as plt
    import numpy as np
    np.random.seed(42)
    m = 100
    X = 2 * np.random.rand(m, 1) - 1
    y = (0.2 + 0.1 * X + 0.5 * X**2 + np.random.randn(m, 1)/10).ravel()
    def plot_svm_regression(svm_reg, X, y, axes):
       x1s = np.linspace(axes[0], axes[1], 100).reshape(100, 1)
       y_pred = svm_reg.predict(x1s)
       plt.plot(x1s, y_pred, "k-", linewidth=2, label=r"$\hat{y}$")
       plt.plot(x1s, y_pred + svm_reg.epsilon, "k--")
       plt.plot(x1s, y_pred - svm_reg.epsilon, "k--")
       plt.scatter(X[svm_reg.support_], y[svm_reg.support_], s=180,
facecolors='#FFAAAA')
       plt.plot(X, y, "bo")
       plt.xlabel(r"$x_1$", fontsize=18)
       plt.legend(loc="upper left", fontsize=18)
       plt.axis(axes)
    svm_poly_reg1 = SVR(kernel="poly", degree=2, C=100, epsilon=0.1, gamma="scale")
    svm_poly_reg2 = SVR(kernel="poly", degree=2, C=0.01, epsilon=0.1,
gamma="scale")
    svm_poly_reg1.fit(X, y)
    svm_poly_reg2.fit(X, y)
    fig, axes = plt.subplots(ncols=2, figsize=(9, 4), sharey=True)
    plt.sca(axes[0])
    plot_svm_regression(svm_poly_reg1, X, y, [-1, 1, 0, 1])
    plt.title(r"$degree={}, C={}, \epsilon = {}$".format(svm_poly_reg1.degree,
svm_poly_reg1.C, svm_poly_reg1.epsilon), fontsize=18)
    plt.ylabel(r"$y$", fontsize=18, rotation=0)
    plt.sca(axes[1])
```

```
    plot_svm_regression(svm_poly_reg2, X, y, [-1, 1, 0, 1])
    plt.title(r"$degree={}, C={}, \epsilon = {}$".format(svm_poly_reg2.degree, 
svm_poly_reg2.C, svm_poly_reg2.epsilon), fontsize=18)
    plt.show()
```

3.5 本章小结

本章对线性模型做一个总结，从最简单的模型开始，先介绍了线性回归模型，然后介绍了能引入非线性关系的、更适合非线性数据集的多项式回归模型。对 SVM 做一个总结：SVM 求解最优超平面，使用拉格朗日乘子转化为对偶问题，再引入核函数。根据此逻辑进行讲解，其中关于函数间隔、软间隔、对偶问题、支持向量、KKT 条件等做出了较为详细的说明。最后介绍了使用 SVM 思想解决回归问题的方法，并举例说明了不同核函数对相同问题的不同分类结果。

3.6 复习题

1. 生物神经元的基本结构是什么？
2. 人工神经元与生物神经元有什么关系？
3. 损失函数对模型训练的作用是什么？
4. 感知机是如何训练的？
5. 支持向量机有什么优势？

参考文献

[1]邱浩，王道波，张焕春.一种改进的反向传播神经网络算法[N]. 应用科学学报，2004，03:384-387.

[2]刘彩红. BP 神经网络学习算法的研究[D]. 重庆师范大学，2008.

[3]柴绍斌. 基于神经网络的数据分类研究[D]. 大连理工大学，2007.

[4]王伟. 人工神经网络原理[M]. 北京：北京航空航天大学出版社，1995.

[5]王磊. 人工神经网络原理、分类及应用[J]. 科技资讯，2014(3):240-241

[6]陈海虹等. 机器学习原理及应用[M]. 成都：电子科技大学出版社，2017.

[7]McCallum,a.&K.Nigam.A Comparison of Event Models for Naive Bayes Text Classification[EB/OL]. http://www.cs.cmu.edu/~knigam/papers/multinomial-aaaiws98.pdf,1999.

[8]Shimodaira.H.Text Classification using Naive Bayes[EB/OL].https://www.inf.ed.ac.uk/teaching/courses/inf2b/learnnotes/inf2b-learn07-notes-nup.pdf，2020.

[9]sklearn developers.Naive Bayes[EB/OL].https://sklearn.org/stable/modules/naive_bay-es.html # naive-bayes，2021.

[10]刘帝伟.概率分布 Probability Distributions[EB/OL].http://www.csuldw.com/2016/08/19/2016-08-19-probability-distributions/，2016.

[11]李航.统计学[M]. 北京：清华大学出版社，2012.

[12]张洋.PCA 的数学原理[EB/OL].http://blog.codinglabs.org/articles/pca-tutorial.html，2013.

第4章

卷积神经网络和循环神经网络

卷积神经网络（Convolutional Neural Network，CNN）是一类包含卷积计算且具有深度结构的前馈神经网络（Feedforward Neural Network，FNN），是深度学习的代表算法之一。卷积神经网络主要使用在图像和视频分析的各种任务上，比如图像分类、人脸识别、物体识别、图像分割等，其准确率一般远远超出了其他的神经网络模型。近年来，卷积神经网络也广泛地应用到自然语言处理、推荐系统等领域。

循环神经网络（Recurrent Neural Network，RNN）是一类以序列（Sequence）数据为输入，在序列的演进方向进行递归（Recursion）且所有节点（循环单元）按链式连接的递归神经网络（Recursive Neural Network，RNN）。循环神经网络具有记忆性、参数共享并且图灵完备（Turing Completeness），因此在对序列的非线性特征进行学习时具有一定优势。循环神经网络在自然语言处理（Natural Language Processing，NLP），例如语音识别、语言建模、机器翻译等领域有应用，也被用于各类时间序列预报。

4.1 卷积神经网络

卷积神经网络是一种具有局部连接、权重共享等特性的深层前馈神经网络。卷积神经网络最早主要用来处理图像信息。如果用全连接前馈网络来处理图像，则会存在以下两个问题：

（1）参数太多：如果输入图像大小为100×100×3（图像高度为100，宽度为100，3个颜色通道：R、G、B）。在全连接前馈网络中，第一个隐藏层的每个神经元到输入层都有100×100×3=30 000个互相独立的连接，每个连接都对应一个权重参数。随着隐藏层神经元数量的增多，参数的规模也会急剧增加。这会导致整个神经网络的训练效率非常低，也很容易出现过拟合。

（2）局部不变性特征：自然图像中的物体都具有局部不变性特征，比如尺度缩放、平移、旋转等操作不影响其语义信息。而全连接前馈网络很难提取这些局部不变特征，一般需要进行数据增强来提高性能。

卷积神经网络就是借助卷积核对输入特征进行特征提取，再把提取到的特征送入全连接网络进行识别预测。卷积就是特征提取器，主要包括卷积（Convolutional）、批标准化（Batch Normalization，BN）、激活（Activation）、池化（Pooling）和舍弃（Dropout），即 CBAPD，最后送入全连接网络。

1. 感受野

感受器受刺激兴奋时，通过感受器官中的向心神经元将神经冲动（各种感觉信息）传到上位中枢，一个神经元所反应（支配）的刺激区域就叫作神经元的感受野（Receptive Field），又译为受纳野。末梢感觉神经元、中继核神经元以及大脑皮层感觉区的神经元都有各自的感受野。随感觉种类不同，感受野的性质、大小也不一致。神经网络在卷积计算中，常使用两层 3×3 卷积核。

2. 卷积计算

输入特征图的深度（Channel 数）决定了当前层卷积核的深度，当前卷积核的个数决定了当前层输出特征图的深度。如果某层特征提取能力不足，可以在这一层多用几个卷积核提高这一层的特征提取能力。卷积就是利用立体卷积核实现参数共享。

3. 全零填充

卷积计算保持输入特征图的尺寸不变，可以在输入特征图周围进行全零填充。不填充时，输出特征图边长=（输入特征图边长-卷积核长+1）/步长。通过缩放因子和偏移因子，优化了特征数据分布的宽窄和偏移量，保证了网络的非线性表达力。

4. 批标准化

批标准化又叫批量归一化，是为了克服神经网络层数加深导致难以训练而诞生的一个算法，是一种用于改善人工神经网络的性能和稳定性的技术。这是一种为神经网络中的任何层提供零均值/单位方差输入的技术。它通过调整和缩放激活来规范化输入层。

5. 池化

池化是为了减少特征数据量，主要有两种：最大池化和平均池化。最大池化提取图片纹理，平均池化保留背景特征。

6. 舍弃

为了缓解过拟合，常把隐藏层的部分神经元按照一定比例从神经网络中临时舍弃。在使用神经网络时，再把神经元恢复到神经网络中。

本节介绍的卷积神经网络是 1 类强大的、为处理图像数据而设计的神经网络。基于卷积神经网络结构的模型在计算机视觉领域已经占主导地位，当今几乎所有的图像识别、对象检测或语义分割相关的学术竞赛和商业应用都以这种方法为基础。

4.1.1 卷积

卷积神经网络是受生物学上感受野的机制而提出的。感受野主要是指听觉、视觉等神经系统中一些神经元的特性，即神经元只接受其所支配的刺激区域内的信号。在视觉神经系统中，视觉皮层中的神经细胞的输出依赖于视网膜上的光感受器。视网膜上的光感受器受刺激兴奋时，将神经冲动信号传到视觉皮层，但不是所有视觉皮层中的神经元都会接受这些信号。一个神经元的感受野是指视网膜上的特定区域，只有这个区域内的刺激才能够激活该神经元。

目前的卷积神经网络一般是由卷积层、汇聚层和全连接层交叉堆叠而成的前馈神经网络，使用反向传播算法进行训练。全连接层一般在卷积网络的最顶层。卷积神经网络有 3 个结构上的特性：局部连接、权重共享以及汇聚。这些特性使得卷积神经网络具有一定程度上的平移、缩放和旋转不变性。和前馈神经网络相比，卷积神经网络的参数更少。

卷积也叫摺积，是分析数学中一种重要的运算。在信号处理或图像处理中，经常使用一维或二维卷积。

1. 一维卷积和二维卷积

1）一维卷积

一维卷积经常用在信号处理中，用于计算信号的延迟累积。假设一个信号发生器每个时刻 t 产生一个信号 x_t，其信息的衰减率为 w_k，即在 k−1 个时间步长后，信息为原来的 w_k 倍。假设 w_1=1、w_2=1/2、w_3=1/4，那么在时刻 t 收到的信号 y_t 为当前时刻产生的信息和以前时刻的延迟信息的叠加：

$$y_t=1\times x_t+1/2\times x_t-1+1/4\times x_t-2 \tag{4.1}$$

$$=w_1\times x_t+w_2\times x_t-1+w_3\times x_t-2 \tag{4.2}$$

$$=\sum_{k=1}^{3} w_k\cdot x_{t-k+1} \tag{4.3}$$

我们把 $w_1,w_2,\cdots$ 称为滤波器（Filter）或卷积核（Convolution Kernel）。假设滤波器长度为 m，它和一个信号序列 $x_1,x_2,\cdots$ 的卷积为：

$$y_t=\sum_{k=1}^{m} w_k\cdot x_{t-k+1} \tag{4.4}$$

信号序列 x 和滤波器 w 的卷积定义为：

$$y=w\otimes x \tag{4.5}$$

其中，$\otimes$ 表示卷积运算。

一般情况下，滤波器的长度 m 远小于信号序列长度 n。图 4.1 给出了一维卷积示例。滤波器为 [-1,0,1]，连接边上的数字为滤波器中的权重。当滤波器 w_k=1/m，1≤k≤m 时，卷积相当于信号序列的简单移动平均（窗口大小为 m）。

2）二维卷积

卷积也经常用在图像处理中。因为图像为一个二维结构，所以需要将一维卷积进行扩展。给定

一个图像 $X\in\mathbb{R}^{M\times N}$ 和滤波器 $W\in\mathbb{R}^{m\times n}$，一般 $m<<M$，$n<<N$，其卷积为：

$$y_{ij}=\sum_{u=1}^{m}\sum_{v=1}^{n}w_{uv}\cdot x_{i-u+1,j-v+1} \tag{4.6}$$

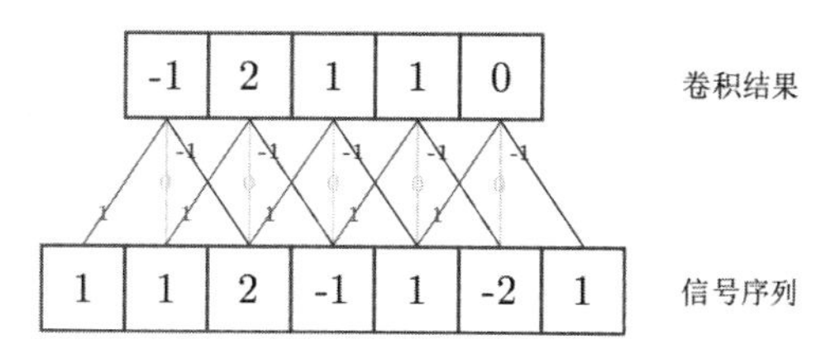

图 4.1　一维卷积示例（滤波器为[−1,0,1]）

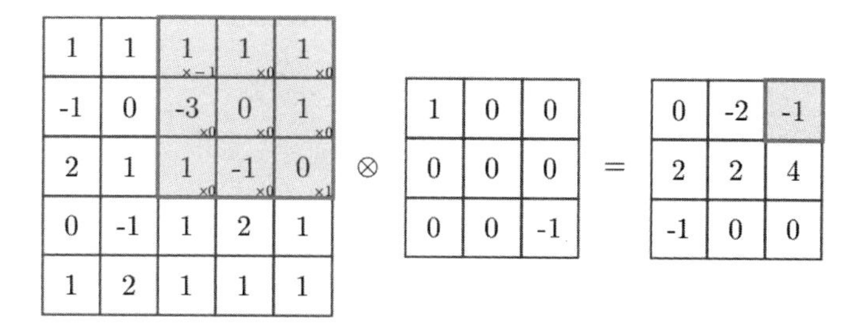

图 4.2　二维卷积示例

常用的均值滤波（Mean Filter）就是将当前位置的像素值设为滤波器窗口中所有像素的平均值，也就是 $w_{uv}=1/mn$。在图像处理中，卷积经常作为特征提取的有效方法。一幅图像在经过卷积操作后，得到的结果称为特征映射（Feature Map）。

2. 互相关

在机器学习和图像处理领域，卷积的主要功能是在一个图像（或某种特征）上滑动一个卷积核（滤波器），通过卷积操作得到一组新的特征。在计算卷积的过程中，需要进行卷积核翻转。在具体实现上，一般会以互相关操作来代替卷积，从而减少一些不必要的操作或开销。翻转就是从两个维度（从上到下、从左到右）颠倒次序，即旋转 180°。互相关（Cross-Correlation）是一个衡量两个序列相关性的函数，通常是用滑动窗口的点积计算来实现的。给定一个图像 $X\in\mathbb{R}^{M\times N}$ 和卷积核 $W\in\mathbb{R}^{m\times n}$，它们的互相关为：

$$y_{ij}=\sum_{u=1}^{m}\sum_{v=1}^{m}w_{uv}\cdot x_{i+u-1,j+v-1} \tag{4.7}$$

在神经网络中，使用卷积是为了进行特征抽取，卷积核是否进行翻转和其特征抽取的能力无关。特别是当卷积核是可学习的参数时，卷积和互相关是等价的。因此，为了实现上（或描述上）的方便起见，我们用互相关来代替卷积。事实上，很多深度学习工具中的卷积操作其实都是互相关操作。

公式 4.7 可以表述为：

$$Y=W\otimes X \tag{4.8}$$

其中，$Y\in\mathbb{R}^{M-m+1,N-n+1}$为输出矩阵。

3. 卷积的数学性质

卷积有很多很好的数学性质。接下来，我们介绍一些二维卷积的数学性质，但是这些数学性质同样可以适用到一维卷积的情况。

1）交换性

如果不限制两个卷积信号的长度，卷积是具有交换性的，即 $x\otimes y=y\otimes x$。当输入信息和卷积核有固定长度时，它们的宽卷积（Wide Convolution）依然具有交换性。

对于二维图像 $X\in\mathbb{R}^{M\times N}$ 和卷积核 $W\in\mathbb{R}^{m\times n}$，对图像 X 的两个维度进行零填充，两端各补 $m-1$ 和 $n-1$ 个零，得到全填充（Full Padding）的图像 $\tilde{X}\in\mathbb{R}^{(M+2m-2)\times(N+2n-2)}$。图像 X 和卷积核 W 的宽卷积定义为：

$$W\tilde{\otimes}X\triangleq W\otimes\tilde{X} \tag{4.9}$$

其中，$\tilde{\otimes}$ 为宽卷积操作。

宽卷积具有交换性，即：

$$W\tilde{\otimes}X=X\tilde{\otimes}W \tag{4.10}$$

2）导数

假设 $Y=W\otimes X$，其中 $X\in\mathbb{R}^{M\times N}$，$W\in\mathbb{R}^{m\times n}$，$Y\in\mathbb{R}^{(M-m+1)\times(N-n+1)}$，函数 $f(Y)\in\mathbb{R}$ 为一个标量函数，则：

$$\begin{aligned}\frac{\partial f(Y)}{\partial w_{uv}}&=\sum_{i}^{M-m+1}\sum_{j}^{N-n+1}\frac{\partial y_{ij}}{\partial w_{uv}}\frac{\partial f(Y)}{\partial y_{ij}}\\&=\sum_{i}^{M-m+1}\sum_{j}^{N-n+1}x_{i+u-1,j+v-1}\frac{\partial f(Y)}{\partial y_{ij}}\\&=\sum_{i}^{M-m+1}\sum_{j}^{N-n+1}\frac{\partial f(Y)}{\partial y_{ij}}x_{u+i-1,v+j-1}\end{aligned} \tag{4.11}$$

从公式 4.11 可以看出，$f(Y)$关于 W 的偏导数为 X 和$\partial f(Y)/\partial Y$ 的卷积：

$$\frac{\partial f(Y)}{\partial W}=\frac{\partial f(Y)}{\partial Y}\otimes X \tag{4.12}$$

4.1.2 卷积神经网络

卷积神经网络一般由卷积层、汇聚层和全连接层构成。

1. 卷积层

卷积层的作用是提取一个局部区域的特征，不同的卷积核相当于不同的特征提取器。既然卷积网络主要应用在图像处理上，而图像为二维结构，为了更充分地利用图像的局部信息，通常将神经元组织为三维结构的神经层，其大小为高度 $M\times$宽度 $N\times$深度 D，由 D 个 $M\times N$ 大小的特征映射构成。

特征映射（Feature Map）为一幅图像（或其他特征映射）经过卷积提取到的特征，每个特征映射可以作为一类抽取的图像特征。为了提高卷积网络的表示能力，可以在每一层使用多个不同的特征映射，以更好地表示图像的特征。

在输入层，特征映射就是图像本身。如果是灰度图像，就有一个特征映射，深度 D=1；如果是彩色图像，分别有 R、G、B 三个颜色通道的特征映射，输入层深度 D=3。

不失一般性，假设一个卷积层的结构如下：

（1）输入特征映射组：$X\in\mathbb{R}^{M\times N\times D}$ 为三维张量，其中每个切片（Slice）矩阵 $X^d\in\mathbb{R}^{M\times N}$ 为一个输入特征映射，$1\leqslant d\leqslant D$。

（2）输出特征映射组：$Y\in\mathbb{R}^{M'\times N'\times P}$ 为三维张量，其中每个切片矩阵 $Y^p\in\mathbb{R}^{M'\times N'}$为一个输出特征映射，$1\leqslant p\leqslant P$。

（3）卷积核：$W\in\mathbb{R}^{m\times n\times D\times P}$ 为四维张量，其中每个切片矩阵 $W^{p,d}\in\mathbb{R}^{m\times n}$ 为一个二维卷积核，$1\leqslant d\leqslant D$，$1\leqslant p\leqslant P$。

图 4.3 给出三维卷积层的结构表示。

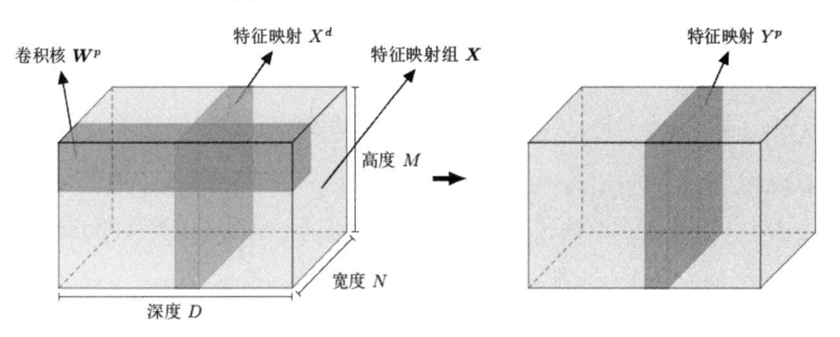

图 4.3　三维卷积层结构

为了计算输出特征映射 Y^p，用卷积核 $W^{p,1},W^{p,2},\cdots,W^{p,D}$ 分别对输入特征映射 $X^1,X^2,\cdots,X^D$ 进行卷积，然后将卷积结果相加，并加上一个标量偏置 b 得到卷积层的净输入 Z^p，再经过非线性激活函数后得到输出特征映射 Y^p。

$$Z^p=W^p\otimes X+b^p=\sum_{d=1}^{D}W^{p,d}\otimes X^d+b^p \tag{4.13}$$

$$Y^p=f(Z^p) \tag{4.14}$$

其中，$W^p\in\mathbb{R}^{m\times n\times D}$ 为三维卷积核，$f(\cdot)$为非线性激活函数，一般用 ReLU 函数。整个计算过程如图 4.4 所示。如果希望卷积层输出 P 个特征映射，可以将上述计算机过程重复 P 次，得到 P 个输出特征映射 $Y^1,Y^2,\cdots,Y^P$。

在输入为 $X\in\mathbb{R}^{M\times N\times D}$，输出为 $Y\in\mathbb{R}^{M'\times N'\times P}$ 的卷积层中，每一个输出特征映射都需要 D 个滤波器以及一个偏置。假设每个滤波器的大小为 $m\times n$，那么共需要 $P\times D\times(m\times n)+P$ 个参数。

2. 汇聚层

汇聚层（Pooling Layer）也叫子采样层（Subsampling Layer），其作用是进行特征选择，降低特征数量，从而减少参数数量。

卷积层虽然可以显著减少网络中连接的数量，但特征映射组中的神经元个数并没有显著减少。如果后面接一个分类器，分类器的输入维数依然很高，很容易出现过拟合。为了解决这个问题，可以在卷积层之后加上一个汇聚层，从而降低特征维数，避免过拟合。

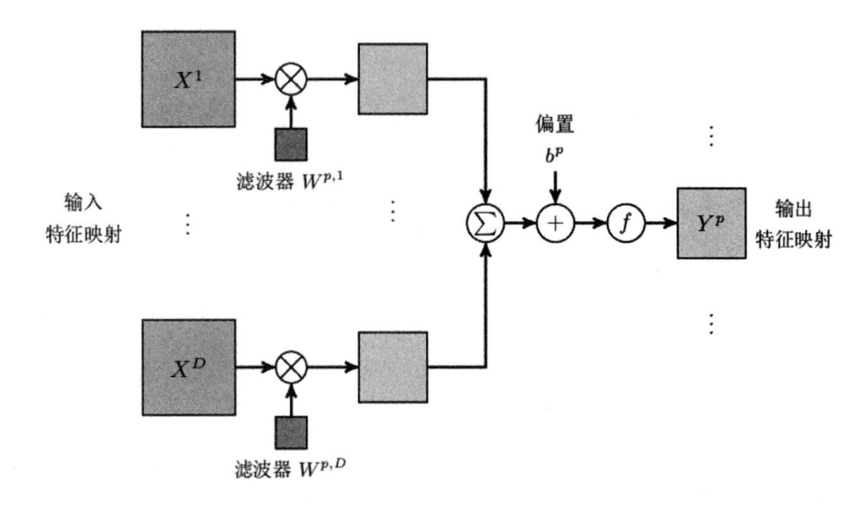

图 4.4　卷积层计算示例

假设汇聚层的输入特征映射组为 $X\in\mathbb{R}^{M\times N\times D}$，对于其中每一个特征映射 X^d，将其划分为很多区域 $R^d_{m,n}$，$1\leqslant m\leqslant M'$，$1\leqslant n\leqslant N'$，这些区域可以重叠，也可以不重叠。汇聚（Pooling）是指对每个区域进行下采样（Down Sampling）得到一个值，作为这个区域的概括。

常用的汇聚函数有两种：

（1）最大汇聚（Maximum Pooling）：一般是取一个区域内所有神经元的最大值。

$$Y^d_{m,n}=\max_{i\in R^d_{m,n}} x_i \tag{4.15}$$

其中，x_i 为区域 R^d_k 内每个神经元的激活值。

（2）平均汇聚（Mean Pooling）：一般是取区域内所有神经元的平均值。

$$Y^d_{m,n}=\frac{1}{\left|R^d_{m,n}\right|}\sum_{i\in R^d_{m,n}} x_i \tag{4.16}$$

对每一个输入特征映射 X^d 的 $M'\times N'$ 个区域进行子采样，得到汇聚层的输出特征映射 $Y^d=\{Y^d_{m,n}\}$，$1\leqslant m\leqslant M'$，$1\leqslant n\leqslant N'$。

典型的汇聚层是将每个特征映射划分为 2×2 大小的不重叠区域，然后使用最大汇聚的方式进行下采样。汇聚层也可以看作是一个特殊的卷积层，卷积核大小为 $m\times m$，步长为 $s\times s$，卷积核为 max 函数或 mean 函数。过大的采样区域会急剧减少神经元的数量，造成过多的信息损失。

3. 全连接层

使用全连接层的特征来表示图像，只能得到图像的全局信息，多数细节特征无从体现。为了得到更加细致的特征，在很多任务中会使用卷积层的特征，因为卷积特征是包含局部信息的，这得益于卷积层的局部连接操作（Sparse Connectivity）。

在全连接网络中，每个神经元与相邻层上的全部神经元均有一条连接，每一条连接均代表一次对应的运算，这样无疑使得网络整体的计算量非常庞大。不同于全连接网络，卷积网络仿照人大脑皮层的视觉神经元，利用局部区域来感知外界信息的性质，应用局部连接操作使得当前隐藏层的神经元只与前一层的部分神经元连接，从而大幅减少网络中需要学习的参数量。关于全连接和局部连接操作的对比，可简化为图 4.5。

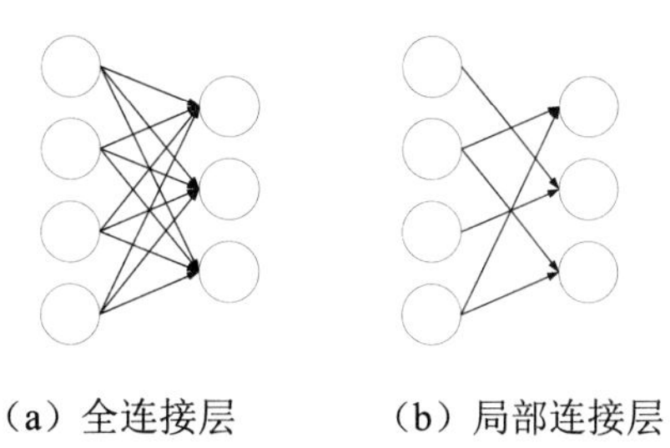

图 4.5　局部连接和全连接网络的对比

在卷积神经网络中，将输入的图像数据看作二维矩阵（如果是彩色图像，则是三维矩阵）更容易理解局部连接操作，矩阵中的每个数值对应该点的像素光强度。局部连接操作通过设置卷积核的方式处理输入图像，避免了将每个神经元与输入像素点相连，在缩减了参数数量的同时良好地提取了图像的局部特征。局部感受野（Local Receptive Field）是卷积核映射在输入图像矩阵上的一小片范围，该范围中的像素点会与卷积核中的某一个神经元进行连接，每个连接学习一个权重。例如，对于 30×30 的输入图像数据，设置卷积核的大小为 3×3，此时局部感受野大小也为 3×3，卷积中的一次计算如图 4.6 所示。

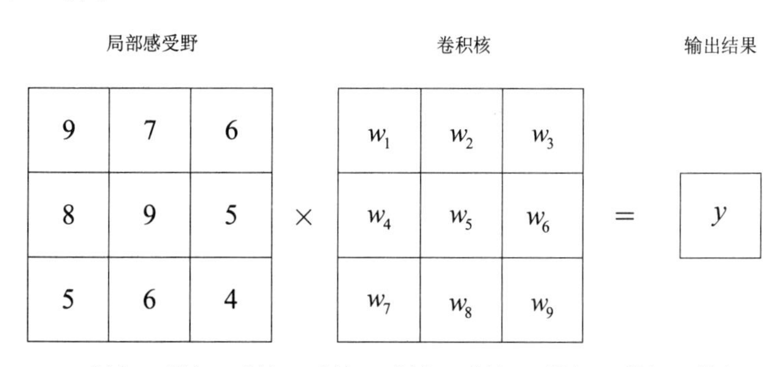

$$y=9\times w_1+7\times w_2+6\times w_3+8\times w_4+9\times w_5+5\times w_6+5\times w_7+6\times w_8+4\times w_9$$

图 4.6　卷积操作中的乘法运算

图 4.6 描述的操作仅仅使用到了 9 个权重值，显著缩小了网络中的参数数目。然而，这个过程仅仅计算了输入图像中一小块 3×3 的区域，完整的卷积操作需要不断改变输入图像中感受野的位置，重复进行上述操作。在这个过程中，如果每次计算时均使用新的卷积核，那么最终网络的参数数量也会随着图像变大而不断增加，为了进一步缩小参数的规模，需要在卷积操作中引入权值共享操作。

4. 权值共享

卷积神经网络中引入了卷积核的概念，其类似一个滑动窗口，以相同的间隔在输入图像中移动，进行卷积操作提取出图像的局部特征，进而得到输入图像的特征图（Feature Map，FM）。在神经网络模型中，模型的参数数量很大程度上由其中权重和偏置的数目决定。因此，权值共享（Parameter Sharing）指的便是在对输入图像数据的一次遍历中，卷积核使用的权重和偏置是固定不变的，不会针对图像内的不同位置改变卷积核内的参数。图 4.7（a）展示了利用一个 1×3 的矩阵作为卷积核，提取出输入图片的一个特征图的网络结构，卷积层的连接权重可以共享，而全连接层的每个连接权重均是独立的。因此，相同数量的神经元进行全连接需要计算更多的权重，如图 4.7（b）所示。

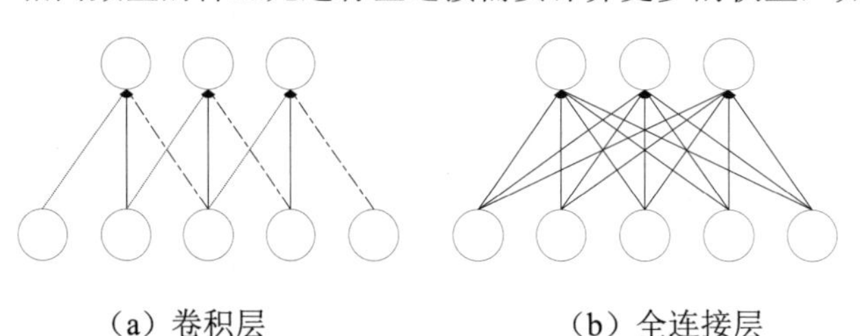

图 4.7　卷积层和全连接层的权重连接

权值共享操作的特性使得它可以检测输入数据的固定特征，例如图像水平或垂直边缘的检测。为了提取整幅输入图像的特征图，需要使用卷积核从输入图像的左上角开始沿着从左至右、从上至下的顺序进行“扫描”，每次“扫描”意味着将图像中对应的局部感受野与卷积核进行如图 4.6 所示的乘法操作。移动“扫描”的过程需要设置每次移动的跨距，也就是步长（Stride），步长定义了从左至右、从上至下逐个像素的移动距离。由于卷积层具有权值共享的性质，因此在扫描一幅输入图像的过程中，卷积核的权重和偏置是固定的。图 4.8 展示了使用 3×3 的卷积核对一幅 5×5 的输入图像进行“扫描”并提取其特征图的过程，其中步长设置为 1。

权值共享显著降低了卷积核中参数的数量，加速了卷积模型的训练。除此之外，卷积层可以利用图片空间上的局部不变性，在提升网络性能的同时更加适应图像的物理结构。然而，由于卷积核每次进行扫描时移动的步长不应设置太大，因此导致经过卷积层后生成的特征图的维度并没有显著减少。如果在其后不做任何处理直接进行分类，那么过大的特征维数仍然容易导致训练过拟合，此时需要引入池化操作以简化卷积层的输出。

输入图像

9	8	7	6	5
8	7	6	5	4
7	6	5	4	3
6	5	4	3	2
5	4	3	2	1

×

卷积核

1	2	0
1	2	1
0	1	0

=

特征图

59	51	43
51	43	35
43	35	27

图 4.8　卷积操作示例

5. 池化层

除了卷积层之外，卷积神经网络往往也会包含池化层（Pooling Layers），用于对卷积层的输出进行降维。通常来说，池化层不被算作一个单独的网络层，与卷积层和激活函数一起并称为一个卷积层。

池化操作又被称为降采样，它利用图像中相邻像素点高度相关的特点对特征图进行降采样，使用一个像素点来代表附近的像素点，从而实现特征的降维，在压缩数据和参数量的同时避免了过拟合现象。

在许多图像任务中，我们只需要获取某个特征相对于其他特征的大概位置，而不需要标出该特征在图片中的精确位置（例如，分类猫狗图片时，我们并不会关心猫狗在图片中出现的位置），这种任务满足平移不变性，即当对图像的局部感受野进行少量平移时，池化层的整体输出并不会发生很大的变化。池化层的这种特性可以在缩减特征图维度的同时，提取出执行图像任务所需的信息。

池化层中步长的概念与卷积层类似，即窗口在输入图像中每次移动的像素个数。图 4.9 展示了对大小为 4×4 的输入图像进行最大池化操作，在每个 2×2 的区域中计算最大值，并用该最大值代表该区域，以步长为 2 的间隔在图像上不断移动，直至遍历整个图像。

池化层对卷积层提取的信息进行总结、简化，去除了冗余的信息，可以极大地提高网络的统计效率。由于具有平移不变的性质，因此池化层加强了对图像偏移、旋转等方面的适应度，提高了模型的鲁棒性。

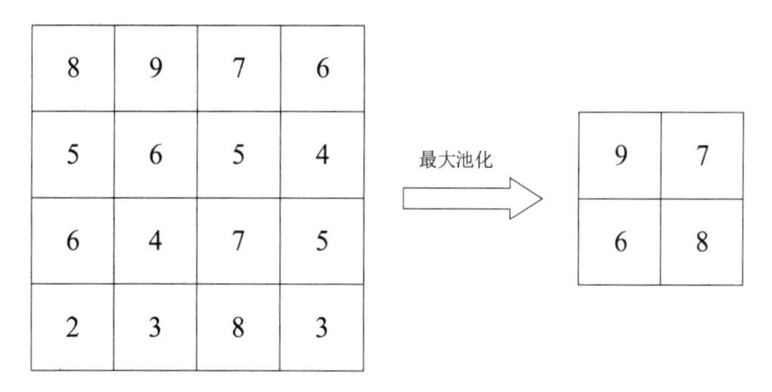

图 4.9　最大池化操作

4.1.3　几种典型的卷积神经网络

本节介绍几种广泛使用的典型的深层卷积神经网络。

1. LeNet-5

手写字体识别模型 LeNet-5 诞生于 1994 年，是最早的卷积神经网络之一。LeNet-5 通过巧妙的设计，利用卷积、参数共享、池化等操作提取特征，避免了大量的计算成本，最后使用全连接神经网络进行分类识别，这个网络也是最近大量神经网络架构的起点。虽然现在看来 LeNet 实际用处不大，而且架构现在基本也没人用了，但是可以作为神经网络架构的一个很好的入门基础。LenNet-5 共有 7 层（不包括输入层），每层都包含不同数量的训练参数，如图 4.10 所示。

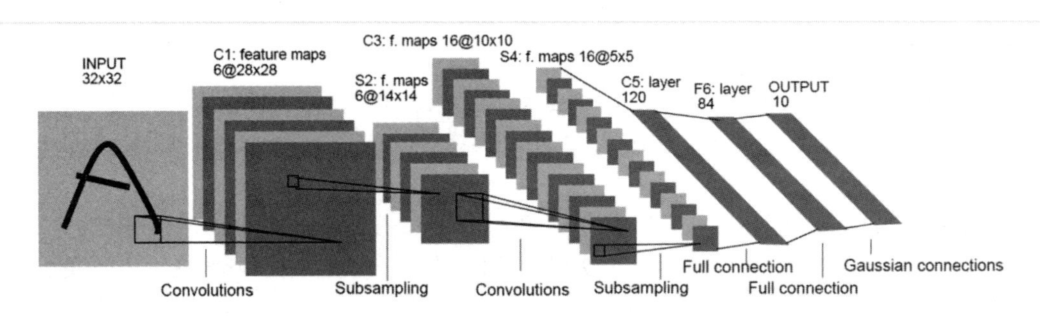

图 4.10 LeNet-5 网络结构

LeNet-5 中主要有两个卷积层、两个下抽样层（池化层）、3 个全连接层 3 种连接方式。

（1）输入层：输入图像大小为 32×32=1024。

（2）C1 层是卷积层，使用 6 个 5×5 的滤波器，得到 6 组大小为 28×28=784 的特征映射。因此，C1 层的神经元数量为 6×784=4 704，可训练参数数量为 6×25+6=156，连接数为 156×784=122 304（包括偏置在内，下同）。

（3）S2 层为汇聚层，采样窗口为 2×2，使用平均汇聚，并使用一个如公式（目前主流的卷积网络中，汇聚层仅包含下采样操作，在汇聚层使用非线性激活函数）4.17 的非线性函数。神经元个数为 6×14×14=1 176，可训练参数数量为 6×(1+1)=12，连接数为 6×196×(4+1) =5 880。

（4）C3 层为卷积层。LeNet-5 中用一个连接表来定义输入和输出特征映射之间的依赖关系，如图 4.11 所示，共使用 60 个 5×5 的滤波器，得到 16 组大小连接表参见公式 4.18。为 10×10 的特征映射。神经元数量为 16×100=1 600，可训练参数数量如果不使用连接表，则需要为(60×25)+16=1 516，连接数为 100×1 516=151 600。

（5）S4 层是一个汇聚层，采样窗口为 2×2，得到 16 个 5×5 大小的特征映射，可训练参数数量为 16×2=32，连接数为 16×25×(4+1)=2 000。

（6）C5 层是一个卷积层，使用 120×16=1 920 个 5×5 的滤波器，得到 120 组大小为 1×1 的特征映射。C5 层的神经元数量为 120，可训练参数数量为 1 920×25+120=48 120，连接数为 120×(16×25+1)=48 120。

（7）F6 层是一个全连接层，有 84 个神经元，可训练参数数量为 84×(120+1)=10 164。连接数和可训练参数个数相同，为 10 164。

（8）输出层：输出层由 10 个欧氏径向基函数（Radial Basis Function，RBF）组成。

$$Y'^{d} = f(w^{d} \cdot Y^{d} + b^{d}) \tag{4.17}$$

其中，Y'^{d} 为汇聚层的输出，$f(\cdot)$为非线性激活函数，w^{d} 和 b^{d} 为可学习的标量权重和偏置。

连接表：从公式（4.18）可以看出，卷积层的每一个输出特征映射都依赖于所有输入特征映射，相当于卷积层的输入和输出特征映射之间是全连接的关系。实际上，这种全连接关系不是必需的。我们可以让每一个输出特征映射都依赖于少数几个输入特征映射。定义一个连接表 T 来描述输入和输出特征映射之间的连接关系。如果第 p 个输出特征映射依赖于第 d 个输入特征映射，则 $T_{p,d}=1$，否则为 0。

$$Y^p = f\left(\sum_{\substack{d,\\ T_{p,d}=1}} W^{p,d} \otimes X^d + b^p\right) \tag{4.18}$$

其中，T 为 $P\times D$ 大小的连接表。假设连接表 T 的非零个数为 K，每个滤波器的大小为 $m\times n$，那么共需要 $K\times m\times n+P$ 个参数。

在 LeNet-5 中，连接表的基本设定如图 4.11 所示。C3 层的第 0~5 个特征映射依赖于 S2 层的特征映射组的每 3 个连续子集，第 6~11 个特征映射依赖于 S2 层的特征映射组的每 4 个连续子集，第 12~14 个特征映射依赖于 S2 层的特征映射的每 4 个不连续子集，第 15 个特征映射依赖于 S2 层的所有特征映射。

	0	1	2	3	4	5	6	7	8	9	10	11	12	13	14	15
0	X				X	X	X			X	X	X	X		X	X
1	X	X				X	X	X			X	X	X	X		X
2	X	X	X				X	X	X			X		X	X	X
3		X	X	X			X	X	X	X			X		X	X
4			X	X	X			X	X	X	X		X	X		X
5				X	X	X			X	X	X	X		X	X	X

图 4.11　LeNet-5 中 C3 层的连接表

【例 4.1】LeNet-5 基于 Keras 的简单代码实现。

```
    import keras
    import numpy as np
    from keras import optimizers
    from keras.datasets import cifar10
    from keras.models import Sequential
    from keras.layers import Conv2D, Dense, Flatten, MaxPooling2D
    from keras.callbacks import LearningRateScheduler, TensorBoard
    from keras.preprocessing.image import ImageDataGenerator
    from keras.regularizers import l2
    batch_size   = 128
    epochs      = 200
    iterations    = 391
    num_classes  = 10
    weight_decay = 0.0001
    mean        = [125.307, 122.95, 113.865]
    std         = [62.9932, 62.0887, 66.7048]
    def build_model():
    model = Sequential()
    model.add(Conv2D(6, (5, 5), padding='valid', activation = 'relu',
kernel_initializer='he_normal',
kernel_regularizer=l2(weight_decay), input_shape=(32,32,3)))
    model.add(MaxPooling2D((2, 2), strides=(2, 2)))
    model.add(Conv2D(16, (5, 5), padding='valid', activation = 'relu',
kernel_initializer='he_normal',            kernel_regularizer=l2(weight_decay)))
    model.add(MaxPooling2D((2, 2), strides=(2, 2)))
    model.add(Flatten())
    model.add(Dense(120, activation = 'relu', kernel_initializer='he_normal',
        kernel_regularizer=l2(weight_decay) ))
    model.add(Dense(84, activation = 'relu', kernel_initializer
```

```
    ='he_normal',kernel_regularizer=l2(weight_decay) ))
    model.add(Dense(10, activation = 'softmax', kernel_initializer='he_normal',

        kernel_regularizer=l2(weight_decay) ))
    sgd = optimizers.SGD(lr=.1, momentum=0.9, nesterov=True)
    model.compile(loss='categorical_crossentropy', optimizer=sgd,
metrics=['accuracy'])
    return model
    def scheduler(epoch):
    if epoch < 100:
    return 0.01
    if epoch < 150:
    return 0.005
    return 0.001
    if __name__ == '__main__':
    # load data
    (x_train, y_train), (x_test, y_test) = cifar10.load_data()
    y_train = keras.utils.to_categorical(y_train, num_classes)
    y_test = keras.utils.to_categorical(y_test, num_classes)
    x_train = x_train.astype('float32')
    x_test = x_test.astype('float32')
    # data preprocessing [raw - mean / std]
    for i in range(3):
    x_train[:,:,:,i] = (x_train[:,:,:,i] - mean[i]) / std[i]
    x_test[:,:,:,i] = (x_test[:,:,:,i] - mean[i]) / std[i]
    # build network
    model = build_model()
    print(model.summary())
    # set callback
    tb_cb = TensorBoard(log_dir='./lenet_dp_da_wd', histogram_freq=0)
    change_lr = LearningRateScheduler(scheduler)
    cbks = [change_lr,tb_cb]
    # using real-time data augmentation
    print('Using real-time data augmentation.')
    datagen = ImageDataGenerator(horizontal_flip=True,
    width_shift_range=0.125,height_shift_range=0.125,fill_mode='constant',cval=
0.)
    datagen.fit(x_train)
    # start train
    model.fit_generator(datagen.flow(x_train, y_train,batch_size=batch_size),
    steps_per_epoch=iterations,
    epochs=epochs,
    callbacks=cbks,
    validation_data=(x_test, y_test))
    # save model
    model.save('lenet_dp_da_wd.h5')
```

2. AlexNet

AlexNet 是 2012 年 ImageNet 竞赛冠军获得者 Hinton 和他的学生 Alex Krizhevsky 设计的。这个模型的名字来源于论文第一作者的姓名 Alex Krizhevsky。AlexNet 使用了 8 层卷积神经网络，并以很大的优势赢得了 ImageNet 2012 图像识别挑战赛。也是在那年之后，更多、更深的神经网络被提出，比如优秀的 VGG、GoogLeNet。

AlexNet 的结构如图 4.12 所示，包括 5 个卷积层、3 个全连接层和 1 个 Softmax 层。因为网络规模超出了当时的单个 GPU 的内存限制，AlexNet 将网络拆为两半，分别放在两个 GPU 上，GPU 间只在某些层（比如第 3 层）进行通信。

AlexNet 的具体结构如下：

（1）输入层，大小为 224×224×3 的图像。

（2）第一个卷积层，使用两个大小为 11×11×3×48 的卷积核，步长 s=4，零填充 p=3，得到两个大小为 55×55×48 的特征映射组。

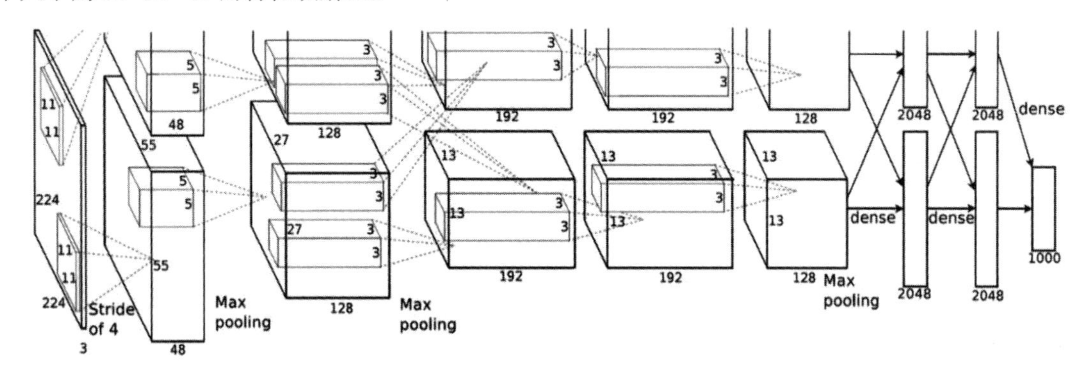

图 4.12　AlexNet 网络结构

（3）第一个汇聚层，使用大小为 3×3 的最大汇聚操作，步长 s=2，得到两个 27×27×48 的特征映射组。

（4）第二个卷积层，使用两个大小为 5×5×48×128 的卷积核，步长 s=1，零填充 p=2，得到两个大小为 27×27×128 的特征映射组。

（5）第二个汇聚层，使用大小为 3×3 的最大汇聚操作，步长 s=2，得到两个大小为 13×13×128 的特征映射组。

（6）第三个卷积层为两个路径的融合，使用一个大小为 3×3×256×384 的卷积核，步长 s=1，零填充 p=1，得到两个大小为 13×13×192 的特征映射组。

（7）第四个卷积层，使用两个大小为 3×3×192×192 的卷积核，步长 s=1，零填充 p=1，得到两个大小为 13×13×192 的特征映射组。

（8）第五个卷积层，使用两个大小为 3×3×192×128 的卷积核，步长 s=1，零填充 p=1，得到两个大小为 13×13×128 的特征映射组。

（9）汇聚层，使用大小为 3×3 的最大汇聚操作，步长 s=2，得到两个大小为 6×6×128 的特征映射组。

（10）三个全连接层，神经元数量分别为 4096、4096 和 1000。

【例 4.2】AlexNet 网络 TensorFlow 实现。

```
# -*- coding: utf-8 -*-
import tensorflow as tf
def alexnet(x, keep_prob, num_classes):
    # conv1
    with tf.name_scope('conv1') as scope:
        kernel = tf.Variable(tf.truncated_normal([11, 11, 3, 96],
```

```
dtype=tf.float32, stddev=1e-1), name='weights')
            conv = tf.nn.conv2d(x, kernel, [1, 4, 4, 1], padding='SAME')
            biases = tf.Variable(tf.constant(0.0, shape=[96], dtype=tf.float32),
                                 trainable=True, name='biases')
            bias = tf.nn.bias_add(conv, biases)
            conv1 = tf.nn.relu(bias, name=scope)
        # lrn1
        with tf.name_scope('lrn1') as scope:
            lrn1 = tf.nn.local_response_normalization(conv1,
                                                     alpha=1e-4,
                                                     beta=0.75,
                                                     depth_radius=2,
                                                     bias=2.0)
        # pool1
        with tf.name_scope('pool1') as scope:
            pool1 = tf.nn.max_pool(lrn1,
                                 ksize=[1, 3, 3, 1],
                                 strides=[1, 2, 2, 1],
                                 padding='VALID')
        # conv2
        with tf.name_scope('conv2') as scope:
            pool1_groups = tf.split(axis=3, value = pool1, num_or_size_splits = 2)
            kernel = tf.Variable(tf.truncated_normal([5, 5, 48, 256],
dtype=tf.float32,
                                                    stddev=1e-1), name='weights')
            kernel_groups = tf.split(axis=3, value = kernel, num_or_size_splits = 2)
            conv_up = tf.nn.conv2d(pool1_groups[0], kernel_groups[0], [1,1,1,1],
padding='SAME')
            conv_down = tf.nn.conv2d(pool1_groups[1], kernel_groups[1], [1,1,1,1],
padding='SAME')
            biases = tf.Variable(tf.constant(0.0, shape=[256], dtype=tf.float32),
                                 trainable=True, name='biases')
            biases_groups = tf.split(axis=0, value=biases, num_or_size_splits=2)
            bias_up = tf.nn.bias_add(conv_up, biases_groups[0])
            bias_down = tf.nn.bias_add(conv_down, biases_groups[1])
            bias = tf.concat(axis=3, values=[bias_up, bias_down])
            conv2 = tf.nn.relu(bias, name=scope)
        # lrn2
        with tf.name_scope('lrn2') as scope:
            lrn2 = tf.nn.local_response_normalization(conv2,
                                                     alpha=1e-4,
                                                     beta=0.75,
                                                     depth_radius=2,
                                                     bias=2.0)
        # pool2
        with tf.name_scope('pool2') as scope:
            pool2 = tf.nn.max_pool(lrn2,
                                 ksize=[1, 3, 3, 1],
                                 strides=[1, 2, 2, 1],
                                 padding='VALID')
        # conv3
        with tf.name_scope('conv3') as scope:
            kernel = tf.Variable(tf.truncated_normal([3, 3, 256, 384],
                                                    dtype=tf.float32,
                                                    stddev=1e-1), name='weights')
```

```
            conv = tf.nn.conv2d(pool2, kernel, [1, 1, 1, 1], padding='SAME')
            biases = tf.Variable(tf.constant(0.0, shape=[384], dtype=tf.float32),
                                 trainable=True, name='biases')
            bias = tf.nn.bias_add(conv, biases)
            conv3 = tf.nn.relu(bias, name=scope)
        # conv4
        with tf.name_scope('conv4') as scope:
            conv3_groups = tf.split(axis=3, value=conv3, num_or_size_splits=2)
            kernel = tf.Variable(tf.truncated_normal([3, 3, 192, 384],
                                                     dtype=tf.float32,
                                                     stddev=1e-1), name='weights')
            kernel_groups = tf.split(axis=3, value=kernel, num_or_size_splits=2)
            conv_up = tf.nn.conv2d(conv3_groups[0], kernel_groups[0], [1, 1, 1, 1],
padding='SAME')
            conv_down = tf.nn.conv2d(conv3_groups[1], kernel_groups[1], [1,1,1,1],
padding='SAME')
            biases = tf.Variable(tf.constant(0.0, shape=[384], dtype=tf.float32),
                                 trainable=True, name='biases')
            biases_groups = tf.split(axis=0, value=biases, num_or_size_splits=2)
            bias_up = tf.nn.bias_add(conv_up, biases_groups[0])
            bias_down = tf.nn.bias_add(conv_down, biases_groups[1])
            bias = tf.concat(axis=3, values=[bias_up,bias_down])
            conv4 = tf.nn.relu(bias, name=scope)
        # conv5
        with tf.name_scope('conv5') as scope:
            conv4_groups = tf.split(axis=3, value=conv4, num_or_size_splits=2)
            kernel = tf.Variable(tf.truncated_normal([3, 3, 192, 256],
                                                     dtype=tf.float32,
                                                     stddev=1e-1), name='weights')
            kernel_groups = tf.split(axis=3, value=kernel, num_or_size_splits=2)
            conv_up = tf.nn.conv2d(conv4_groups[0], kernel_groups[0], [1, 1, 1, 1],
padding='SAME')
            conv_down = tf.nn.conv2d(conv4_groups[1], kernel_groups[1], [1,1,1,1],
padding='SAME')
            biases = tf.Variable(tf.constant(0.0, shape=[256], dtype=tf.float32),
                                 trainable=True, name='biases')
            biases_groups = tf.split(axis=0, value=biases, num_or_size_splits=2)
            bias_up = tf.nn.bias_add(conv_up, biases_groups[0])
            bias_down = tf.nn.bias_add(conv_down, biases_groups[1])
            bias = tf.concat(axis=3, values=[bias_up,bias_down])
            conv5 = tf.nn.relu(bias, name=scope)
        # pool5
        with tf.name_scope('pool5') as scope:
            pool5 = tf.nn.max_pool(conv5,
                                   ksize=[1, 3, 3, 1],
                                   strides=[1, 2, 2, 1],
                                   padding='VALID',)
        # flattened6
        with tf.name_scope('flattened6') as scope:
            flattened = tf.reshape(pool5, shape=[-1, 6*6*256])
        # fc6
        with tf.name_scope('fc6') as scope:
            weights = tf.Variable(tf.truncated_normal([6*6*256, 4096],
                                                      dtype=tf.float32,
                                                      stddev=1e-1), name='weights')
```

```
        biases = tf.Variable(tf.constant(0.0, shape=[4096], dtype=tf.float32),
                             trainable=True, name='biases')
        bias = tf.nn.xw_plus_b(flattened, weights, biases)
        fc6 = tf.nn.relu(bias)
    # dropout6
    with tf.name_scope('dropout6') as scope:
        dropout6 = tf.nn.dropout(fc6, keep_prob)
    # fc7
    with tf.name_scope('fc7') as scope:
        weights = tf.Variable(tf.truncated_normal([4096,4096],
                                          dtype=tf.float32,
                                          stddev=1e-1), name='weights')
        biases = tf.Variable(tf.constant(0.0, shape=[4096], dtype=tf.float32),
                             trainable=True, name='biases')
        bias = tf.nn.xw_plus_b(dropout6, weights, biases)
        fc7 = tf.nn.relu(bias)
    # dropout7
    with tf.name_scope('dropout7') as scope:
       dropout7 = tf.nn.dropout(fc7, keep_prob)
    # fc8
    with tf.name_scope('fc8') as scope:
        weights = tf.Variable(tf.truncated_normal([4096, num_classes],
                                           dtype=tf.float32,
                                           stddev=1e-1), name='weights')
        biases = tf.Variable(tf.constant(0.0, shape=[num_classes],
dtype=tf.float32),
                                    trainable=True, name='biases')
        fc8 = tf.nn.xw_plus_b(dropout7, weights, biases)
    return fc8
```

3. InceptionNet

Google InceptionNet 出现在 ILSVRC 2014 年的比赛中（和 VGGNet 同年），并以较大优势夺得了第一名的成绩，它的 top5 错误率为 6.67%，VGGNet 的错误率为 7.3%。InceptionNet 的最大特点是控制了计算量和参数量的同时提高了网络的性能，它的层数为 22，比 VGGNet19 还深，但是只有 15 亿次浮点计算和 500 万的参数量。InceptionNet 精心设计的 Inception Module 也在很大程度上提高了参数的利用率。

在卷积网络中，如何设置卷积层的卷积核大小是一个十分关键的问题。在 Inception 网络中，一个卷积层包含多个不同大小的卷积操作，称为 Inception 模块。Inception 网络是由有多个 Inception 模块和少量的汇聚层堆叠而成的。

Inception 模块同时使用 1×1、3×3、5×5 等不同大小的卷积核，并将得到的特征映射在深度上拼接（堆叠）起来作为输出特征映射。

图 4.13 给出了 v1 版本的 Inception 模块，采用了 4 组平行的特征抽取方式，分别为 1×1、3×3、5×5 的卷积和 3×3 的最大汇聚。同时，为了提高计算效率，减少参数数量，Inception 模块在进行 3×3、5×5 的卷积之前、3×3 的最大汇聚之后，进行一次 1×1 的卷积来减少特征映射的深度。如果输入特征映射之间存在冗余信息，1×1 的卷积相当于先进行一次特征抽取。

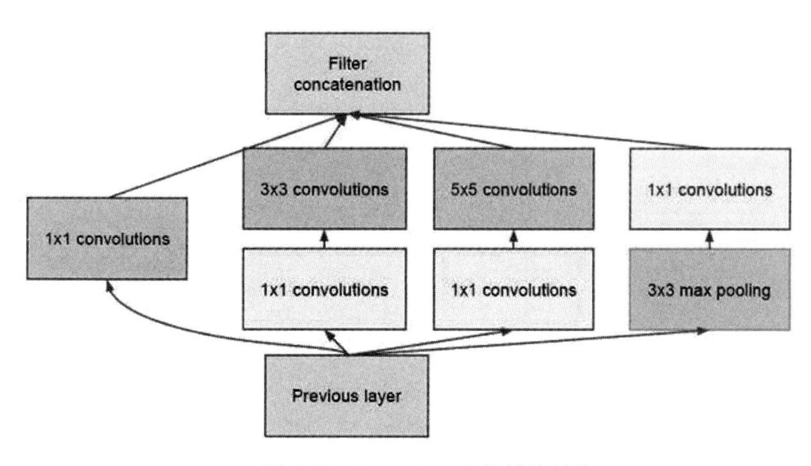

图 4.13　Inception v1 的模块结构

Inception 网络有多个改进版本，其中比较有代表性的有 Inception v3 网络[Szegedy et al., 2016]。Inception v3 网络用多层的小卷积核来替换大的卷积核，以减少计算量和参数量，并保持感受野不变。具体包括：

（1）使用两层 3×3 的卷积来替换 v1 中的 5×5 的卷积。

（2）使用连续的 n×1 和 1×n 来替换 n×n 的卷积。

此外，Inception v3 网络同时引入了标签平滑以及批量归一化等优化方法进行训练。Szegedy et al. [2017]还提出了结合直连（Shortcut Connect）边的 Inception 模块：Inception-ResNet v2 网络，并在此基础上设计了一个更优化的 Inception v4 模型。

GoogLeNet 由 9 个 Inception v1 模块和 5 个汇聚层以及其他一些卷积层和全连接层构成，总共为 22 层网络，如图 4.14 所示。为了解决梯度消失问题，GoogLeNet 在网络中间层引入了两个辅助分类器来加强监督信息。

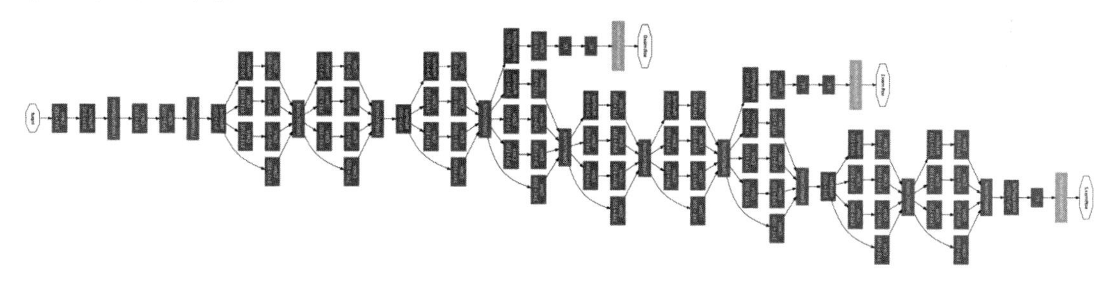

图 4.14　GoogLeNet 网络结构

4. ResNet

ResNet 即深度残差网络，由何恺明及其团队提出，是深度学习领域又一具有开创性的工作，通过对残差结构的运用，ResNet 使得训练数百层的网络成为可能，从而具有非常强大的表征能力。残差网络（Residual Network，ResNet）通过给非线性的卷积层增加直连边的方式来提高信息的传播效率。

假设在一个深度网络中，我们期望一个非线性单元（可以为一层或多层的卷积层）$f(x;\theta)$去逼近一个目标函数为 $h(x)$。如果将目标函数拆分成两部分：恒等函数（Identity Function）x 和残差函数（Residue Function）$h(x)-x$。

$$h(x) = \underbrace{x}_{\text{恒等函数}} + \underbrace{(h(x) - x)}_{\text{残差函数}} \tag{4.19}$$

根据通用近似定理，一个由神经网络构成的非线性单元有足够的能力来近似逼近原始目标函数或残差函数，但实际应用中后者更容易学习。因此，原来的优化问题可以转换为：让非线性单元 $f(x;\theta)$ 去近似残差函数 $h(x)-x$，并用 $f(x;\theta)+x$ 去逼近 $h(x)$。

图 4.15 给出了一个典型的残差单元示例。残差单元由多个级联的（等宽）卷积层和一个跨层的直连边组成，再经过 ReLU 激活后得到输出。残差网络就是将很多个残差单元串联起来构成的一个非常深的网络。

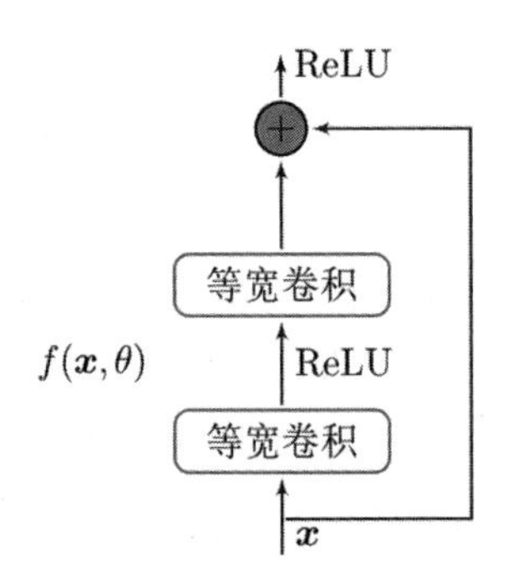

图 4.15　残差单元结构

【例 4.3】实现一个 MNIST 手写数字识别的程序。代码中主要使用的是 tensorflow.contrib.slim 中定义的函数，slim 作为一种轻量级的 TensorFlow 库，使得模型的构建、训练、测试都变得更加简单。卷积层、池化层以及全联接层都可以进行快速的定义，非常方便。这里为了方便使用，我们直接导入 slim。

```
    import tensorflow as tf
    import numpy as np
    from tensorflow.examples.tutorials.mnist import input_data
    import tensorflow.contrib.slim as slim
    mnist = input_data.read_data_sets("./MNIST_data/",one_hot=True)
    batch_size = 100
    learning_rate = 0.01
    learning_rate_decay = 0.95
    model_save_path = 'model/'
    def res_identity(input_tensor,conv_depth,kernel_shape,layer_name):
        with tf.variable_scope(layer_name):
            relu = tf.nn.relu(slim.conv2d(input_tensor,conv_depth,kernel_shape))
            outputs = tf.nn.relu(slim.conv2d(relu,conv_depth,kernel_shape) + 
input_tensor)
        return outputs
    def res_change(input_tensor,conv_depth,kernel_shape,layer_name):
        with tf.variable_scope(layer_name):
            relu = 
tf.nn.relu(slim.conv2d(input_tensor,conv_depth,kernel_shape,stride=2))
            input_tensor_reshape = 
slim.conv2d(input_tensor,conv_depth,[1,1],stride=2)
            outputs = tf.nn.relu(slim.conv2d(relu,conv_depth,kernel_shape) + 
input_tensor_reshape)
```

```
        return outputs
    def inference(inputs):
        x = tf.reshape(inputs,[-1,28,28,1])
        conv_1 = tf.nn.relu(slim.conv2d(x,32,[3,3])) #28 * 28 * 32
        pool_1 = slim.max_pool2d(conv_1,[2,2]) # 14 * 14 * 32
        block_1 = res_identity(pool_1,32,[3,3],'layer_2')
        block_2 = res_change(block_1,64,[3,3],'layer_3')
        block_3 = res_identity(block_2,64,[3,3],'layer_4')
        block_4 = res_change(block_3,32,[3,3],'layer_5')
        net_flatten = slim.flatten(block_4,scope='flatten')
        fc_1 = slim.fully_connected(slim.dropout(net_flatten,0.8),200,activation_
fn=tf.nn.tanh,scope='fc_1')
        output = slim.fully_connected(slim.dropout(fc_1,0.8),10,activation_fn=
None,scope='output_layer')
        return output
    def train():
        x = tf.placeholder(tf.float32, [None, 784])
        y = tf.placeholder(tf.float32, [None, 10])
        y_outputs = inference(x)
        global_step = tf.Variable(0, trainable=False)
        entropy = tf.nn.sparse_softmax_cross_entropy_with_logits(logits=y_outputs,
labels=tf.argmax(y, 1))
        loss = tf.reduce_mean(entropy)
        train_op = tf.train.AdamOptimizer(learning_rate).minimize(loss,
global_step=global_step)
        prediction = tf.equal(tf.argmax(y, 1), tf.argmax(y_outputs, 1))
        accuracy = tf.reduce_mean(tf.cast(prediction, tf.float32))
        saver = tf.train.Saver()
        with tf.Session() as sess:
            sess.run(tf.global_variables_initializer())
            for i in range(10000):
                x_b, y_b = mnist.train.next_batch(batch_size)
                train_op_, loss_, step = sess.run([train_op, loss, global_step],
feed_dict={x: x_b, y: y_b})
                if i % 50 == 0:
                    print("training step {0}, loss {1}".format(step, loss_))
                    x_b, y_b = mnist.test.images[:500], mnist.test.labels[:500]
                    result = sess.run(accuracy, feed_dict={x: x_b, y: y_b})
                    print("training step {0},accuracy {1} ".format(step,result))
                saver.save(sess, model_save_path + 'my_model',
global_step=global_step)
    def main(_):
        train()
    if __name__ == '__main__':
        tf.app.run()
```

4.2 循环神经网络

对循环神经网络（RNN）的研究始于 20 世纪 80—90 年代，并在 21 世纪初发展为深度学习算法之一，其中双向循环神经网络（Bidirectional RNN,Bi-RNN）和长短期记忆网络是常见的循环神经网络。

4.2.1 循环神经网络的结构

具体来讲，卷积神经网络相当于人类的视觉，但是它没有记忆能力，所以它只能处理一种特定的视觉任务，没办法根据以前的来处理新的任务。那么记忆力对于网络而言到底是不是必要的呢？我们可以考虑这样一个场景：在一场电影中推断下一个时间点，这个时候仅依赖于现在的情景并不够，需要依赖于前面发生的情节。对于这样一些不仅依赖于当前情况，还依赖于过去情况的问题，传统的神经网络结构无法很好地处理，所以基于记忆的网络模型是必不可少的。循环神经网络的提出便是基于记忆模型的想法，期望网络能够记住前面出现的特征，并依据特征推断后面的结果，而且整体的网络结构不断循环，因此得名为循环神经网络。

循环神经网络的原理并不十分复杂，整个网络只有简单的输入输出和网络状态参数。一个典型的循环神经网络如图 4.16 所示。

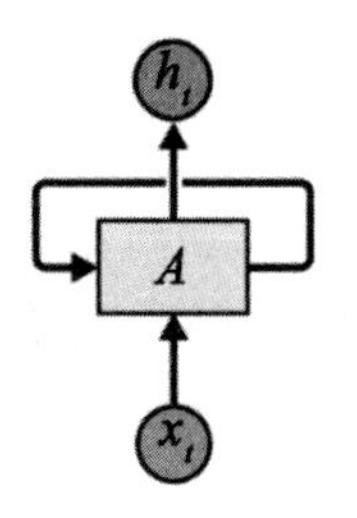

图 4.16　RNN 结构

由图 4.16 可以看出：一个典型的 RNN 包含一个输入 x、一个输出 h 和一个神经网络单元 A。和普通的神经网络不同的是，RNN 的神经网络单元 A 不仅仅与输入和输出存在联系，其与自身也存在一个回路。这种网络结构揭示了 RNN 的实质：上一个时刻的网络状态信息将会作用于下一个时刻的网络状态。如果图 4.16 的网络结构仍不够清晰，RNN 还能够以时间序列展开成如图 4.17 所示的形式。

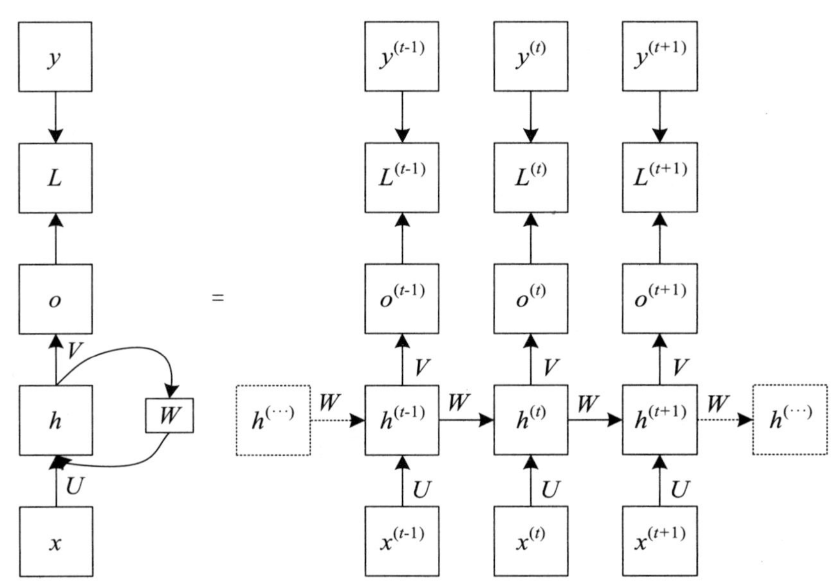

图 4.17　RNN 展开的结构图

在图 4.17 中，x 表示输入单元，h 表示隐藏单元，o 表示输出单元，L 表示损失，y 表示目标，t 表示时间步，U 表示输入单元到隐藏单元间的参数矩阵，W 表示循环连接的相邻时间步隐藏单元之间的参数矩阵，V 表示隐藏单元到输出单元的参数矩阵。图中等号左侧为该循环神经网络的回路原理图，等号右侧为该循环神经网络的展开计算图。这种循环神经网络每个时间步都产生一个输出，并且隐藏单元之间存在循环连接。

4.2.2　循环神经网络的数学基础

图 4.17 是一个 RNN 的时序展开模型，中间 t 时刻的网络模型揭示了 RNN 的结构。接下来介绍该循环神经网络的前向传播公式。在动力系统的观点下，系　统状态描述了一个给定空间中所有点随时间步的变化，对每个时间步都使用公式 4.20~公式 4.23 进行网络更新。

$$a^{(t)} = b + Wh^{(t-1)} + Ux^{(t)} \tag{4.20}$$

$$h^{(t)} = \mathrm{Tanh}(a^{(t)}) \tag{4.21}$$

$$o^{(t)} = c + Vh^{(t)} \tag{4.22}$$

$$\hat{y}^{(t)} = \mathrm{softmax}(o^{(t)}) \tag{4.23}$$

其中，b 和 c 为参数的偏置向量，它们会和参数矩阵 U、W 和 V 一同分别对应输入到隐藏单元、隐藏单元到隐藏单元和隐藏单元到输出的连接。此处将输出 o 作为表示离散变量时每个离散变量可能值的非标准化对数概率，然后将 softmax 函数应用于输出 o 上得到标准化概率的输出 $\hat{y}$。此时，网络的总损失为各个时间步的损失之和，如公式 4.24 所示。

$$L = \sum_t L^{(t)} \tag{4.24}$$

接下来介绍该循环神经网络梯度的计算。与其他的神经网络相似，循环神经网络也是通过反向传播从后往前反向计算得到梯度，然后进行网络训练，更新参数。假设损失为给定了输入 $x^{(1)},\cdots,x^{(t)}$ 后目标值 $y^{(t)}$的负对数似然，输出 $o^{(t)}$经过一次 softmax 函数计算得到标准化概率输出 $\hat{y}$。对于所有的隐藏单元 i 和时间步 t，关于 t 输出的梯度 $\nabla_{o^{(t)}}L$ 的计算公式如公式 4.25 所示。

$$(\nabla_{o^{(t)}}L)_i = \frac{\partial L}{\partial o_i^{(t)}} = \frac{\partial L}{\partial L^{(t)}}\frac{\partial L^{(t)}}{\partial o_i^{(t)}} = \hat{y}_i^{(t)} - 1_{i,y^{(t)}} \tag{4.25}$$

从最后一个时间步 τ 开始，从后往前依次进行梯度计算。在最后一个时间步中，梯度计算的公式如公式 4.26 所示。

$$\nabla_{h^{(\tau)}}L = V^{\mathrm{T}}\nabla_{o^{(\tau)}}L \tag{4.26}$$

之后从时间步 $\tau-1$ 开始依次向前迭代，梯度的计算公式如公式 4.27 所示。

$$\begin{aligned}\nabla_{h^{(t)}}L &= \left(\frac{\partial h^{(t+1)}}{\partial h^{(t)}}\right)^{\mathrm{T}}\left(\nabla_{h^{(t+1)}}L\right) + \left(\frac{\partial o^{(t)}}{\partial h^{(t)}}\right)^{\mathrm{T}}\left(\nabla_{o^{(t)}}L\right)\\ &= W^{\mathrm{T}}\left(\nabla_{h^{(t+1)}}L\right)\mathrm{diag}\left(1-\left(h^{(t+1)}\right)^2\right) + V^{\mathrm{T}}\left(\nabla_{o^{(t)}}L\right)\end{aligned} \tag{4.27}$$

其中，$\operatorname{diag}\left(1-\left(h^{(t+1)}\right)^2\right)$表示包含元素$1-\left(h^{(t+1)}\right)^2$的对角矩阵。网络中其他参数的梯度计算公式如公式 4.28~公式 4.32 所示。

$$\nabla_c L=\sum_t\left(\frac{\partial o^{(t)}}{\partial c}\right)^{\mathrm{T}}\nabla_{o^{(t)}}L=\sum_t\nabla_{o^{(t)}}L \tag{4.28}$$

$$\nabla_b L=\sum_t\left(\frac{\partial h^{(t)}}{\partial b^{(t)}}\right)^{\mathrm{T}}\nabla_{h^{(t)}}L=\sum_t\operatorname{diag}\left(1-\left(h^{(t)}\right)^2\right)\nabla_{h^{(t)}}L \tag{4.29}$$

$$\nabla_V L=\sum_t\sum_i\left(\frac{\partial L}{\partial o_i^{(t)}}\right)\nabla_V o_i^{(t)}=\sum_t\left(\nabla_{o^{(t)}}L\right)h^{(t)^{\mathrm{T}}} \tag{4.30}$$

$$\begin{aligned}\nabla_W L&=\sum_t\sum_i\left(\frac{\partial L}{\partial h_i^{(t)}}\right)\nabla_{W^{(t)}}h_i^{(t)}\\&=\sum_t\operatorname{diag}\left(1-\left(h^{(t)}\right)^2\right)\left(\nabla_{h^{(t)}}L\right)h^{(t-1)^{\mathrm{T}}}\end{aligned} \tag{4.31}$$

$$\begin{aligned}\nabla_U L&=\sum_t\sum_i\left(\frac{\partial L}{\partial h_i^{(t)}}\right)\nabla_{U^{(t)}}h_i^{(t)}\\&=\sum_t\operatorname{diag}\left(1-\left(h^{(t)}\right)^2\right)\left(\nabla_{h^{(t)}}L\right)x^{(t)^{\mathrm{T}}}\end{aligned} \tag{4.32}$$

此处使用$\nabla_{W^{(t)}}$表示权重参数在时间步t对梯度的贡献。注意，这里没有计算关于输入$x^{(t)}$的梯度，这是因为计算图中定义的损失的任何参数都不是$x^{(t)}$的父节点。

由于这种 RNN 的前向传播与反向传播都必须保存每个时间步的状态，依次向前传播和反向传播，因此这种 RNN 梯度计算的方法的时间复杂度和空间复杂度均为$O(\tau)$。这种应用于展开图且复杂度为$O(\tau)$的反向传播算法，称为通过时间反向传播（Back-Propagation Through Time，BPTT）。这种隐藏单元间存在直接连接的 RNN 学习能力很强，但是其具有不可降低的时间和空间复杂度，使用者必须付出很大的训练代价。

除了上述这种类型的 RNN 外，为了减小网络的训练代价，同时保证网络具有一定的学习能力以适用不同的问题，还可以对 RNN 的结构进行不同的改造，以获得不同架构的 RNN 去应对不同的序列数据处理需求。目前常见的 RNN 结构主要有以下两种：

（1）每个时间步都产生一个输出，但是只有当前时间步的输出连接下一个时间步的隐藏单元，不同时间步的隐藏单元之间没有连接。

（2）相邻时间步的隐藏单元之间存在连接，但是只有在最后一个时间步才产生一个输出用于进行损失的计算。

4.2.3 循环神经网络的计算能力

由于循环神经网络具有短期记忆能力，相当于存储装置，因此其计算能力十分强大。前馈神经网络可以模拟任何连续函数，而循环神经网络可以模拟任何程序。

我们先定义一个完全连接的循环神经网络，其输入为 x_t，输出为 y_t：

$$h_t = f(Uh_{t-1} + W_{xt} + b) \tag{4.33}$$

$$y_t = Vh_t \tag{4.34}$$

其中，h 为隐状态，$f(\cdot)$为非线性激活函数，U、W、b 和 V 为网络参数。

1. 循环神经网络的通用近似定理

循环神经网络的拟合能力也十分强大。一个完全连接的循环网络是任何非线性动力系统的近似器。

循环神经网络的通用近似定理（Haykin，2009）：如果一个完全连接的循环神经网络有足够数量的 Sigmoid 型隐藏神经元，则它可以以任意的准确率去近似任何一个非线性动力系统：

$$s_t=g(s_{t-1},x_t) \tag{4.35}$$

$$y_t=o(s_t) \tag{4.36}$$

其中，s_t 为每个时刻的隐状态，x_t 是外部输入，$g(\cdot)$是可测的状态转换函数，$o(\cdot)$是连续输出函数，并且对状态空间的紧致性没有限制。

2. 图灵完备

图灵完备是指一种数据操作规则，比如一种计算机编程语言，可以实现图灵机（Turing Machine）的所有功能，解决所有的可计算问题。目前主流的编程语言（比如 C++、Java、Python 等）都是图灵完备的。

图灵完备（Siegelmann et al.,1991）：所有的图灵机都可以被一个由使用 Sigmoid 型激活函数的神经元构成的全连接循环网络来进行模拟。因此，一个完全连接的循环神经网络可以近似解决所有的可计算问题。

4.2.4　长短期记忆网络

长短期记忆网络（LSTM）被广泛用于许多序列任务（包括天然气负荷预测、股票市场预测、语言建模、机器翻译等），并且比其他序列模型（例如 RNN）表现更好，尤其是在有大量数据的情况下。LSTM 经过精心设计，可以避免 RNN 的梯度消失问题。梯度消失的主要实际限制是模型无法学习长期的依赖关系。但是，通过避免梯度消失问题，与常规 RNN 相比，LSTM 可以存储更多的记忆（数百个时间步长）。与仅维护单个隐藏状态的 RNN 相比，LSTM 具有更多参数，可以更好地控制在特定时间步长保存哪些记忆以及丢弃哪些记忆。例如，在每个训练步骤中都必须更新隐藏状态，因此 RNN 无法确定要保存的记忆和要丢弃的记忆。

LSTM 可以看作是一个更高级的 RNN 系列，主要由 5 个不同部分组成：

（1）单元状态：是 LSTM 单元的内部单元状态（例如记忆）。

（2）隐藏状态：是用于计算预测结果的外部隐藏状态。

（3）输入门：确定发送到单元状态的当前输入量。

（4）忘记门：确定发送到当前单元状态的先前单元状态的数量。

（5）输出门：确定隐藏状态下输出的单元状态数。

LSTM 解决长期依赖的主要思想是，将标准 RNN 中的每个时间步都固定的连接权重扩展为每个时间步都可能会改变的连接权重。LSTM 循环网络以细胞的结构代替标准 RNN 的循环单元，其细胞结构如图 4.18 所示。

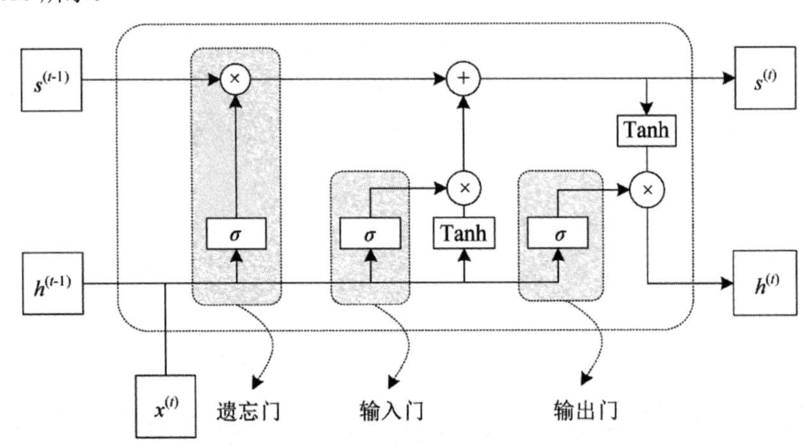

图 4.18　LSTM 单元结构图

用来表示不同细胞单元的一个关键值为细胞状态单元 $s_i^{(t)}$（时刻 t 的细胞 i）。LSTM 细胞主要包含 3 个门控：遗忘门（Forget Gate）$f_i^{(t)}$、输入门（Input Gate）g_i^t 和输出门（Output Gate）q_i^t。其中，首先进行的是遗忘阶段，此处遗忘门的作用是将从上一个时间步传入的信息有选择地忘记，只“记住”那些重要的信息。此处使用 Sigmoid 函数进行权重设置来达到一种门控状态，具体计算公式如公式 4.37 所示。

$$f_i^{(t)} = \sigma\left(b_i^f + \sum_j U_{i,j}^f x_j^{(t)} + \sum_j W_{i,j}^f h_j^{(t-1)}\right) \tag{4.37}$$

其中，$x^{(t)}$ 为时间步 t 的输入向量，$h^{(t-1)}$ 为上一个时间步 $t-1$ 的隐藏层向量，b^f 为偏置，U^f 为输入权重，W^f 为遗忘门的循环权重。$f_i^{(t)}$ 越接近 0，表示对历史信息“丢失”的越多；$f_i^{(t)}$ 越接近 1，表示对历史信息“记住”的越多。

$$g_i^{(t)} = \sigma\left(b_i^g + \sum_j U_{i,j}^g x_j^{(t)} + \sum_j W_{i,j}^g h_j^{(t-1)}\right) \tag{4.38}$$

其中，b^g 为偏置，U^g 为输入权重，W^g 为输入门的循环权重。更新后的细胞状态如公式 4.39 所示。

$$s_i^{(t)} = f_i^{(t)} s_i^{(t-1)} + g_i^{(t)} \operatorname{Tanh}\left(b_i + \sum_j U_{i,j} x_j^{(t)} + \sum_j W_{i,j} h_j^{(t-1)}\right) \tag{4.39}$$

其中，b 为偏置，U 为输入权重，W 为循环权重。

最后到达输出阶段，经过输出门得到 LSTM 细胞的输出 $h_i^{(t)}$，并将其输出到下一个时间步。输出门门控的计算公式如公式 4.40 和公式 4.41 所示。

$$q_i^{(t)} = \sigma\left(b_i^o + \sum_j U_{i,j}^o x_j^{(t)} + \sum_j W_{i,j}^o h_j^{(t-1)}\right) \tag{4.40}$$

$$h_i^{(t)} = \mathrm{Tanh}(s_i^{(t)})q_i^{(t)} \tag{4.41}$$

其中，b^o 为偏置，U^o 为输入权重，W^o 为输出门的循环权重。

与标准 RNN 相比，得益于其门控单元，LSTM 可以记住长时间的重要信息，并选择性忘记不重要的信息，能够更加容易减弱或避免长期依赖问题，在很多长序列处理中具有较好的表现。

【例 4.4】LSTM 实例。

（1）环境配置：

- 安装 Anaconda 软件。
- 安装 TensorFlow。
- 安装其他包：在 Anaconda Prompt 中运行“pip install 包名”命令即可安装各种包。

（2）数据准备：

```
"""
LSTM 与 GRU 的区别：
把 BasicLSTMCell 改成 GRUCell，就变成了 GRU 网络
lstm_cell = tf.nn.rnn_cell.GRUCell(num_units=hidden_size)
"""
# -*- coding: utf-8 -*-
import tensorflow as tf
import numpy as np
import matplotlib.pyplot as plt
from tensorflow.examples.tutorials.mnist import input_data
from PIL import Image

config = tf.ConfigProto()
sess = tf.Session(config=config)
mnist = input_data.read_data_sets ('mnist', one_hot=True)
print(mnist.train.images.shape)

# 设置用到的参数
lr = 1e-3
# 在训练和测试的时候，想使用不同的 batch_size，所以采用占位符的方式
batch_size = tf.placeholder(tf.int32, [])
# 输入数据是 28 维，一行有 28 个像素
input_size = 28
# 时序持续时长为 28，每做一次预测，需要先输入 28 行
timestep_size = 28
# 每个隐含层的节点数
hidden_size = 64
# LSTM 的层数
layer_num = 2
# 最后输出的分类类别数量，如果是回归预测的话应该是 1
class_num = 10
_X = tf.placeholder(tf.float32, [None, 784])
y = tf.placeholder(tf.float32, [None, class_num])
keep_prob = tf.placeholder(tf.float32)
```

```
    # 定义一个 LSTM 结构， 把 784 个点的字符信息还原成 28×28 的图片
    X = tf.reshape(_X, [-1, 28, 28])
    def unit_lstm():
        # 定义一层 LSTM_CELL hiddensize 会自动匹配输入的 X 的维度
        lstm_cell = tf.nn.rnn_cell.BasicLSTMCell(num_units=hidden_size,
forget_bias=1.0, state_is_tuple=True)

        # lstm_cell = tf.nn.rnn_cell.GRUCell(num_units=hidden_size)
        """
        LSTM 与 GRU 区别：把 BasicLSTMCell 改成 GRUCell，就变成了 GRU 网络
        """

        # 添加 dropout layer， 一般只设置 output_keep_prob
        lstm_cell = tf.nn.rnn_cell.DropoutWrapper(cell=lstm_cell,
input_keep_prob=1.0, output_keep_prob=keep_prob)
        return lstm_cell
    # 调用 MultiRNNCell 来实现多层 LSTM
    mlstm_cell = tf.nn.rnn_cell.MultiRNNCell([unit_lstm() for i in range(3)],
state_is_tuple=True)

    # 使用全零来初始化 state
    init_state = mlstm_cell.zero_state(batch_size, dtype=tf.float32)
    outputs, state = tf.nn.dynamic_rnn(mlstm_cell, inputs=X,
initial_state=init_state,
                                       time_major=False)
    h_state = outputs[:, -1, :]

    # 设置 loss function 和优化器
    W = tf.Variable(tf.truncated_normal([hidden_size, class_num], stddev=0.1),
dtype=tf.float32)
    bias = tf.Variable(tf.constant(0.1, shape=[class_num]), dtype=tf.float32)
    y_pre = tf.nn.softmax(tf.matmul(h_state, W) + bias)
    # 损失和评估函数
    cross_entropy = -tf.reduce_mean(y * tf.log(y_pre))
    train_op = tf.train.AdamOptimizer(lr).minimize(cross_entropy)
    correct_prediction = tf.equal(tf.argmax(y_pre, 1), tf.argmax(y, 1))
    accuracy = tf.reduce_mean(tf.cast(correct_prediction, "float"))

    # 开始训练
    sess = tf.Session()
    sess.run(tf.global_variables_initializer())
    for i in range(1000):
           _batch_size = 128
           batch = mnist.train.next_batch(_batch_size)
           if (i+1)%200 == 0:
              train_accuracy  = sess.run(accuracy, feed_dict={
                 _X: batch[0], y: batch[1], keep_prob: 1.0, batch_size: _batch_size
              })
              print("step %d, training accuracy %g" % ((i+1), train_accuracy ))
           sess.run(train_op, feed_dict={_X: batch[0], y: batch[1], keep_prob: 0.5,
                                      batch_size: _batch_size})
    images = mnist.test.images
    labels = mnist.test.labels
    print("test accuracy %g" % sess.run(accuracy,feed_dict={_X: images, y: labels,
```

```
keep_prob: 1.0,
                                                                batch_size:
mnist.test.images.shape[0]}))

     current_y = mnist.train.labels[5]
     current_x = mnist.train.images[5]
     print(current_y)
     plt.show(current_x)

     # 将原始数据进行转换，变为模型能够识别的形式
     current_x.shape = [-1, 784]
     current_y.shape = [-1, class_num]
     current_outputs = np.array(sess.run(outputs, feed_dict={
             _X: current_x, y: current_y, keep_prob: 1.0,batch_size: 1}))
     current_outputs.shape = [28, hidden_size]

     # 计算模型中的变量
     h_W = sess.run(W, feed_dict={_X: current_x,y: current_y, keep_prob:
1.0,batch_size: 1})
     h_bias = sess.run(bias, feed_dict={_X: current_x,y: current_y, keep_prob:
1.0,batch_size: 1})
     h_bias.shape = [-1, 10]

     # 识别过程
     bar_index = range(class_num)
     for i in range(current_outputs.shape[0]):
         plt.subplot(7, 4, i+1)
         current_h_shate = current_outputs[i, :].reshape([-1, hidden_size])
         current_formula = tf.nn.softmax(tf.matmul(current_h_shate, h_W) + h_bias)
         pro = sess.run(current_formula)
         plt.bar(bar_index, pro[0], width=0.2)
         plt.axis('off')
     plt.show()
```

4.2.5　门控循环单元

梯度消失（Vanishing Gradients）是深度学习中一个很重要的问题，即在一个比较深层次的网络中，梯度的计算会随着层数的增加接近 0，导致网络参数无法更新。与之相对应的还有一个问题是梯度爆炸（Exploding Gradients），即梯度相乘结果太大，最终计算得到了 NaN 值（变量过大导致溢出）。与梯度消失相比，梯度爆炸相对容易解决。一般的做法是，当梯度的结果大于某个值的时候，对所有的梯度重新调整（Rescaling Gradients），然后继续运行。但是梯度消失这个问题相对难一点，标准的递归神经网络很难解决梯度消失的问题。为了解决标准 RNN 的梯度消失问题，GRU 提出使用两个向量，即更新门（Update Gate）和重置门（Reset Gate），用来决定什么样的信息应该被传递给输出。

基于门控循环单元（Gate Recurrent Unit，GRU）的网络是除 LSTM 外另一种十分常用的门控 RNN，是通过门控的方式使每个时间步的连接权重有选择地变化，从而应对长期依赖。其与 LSTM 的主要区别在于，使用单个门控单元同时控制遗忘因子和更新状态单元的决定。GRU 结构图如图 4.19 所示。

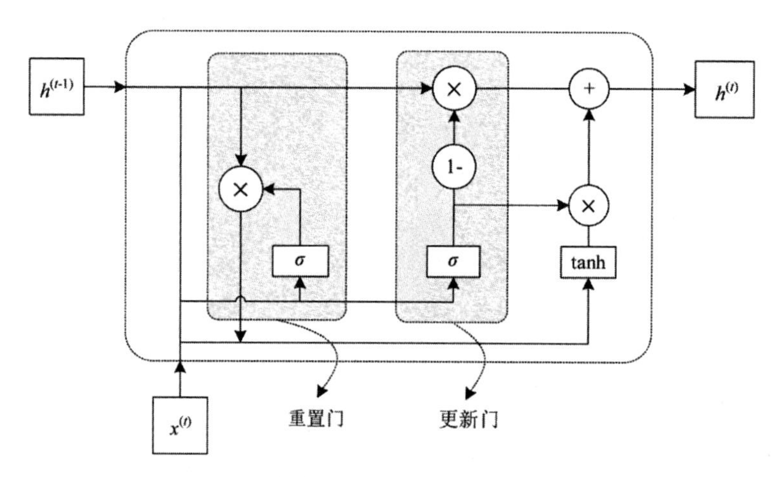

图 4.19 GRU 结构图

GRU 主要有两个门：重置门和更新门。此处使用 r 表示复位门，u 表示更新门，计算公式如公式 4.42 和公式 4.43 所示。

$$r_i^{(t)} = \sigma\left(b_i^r + \sum_j U_{i,j}^r x_j^{(t)} + \sum_j W_{i,j}^{(r)} h_j^{(t-1)}\right) \tag{4.42}$$

$$u_i^{(t)} = \sigma\left(b_i^u + \sum_j U_{i,j}^u x_j^{(t)} + \sum_j W_{i,j}^u h_j^{(t-1)}\right) \tag{4.43}$$

其中，b^r 为偏置，U^r 为输入权重，W^r 为复位门的循环权重，b^u 为偏置，U^u 为输入权重，W^u 为更新门的循环权重。

重置门主要控制当前状态中哪些信息保存下来用于进行下一个目标状态的计算。更新门同时控制遗忘和记忆。$1-u^{(t)}$ 遗忘了多少，$u^{(t)}$ 就会用对应的权重进行记忆的弥补，以保持一种相对“恒定”的状态。

状态更新的公式如公式 4.44 所示。

$$h_i^{(t)} = \left(1-u_i^{(t)}\right) h_i^{(t-1)} + u_i^{(t)} \operatorname{Tanh}\left(b_i + \sum_j U_{i,j} x_j^{(t)} + \sum_j W_{i,j} r_j^{(t)} h_j^{(t-1)}\right) \tag{4.44}$$

其中，b 为偏置，U 为输入权重，W 为循环权重。

从细胞结构图和更新公式可以看出，与 LSTM 相比，GRU 比 LSTM 结构更加简单（GRU 只有两个门，而 LSTM 有 3 个门），所以需要训练的参数更少，训练起来也更快一些，性能上并没有很大程度的减弱。另外，GRU 只有一个输出 $h^{(t)}$，而 LSTM 有代表细胞状态的 $c^{(t)}$ 和 $h^{(t)}$ 两个输出。

【例 4.5】下面的代码构建了一个 input_size=10、hidden_size=5 的单层 GRU 网络（batch_first=True），初始参数随机。

```
import torch
from torch import nn
import torch.nn.functional as F
class GRUtest(nn.Module):
    def __init__(self, input, hidden, act):
        super().__init__()
```

```
        self.gru = nn.GRU(input, hidden, batch_first=True)
        if act == 'sigmoid':              # 激活函数后面未使用
           self.act = nn.Sigmoid()
        elif act == 'tanh':
           self.act = nn.Tanh()
        elif act == 'relu':
           self.act = nn.ReLU()
     def forward(self, x):
        self.gru.flatten_parameters()
        gru_out, gru_state = self.gru(x)
        return gru_out, gru_state
  if __name__ == '__main__':
     insize = 10
     hsize = 5
     net1 = GRUtest(insize, hsize, 'tanh')
     for name, parameters in net1.named_parameters():
        print(name)
        print(parameters)
```

输出：

```
    gru.weight_ih_l0
    Parameter containing:
    tensor([[-0.2723,  0.3715,  0.2461,  0.1564, -0.3429,  0.3451,  0.1402,
0.3094, -0.1759,  0.0948],
          ...
           [-0.2211, -0.3684,  0.1786, -0.0130, -0.0834, -0.0744, -0.3496,  0.1268,
0.0111, -0.3086]], requires_grad=True)
    gru.weight_hh_l0
    Parameter containing:
    tensor([[ 0.1683, -0.0090, -0.4325,  0.2406,  0.2392],
           ...
           [ 0.1703,  0.3895,  0.1127, -0.1311,  0.1465],
           [-0.0391, -0.3496, -0.1727,  0.2034,  0.0147]], requires_grad=True)
    gru.bias_ih_l0
    Parameter containing:
    tensor([ 0.1650, -0.2618,  0.4228, -0.1866,  0.0954, -0.2185, -0.2157,  0.2003,
-0.1248, -0.2836, -0.1828,  0.3261,  0.2692,  0.2722, -0.3817],
          requires_grad=True)
    gru.bias_hh_l0
    Parameter containing:
    tensor([ 0.2106,  0.1117, -0.3007,  0.0141,  0.0894, -0.2416, -0.1887,  0.3648,
-0.0361, -0.0047, -0.2830, -0.2674,  0.4117,  0.1664, -0.0708],
          requires_grad=True)
```

输出恰好是4个矩阵，分别对应上面提到的weight_ih、weight_hh、bias_ih和bias_hh。

【例4.6】前向计算。

为了验证计算结果，我们首先将一个随机生成的GRU网络的参数输出并保存下来，接着使用PyTorch自带的load函数加载模型，利用输出的参数自己写前向函数，比较这两种方法的结果。有一点需要注意：GRU没有输出门，即对于某一层GRU网络而言，当x_t进入网络后，经过一系列计算，隐状态h_{t-1}被更新为h_t，h_t就是这一层的输出，将每一时刻的h拼接在一起就是GRU网络的总输出。代码如下：

```
import torch
from torch import nn
import numpy as np
import torch.nn.functional as F
weight_ih = torch.tensor([[ 0.3162,  0.0833,  0.1223,  0.4317, -0.2017,  0.1417,
-0.1990,  0.3196, 0.3572, -0.4123],
        [ 0.3818,  0.2136,  0.1949,  0.1841,  0.3718, -0.0590, -0.3782, -0.1283,
-0.3150,  0.0296],
        [-0.0835, -0.2399, -0.0407,  0.4237, -0.0353,  0.0142, -0.0697,  0.0703,
0.3985,  0.2735],
        [ 0.1587,  0.0972,  0.1054,  0.1728, -0.0578, -0.4156, -0.2766,  0.3817,
0.0267, -0.3623],
        [ 0.0705,  0.3695, -0.4226, -0.3011, -0.1781,  0.0180, -0.1043, -0.0491,
-0.4360,  0.2094],
        [ 0.3925,  0.2734, -0.3167, -0.3605,  0.1857,  0.0100,  0.1833, -0.4370,
-0.0267,  0.3154],
        [ 0.2075,  0.0163,  0.0879, -0.0423, -0.2459, -0.1690, -0.2723,  0.3715,
0.2461,  0.1564],
        [-0.3429,  0.3451,  0.1402,  0.3094, -0.1759,  0.0948,  0.4367,  0.3008,
0.3587, -0.0939],
        [ 0.3407, -0.3503,  0.0387, -0.2518, -0.1043, -0.1145,  0.0335,  0.4070,
0.2214, -0.0019],
        [ 0.3175, -0.2292,  0.2305, -0.0415, -0.0778,  0.0524, -0.3426,  0.0517,
0.1504,  0.3823],
        [-0.1392,  0.1610,  0.4470, -0.1918,  0.4251, -0.2220,  0.1971,  0.1752,
0.1249,  0.3537],
        [-0.1807,  0.1175,  0.0025, -0.3364, -0.1086, -0.2987,  0.1977,  0.0402,
0.0438, -0.1357],
        [ 0.0022, -0.1391,  0.1285,  0.4343,  0.0677, -0.1981, -0.2732,  0.0342,
-0.3318, -0.3361],
        [-0.2911, -0.1519,  0.0331,  0.3080,  0.1732,  0.3426, -0.2808,  0.0377,
-0.3975,  0.2565],
        [ 0.0932,  0.4326, -0.3181,  0.3586,  0.3775,  0.3616,  0.0638,  0.4066,
0.2987,  0.3337]])
weight_hh = torch.tensor([[-0.0291, -0.3432, -0.0056,  0.0839, -0.3046],
        [-0.2565, -0.4288, -0.1568,  0.3896,  0.0765],
        [-0.0273,  0.0180,  0.2789, -0.3949, -0.3451],
        [-0.1487, -0.2574,  0.2307,  0.3160, -0.4339],
        [-0.3795, -0.4355,  0.1687,  0.3599, -0.3467],
        [-0.2070,  0.1423, -0.2920,  0.3799,  0.1043],
        [-0.1245,  0.0290,  0.1394, -0.1581, -0.3465],
        [ 0.0030,  0.0081,  0.0090, -0.0653,  0.2871],
        [-0.1248, -0.0433,  0.1839, -0.2815,  0.1197],
        [-0.0989,  0.2145, -0.2426,  0.0165,  0.0438],
        [-0.3598, -0.3252,  0.1715, -0.1302,  0.2656],
        [-0.4418, -0.2211, -0.3684,  0.1786, -0.0130],
        [-0.0834, -0.0744, -0.3496,  0.1268,  0.0111],
        [-0.3086,  0.1683, -0.0090, -0.4325,  0.2406],
        [ 0.2392, -0.0843, -0.3088,  0.0180,  0.3375]])
bias_ih = torch.tensor([ 0.4094, -0.3376, -0.2020,  0.3482,  0.2186,  0.2768,
-0.2226,  0.3853,
         -0.3676, -0.0215,  0.0093,  0.0751, -0.3375,  0.4103,  0.4395])
bias_hh = torch.tensor([-0.3088,  0.0165, -0.2382,  0.4288,  0.2494,  0.2634,
0.1443, -0.0445,
         0.2518,  0.0076, -0.1631,  0.2309,  0.1403, -0.1159, -0.1226])
```

```
class GRUtest(nn.Module):     # pytorch 中的 gru
    def __init__(self, input, hidden, act):
        super().__init__()
        self.gru = nn.GRU(input, hidden, batch_first=True)
        if act == 'sigmoid':
            self.act = nn.Sigmoid()
        elif act == 'tanh':
            self.act = nn.Tanh()
        elif act == 'relu':
            self.act = nn.ReLU()
    def forward(self, x):
        self.gru.flatten_parameters()
        gru_out, gru_state = self.gru(x)
        return gru_out, gru_state
class GRULayer:
    def __init__(self, input_size, hidden_size, act):
        self.bias_ih = bias_ih.reshape(-1)
        self.bias_hh = bias_hh.reshape(-1)
        self.weight_ih = weight_ih.reshape(-1)
        self.weight_hh = weight_hh.reshape(-1)
        self.nb_input = input_size
        self.nb_neurons = hidden_size
        self.activation = act
def compute_gru(gru, state, input):
    M = gru.nb_input
    N = gru.nb_neurons
    r = torch.zeros(N)
    z = torch.zeros(N)
    n = torch.zeros(N)
    h_new = torch.zeros(N)
    for i in range(N):
        sum = gru.bias_ih[0*N + i] +  gru.bias_hh[0*N + i]
        for j in range(M):
            sum += input[j] * gru.weight_ih[0*M*N + i*M + j]
        for j in range(N):
            sum += state[j] * gru.weight_hh[0*N*N + i*N + j]
        r[i] = torch.sigmoid(sum)
    for i in range(N):
        sum = gru.bias_ih[1*N+i] +  gru.bias_hh[1*N+i]
        for j in range(M):
            sum += input[j] * gru.weight_ih[1*M*N + i*M + j]
        for j in range(N):
            sum += state[j] * gru.weight_hh[1*N*N + i*N + j]
        z[i] = torch.sigmoid(sum)
    for i in range(N):
        sum = 0
        sum += gru.bias_ih[2*N+i]
        tmp = 0
        for j in range(M):
            sum += input[j] * gru.weight_ih[2*M*N + i*M + j]
        for j in range(N):
            tmp += state[j] * gru.weight_hh[2*N*N + i*N + j]
        sum += r[i]*(tmp + gru.bias_hh[2*N+i])
        n[i] = torch.tanh(sum)
    for i in range(N):
```

```
        h_new[i] = (1 - z[i]) * n[i] + z[i] * state[i]
        state[i] = h_new[i]
b = torch.randn((1, 5, 10))
if __name__ == '__main__':
    insize = 10
    hsize = 5
    net1 = GRUtest(insize, hsize, 'tanh')
    model_ckpt1 = torch.load('./nn_test.pkl')    #根据路径需要进行修改
    net1.load_state_dict(model_ckpt1.state_dict())
    gru = GRULayer(insize, hsize, 'tanh')      # 自己写的 GRU 类，包含 GRU 参数
    out = torch.zeros((5, 5))    #用以保存计算结果
    state = torch.zeros(5)       #用来存储 gidden_state 的变量，初始化为 0
    for i in range(5):
        input = b[0][i]
        compute_gru(gru, state, input)
        out[i] = state
    print("自己实现前向计算结果：")
    print(out)
    print("PyTorch 实现前向计算结果：")
    torch_out, _ = net1(b)
    print(torch_out)
```

代码运行结果如下：

```
自己实现前向计算结果：
tensor([[-0.1810,  0.1028, -0.2076, -0.0975,  0.1328],
        [-0.2521, -0.4217,  0.1996,  0.4948,  0.2553],
        [-0.1471,  0.2741,  0.0375, -0.1926, -0.1080],
        [-0.7646,  0.0691, -0.1276,  0.0147, -0.0271],
        [-0.6323,  0.1059,  0.0936,  0.1193, -0.2436]])
PyTorch 实现前向计算结果：
tensor([[[-0.1810,  0.1028, -0.2076, -0.0975,  0.1328],
         [-0.2522, -0.4217,  0.1996,  0.4948,  0.2553],
         [-0.1471,  0.2741,  0.0375, -0.1926, -0.1079],
         [-0.7646,  0.0691, -0.1276,  0.0147, -0.0271],
         [-0.6323,  0.1059,  0.0937,  0.1193, -0.2436]]],
       grad_fn=<TransposeBackward1>)
```

4.2.6 双向循环神经网络

Bidirectional RNN（双向 RNN）假设当前 t 的输出不仅仅和之前的序列有关，还与之后的序列有关，例如预测一个语句中缺失的词语，那么需要根据上下文进行预测。双向 RNN 是相对简单的 RNN，如图 4.20 所示，由两个 RNN 上下叠加在一起组成。输出由这两个 RNN 的隐藏层的状态决定。

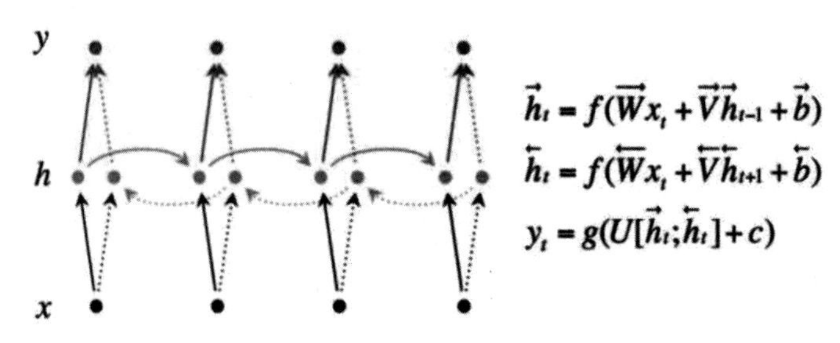

图 4.20 双向 RNN 结构图

双向 RNN 不仅可以用于改进标准的 RNN，也常与 LSTM、GRU 等进行组合，应用于自然语言处理相关问题，用于预测序列中任何一个位置的输出结果。双向 RNN 也有一个缺点，就是它需要完整的序列信息才能进行任意位置输出结果的预测。

【例 4.7】双向 RNN 网络实现 MNIST 数据集分类。

outputs,_,_=tf.contrib.rnn.static_bidirectional_rnn(lstm_fw_cell,lstm_bw_cell,x,dtype=tf.float32) 函数实现双向 RNN 的计算输入数据 *x* 必须为一个列表，列表的长度为 *n*_steps，列表中每个 tensor 是 [batch_size,n_inputs]输出的 output 也是一个列表，保存每次输出的结果[batch_size,*n*_hidden]，权重 *w*=[2*n_hidden,*n*_classes]，偏置 *b*=[*n*_classes]。

```
    import tensorflow as tf
    from tensorflow.examples.tutorials.mnist import input_data
    #载入数据集
    mnist=input_data.read_data_sets('MNIST_data',one_hot=True)
    learning_rate = 0.01
    max_samples = 40000
    batch_size = 128
    n_steps = 28
    n_inputs = 28
    n_hidden = 256
    n_classes = 10
    x = tf.placeholder(tf.float32, [None, n_steps, n_inputs])
    y = tf.placeholder(tf.float32, [None, n_classes])
    weights = tf.random_normal([2 * n_hidden, n_classes])
    biases = tf.random_normal([n_classes])
    def BiRNN(x, weights, biases):
       x = tf.transpose(x, [1, 0, 2])
       x = tf.reshape(x, [-1, n_inputs])
       x = tf.split(x, n_steps)
       lstm_fw_cell = tf.contrib.rnn.BasicLSTMCell(n_hidden, forget_bias=1.0)
       lstm_bw_cell = tf.contrib.rnn.BasicLSTMCell(n_hidden, forget_bias=1.0)
       outputs, _, _ = tf.contrib.rnn.static_bidirectional_rnn(lstm_fw_cell,
lstm_bw_cell, x, dtype=tf.float32)
       y_ = tf.matmul(outputs[1], weights["weight_out"]) + biases["biases_out"]
       return y_
    prediction = BiRNN(x, weights, biases)
    cost =
tf.reduce_mean(tf.nn.softmax_cross_entropy_with_logits(logits=prediction,
labels=y))
    optimizer = tf.train.AdamOptimizer(learning_rate).minimize(cost)
    accuracy = tf.reduce_mean(tf.cast(tf.equal(tf.argmax(prediction, 1),
tf.argmax(y, 1)), tf.float32))
    init = tf.global_variables_initializer()
    with tf.Session() as sess:
       sess.run(init)
       step = 1
       while step * batch_size < max_samples:
          batch_x, batch_y = mnist.train.next_batch(batch_size)
          batch_x = batch_x.reshape((batch_size, n_steps, n_inputs))
          sess.run(optimizer, feed_dict={x: batch_x, y: batch_y})
          if step % 10 == 0:
             accuracy = sess.run(accuracy, feed_dict={x: batch_x, y: batch_y})
```

```
            print(accuracy)
        step += 1
    x_batch = mnist.test.images[:1000].reshape((-1, n_steps, n_inputs))
    y_batch = mnist.test.labels[:1000]
    print("Testing Accuracy:", sess.run(accuracy, feed_dict={x: x_batch, y:
y_batch}))
```

4.2.7 深度循环神经网络

深度 RNN 是 RNN 的一个变种，为了增强模型的表达能力，可以在网络中设置多个循环层，将每层循环网络的输出传给下一层进行处理，每一层的循环体中的参数是一致的，而不同层中的参数可以不同，TensorFlow 提供了 tf.contrib.rnn.MultiRNNCell 这个类来实现深度 RNN 的前向传播过程。

深度 RNN 的结构如图 4.21 所示。

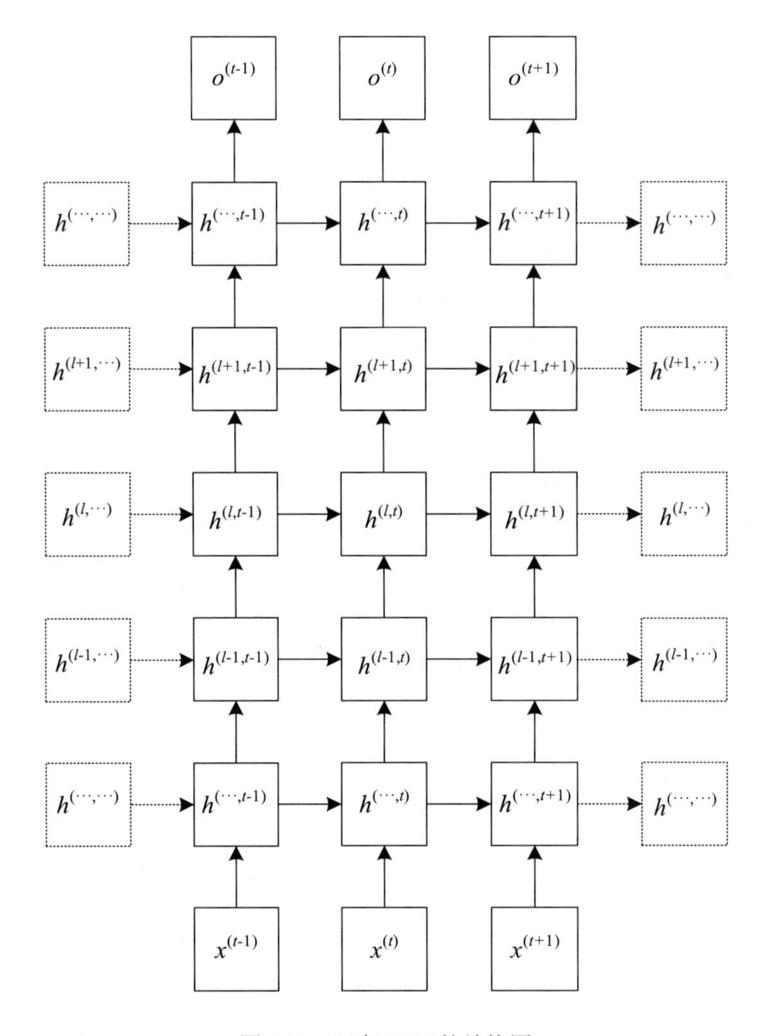

图 4.21　深度 RNN 的结构图

其中，l 表示所在层。以图 4.21 所示的深度 RNN 为例，对于每个隐藏层 l，每个时间步 t（第一个时间步除外），激活值的计算都会使用权重参数乘以第 l 层时间步 $t-1$ 的激活值与第 $l-1$ 层时间

步 t 的激活值的拼接矩阵再加上偏置。使用多个隐藏层进行输入的转化可以视为离输入较近的层，起到了更合适地表示将原始输入转化为更高层的隐藏状态的作用。

根据实践经验，对于 RNN 来说一般不会超过 3 层，因为 RNN 还有时间这一维度，所以如果深度维度层数很多，RNN 会变得很庞大。一般较小的深度的 RNN 也能满足需求。当然，深度循环网络也有一定的缺点：深度循环网络训练需要很多资源，即使层数不是很多，其训练速度一般也很慢。

4.2.8 循环神经网络图结构

如果将循环神经网络按时间展开，每个时刻的隐状态 h_t 看作一个节点，那么这些节点构成一个链式结构，每个节点 t 都收到其父节点的消息（Message），更新自己的状态，并传递给其子节点。而链式结构是一种特殊的图结构，我们可以比较容易地将这种消息传递（Message Passing）的思想扩展到任意的图结构上。

1. 递归神经网络

递归神经网络（Recursive Neural Network，RNN）是循环神经网络在有向无循环图上的扩展。递归神经网络的一般结构为树状的层次结构，如图 4.22（a）所示。

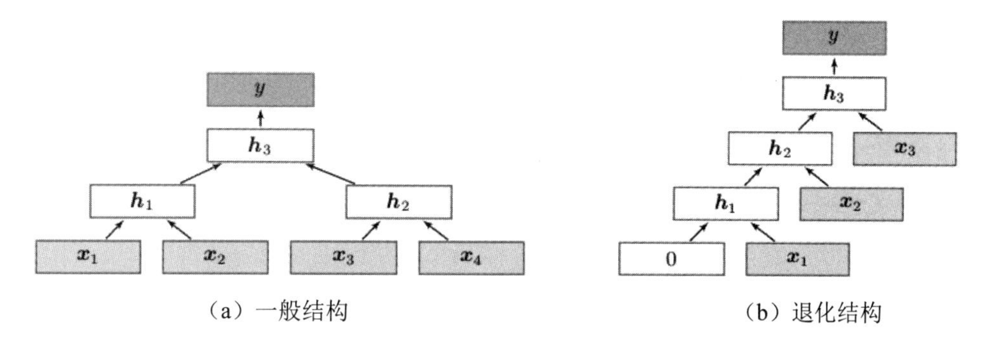

（a）一般结构　　（b）退化结构

图 4.22　递归神经网络

以图 4.22（a）中的结构为例，有 3 个隐藏层：h_1、h_2 和 h_3，其中 h_1 由两个输入 x_1 和 x_2 计算得到，h_2 由另外两个输入层 x_3 和 x_4 计算得到，h_3 由两个隐藏层 h_1 和 h_2 计算得到。对于一个节点 h_i，它可以接受来自父节点集合 π_i 中所有节点的消息，并更新自己的状态。

$$h_i = f(h_{\pi_i}) \tag{4.45}$$

其中 h_{π_i} 表示集合 π_i 中所有节点状态的拼接，$f(\cdot)$是一个和节点位置无关的非线性函数，可以为一个单层的前馈神经网络。比如图 4.22（a）所示的递归神经网络具体可以写为：

$$h_1 = \sigma(W\begin{bmatrix} x_1 \\ x_2 \end{bmatrix} + b) \quad h_2 = \sigma(W\begin{bmatrix} x_3 \\ x_4 \end{bmatrix} + b) \quad h_3 = \sigma(W\begin{bmatrix} h_1 \\ h_2 \end{bmatrix} + b) \tag{4.46}$$

其中，$\sigma(\cdot)$表示非线性激活函数，W 和 b 是可学习的参数。同样，输出层 y 可以为一个分类器，比如：

$$y = g(W'\begin{bmatrix} h_1 \\ h_2 \end{bmatrix} + b') \tag{4.47}$$

其中，$g(\cdot)$为分类器，W'和 b'为分类器的参数。

当递归神经网络的结构退化为线性序列结构（见图 4.22（b））时，递归神经网络就等价于简单循环网络。

2. 图神经网络

人工智能的不同算法围绕不同数据结构展开。数据的本质是一大串互相联系的数字。最简单的情况下，这串数字是一些只有上下左右相连的，我们称之为像素，这就是图像。如果数字和数字之间是单向的连接，而且这个箭头有着单一的指向，那么这个数据类型就是时间序列。而在更一般的情况下，数字和数字之间是一个互相联系的复杂网络，这时我们用节点和连接它们的边来描述这种数据类型，这就是我们所说的图网络结构。

1）图网络

在实际应用中，很多数据都是图结构，比如知识图谱、社交网络、分子网络等。而前馈网络和反馈网络很难处理图结构的数据。图网络（Graph Network，GN）是将消息传递的思想扩展到图结构数据上的神经网络。对于一个任意的图结构 $G(V,E)$，其中 V 表示节点集合，E 表示边集合。每条边表示两个节点之间的依赖关系。节点之间的连接可以是有向的，也可以是无向的。图中每个节点 v 都用一组神经元来表示其状态 $h^{(v)}$，初始状态可以为节点 v 的输入特征 $x^{(v)}$来表示。每个节点可以收到来自相邻节点的消息，并更新自己的状态。

$$m_t^{(v)} = \sum_{u \in N(v)} f(h_{t-1}^{(v)}, h_{t-1}^{(u)}, e^{(u,v)}) \tag{4.48}$$

$$h_t^{(v)} = g(h_{t-1}^{(v)}, m_t^{(v)}) \tag{4.49}$$

$N(v)$表示节点 v 的邻居，$m_t^{(v)}$ 表示在第 t 时刻节点 v 收到的信息，$e^{(u,v)}$为边 $e^{(u,v)}$上的特征。

2）图神经网咯

图神经网络（Graph Neural Network，GNN）是指使用神经网络来学习图结构数据，提取和发掘图结构数据中的特征和模式，以满足聚类、分类、预测、分割、生成等图学习任务需求的算法总称。

图神经网络是近年来出现的一种利用深度学习直接对图结构数据进行学习的框架，其优异的性能引起了学者高度的关注和深入的探索。通过在图中的节点和边上制定一定的策略，GNN 将图结构数据转化为规范而标准的表示，并输入多种不同的神经网络中进行训练，在节点分类、边信息传播和图聚类等任务上取得了优良的效果。

3）图卷积网络

图卷积网络（Graph Convolutional Network，GCN）进行卷积操作主要有两种方法：一种是基于谱分解，即谱分解图卷积；另一种是基于节点空间变换，即空间图卷积。Bruna 等人第一次将卷积神经网络泛化到图数据上，提出两种并列的图卷积模型——谱图卷积和空间图卷积。

谱图卷积基于谱域的方法通过从图信号处理的角度引入滤波器来定义图卷积，其中图卷积操作被解释为从图信号中去除噪声。

空间图卷积从图结构数据的空间特征出发，探讨邻居节点的表示形式，使得每个节点的邻居节点表示变得统一和规整，方便卷积运算。空间图卷积方法主要有 3 个关键问题：一是中心节点的选择；二是感受域的大小，即邻居节点个数的选取；三是如何处理邻居节点的特征，即构建合适的邻居节点特征聚合函数。

4）图自编码器

基于自编码器的 GNN 被称为图自编码器（Graph Auto-Encoder，GAE），可以半监督或者无监督地学习图节点信息。在深度学习领域，自编码器（Auto-Encoder，AE）是一类将输入信息进行表征学习的人工神经网络。

5）图生成网络

图生成网络（Graph Generative Network，GGN）是一类用来生成图数据的 GNN，其使用一定的规则对节点和边进行重新组合，最终生成具有特定属性和要求的目标图。

6）图循环网络

图循环网络（Graph Recurrent Network，GRN）是最早出现的一种 GNN 模型。相较于其他的 GNN 算法，GRN 通常将图数据转换为序列，在训练的过程中序列会不断地递归演进和变化。GRN 模型一般使用双向循环神经网络和长短期记忆网络作为网络架构。

7）图注意力网络

注意力机制可以让一个神经网络只关注任务学习所需要的信息，它能够选择特定的输入。在 GNN 中引入注意力机制可以让神经网络关注对任务更加相关的节点和边，提升训练的有效性和测试的精度，由此形成图注意力网络（Graph Attention Network，GAT）。

4.3 本章小结

本章前半部分对卷积神经网络的相关内容进行了总结，通过与传统的全连接神经网络进行对比，描述了卷积神经网络在处理图像、语音等复杂数据方面的优势，而这在很大程度上归功于卷积神经网络的局部连接、权值共享和池化操作，也介绍了几种典型的卷积神经网络的案例展示其应用。

本章后半部分介绍了循环神经网络的概念、设计思想以及传播过程，然后分析了长期依赖的形成原因以及改善方案，以及两种基于门控单元的循环神经网络——LSTM 和 GRU，随后介绍了在不同的应用需求下需要使用双向 RNN 来把握序列整体信息，加深网络深度来增强学习能力，最后介绍图神经网络的类别。本章还对 3 种循环神经网络的优缺点和应用场景进行了对比总结，并使用一个简单示例进行了具体说明。

4.4 复 习 题

1. 分析卷积神经网络中用 1×1 的滤波器的作用。

2. 试进行卷积的互相关证明。

3. 对于 30×30 的输入图像数据，设置卷积核的大小为 3×3，此时局部感受野大小也为 3×3，卷积中的一次计算？

4. 分析卷积神经网络和循环神经网络的异同点。

5. LSTM 可以看作是一个更高级的 RNN 系列，主要由哪 5 个不同部分组成？

6. GRU 网络怎么应对 LSTM 长期依赖？

参 考 文 献

[1]Goodfellow I, Bengio Y, Courville A.Deep learning (Vol. 1). Cambridge：MIT press，2016：326-366.

[2]Gu J，Wang Z，Kuen J，Ma L，Shahroudy A，Shuai B，Liu T，Wang X，Wang L，Wang G，and Cai J.Recent advances in convolutional neural networks.2015.arXiv preprint arXiv:1512.07108.

[3]Schmidhuber J.Deep learning in neural networks:An overview.Neural networks,2015,61, pp.85-117.

[4]黄文坚，唐源.TensorFlow 实战[M]. 北京：电子工业出版社，2017.

[5]https://arxiv.org/abs/1512.00567.

[6]https://github.com/tensorflow/models/blob/master/research/slim/nets/inception_v3_test.py.

[7]https://nndl.github.io/v/cnn-googlenet.

[8]https://arxiv.org/pdf/1512.03385.pdf.

[9]Goodfellow I, Bengio Y, Courville A.Deep learning (Vol.1): Cambridge: MIT Press, 2016: 367-415.

[10]Schmidhuber J. Deep learning in neural networks: An overview. Neural networks, 2015, 61, pp.85-117.

[11]Ng A，Kian K，and Younes B.Sequence Models, Deep Learning.Coursera and deeplearning.ai. 2018.

[12]邱锡鹏.神经网络与深度学习[M]. 北京：机械工业出版社，2020.

[13]Lorente de Nó R.Studies on the structure of the cerebral cortex. I: the area entorhinalis. Journal für Psychologie und Neurologie,1933, 45, pp.381-438.

[14]Mackay R.P.Memory as a biological function. American Journal of Psychiatry,1953, 109(10), pp.721-728.

[15]Gerard R.W.The material basis of memory. Journal of verbal learning and verbal behavior,1963, 2, pp.22-33.

[16]吴博等.图神经网络前沿进展与应用[N]：计算机学报，2022.

第 5 章

正则化与深度学习优化

正则化是代数几何中的一个概念，是指在线性代数理论中，不适定问题通常是由一组线性代数方程定义的，而且这组方程组通常来源于有着很大的条件数的不适定反问题。大条件数意味着舍入误差或其他误差会严重地影响问题的结果。

正则化主要解决两方面的问题：

（1）正则化就是对最小化经验误差函数加约束，这样的约束可以解释为先验知识（正则化参数等价于对参数引入先验分布）。约束有引导作用，在优化误差函数的时候倾向于选择满足约束的梯度减少的方向，使最终的解倾向于符合先验知识（如一般的 l-Norm 先验，表示原问题更可能是比较简单的，这样的优化倾向于产生参数值量级小的解，一般对应稀疏参数的平滑解）。

（2）正则化解决了逆问题的不适定性，产生的解存在唯一，同时也依赖于数据，噪声对不适定的影响就弱，解就不会过拟合，而且如果先验（正则化）合适，解就倾向于符合真解（更不会过拟合了），即使训练集中彼此之间不相关的样本数很少。

5.1 正 则 化

在设计机器学习算法时，不仅要求在训练集上误差小，而且希望在新样本上的泛化能力强。许多机器学习算法都采用相关的策略来减小测试误差，这些策略被统称为正则化。因为神经网络强大的表示能力经常遇到过拟合，所以需要使用不同形式的正则化策略。

正则化通过对算法的修改来减少泛化误差，目前在深度学习中使用较多的策略有参数范数惩罚，提前终止、Dropout 等，接下来我们对其进行详细介绍。

5.1.1 训练误差和泛化误差

训练误差（Training Error）是指，我们的模型在训练数据集上计算得到的误差。泛化误差

（Generalization Error）是指，当我们将模型应用在同样从原始样本的分布中抽取的无限多的数据样本时，模型误差的期望。

问题是，我们永远不能准确地计算出泛化误差。这是因为无限多的数据样本是一个虚构的对象。实际上，我们只能通过将模型应用于一个独立的测试集来估计泛化误差，该测试集由随机选取的、未曾在训练集中出现的数据样本构成。

统计学习理论的一个假设是：训练数据集和测试数据集里的每一个数据样本都是从同一个概率分布中相互独立地生成的（独立同分布假设）。

基于以上独立同分布假设，给定任意一个机器学习模型及其参数，它的训练误差的期望值和泛化误差都是一样的。然而在机器学习的过程中，模型的参数并不是事先给定的，而是通过训练数据学习得出的，模型的参数在训练中使训练误差不断降低。

所以，如果模型参数是通过训练数据学习得出的，那么训练误差的期望值无法高于泛化误差。换句话说，通常情况下，由训练数据学到的模型参数会使模型在训练数据上的表现不差于在测试数据上的表现。

在深度学习领域，正则化是能够显著减少泛化误差，而不过度增加训练误差的策略。对于模型来说，在训练集上表现得很好并不代表在测试集上表现得也很好，恰恰相反，过度地拟合训练集往往会使得模型过于重视那些没有那么重要的特征，从而降低模型的泛化能力。通过正则化策略可以防止过拟合、减小泛化误差，即使这样通常会增大训练误差也是值得的。

正则化是我们用来防止过拟合的技术。由于我们没有任何关于测试扰动的先验信息，因此通常所能做的最好的事情就是尝试训练分布的随机扰动，希望这些扰动覆盖测试分布。随机梯度下降、Dropout、权重噪声、激活噪声和数据增强等都是深度学习中常用的正则化算子。

5.1.2 数据集增强

使机器学习模型效果更好的一种很自然的办法就是给它提供更多的训练数据。当然，实际操作中训练集往往是有限的，我们可以制造一些假数据并加入训练集中（仅对某些深度学习问题适用）。

在计算机视觉领域，可以对图像进行平移、添加噪声、旋转、翻转、色调偏移等。我们希望模型能够在这些变换或干扰不受影响的情况下保持预测的准确性，从而减小泛化误差。当然，我们要注意这些变换不能改变数据的原始标记，比如对于识别数字的问题，就不能对 6 和 9 进行 180° 旋转。

相比于计算机视觉，自然语言处理领域中有效的数据增强算法要少很多，主要包括同义词词典、随机插入、随机删除、随机替换和加噪等方法。

通过数据集增强，我们可以生成大量假的数据来扩增数据集。当然，和全新的数据相比，这些假的数据无法包含像全新数据那么多的信息，但是其花费代价较小，在某些情况下也能发挥重要的作用，不失为一种优先考虑的正则化方法。但是，数据增强不能保证总是有利的，在数据非常有限的域中，这可能会导致进一步过度拟合。

5.1.3 提前终止

提前终止是一种在深度学习领域被广泛使用的方法，在很多情况下都比其他方法更简单高效，其基本含义是在模型训练时关注模型在验证集上的表现，当模型在验证集上的表现开始下降的时候就停止训练。对于较大的模型，训练集上的误差会先随着时间不断减小，但是在某个点之后反而逐渐增大，如图 5.1 所示。这是因为在某个点后模型出现了过拟合现象。如果我们能在模型过拟合之前终止训练，就能得到一个表现最好的模型。

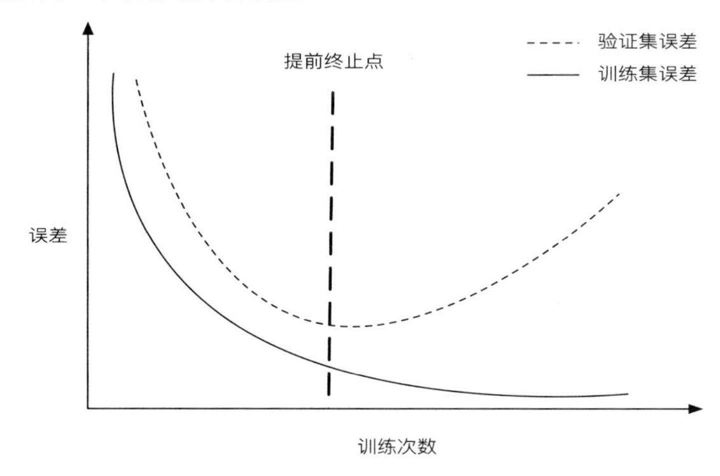

图 5.1　训练次数与误差的关系

在实际应用中，提前终止经常与其他的正则化策略结合使用，这样可以更有效地防止过拟合，并提升模型表现。

5.1.4　Dropout

为了防止过拟合以及有效降低模型的误差，我们经常使用集成学习中的 Bagging 思想，即分别训练几个不同的模型，然后由这几个模型表决得出最终结果。对于回归问题，可以简单地将几个模型输出的平均值作为最终结果；对于分类问题，则将几个模型输出最多的那一类作为最终结果。从应用场景上看，Bagging 方法非常适合一些简单的学习模型，但很难应用于深度神经网络，一方面是因为深度神经网络非常容易出现过拟合，另一方面是因为训练多个不同的网络将消耗大量的时间和资源。为了解决上述问题，Nitish、Geoffrey 等人提出了 Dropout 方法。

简单来说，Dropout 方法指在训练过程中暂时丢弃一部分神经元及其连接，通过随机丢弃神经元来呈指数级、高效地建立多个不同的网络模型，所有的网络模型共享参数，其中每个模型继承父神经网络参数的不同子集，在训练结束后，需要恢复神经网络所有的神经元，然后进行预测。图 5.2 给出了一个使用 Dropout 的神经网络模型。其中，左图表示一个具有隐藏层的全连接神经网络，右图表示通过对左侧的网络应用 Dropout 而生成的网络示例，深色表示这一单元未被激活。

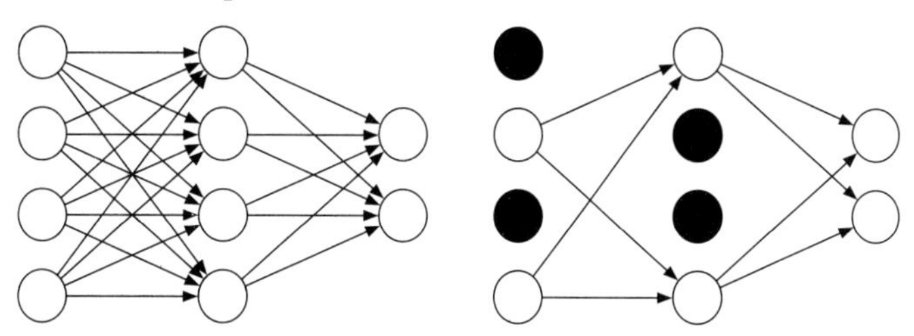

图 5.2　标准神经网络和 Dropout 后的神经网络

Dropout 给模型带来了很大的改变，下面介绍 Dropout 后神经网络在训练和测试阶段的变化。

标准神经网络的前向传播过程如图 5.3 所示，将上一层的输出 $y^{(l)}$与参数 $w_i^{(l+1)}$ 进行矩阵乘法运算，然后加上偏置项 $b_i^{(l+1)}$，最后通过激活函数 f 处理后得到下一层的输出 $y_i^{(l+1)}$ 。

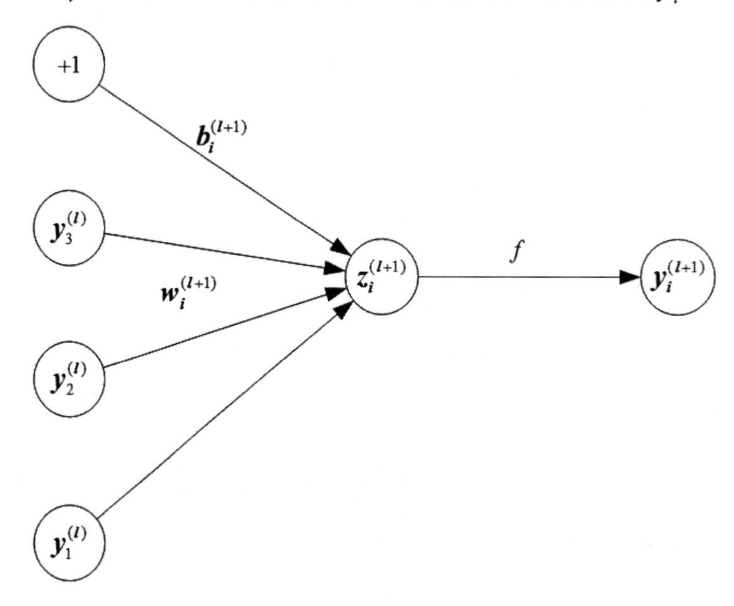

图 5.3 标准网络的前向传播

网络的具体计算公式如公式 5.1 和公式 5.2 所示。

$$z_i^{(l+1)} = w_i^{(l+1)} y^{(l)} + b_i^{(l+1)} \tag{5.1}$$

$$y_i^{(l+1)} = f(z_i^{(l+1)}) \tag{5.2}$$

Dropout 网络的前向传播过程如图 5.4 所示，因为 Dropout 随机丢弃某些神经元，所以对每一个神经元都生成一个服从伯努利分布的 $r_i^{(l)}$，其为 1 的概率为 p，为 0 的概率为 $1-p$ 。当某个神经元 $y_i^{(l)}$ 对应的 $r_i^{(l)}$ 为 0 时，其乘积 $\tilde{y}_i^{(l)}$ 为 0，即表示舍弃此神经元，然后以计算后的 $\tilde{y}^{(l)}$ 代替 $y^{(l)}$ 作为上一层的输出，后面的过程则与标准神经网络相同。

网络的具体计算公式如公式 5.3~公式 5.6 所示。

$$r_i^{(l)} \sim \text{Bernoulli}(p) \tag{5.3}$$

$$\tilde{y}^{(l)} = r^{(l)} * y^{(l)} \tag{5.4}$$

$$z_i^{(l+1)} = w_i^{(l+1)} \tilde{y}^{(l)} + b_i^{(l+1)} \tag{5.5}$$

$$y_i^{(l+1)} = f(z_i^{(l+1)}) \tag{5.6}$$

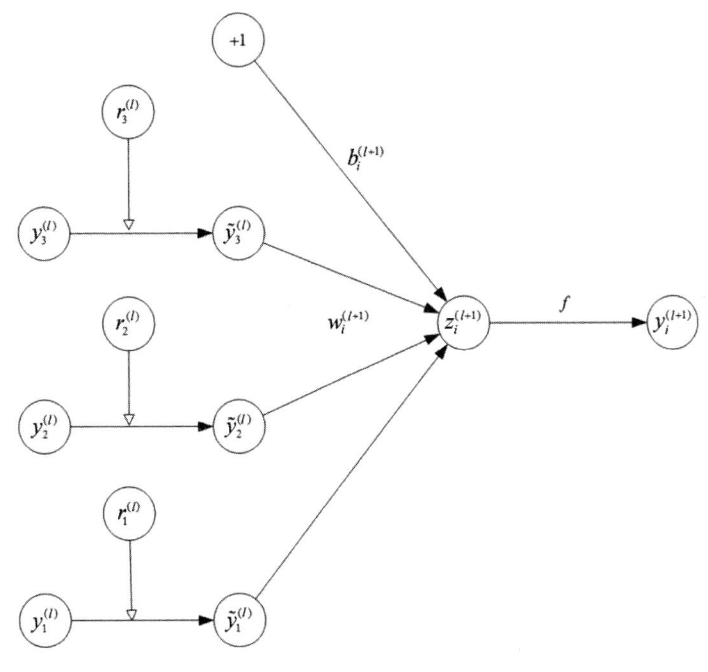

图 5.4　Dropout 后的前向传播

在测试阶段，除了恢复所有的神经元以外，还需要对每个神经元的权重参数乘以概率 p，这是因为在测试阶段每个神经元激活的概率是训练阶段的 $1/p$ 倍（训练阶段每个神经元激活的概率是 p，测试阶段每个神经元激活的概率是 1），所以为了补偿这一点，每个神经元的权重都需要乘以 p，过程如图 5.5 所示。

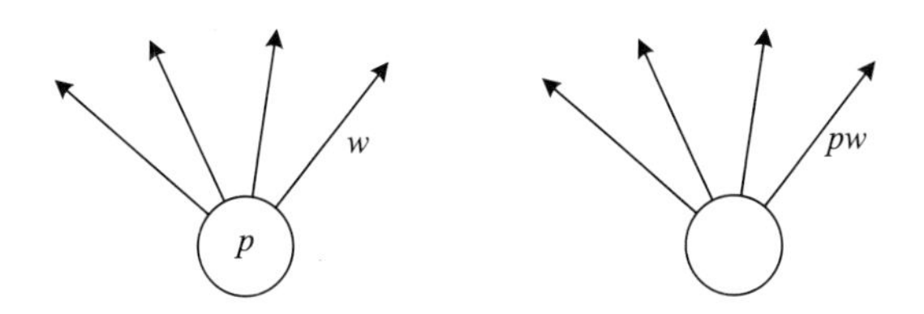

图 5.5　训练阶段与测试阶段的输出

通过大量的实践验证，Dropout 确实可以有效提高神经网络的泛化能力，防止其出现过拟合现象，而 Dropout 之所以可以防止过拟合，就是因为它可以减少神经元之间复杂的协同关系。对于标准的神经网络来说，在训练时其中的某些神经元可能会相互依赖、相互协同，某个特征的学习检测本来只由一个神经元就可以完成，但现在却由多个神经元共同协作来完成，这一方面会导致每个神经元不能达到最好的训练效果，另一方面也会降低神经网络的泛化能力。在使用 Dropout 后，某些神经元随时可能被丢弃，这就导致神经元之间的协同关系被打破，每个神经元都相当于独立训练，泛化能力将大大提高。

5.2 网络优化

深层神经网络是一个高度非线性的模型，其风险函数是一个非凸函数，因此风险最小化是一个非凸优化问题，会存在很多局部最优点。有效地学习深层神经网络的参数是一个具有挑战性的问题，其主要原因有以下几个方面。

1. 网络结构多样性

神经网络的种类非常多，比如卷积网络、循环网络等，其结构也非常不同，有些比较深，有些比较宽。不同参数在网络中的作用也有很大的差异，比如连接权重和偏置的不同，以及循环网络中循环连接上的权重和其他权重的不同。由于网络结构的多样性，我们很难找到一种通用的优化方法。不同的优化方法在不同网络结构上的差异也比较大。此外，网络的超参数一般比较多，这也给优化带来很大的挑战。

2. 高维变量的非凸优化

低维空间的非凸优化问题主要存在一些局部最优点。基于梯度下降的优化方法会陷入局部最优点，因此低维空间非凸优化的主要难点是如何选择初始化参数和逃离局部最优点。深层神经网络的参数非常多，其参数学习是在非常高维的空间中的非凸优化问题，其挑战和在低维空间的非凸优化问题有所不同。

1）鞍点

在高维空间中，非凸优化的难点并不在于如何逃离局部最优点，而是如何逃离鞍点（Saddle Point）。鞍点的叫法是因为其形状像马鞍。鞍点的梯度是 0，但是在一些维度上是最高点，在另一些维度上是最低点，如图 5.6 所示。

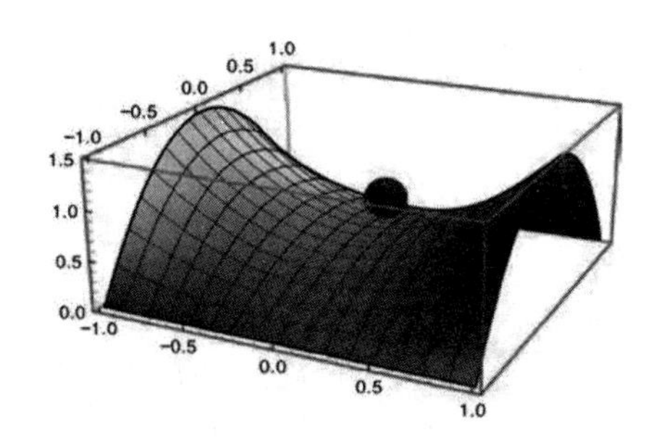

图 5.6　鞍点图

在高维空间中，局部最优点要求在每一维度上都是最低点，这种概率非常低。假设网络有 10 000 维参数，一个点在某一维上是局部最低点的概率为 p，那么在整个参数空间中，局部最优点的概率为 $p^{10\,000}$，这种可能性非常小。也就是说，在高维空间中，大部分梯度为 0 的点都是鞍点。基于梯度下降的优化方法会在鞍点附近接近停滞，同样很难从这些鞍点中逃离。

2）平坦底部

深层神经网络的参数非常多，并且有一定的冗余性，这导致每个参数对最终损失的影响都比较小，进而导致损失函数在局部最优点附近是一个平坦的区域，称为平坦最小值（Flat Minima）。并且在非常大的神经网络中，大部分的局部最小值是相等的。虽然神经网络有一定概率收敛于比较差的局部最小值，但随着网络规模的增加，网络陷入局部最小值的概率大大降低。图 5.7 给出了一种简单的平坦底部示例。

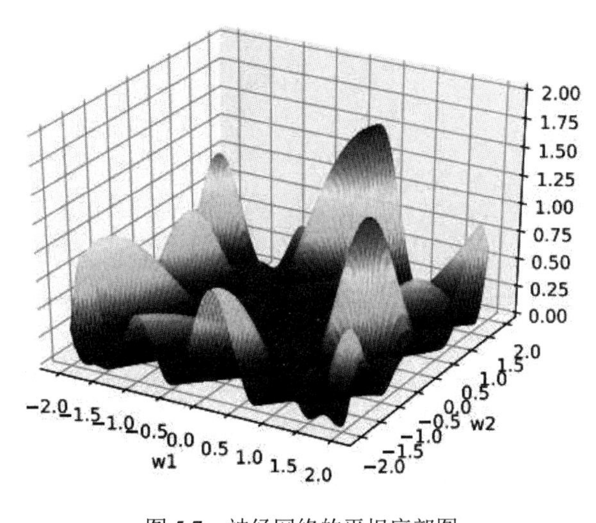

图 5.7　神经网络的平坦底部图

目前，深层神经网络的参数学习主要是通过梯度下降方法来寻找一组可以最小化结构风险的参数。在具体实现中，梯度下降法可以分为批量梯度下降、随机梯度下降以及小批量梯度下降 3 种形式。根据不同的数据量和参数量，可以选择一种具体的实现形式。

5.3　优 化 算 法

优化是寻找可以让函数最小化或最大化的参数的过程。优化算法的功能是通过改善训练方式来最小化（或最大化）损失函数的。

5.3.1　小批量梯度下降

在训练深层神经网络时，训练数据的规模通常都比较大。如果在梯度下降时，每次迭代都要计算整个训练数据上的梯度需要比较多的计算资源。另外，大规模训练集中的数据通常也会非常冗余，也没有必要在整个训练集上计算梯度。因此，在训练深层神经网络时，经常使用小批量梯度下降法（Mini-Batch Gradient Descent）。

令 $f(x;\theta)$表示一个深层神经网络，θ 为网络参数，在使用小批量梯度下降进行优化时，每次选取 K 个训练样本 $I_t=\left\{(x^{(k)},y^{(k)})\right\}_{k=1}^{K}$。第 t 次迭代（Iteration）时，损失函数关于参数 θ 的偏导数为：

$$g_t(\theta)=\frac{1}{K}\sum_{(x^{(k)},y^{(k)})\in I_t}\frac{\partial \mathrm{L}(y^{(k)},f(x^{(k)},f(x^{(k)};\theta))}{\partial\theta} \tag{5.7}$$

这里的损失函数忽略了正则化项。加上 Lp 正则化的损失函数参见后续章节。

其中，$L(\cdot)$为可微分的损失函数，K 称为批量大小（Batch Size）。第 t 次更新的梯度 g_t 定义为：

$$g_t \triangleq g_t(\theta_{t-1}) \tag{5.8}$$

使用梯度下降来更新参数：

$$\theta_t \leftarrow \theta_{t-1} - \alpha g_t \tag{5.9}$$

其中，α>0 为学习率。

每次迭代时参数更新的差值$\Delta\theta_t$定义为：

$$\Delta\theta_t \triangleq \theta_t - \theta_{t-1} \tag{5.10}$$

$\Delta\theta_t$ 和梯度 g_t 并不需要完全一致。$\Delta\theta_t$ 为每次迭代时参数的实际更新方向，即 $\theta_t=\theta_{t-1}+\Delta\theta_t$。在标准的小批量梯度下降中，$\Delta\theta_t=-\alpha g_t$。

从上面的公式可以看出，影响小批量梯度下降方法的因素有：① 批量大小 K；② 学习率 α；③ 参数更新方向。为了更有效地训练深层神经网络，在标准的小批量梯度下降方法的基础上，也经常使用一些改进方法以加快优化速度，比如如何选择合适的批量大小、如何调整学习率以及参数更新方向。我们分别从这 3 个方面来介绍在神经网络优化中常用的算法。这些改进的优化算法同样可以应用在批量或随机梯度下降方法上。

5.3.2 批量大小选择

在小批量梯度下降中，批量大小对网络优化的影响非常大。一般而言，批量大小不影响随机梯度的期望，但是会影响随机梯度的方差。批量大小越大，随机梯度的方差越小，引入的噪声也越小，训练也越稳定，因此可以设置较大的学习率。而批量大小较小时，需要设置较小的学习率，否则模型会不收敛。学习率通常要随着批量大小的增大而相应地增大。一个简单有效的方法是线性缩放规则（Linear Scaling Rule）：当批量大小增加 m 倍时，学习率也增加 m 倍。线性缩放规则往往在批量大小比较小时适用，当批量大小非常大时，线性缩放会使得训练不稳定。

5.3.3 学习率调整

学习率是神经网络优化时的重要超参数。在梯度下降方法中，学习率 α 的取值非常关键，如果过大就不会收敛，如果过小则收敛速度太慢。常用的学习率调整方法包括学习率衰减、学习率预热、周期学习率以及一些自适应地调整学习率的方法，比如 AdaGrad、RMSprop、AdaDelta 等。自适应学习率方法可以针对每个参数设置不同的学习率。

1. 学习率衰减

从经验上看，学习率在一开始要保持大一些来保证收敛速度，在收敛到最优点附近时要小一些以避免来回震荡。比较简单的学习率调整可以通过学习率衰减（Learning Rate Decay）的方式来实现，也称为学习率退火（Learning Rate Annealing）。假设初始化学习率为 α_0，在第 t 次迭代时的学习率 α_t。常用的衰减方式为可以设置为按迭代次数进行衰减。常见的衰减方法有以下几种：

1）分段常数衰减（Piecewise Constant Decay）

即每经过 $T_1,T_2,\cdots,T_m$ 次迭代将学习率衰减为原来的 $\beta_1,\beta_2,\cdots,\beta_m$ 倍，其中 T_m 和 $\beta_m<1$ 为根据经验设置的超参数。分段常数衰减也称为步衰减（Step Decay）。

2）逆时衰减（Inverse Time Decay）

$$\alpha_t=\alpha_0\frac{1}{1+\beta\times t} \tag{5.11}$$

其中，β 为衰减率。

3）指数衰减（Exponential Decay）

$$\alpha_t=\alpha_0\beta^t \tag{5.12}$$

其中，β 为衰减率。

4）自然指数衰减（Natural Exponential Decay）

$$\alpha_t=\alpha_0\exp(-\beta\times t) \tag{5.13}$$

其中，β 为衰减率。

5）余弦衰减（Cosine Decay）

$$\alpha_t=\frac{1}{2}\alpha_0(1+\cos(\frac{t\pi}{T})) \tag{5.14}$$

其中，T 为总的迭代次数。

图 5.8 给出了不同衰减方法的示例（假设初始学习率为 1）。

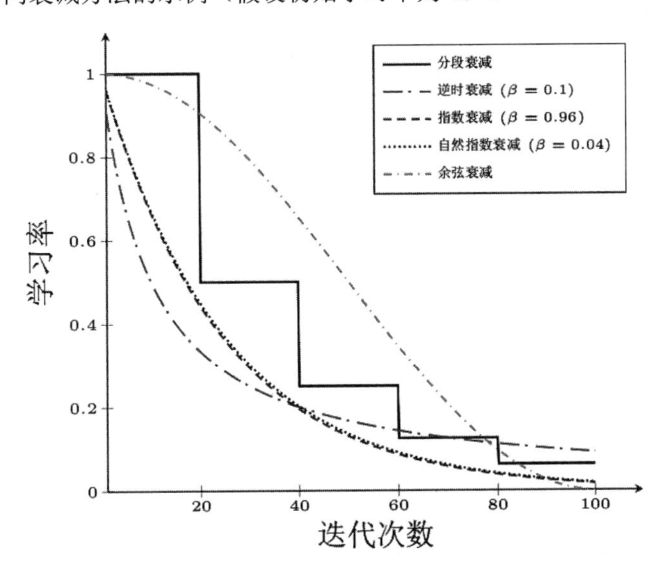

图 5.8 不同学习率衰减方法的比较

2. 周期性学习率调整

为了使得梯度下降方法能够逃离局部最小值或鞍点，一种经验性的方式是在训练过程中周期性地增大学习率。虽然增大学习率可能短期内有损网络的收敛稳定性，但从长期来看有助于找到更好的局部最优解。一般而言，当一个模型收敛到一个平坦（Flat）的局部最小值时，其鲁棒性会更好，即微小的参数变动不会剧烈影响模型能力；而当模型收敛到一个尖锐（Sharp）的局部最小值时，其鲁棒性会比较差。具备良好泛化能力的模型通常应该是鲁棒的，因此理想的局部最小值应该是平坦的。周期性学习率调整可以使得梯度下降方法在优化过程中跳出尖锐的局部极小值，虽然短期内会损害优化过程，但最终会收敛到更加理想的局部极小值。

1）循环学习率

一种简单的方法是使用循环学习率（Cyclic Learning Rate），即让学习率在一个区间内周期性地增大和缩小。通常可以使用线性缩放来调整学习率，称为三角循环学习率（Triangular Cyclic Learning Rate）。假设每个循环周期的长度相等，都为 $2\Delta T$，其中前 ΔT 步为学习率线性增大阶段，后ΔT 步为学习率线性缩小阶段。在第 t 次迭代时，其所在的循环周期数 m 为：

$$m = \left\lfloor 1 + \frac{t}{2\Delta t} \right\rfloor \tag{5.15}$$

其中，$\lfloor \cdot \rfloor$ 表示“向下取整”函数。第 t 次迭代的学习率为：

$$\alpha_t = \alpha_{\min}^m + (\alpha_{\max}^m - \alpha_{\min}^m)(\max(0, 1-b)) \tag{5.16}$$

其中，$\alpha_{\max}^m$、$\alpha_{\min}^m$ 分别为第 m 个周期中学习率的上界和下界，可以随着 m 的增大而逐渐降低；$b \in [0,1]$的计算为：

$$b = \left| \frac{t}{\Delta T} - 2m + 1 \right| \tag{5.17}$$

2）带热重启的随机梯度下降

带热重启的随机梯度下降（Stochastic Gradient Descent with Warm Restarts，SGDR）是用热重启方式来替代学习率衰减的方法。学习率每间隔一定周期后重新初始化为某个预先设定值，然后逐渐衰减。每次重启后模型参数不是从头开始优化，而是在重启前的参数的基础上继续优化。

假设在梯度下降的过程中重启 M 次，第 m 次重启在上一次重启开始第 T_m 个回合后进行，T_m 称为重启周期。在第 m 次重启之前，采用余弦衰减来降低学习率。第 t 次迭代的学习率为：

$$\alpha_t = \alpha_{\min}^m + \frac{1}{2}(\alpha_{\max}^m - \alpha_{\min}^m)(1 + \cos(\frac{T_{\mathrm{cur}}}{T_m}\pi)) \tag{5.18}$$

其中，$\alpha_{\max}^m$、$\alpha_{\min}^m$ 分别为第 m 个周期中学习率的上界和下界，可以随着 m 的增大而逐渐降低；T_{cur} 为从上一次重启之后的回合（Epoch）数。T_{cur} 可以取小数，比如 0.1、0.2 等，这样可以在一个回合内部进行学习率衰减。重启周期 T_m 可以随着重启次数逐渐增加，比如 $T_m=T_{m-1}\times k$，其中 $k \geqslant 1$ 为放大因子。

3. AdaGrad 算法

在标准的梯度下降方法中，每个参数在每次迭代时都使用相同的学习率。由于每个参数的维度上收敛速度都不相同，因此根据不同参数的收敛情况分别设置学习率。AdaGrad 算法在随机梯度下降法的基础上，通过记录各个分量梯度的累计情况，以对不同的分量方向的步长做出调整。AdaGrad 算法是借鉴 L_2 正则化的思想，每次迭代时自适应地调整每个参数的学习率。在第 t 迭代时，先计算每个参数梯度平方的累计值：

$$G_t = \sum_{\tau=1}^{t} g_\tau \odot g_\tau \tag{5.19}$$

其中，$\odot$为按元素乘积，$g_\tau \in \mathbb{R}^{|\theta|}$是第 τ 次迭代时的梯度。

AdaGrad 算法的参数更新差值为：

$$\Delta\theta_t = -\frac{\alpha}{\sqrt{G_t + \varepsilon}} \odot g_\tau \tag{5.20}$$

其中，α 是初始的学习率，ε 是为了保持数值稳定性而设置的非常小的常数，一般取值 e^{-7}~e^{-10}。此外，这里的开平方、除、加运算都是按元素进行的操作。

在 AdaGrad 算法中，如果某个参数的偏导数累积比较大，则其学习率相对较小；相反，如果其偏导数累积较小，则其学习率相对较大。但整体是随着迭代次数的增加，学习率逐渐减小。

AdaGrad 算法的缺点是在经过一定次数的迭代依然没有找到最优点时，由于这时的学习率已经非常小，因此很难再继续找到最优点。

【例 5.1】AdaGrad 算法实例。我们将使用学习率 η=0.4 来实现 AdaGrad 算法。可以看到，自变量的迭代轨迹较平滑。但由于 s_t 的累加效果使学习率不断衰减，自变量在迭代后期的移动幅度较小。本例采用 PyTorch 和 TensorFlow 两种方式实现。

```
#PyTorch 方式
%matplotlib inline
import math
import torch
from d2l import torch as d2l
def adagrad_2d(x1, x2, s1, s2):
    eps = 1e-6
    g1, g2 = 0.2 * x1, 4 * x2
    s1 += g1 ** 2
    s2 += g2 ** 2
    x1 -= eta / math.sqrt(s1 + eps) * g1
    x2 -= eta / math.sqrt(s2 + eps) * g2
    return x1, x2, s1, s2
def f_2d(x1, x2):
    return 0.1 * x1 ** 2 + 2 * x2 ** 2
eta = 0.4
d2l.show_trace_2d(f_2d, d2l.train_2d(adagrad_2d))
```

输出：

```
epoch 20, x1: -2.382563, x2: -0.158591
C:\Users\bruce
```

```
dee\PycharmProjects\pythonProject\venv\lib\site-packages\torch\functional.py:56
8: UserWarning: torch.meshgrid: in an upcoming release, it will be required to pass
the indexing argument. (Triggered internally at
C:\actions-runner\_work\pytorch\pytorch\builder\windows\pytorch\aten\src\ATen\n
ative\TensorShape.cpp:2228.)
    return _VF.meshgrid(tensors, **kwargs)  # type: ignore[attr-defined]
```

输出结果如图 5.9 所示。

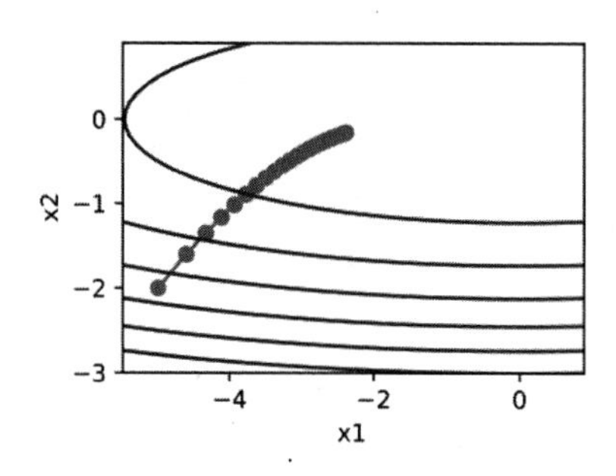

图 5.9 PyTorch 实现 AdaGrad 算法实例

```
#TensorFlow 实现
%matplotlib inline
import math
import tensorflow as tf
from d2l import tensorflow as d2l
def adagrad_2d(x1, x2, s1, s2):
    eps = 1e-6
    g1, g2 = 0.2 * x1, 4 * x2
    s1 += g1 ** 2
    s2 += g2 ** 2
    x1 -= eta / math.sqrt(s1 + eps) * g1
    x2 -= eta / math.sqrt(s2 + eps) * g2
    return x1, x2, s1, s2
def f_2d(x1, x2):
    return 0.1 * x1 ** 2 + 2 * x2 ** 2
eta = 0.4
d2l.show_trace_2d(f_2d, d2l.train_2d(adagrad_2d))
```

输出：

```
epoch 20, x1: -2.382563, x2: -0.158591
```

我们将学习率提高到 2，可以看到更好的表现。这已经表明，即使在无噪声的情况下，学习率的降低也可能相当剧烈，我们需要确保参数能够适当地收敛。

4. RMSprop 算法

RMSprop 算法是 Geoff Hinton 提出的一种自适应学习率的方法，可以在有些情况下避免 AdaGrad 算法中学习率不断单调下降以至于过早衰减的缺点。

RMSprop 算法首先计算每次迭代梯度 g_t 平方的指数衰减移动平均：

$$G_t = \beta G_{t-1} + (1-\beta) g_t \odot g_\tau$$

$$=(1-\beta)\sum_{\tau-1}^{t}\beta^{t-\tau}g_{\tau}\odot g_{\tau} \tag{5.21}$$

其中，β 为衰减率，一般取值为 0.9。

RMSprop 算法的参数更新差值为：

$$\Delta\theta_t=-\frac{\alpha}{\sqrt{G_t+\varepsilon}}\odot g_{\tau} \tag{5.22}$$

其中，α 是初始的学习率，比如 0.001。

从上式可以看出，RMSProp 算法和 AdaGrad 算法的区别在于：G_t 的计算由累积方式变成了指数衰减移动平均。在迭代过程中，每个参数的学习率并不是呈衰减趋势，既可以变小，也可以变大。

【例 5.2】RMSProp 算法实现。分别以 PyTorch 和 TensorFlow 两个框架来实现。

```
#PyTorch
import math
import torch
from d2l import torch as d2l
d2l.set_figsize()
gammas = [0.95, 0.9, 0.8, 0.7]
for gamma in gammas:
    x = torch.arange(40).detach().numpy()
    d2l.plt.plot(x, (1-gamma) * gamma ** x, label=f'gamma = {gamma:.2f}')
d2l.plt.xlabel('time')
Text(0.5, 0, 'time')
```

输出结果如图 5.10 所示。

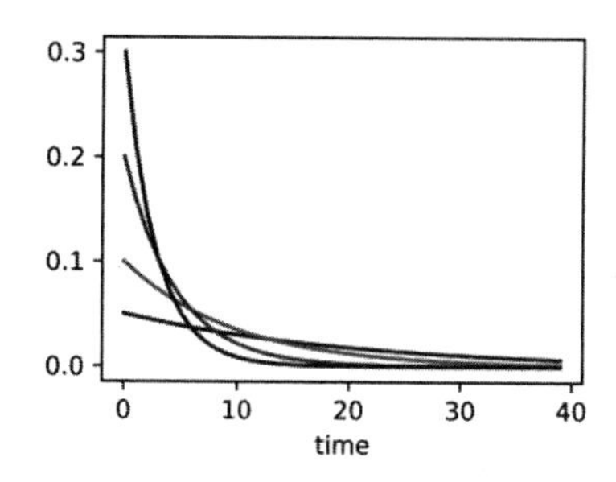

图 5.10　PyTorch 实现 RMSProp 算法实例

```
In[1]:#TensorFlow
import math
import tensorflow as tf
from d2l import tensorflow as d2l
d2l.set_figsize()
gammas = [0.95, 0.9, 0.8, 0.7]
for gamma in gammas:
    x = tf.range(40).numpy()
    d2l.plt.plot(x, (1-gamma) * gamma ** x, label=f'gamma = {gamma:.2f}')
d2l.plt.xlabel('time');
Out[1]: Text(0.5, 0, 'time')
```

5. AdaDelta 算法

AdaDelta 算法是 AdaGrad 算法的一个改进。和 RMSprop 算法类似，AdaDelta 算法通过梯度平方的指数衰减移动平均来调整学习率。此外，AdaDelta 算法还引入了每次参数更新差$\Delta\theta$ 的平方的指数衰减权移动平均。第 t 次迭代时，先计算每个参数梯度平方的累计值：

$$\Delta X_{t-1}^2 = \beta_1 \Delta X_{t-2}^2 + (1-\beta_1)\Delta\theta_{t-1} \odot \Delta\theta_{t-1} \tag{5.23}$$

其中，$\odot$为按元素乘积，β_1 为衰减率，此时$\Delta\theta_t$还未知，因此只能计算到ΔX_{t-1}。

再利用得到的值对参数进行更新，AdaDelta 算法的参数更新差值为：

$$\Delta\theta_t = -\frac{\sqrt{\Delta X_{t-1}^2 + \varepsilon}}{\sqrt{G_t + \varepsilon}} g_t$$

其中，G_t 的计算方式和 RMSprop 算法一样，ΔX_{t-1}^2 为参数更新差$\Delta\theta$ 的指数衰减权移动平均。

【例 5.3】AdaDelta 需要为每个变量维护两个状态变量，即 s_t 和Δx_t。这将产生以下实现：

```
In[1]:#PyTorch 框架实现 AdaDelta 算法
%matplotlib inline
import torch
from d2l import torch as d2l
def init_adadelta_states(feature_dim):
    s_w, s_b = torch.zeros((feature_dim, 1)), torch.zeros(1)
    delta_w, delta_b = torch.zeros((feature_dim, 1)), torch.zeros(1)
    return ((s_w, delta_w), (s_b, delta_b))
def adadelta(params, states, hyperparams):
    rho, eps = hyperparams['rho'], 1e-5
    for p, (s, delta) in zip(params, states):
        with torch.no_grad():
            # In-placeupdatesvia[:]
            s[:] = rho * s + (1 - rho) * torch.square(p.grad)
            g = (torch.sqrt(delta + eps) / torch.sqrt(s + eps)) * p.grad
            p[:] -= g
            delta[:] = rho * delta + (1 - rho) * g * g
        p.grad.data.zero_()
#对于每次参数更新，选择 ρ=0.9 相当于 10 个半衰期
data_iter, feature_dim = d2l.get_data_ch11(batch_size=10)
d2l.train_ch11(adadelta, init_adadelta_states(feature_dim),
               {'rho': 0.9}, data_iter, feature_dim)
loss: 0.243, 0.015 sec/epoch
```

输出结果如图 5.11 所示。

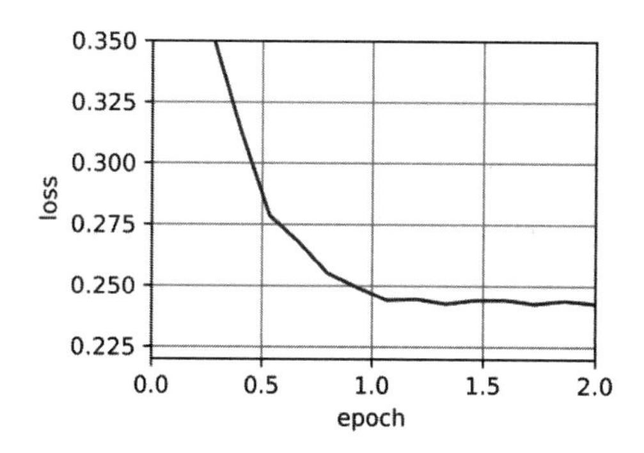

图 5.11　PyTorch 实现 AdaDelta 算法实例

```
In[1]:#TensorFlow 框架实现 AdaDelta 算法
%matplotlib inline
import tensorflow as tf
from d2l import tensorflow as d2l
def init_adadelta_states(feature_dim):
    s_w = tf.Variable(tf.zeros((feature_dim, 1)))
    s_b = tf.Variable(tf.zeros(1))
    delta_w = tf.Variable(tf.zeros((feature_dim, 1)))
    delta_b = tf.Variable(tf.zeros(1))
    return ((s_w, delta_w), (s_b, delta_b))
def adadelta(params, grads, states, hyperparams):
    rho, eps = hyperparams['rho'], 1e-5
    for p, (s, delta), grad in zip(params, states, grads):
        s[:].assign(rho * s + (1 - rho) * tf.math.square(grad))
        g = (tf.math.sqrt(delta + eps) / tf.math.sqrt(s + eps)) * grad
        p[:].assign(p - g)
        delta[:].assign(rho * delta + (1 - rho) * g * g)
#对于每次参数更新，选择 ρ=0.9 相当于 10 个半衰期
data_iter, feature_dim = d2l.get_data_ch11(batch_size=10)
d2l.train_ch11(adadelta, init_adadelta_states(feature_dim),
               {'rho': 0.9}, data_iter, feature_dim)
loss: 0.243, 0.149 sec/epoch
```

6. 动量法

动量是模拟物理中的概念。一般而言，一个物体的动量指的是这个物体在它运动方向上保持运动的趋势，是物体的质量和速度的乘积。动量法（Momentum Method）是用之前积累的动量来替代真正的梯度。每次迭代的梯度可以看作是加速度。

在第 t 次迭代时，计算负梯度的“加权移动平均”作为参数的更新方向：

$$\Delta\theta_t = \rho\Delta\theta_{t-1} - \alpha g_t = -\alpha\sum_{\tau=1}^{t}\rho^{t-\tau}g_\tau \tag{5.24}$$

其中，ρ 为动量因子，通常设为 0.9，α 为学习率。

这样，每个参数的实际更新差值取决于最近一段时间内梯度的加权平均值。当某个参数在最近一段时间内的梯度方向不一致时，其真实的参数更新幅度变小；相反，当在最近一段时间内的梯度方向都一致时，其真实的参数更新幅度变大，起到加速作用。一般而言，在迭代初期，梯度方向都比较一致，动量法会起到加速作用，可以更快地到达最优点。在迭代后期，梯度方向会不一致，在收敛值附近震荡，动量法会起到减速作用，增加稳定性。从某种角度来说，当前梯度叠加上部分的上次梯度，一定程度上可以近似看作二阶梯度。

【例 5.4】为了更好地了解动量法的几何属性，我们复习一下梯度下降，使用 $f(x)=x_1^2+2x_2^2$，即中度扭曲的椭球目标。我们通过向 x_1 方向伸展它来进一步扭曲这个函数：$f(x)=0.1x_1^2+2x_2^2$。f 在（0,0）有最小值，函数在 x_1 方向上非常平坦。

```
In[1]:#PyTorch 框架实现动量法算法
%matplotlib inline
import torch
from d2l import torch as d2l
eta = 0.4
def f_2d(x1, x2):
    return 0.1 * x1 ** 2 + 2 * x2 ** 2
def gd_2d(x1, x2, s1, s2):
    return (x1 - eta * 0.2 * x1, x2 - eta * 4 * x2, 0, 0)
d2l.show_trace_2d(f_2d, d2l.train_2d(gd_2d))
epoch 20, x1: -0.943467, x2: -0.000073
```

输出结果如图 5.12 所示。

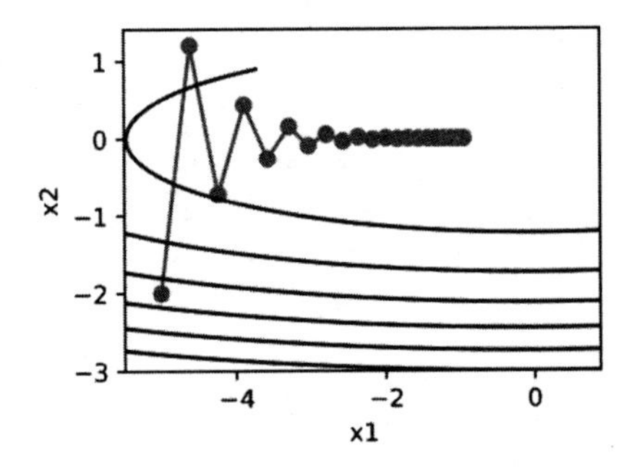

图 5.12 PyTorch 实现动量法算法实例

```
In[1]:#TensorFlow 框架实现动量法算法
%matplotlib inline
import tensorflow as tf
from d2l import tensorflow as d2l
eta = 0.4
def f_2d(x1, x2):
    return 0.1 * x1 ** 2 + 2 * x2 ** 2
def gd_2d(x1, x2, s1, s2):
    return (x1 - eta * 0.2 * x1, x2 - eta * 4 * x2, 0, 0)
d2l.show_trace_2d(f_2d, d2l.train_2d(gd_2d))
epoch 20, x1: -0.943467, x2: -0.000073
```

从构造来看，x_2 方向的梯度比水平 x_1 方向的梯度大得多，变化也快得多。因此，我们陷入两难：如果选择较小的学习率，我们会确保解不会在 x_2 方向发散，但要承受在 x_1 方向的缓慢收敛。相反，如果学习率较高，我们在 x_1 方向上进展很快，但在 x_2 方向将会发散。

7. Adam 算法

自适应动量估计（Adaptive Moment Estimation，Adam）算法可以看作是动量法和 RMSprop 算

法的结合，不但使用动量作为参数更新方向，而且可以自适应调整学习率。

Adam 算法一方面计算梯度平方 g_t^2 的指数加权平均（和 RMSprop 算法类似），另一方面计算梯度 g_t 的指数加权平均（和动量法类似）。

$$M_t = \beta_1 M_{t-1} + (1-\beta_1) g_t \tag{5.25}$$

$$G_t = \beta_2 G_{t-1} + (1-\beta_2) g_t \odot g_\tau \tag{5.26}$$

其中，β_1 和 β_2 分别为两个移动平均的衰减率，通常取值为 β_1=0.9，β_2=0.99。M_t 可以看作是梯度的均值（一阶矩），G_t 可以看作是梯度未减去均值的方差（二阶矩）。

假设 M_0=0，G_0=0，那么在迭代初期 M_t 和 G_t 的值会比真实的均值和方差要小，特别是当 β_1 和 β_2 都接近 1 时，偏差会很大。因此，需要对偏差进行修正。

$$\hat{M} = \frac{M_t}{1-\beta_1^t}, \hat{G}_t = \frac{G_t}{1-\beta_2^t} \tag{5.27}$$

Adam 算法的参数更新差值为：

$$\Delta\theta_t = -\frac{\alpha}{\sqrt{\hat{G}_t + \varepsilon}} \hat{M}_t \tag{5.28}$$

其中，学习率 α 通常设为 0.001，并且也可以进行衰减，比如 $\alpha_t = \frac{\alpha_0}{\sqrt{t}}$。

Adam 算法是 RMSProp 算法与动量法的结合，因此一种自然的 Adam 算法的改进方法是引入 Nesterov 加速梯度，称为 Nadam 算法。

【例 5.5】使用 Adam 算法来训练模型，这里我们使用 η=0.01 的学习率。

```
In[1]:#PyTorch 框架实现 Adam 算法
%matplotlib inline
import torch
from d2l import torch as d2l
def init_adam_states(feature_dim):
    v_w, v_b = torch.zeros((feature_dim, 1)), torch.zeros(1)
    s_w, s_b = torch.zeros((feature_dim, 1)), torch.zeros(1)
    return ((v_w, s_w), (v_b, s_b))
def adam(params, states, hyperparams):
    beta1, beta2, eps = 0.9, 0.999, 1e-6
    for p, (v, s) in zip(params, states):
        with torch.no_grad():
            v[:] = beta1 * v + (1 - beta1) * p.grad
            s[:] = beta2 * s + (1 - beta2) * torch.square(p.grad)
            v_bias_corr = v / (1 - beta1 ** hyperparams['t'])
            s_bias_corr = s / (1 - beta2 ** hyperparams['t'])
            p[:] -= hyperparams['lr'] * v_bias_corr / (torch.sqrt(s_bias_corr)
                                                        + eps)
        p.grad.data.zero_()
    hyperparams['t'] += 1
data_iter, feature_dim = d2l.get_data_ch11(batch_size=10)
d2l.train_ch11(adam, init_adam_states(feature_dim),
```

```
              {'lr': 0.01, 't': 1}, data_iter, feature_dim)
loss: 0.242, 0.012 sec/epoch
```

输出结果如图 5.13 所示。

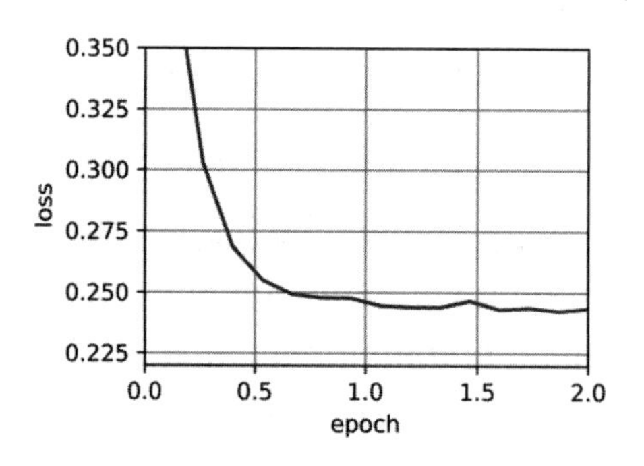

图 5.13 PyTorch 实现 Adam 算法实例

```
In[1]:#TensorFlow 框架实现 Adam 算法
%matplotlib inline
import tensorflow as tf
from d2l import tensorflow as d2l
def init_adam_states(feature_dim):
    v_w = tf.Variable(tf.zeros((feature_dim, 1)))
    v_b = tf.Variable(tf.zeros(1))
    s_w = tf.Variable(tf.zeros((feature_dim, 1)))
    s_b = tf.Variable(tf.zeros(1))
    return ((v_w, s_w), (v_b, s_b))
def adam(params, grads, states, hyperparams):
    beta1, beta2, eps = 0.9, 0.999, 1e-6
    for p, (v, s), grad in zip(params, states, grads):
        v[:].assign(beta1 * v + (1 - beta1) * grad)
        s[:].assign(beta2 * s + (1 - beta2) * tf.math.square(grad))
        v_bias_corr = v / (1 - beta1 ** hyperparams['t'])
        s_bias_corr = s / (1 - beta2 ** hyperparams['t'])
        p[:].assign(p - hyperparams['lr'] * v_bias_corr
                    / tf.math.sqrt(s_bias_corr) + eps)
data_iter, feature_dim = d2l.get_data_ch11(batch_size=10)
d2l.train_ch11(adam, init_adam_states(feature_dim),
              {'lr': 0.01, 't': 1}, data_iter, feature_dim)
loss: 0.244, 0.261 sec/epoch
```

5.4 深度学习中的正则化

神经网络的拟合能力非常强，通过不断迭代，在训练数据上的误差率往往可以降到非常低，从而导致过拟合（从偏差-方差的角度来看，就是高方差）。因此，必须运用正则化方法来提高模型的泛化能力，避免过拟合。

在传统机器学习算法中，主要通过限制模型的复杂度来提高泛化能力，比如在损失函数中加入 L_1 范数或者 L_2 范数。这一招在神经网络算法中也会运用到，但是在深层神经网络中，特别是模型参数的数量远大于训练数据的数量的情况下，L_1 和 L_2 正则化的效果往往不如在浅层机器学习模型中显著。

于是，在训练深层神经网络时，还需要用到其他正则化方法，比如 Dropout、提前终止、数据增强和标签平滑等。

5.4.1 L_1 和 L_2 正则化

L_1 和 L_2 正则化是机器学习中最常用的正则化方法，通过约束参数的 L_1 和 L_2 范数来减小模型在训练数据集上的过拟合现象。通过加入 L_1 和 L_2 正则化，优化问题可以写为：

$$\theta^* = \underset{\theta}{\operatorname{argmin}} \frac{1}{N}\sum_{n=1}^{N} L(y^{(n)}, f(x^{(n)};\theta)) + \lambda L_p(\theta) \tag{5.29}$$

其中，$L(\cdot)$为损失函数，N 为训练样本数量，$f(\cdot)$为待学习的神经网络，θ 为其参数，L_p 为范数函数，p 的取值通常为$\{1,2\}$，代表 L_1 和 L_2 范数，λ 为正则化系数。带正则化的优化问题等价于下面的带约束条件的优化问题：

$$\theta^* = \underset{\theta}{\operatorname{argmin}} \frac{1}{N}\sum_{n=1}^{N} L(y^{(n)}, f(x^{(n)};\theta)) \tag{5.30}$$

$$\text{subject to } L_p(\theta) \leqslant 1 \tag{5.31}$$

图 5.14 给出了不同范数约束条件下的最优化问题示例。虚线图形表示函数 L_p=1，F 为函数 $f(\theta)$ 的等高线。

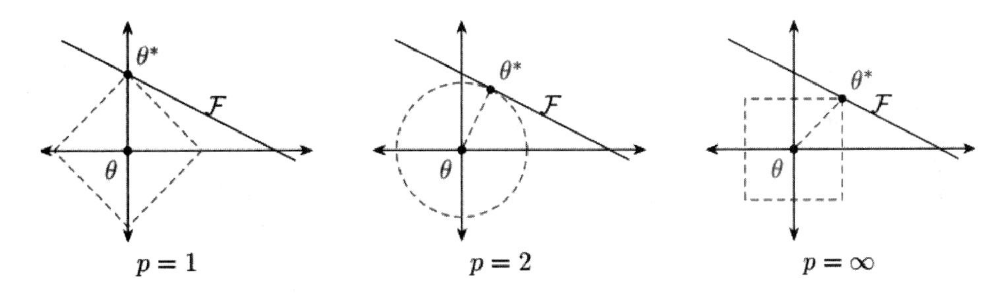

图 5.14　不同范数约束条件下的最优化问题示例

从图 5.14 可以看出，L_1 范数的约束通常会使得最优解位于坐标轴上，从而使得最终的参数为稀疏性向量。此外，L_1 范数在零点不可导，因此经常使用下式来近似：

$$L_1(\theta) = \sum_i \sqrt{\theta_i^2 + \varepsilon} \tag{5.32}$$

其中，ε 为一个非常小的常数。

一种折中的正则化方法是弹性网络正则化（Elastic Net Regularization），同时加入 L_1 和 L_2 正则化。

$$\theta^* = \underset{\theta}{\operatorname{argmin}} \frac{1}{N}\sum_{n=1}^{N} L(y^{(n)}, f(x^{(n)};\theta)) + \lambda_1 L_1(\theta) + \lambda_2 L_2(\theta) \tag{5.33}$$

其中，λ_1 和 λ_2 分别为两个正则化项的系数。

5.4.2 权重衰减

权重衰减（Weight Decay）也是一种有效的正则化手段，在每次参数更新时，引入一个衰减系数。

$$\theta_t \leftarrow (1-w)\theta_{t-1} - \alpha g_t \tag{5.34}$$

其中，g_t 为第 t 次更新的梯度，α 为学习率，w 为权重衰减系数，一般取值比较小，比如 0.0005。在标准的随机梯度下降中，权重衰减正则化和 L_2 正则化的效果相同。因此，权重衰减在一些深度学习框架中通过 L_2 正则化来实现。但是，在较为复杂的优化方法（比如 Adam）中，权重衰减和 L_2 正则化并不等价。

5.4.3 提前终止

提前终止（Early Stop）对于深层神经网络来说是一种简单有效的正则化方法。由于深层神经网络的拟合能力非常强，因此比较容易在训练集上过拟合。在使用梯度下降法进行优化时，我们可以使用一个和训练集独立的样本集合，称为验证集（Validation Set），并用验证集上的错误来代替期望错误。当验证集上的错误率不再下降时，就停止迭代。

然而在实际操作中，验证集上的错误率变化曲线并不一定是平衡曲线，很可能是先升高再降低。因此，提前停止的具体停止标准需要根据实际任务进行优化。

提前终止是一种非常不显眼的正则化形式，它几乎不需要改变基本训练过程、目标函数或一组允许的参数值。这意味着，无须破坏学习动态就能很容易地使用提前终止。权重衰减必须小心不能使用太多，以防网络陷入不良局部极小点。提前终止可单独使用或与其他的正则化策略结合使用。

提前终止需要验证集，这意味着某些训练数据不能被馈送到模型。为了更好地利用这一额外的数据，我们可以在完成提前终止的首次训练之后，进行额外的训练。在第二轮，即额外的训练步骤中，所有的训练数据都被包括在内。有两个基本的策略都可以用于第二轮训练过程。

一个策略（算法 5.1）是再次初始化模型，然后使用所有数据再次训练。在第二轮训练过程中，我们使用第一轮提前终止训练确定的最佳步数。这个过程有一些细微之处。例如，我们没有办法知道重新训练时，对参数进行相同次数的更新和对数据集进行相同次数的遍历哪一个更好。由于训练集变大了，在第二轮训练时，每一次遍历数据集将会更多次地更新参数。

算法 5.1：使用提前终止确定训练步数，然后在所有数据上训练的元算法。

（1）令 $X^{(\text{train})}$和 $y^{(\text{train})}$为训练集。

（2）将 $X^{(\text{train})}$和 $y^{(\text{train})}$分别分割为$(X^{(\text{subtrain})}$，$X^{(\text{valid})})$和$(y^{(\text{subtrain})}$，$y^{(\text{valid})})$。

（3）从随机 θ 开始，使用 $X^{(\text{subtrain})}$和 $y^{(\text{subtrain})}$作为训练集，$X^{(\text{valid})}$和 $y^{(\text{valid})}$作为验证集（当验证集上的误差在事先指定的循环次数内没有进一步改善时，算法就会终止）。这将返回最佳训练步数 i^*，将 θ 再次设为随机值。

（4）在 $X^{(\text{train})}$和 $y^{(\text{train})}$上训练 i^*步。

另一个策略（算法 5.2）是保持从第一轮训练获得的参数，然后使用全部的数据继续训练。在这个阶段，已经没有验证集指导我们需要在训练多少步后终止。取而代之，我们可以监控验证集的平均损失函数，并继续训练，直到它低于提前终止过程终止时的目标值。此策略避免了重新训练模型的高成本，但表现并没有那么好。例如，验证集的目标不一定能达到之前的目标值，所以这种策略甚至不能保证终止。

算法 5.2：使用提前终止确定将会过拟合的目标值，然后在所有数据上训练，直到再次达到该值的元算法。

（1）令 $X^{(\text{train})}$和 $y^{(\text{train})}$为训练集。

（2）将 $X^{(\text{train})}$和 $y^{(\text{train})}$分别分割为($X^{(\text{subtrain})}$，$X^{(\text{valid})}$)和($y^{(\text{subtrain})}$，$y^{(\text{valid})}$)。

（3）从随机 θ 开始，使用 $X^{(\text{subtrain})}$和 $y^{(\text{subtrain})}$作为训练集，$X^{(\text{valid})}$和 $y^{(\text{valid})}$作为验证集（当验证集上的误差在事先指定的循环次数内没有进一步改善时，算法就会终止）。这会更新 θ。

（4）$\varepsilon \leftarrow J(\theta, X^{(\text{subtrain})}, y^{(\text{subtrain})})$。

（5）While $J(\theta, X^{(\text{valid})}, y^{(\text{valid})}) > \varepsilon$ do 在 $X^{(\text{train})}$和 $y^{(\text{train})}$上训练 n 步，更新 θ，$i \leftarrow i+1$。

（6）end while。

提前终止对减少训练过程的计算成本也是有用的。除了由于限制训练的迭代次数而明显减少的计算成本外，还带来了正则化的益处（不需要添加惩罚项的代价函数或计算这种附加项的梯度）。

【例 5.6】Python 3.9+PyTorch 1.11.0+CUDA 11.3 环境下的提前终止示例。

```
import random
import torch
import torch.nn.functional as F
from torch_geometric.nn import GCNConv
from torch_geometric.datasets import Planetoid
import matplotlib.pyplot as plt

# 定义使用的网络，3 层 GCN
class GCN_NET3(torch.nn.Module):
    '''
    three-layers GCN
    two-layers GCN has a better performance
    '''
    def __init__(self, num_features, hidden_size1, hidden_size2, classes):
        '''
        :param num_features: each node has a [1,D] feature vector
        :param hidden_size1: the size of the first hidden layer
        :param hidden_size2: the size of the second hidden layer
        :param classes: the number of the classes
        '''
        super(GCN_NET3, self).__init__()
        self.conv1 = GCNConv(num_features, hidden_size1)
        self.relu = torch.nn.ReLU()
        self.dropout = torch.nn.Dropout(p=0.5)  # use dropout to over ove-fitting
        self.conv2 = GCNConv(hidden_size1, hidden_size2)
        self.conv3 = GCNConv(hidden_size2, classes)
        self.softmax = torch.nn.Softmax(dim=1) # each raw

    def forward(self, Graph):
```

```
        x, edge_index = Graph.x, Graph.edge_index
        out = self.conv1(x, edge_index)
        out = self.relu(out)
        out = self.dropout(out)
        out = self.conv2(out, edge_index)
        out = self.relu(out)
        out = self.dropout(out)
        out = self.conv3(out, edge_index)
        out = self.softmax(out)
        return out

def setup_seed(seed):
    torch.manual_seed(seed)
    torch.cuda.manual_seed_all(seed)
    random.seed(seed)

dataset = Planetoid(root='./', name='Cora')  # if root='./', Planetoid will use
local dataset
device = torch.device('cuda' if torch.cuda.is_available() else 'cpu')  # use cpu
or gpu
model = GCN_NET3(dataset.num_node_features, 128, 64,
dataset.num_classes).to(device)
data = dataset[0].to(device)
optimizer = torch.optim.Adam(model.parameters(), lr=0.005)  # define optimizer

# define some parameters
eval_T = 5  # evaluate period
P = 3  # patience
i = 0  # record the frequency of bad performance of validation
max_epoch = 300
setup_seed(seed=20)  # set up random seed
temp_val_loss = 99999  # initialize val loss
L = []  # store loss of training
L_val = []  # store loss of val

# training process
model.train()
for epoch in range(max_epoch):
    optimizer.zero_grad()
    out = model(data)
    loss = F.cross_entropy(out[data.train_mask], data.y[data.train_mask])
    _, val_pred = model(data).max(dim=1)
    loss_val = F.cross_entropy(out[data.val_mask], data.y[data.val_mask])

    # early stopping
    if (epoch % eval_T) == 0:
        if (temp_val_loss > loss_val):
            temp_val_loss = loss_val
            torch.save(model.state_dict(), "GCN_NET3.pth")  # save the current
best
            i = 0  # reset i
        else:
            i = i + 1
    if i > P:
        print("Early Stopping! Epoch : ", epoch,)
```

```
            break

        L_val.append(loss_val)
        val_corrent = val_pred[data.val_mask].eq(data.y[data.val_mask]).
sum().item()
        val_acc = val_corrent / data.val_mask.sum()
        print('Epoch: {} loss : {:.4f}  val_loss: {:.4f}  val_acc:
{:.4f}'.format(epoch, loss.item(),loss_val.item(), val_acc.item()))
        L.append(loss.item())
        loss.backward()
        optimizer.step()

    # test
    model.load_state_dict(torch.load("GCN_NET3.pth"))#load parameters of the model
    model.eval()
    _, pred = model(data).max(dim=1)
    corrent = pred[data.test_mask].eq(data.y[data.test_mask]).sum().item()
    acc = corrent / data.test_mask.sum()
    print("test accuracy is {:.4f}".format(acc.item()))

    # plot the curve of loss

    n = [i for i in range(len(L))]
    plt.plot(n, L, label='train')
    plt.plot(n, L_val, label='val')
    plt.legend()  # show the labels
    plt.xlabel('Epoch')
    plt.ylabel('Loss')
    plt.show()
```

输出结果：

```
Early Stopping!  Epoch : 28
test accuracy is 0.8030
```

输出结果如图 5.15 所示。

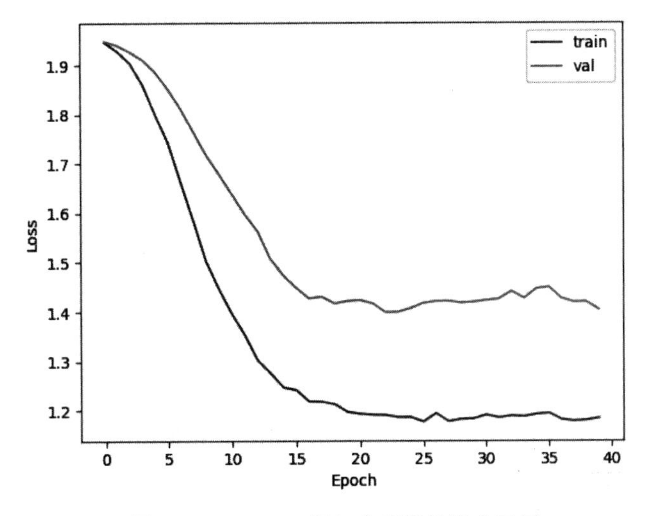

图 5.15　PyTorch 框架实现提前停止示例

5.4.4 Dropout

Dropout提供了正则化一大类模型的方法，计算方便，且功能强大。在第一种近似下，Dropout可以被认为是集成大量深层神经网络的实用Bagging方法。Bagging涉及训练多个模型，并在每个测试样本上评估多个模型。当每个模型都是一个很大的神经网络时，这似乎是不切实际的，因为训练和评估这样的网络需要花费很多运行时间和内存。通常我们只能集成5~10个神经网络。Dropout提供了一种廉价的Bagging集成近似，能够训练和评估指数级数量的神经网络。

具体而言，Dropout训练的集成包括所有从基础网络除去非输出单元后形成的子网络，如图5.16所示。最先进的神经网络基于一系列仿射变换和非线性变换，我们只需将一些单元的输出乘以零就能有效地删除一个单元。这个过程需要对模型（如径向基函数网络，单元的状态和参考值之间存在一定区别）进行一些修改。为了简单起见，我们在这里提出乘以零的简单Dropout算法，它被简单修改后，可以与从网络中移除单元的其他操作结合使用。

图5.16所示为Dropout训练由所有子网络组成的集成，其中子网络通过从基本网络中删除非输出单元构建。我们从具有两个可见单元和两个隐藏单元的基本网络开始。这4个单元有16个可能的子集。右图展示了从原始网络中丢弃不同的单元子集而形成的所有16个子网络。在这个小例子中，所得到的大部分网络没有输入单元或没有从输入连接到输出的路径。当层较宽时，丢弃所有从输入到输出的可能路径的概率变小，所以这个问题对于层较宽的网络不是很重要。

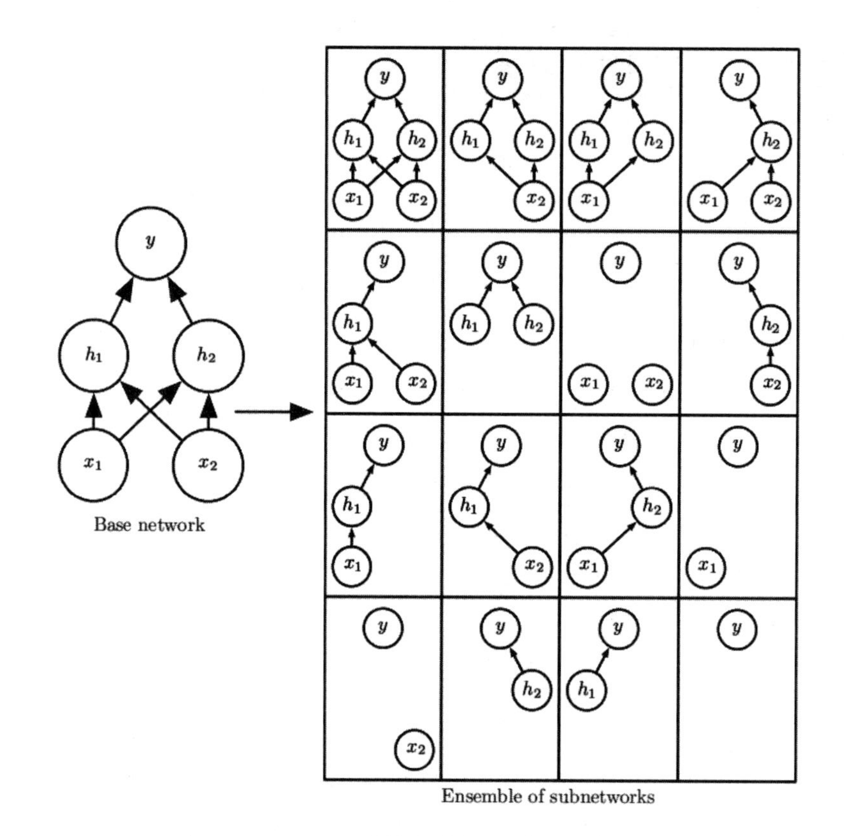

图5.16 Dropout训练由所有子网络组成的集成

回想一下Bagging学习，我们定义k个不同的模型，从训练集有放回地采样，构造k个不同的数据集，然后在训练集 i 上训练模型 i。Dropout 的目标是在指数级数量的神经网络上近似这个过程。具体来说，在训练中使用 Dropout 时，我们会使用基于小批量产生较小步长的学习算法，如随机梯度下降等。我们每次在小批量中加载一个样本，然后随机抽样应用于网络中所有输入和隐藏单元的不同二值掩码。对于每个单元，掩码是独立采样的。掩码值为 1 的采样概率（导致包含一个单元）是训练开始前一个固定的超参数。它不是模型当前参数值或输入样本的函数。通常在每一个小批量训练的神经网络中，一个输入单元被包括的概率为 0.8，一个隐藏单元被包括的概率为 0.5。然后，我们运行和之前一样的前向传播、反向传播以及学习更新。

图 5.17 说明了在 Dropout 下的前向传播。在使用 Dropout 的前馈网络的前向传播示例（顶部）中，我们使用具有两个输入的单元、具有两个隐藏单元的隐藏层以及一个输出单元的前馈网络。（底部）为了执行具有 Dropout 的前向传播，我们随机地对向量 μ 进行采样，其中网络中的每个输入或隐藏单元对应一项。μ 中的每项都是二值的且独立于其他项采样。超参数的采样概率为 1，隐藏层的采样概率通常为 0.5，输入的采样概率通常为 0.8。网络中的每个单元乘以相应的掩码，然后正常地继续沿着网络的其余部分前向传播。这相当于从图 5.16 中随机选择一个子网络并沿着前向传播。

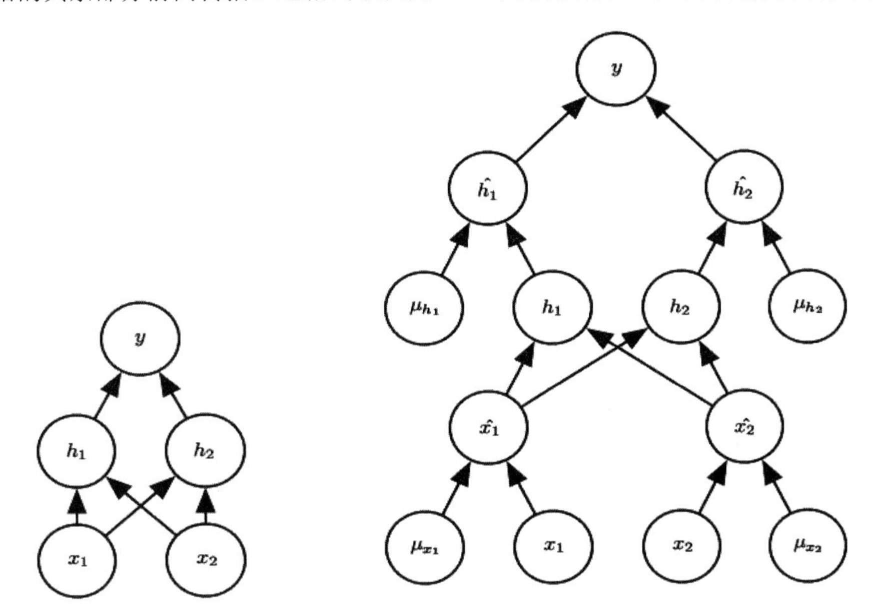

图 5.17　在 Dropout 下的前向传播示例

更正式地说，假设一个掩码向量 μ 指定被包括的单元，$J(\theta,\mu)$是由参数 θ 和掩码 μ 定义的模型代价。那么 Dropout 训练的目标是最小化 $E_{\mu}J(\theta,\mu)$。这个期望包含多达指数级的项，但我们可以通过抽样 μ 获得梯度的无偏估计。

Dropout 训练与 Bagging 训练不太一样。在 Bagging 训练中，所有模型都是独立的。在 Dropout 训练中，所有模型共享参数，其中每个模型继承父神经网络参数的不同子集。参数共享使得在有限可用的内存下表示指数级数量的模型变得可能。在 Bagging 训练中，每一个模型在其相应训练集上训练到收敛。在 Dropout 训练中，通常大部分模型都没有显式地被训练，因为通常父神经网络会很大，导致到宇宙毁灭都不可能采样完所有的子网络。取而代之的是，在单个步骤中，我们训练一小部分子网络，参数共享会使得剩余的子网络也能有好的参数设定。这些是仅有的区别。除了这些外，

Dropout 与 Bagging 算法一样。例如，每个子网络中遇到的训练集确实是有放回采样的原始训练集的一个子集。图 5.18 是一个神经网络使用 Dropout 后的图示。

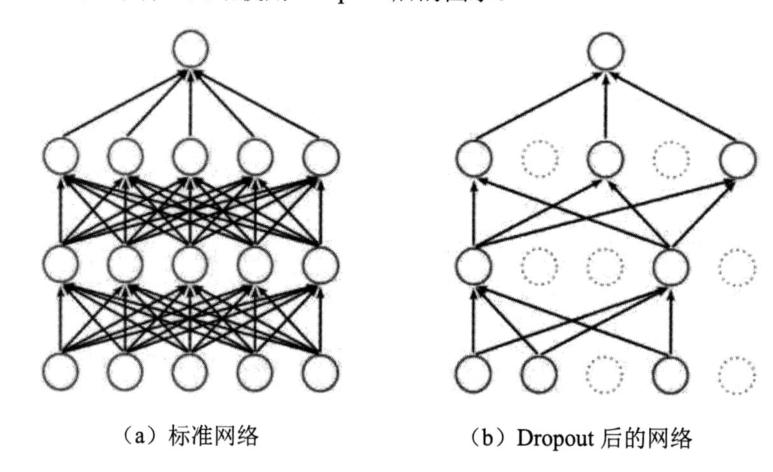

（a）标准网络　　（b）Dropout 后的网络

图 5.18　一个神经网络使用 Dropout 后的图示

Dropout 不仅能减少过拟合，而且能提高预测的准确性，这可以从集成学习的角度来解释。在迭代过程中，每丢弃一次，就相当于从原始网络中采样一个不同的子网络，并进行训练。那么通过 Dropout，相当于在结构多样性的多个神经网络模型上进行训练，最终的神经网络可以看作是不同结构的神经网络的集成模型。

【例 5.7】Dropout PyTorch 实现。

```
#从零开始实现
%matplotlib inline
import torch
import torch.nn as nn
import numpy as np
import sys
sys.path.append('..')
import d2lzh_pytorch as d2l
def dropout(X,drop_prob):
    X = X.float()
    assert 0<=drop_prob<=1
    keep_prob = 1-drop_prob
    if keep_prob==0:
        return torch.torch.zeros_like(X)
    mask = (torch.rand(X.shape)<keep_prob).float()
    # 均匀分布的张量，torch.rand(*sizes,out=None) → Tensor
    # 返回一个张量，包含从区间(0,1)的均匀分布中随机抽取的一组随机数
    #print(mask)
    return mask * X / keep_prob
X = torch.arange(16).view(2,8)
dropout(X,0)
tensor([[ 0.,  1.,  2.,  3.,  4.,  5.,  6.,  7.],
        [ 8.,  9., 10., 11., 12., 13., 14., 15.]])
dropout(X,0.5)
tensor([[ 0.,  0.,  0.,  0.,  0., 10.,  0., 14.],
        [16., 18.,  0.,  0.,  0., 26., 28., 30.]])
```

```
dropout(X,1)
tensor([[0., 0., 0., 0., 0., 0., 0., 0.],
        [0., 0., 0., 0., 0., 0., 0., 0.]])
#定义模型参数
num_inputs,num_outputs, num_hidden1,num_hidden2 = 784,10,256,256
W1 = torch.tensor(np.random.normal(0,0.01,size=(num_inputs,
num_hidden1)),dtype =torch.float32,requires_grad=True )
b1 = torch.zeros(num_hidden1,requires_grad=True)
W2 = torch.tensor(np.random.normal(0,0.01,size=(num_hidden1,
num_hidden2)),dtype =torch.float32,requires_grad=True )
b2 = torch.zeros(num_hidden2,requires_grad=True)
W3 = torch.tensor(np.random.normal(0,0.01,size=(num_hidden2,
num_outputs)),dtype =torch.float32,requires_grad=True )
b3 = torch.zeros(num_outputs,requires_grad=True)
params = [W1,b1,W2,b2,W3,b3]
#网络
drop_prob1,drop_prob2  = 0.2,0.5
def net(X,is_training=True):
    X = X.view(-1,num_inputs)
    H1 = (torch.matmul(X,W1)+b1).relu()
    if is_training:
        H1 = dropout(H1,drop_prob1)
    H2 = (torch.matmul(H1,W2)+b2).relu()
    if is_training:
        H2 = dropout(H2,drop_prob2)
    return torch.matmul(H2,W3)+b3
#评估函数
def evaluate_accuracy(data_iter,net):
    acc_sum ,n = 0.0,0
    for X,y in data_iter:
        if isinstance(net,torch.nn.Module):  #如果是 torch.nn 里简洁实现的模型
            net.eval()  # 评估模式，这时会关闭 Dropout
            acc_sum+=(net(X).argmax(dim=1)==y).float().sum().item()
            net.train()  # 改回训练模式
        else:  # 自己定义的模型
            if ('is_training' in net.__code__.co_varnames):   #如果有训练这个参数
                # 将 is_training 设置为 False
                acc_sum
+=(net(X,is_training=False).argmax(dim=1)==y).float().sum().item()
            else:
                acc_sum+=(net(X),argmax(dim=1)==y).float().sum().item()
        n+= y.shape[0]
    return acc_sum/n
#优化方法
def sgd(params,lr,batch_size):
    for param in params:
        #param.data -=lr* param.grad/batch_size
        param.data-= lr* param.grad   # 计算 loss 使用的是 PyTorch 的交叉熵
# 这个梯度可以不用除以 batch_size, PyTorch 在计算 loss 的时候已经除过一次了
#定义损失函数
loss = torch.nn.CrossEntropyLoss()
#数据提取与训练评估
num_epochs,lr,batch_size=15,0.3,256
batch_size = 256
train_iter,test_iter = d2l.get_fahsion_mnist(batch_size)
```

```
def train_ch3(net, train_iter, test_iter, loss, num_epochs, batch_size,
          params=None, lr=None, optimizer=None):
    for epoch in range(num_epochs):
        train_l_sum, train_acc_sum, n = 0.0, 0.0, 0
        for X, y in train_iter:
            y_hat = net(X)
            l = loss(y_hat, y).sum()
            # 梯度清零
            if optimizer is not None:
                optimizer.zero_grad()
            elif params is not None and params[0].grad is not None:
                for param in params:
                    param.grad.data.zero_()
            l.backward()
            if optimizer is None:
                sgd(params, lr, batch_size)
            else:
                optimizer.step()  # “softmax 回归的简洁实现”一节将用到
            train_l_sum += l.item()
            train_acc_sum += (y_hat.argmax(dim=1) == y).sum().item()
            n += y.shape[0]
        test_acc = evaluate_accuracy(test_iter, net)
        print('epoch %d, loss %.4f, train acc %.3f, test acc %.3f'
              % (epoch + 1, train_l_sum / n, train_acc_sum / n, test_acc))
train_ch3(net,train_iter,test_iter,loss,num_epochs,batch_size,params,lr)
#PyTorch 简洁实现
net = nn.Sequential(
d2l.FlattenLayer(),
    nn.Linear(num_inputs,num_hidden1),
    nn.ReLU(),
    nn.Dropout(drop_prob1),
    nn.Linear(num_hidden1,num_hidden2),
    nn.ReLU(),
    nn.Dropout(drop_prob2),
    nn.Linear(num_hidden2,num_outputs)
)
for param in net.parameters():
    nn.init.normal_(param,mean=0,std=0.01)
optimizer = torch.optim.SGD(net.parameters(),lr=0.3)
train_ch3(net,train_iter,test_iter,loss,num_epochs,batch_size,None,None,opt
imizer)
```

运行状态：

```
epoch 1, loss 0.0048, train acc 0.525, test acc 0.725
epoch 2, loss 0.0024, train acc 0.779, test acc 0.787
epoch 3, loss 0.0020, train acc 0.818, test acc 0.771
epoch 4, loss 0.0018, train acc 0.836, test acc 0.834
epoch 5, loss 0.0017, train acc 0.847, test acc 0.848
epoch 6, loss 0.0016, train acc 0.855, test acc 0.855
epoch 7, loss 0.0015, train acc 0.859, test acc 0.850
epoch 8, loss 0.0014, train acc 0.863, test acc 0.853
epoch 9, loss 0.0014, train acc 0.868, test acc 0.848
epoch 10, loss 0.0014, train acc 0.872, test acc 0.837
epoch 11, loss 0.0013, train acc 0.876, test acc 0.849
```

```
epoch 12, loss 0.0013, train acc 0.879, test acc 0.872
epoch 13, loss 0.0013, train acc 0.880, test acc 0.847
epoch 14, loss 0.0013, train acc 0.883, test acc 0.862
epoch 15, loss 0.0012, train acc 0.886, test acc 0.865
```

5.4.5 数据增强

深层神经网络一般都需要大量的训练数据才能获得比较理想的效果。在数据量有限的情况下，可以通过数据增强（Data Augmentation）来增加数据量，提高模型的鲁棒性，避免过拟合。目前，数据增强主要应用在图像数据上，在文本等其他类型的数据中还没有太好的方法。图像数据的增强主要是通过算法对图像进行转变、引入噪声等方法来增加数据的多样性。数据增强的方法主要有以下几种：

（1）旋转（Rotation）：将图像按顺时针或逆时针方向随机旋转一定角度。

（2）翻转（Flip）：将图像沿水平或垂直方向随机翻转一定角度。

（3）缩放（Zoom In/Out）：将图像放大或缩小一定比例。

（4）平移（Shift）：将图像沿水平或垂直方向平移一定步长。

（5）加噪声（Noise）：加入随机噪声。

5.4.6 对抗训练

在许多情况下，神经网络在独立同分布的测试集上进行评估已经达到了人类表现。因此，我们自然要怀疑这些模型在这些任务上是否获得了真正的人类层次的理解。为了探索网络对底层任务的理解层次，我们可以探索这个模型错误分类的例子。Szegedy 等人 2014 年在 *Intriguing properties of neural networks* 论文中提出了对抗样本这个概念，在精度达到人类水平的神经网络上通过优化过程故意构造数据点，其上的误差率接近 100%，模型在这个输入点 x' 的输出与附近的数据点 x 非常不同。在许多情况下，x' 与 x 非常近似，人类观察者不会察觉原始样本和对抗样本（adversarial example）之间的差异，但是网络会做出非常不同的预测。例子如图 5.19 所示。

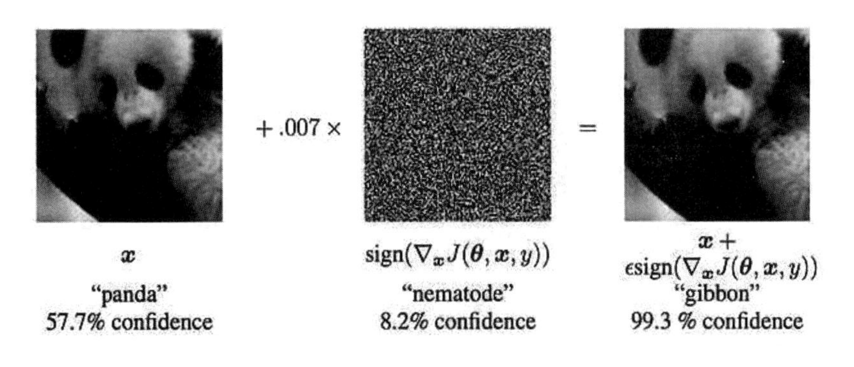

图 5.19 一只熊猫加了点扰动就被识别成了长臂猿

图 5.19 是在 ImageNet 上应用 GoogLeNet（Szegedy et al., 2014a）的对抗样本生成的演示。通过添加一个不可察觉的小向量（其中元素等于代价函数相对于输入的梯度元素的符号），我们可以改变 GoogLeNet 对此图像的分类结果。

1. 对抗样本

对抗样本（Adversarial Example）可以用来攻击和防御，而对抗训练其实是“对抗”家族中防御的一种方式，其基本的原理就是通过添加扰动构造一些对抗样本，放给模型去训练，以攻为守，提高模型在遇到对抗样本时的鲁棒性，同时在一定程度上也能提高模型的表现和泛化能力。

对抗样本一般需要具有两个特点：

（1）相对于原始输入，所添加的扰动是微小的。

（2）能使模型犯错。

2. 对抗训练

对抗样本（Adversarial Training）在很多领域有很多影响，例如计算机安全，这超出了本章的范围。然而，它们在正则化的背景下很有意思，因为我们可以通过对抗训练（Adversarial Training）减少原有独立同分布的测试集的错误率——在对抗扰动的训练集样本上训练网络（Szegedy et al., 2014b; Goodfellow et al., 2014b）。

GAN 之父 Ian Goodfellow 在 2015 年的 ICLR 中第一次提出了对抗训练这个概念，简而言之，就是在原始输入样本 x 上加一个扰动 r_{adv}，得到对抗样本后，用其进行训练。也就是说，问题可以被抽象成一个模型 r_{adv}。

$$\min_{\theta} -\log P(y \mid x + r_{\text{adv}}; \theta) \tag{5.35}$$

其中，y 为标签，θ 为模型参数。Goodfellow 认为，神经网络由于其线性的特点，很容易受到线性扰动的攻击。对抗训练有助于体现积极正则化与大型函数族结合的力量。纯粹的线性模型，如逻辑回归，由于它被限制为线性，因此无法抵抗对抗样本。神经网络能够将函数从接近线性转化为局部近似恒定，从而可以灵活地捕获到训练数据中的线性趋势，同时学习抵抗局部扰动。

3. 扰动定义

$$r_{\text{adv}} = \varepsilon \cdot \text{sign}(\nabla_x L(\theta, x, y)) \tag{5.36}$$

其中，sign 为符号函数，L 为损失函数。Goodfellow 发现，令 ε=0.25，用这个扰动能给一个单层分类器造成 99.9%的错误率。这个扰动计算的思想可以理解为：将输入样本向着损失上升的方向再进一步，得到的对抗样本就能造成更大的损失，提高模型的错误率。

Goodfellow 总结了对抗训练的两个作用：

（1）提高模型应对恶意对抗样本时的鲁棒性。

（2）作为一种规范化（Regularization），减少过拟合（Overfitting），提高泛化能力。

Madry 在 2018 年的 ICLR 中总结了之前的工作，并从优化的视角将问题重新定义成了一个找鞍点的问题，也就是大名鼎鼎的 Min-Max 公式：

$$\min_{\theta} E(x,y) \sim D\left[\max_{r_{\text{adv}} \in S} L(\theta, x + r_{\text{adv}}, y)\right] \tag{5.37}$$

该公式分为两个部分，一个是内部损失函数的最大化，另一个是外部经验风险的最小化。其中，

L 为损失函数，S 为扰动的范围空间。内部 max 是为了找到最坏情况（worst-case）下的扰动，也就是攻击，外部 min 是为了基于该攻击方式找到最鲁棒的模型参数，也就是防御，其中 D 是输入样本的分布。

【例 5.8】对抗训练。

```
import torch
from torch import nn
import torchvision.transforms as tfs
from torch.utils.data import DataLoader
from torchvision.datasets import MNIST
import numpy as np
import matplotlib.pyplot as plt
def preprocess_img(x):
    x = tfs.ToTensor()(x)       # x (0., 1.)
    return (x - 0.5) / 0.5      # x (-1., 1.)
def deprocess_img(x):           # x (-1., 1.)
    return (x + 1.0) / 2.0      # x (0., 1.)
def discriminator():
    net = nn.Sequential(
            nn.Linear(784, 256),
            nn.LeakyReLU(0.2),
            nn.Linear(256, 256),
            nn.LeakyReLU(0.2),
            nn.Linear(256, 1),
        )
    return net
def generator(noise_dim):
    net = nn.Sequential(
        nn.Linear(noise_dim, 1024),
        nn.ReLU(True),
        nn.Linear(1024, 1024),
        nn.ReLU(True),
        nn.Linear(1024, 784),
        nn.Tanh(),
    )
    return net
def discriminator_loss(logits_real, logits_fake):   # 判别器的 loss
    size = logits_real.shape[0]
    true_labels = torch.ones(size, 1).float()
    false_labels = torch.zeros(size, 1).float()
    bce_loss = nn.BCEWithLogitsLoss()
    loss = bce_loss(logits_real, true_labels) + bce_loss(logits_fake,
false_labels)
    return loss
def generator_loss(logits_fake):  # 生成器的 loss
    size = logits_fake.shape[0]
    true_labels = torch.ones(size, 1).float()
    bce_loss = nn.BCEWithLogitsLoss()
    loss = bce_loss(logits_fake, true_labels)   # 假图与真图的误差。训练的目的是减
小误差，即让假图接近真图
    return loss
# 使用 adam 来进行训练，beta1 是 0.5, beta2 是 0.999
def get_optimizer(net, LearningRate):
```

```
        optimizer = torch.optim.Adam(net.parameters(), lr=LearningRate, betas=(0.5,
0.999))
        return optimizer
    def train_a_gan(D_net, G_net, D_optimizer, G_optimizer, discriminator_loss,
generator_loss, noise_size, num_epochs, num_img):
        f, a = plt.subplots(num_img, num_img, figsize=(num_img, num_img))
        plt.ion()  # Turn the interactive mode on, continuously plot

        for epoch in range(num_epochs):
            for iteration, (x, _)in enumerate(train_data):
                bs = x.shape[0]
                # 训练判别网络
                real_data = x.view(bs, -1)        # 真实数据
                logits_real = D_net(real_data)    # 判别网络得分
                rand_noise = (torch.rand(bs, noise_size) - 0.5) / 0.5  # -1 ~ 1 的
均匀分布
                fake_images = G_net(rand_noise)  # 生成假的数据
                logits_fake = D_net(fake_images) # 判别网络得分

                d_total_error = discriminator_loss(logits_real, logits_fake)  # 判
别器的 loss
                D_optimizer.zero_grad()
                d_total_error.backward()
                D_optimizer.step()  # 优化判别网络
                # 训练生成网络
                rand_noise = (torch.rand(bs, noise_size) - 0.5) / 0.5  # -1 ~ 1 的
均匀分布
                fake_images = G_net(rand_noise)  # 生成的假的数据
                gen_logits_fake = D_net(fake_images)
                g_error = generator_loss(gen_logits_fake)  # 生成网络的 loss
                G_optimizer.zero_grad()
                g_error.backward()
                G_optimizer.step()  # 优化生成网络
                if iteration % 20 == 0:
                    print('Epoch: {:2d} | Iter: {:<4d} | D: {:.4f} |
G:{:.4f}'.format(epoch, iteration,
    d_total_error.data.numpy(),
    g_error.data.numpy()))
                    imgs_numpy = deprocess_img(fake_images.data.cpu().numpy())
                    for i in range(num_img ** 2):
                        a[i//num_img][i % num_img].imshow(np.reshape(imgs_numpy[i],
(28, 28)), cmap='gray')
                        a[i // num_img][i % num_img].set_xticks(())
                        a[i // num_img][i % num_img].set_yticks(())
                    plt.suptitle('epoch: {} iteration: {}'.format(epoch, iteration))
                    plt.pause(0.01)
        plt.ioff()
        plt.show()
    if __name__ == '__main__':
        EPOCH = 5
        BATCH_SIZE = 128
        LR = 5e-4
        NOISE_DIM = 96
        NUM_IMAGE = 4   # for showing images when training
        train_set = MNIST(root='/Users/wangpeng/Desktop/all/CS/Courses/Deep
```

```
Learning/mofan_PyTorch/mnist/',
                      train=True,
                      download=False,
                      transform=preprocess_img)
    train_data = DataLoader(train_set, batch_size=BATCH_SIZE, shuffle=True)
    D = discriminator()
    G = generator(NOISE_DIM)
    D_optim = get_optimizer(D, LR)
    G_optim = get_optimizer(G, LR)

train_a_gan(D,G,D_optim,G_optim,discriminator_loss,generator_loss,NOISE_DIM,EPO
CH,NUM_IMAGE)
```

输出结果如图 5.20 所示。

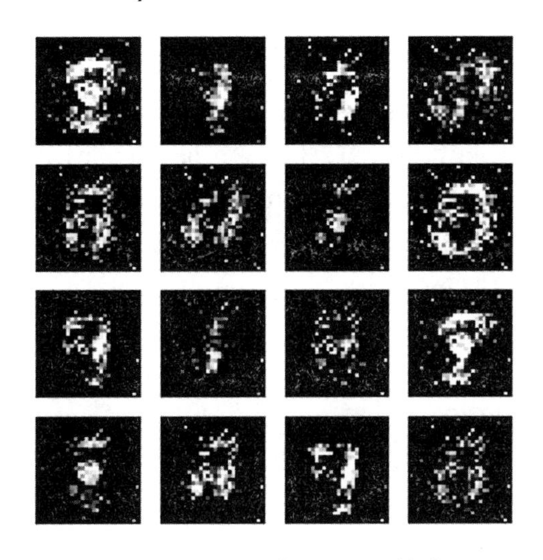

图 5.20　PyTorch 实现对抗训练效果

5.5　本 章 小 结

在传统的机器学习中，有一些很好的理论可以帮助我们在模型的表示能力、复杂度和泛化能力之间找到比较好的平衡，但是有些理论无法解释深层神经网络在实际应用中的泛化能力表现。深层神经网络的优化和正则化是既对立又统一的关系。在本章中，我们探讨了正则化、网络优化、优化算法和深入常见的深度学习中的正则化。我们希望优化算法能找到一个全局最优解（或较好的局部最优解），另一方面我们又不希望模型优化到最优解，这可能陷入过拟合。优化和正则化的统一目标是期望风险最小化。

5.6 复 习 题

1. 简述训练误差和泛化误差。
2. 数据集增强的作用是什么？
3. 提前终止在深度学习训练中的表现是什么？
4. Dropout 为什么能有效提高神经网络的泛化能力？
5. 什么是分段常数衰减？
6. 对抗训练中扰动的作用是什么？

参 考 文 献

[1]https://en.wikipedia.org/wiki/Glivenko%E2%80%93Cantelli_theorem.

[2]https://en.wikipedia.org/wiki/Vapnik%E2%80%93Chervonenkis_theory.

[3]Duchi, J., Hazan, E., & Singer, Y. (2011). Adaptive subgradient methods for online learning and stochastic optimization[J]. Journal of Machine Learning Research, 12(Jul), 2121-2159.

[4]https://arxiv.org/abs/1909.11764.

[5]https://arxiv.org/abs/1909.10772.

[6]https://arxiv.org/abs/1902.07285.

[7]https://arxiv.org/abs/1901.06796.

[8]https://arxiv.org/abs/1312.6199.

[9]https://arxiv.org/abs/1412.6572.

[10]https://arxiv.org/abs/1706.06083.

[11]https://arxiv.org/abs/1605.07725.

[12]https://arxiv.org/abs/1507.00677.

[13]https://github.com/huggingface/transformers/tree/master/examples.

第6章

深度学习用于计算机视觉

长期以来，让计算机“能看会听”可以说是计算机科学家孜孜不倦的追求目标，这个目标中最基础的就是让计算机能够“看见”这个世界，让计算机能够像人类一样拥有眼睛，让它们也能看懂这个世界。计算机视觉（Computer Vision，CV）就是用计算机及其他辅助设备来模拟人的视觉功能，它的主要任务就是让计算机理解图片或者视频中的内容，实现对客观世界三维场景的感知、识别和理解，实现类似人的视觉功能。

在人工智能（Artificial Intelligence，AI）研究领域，计算机视觉作为一个专门的领域早在20世纪60年代就开始被研究人员关注了。1982年，马尔（David Marr）的《视觉》一书的问世，标志着计算机视觉成为一门独立学科。20世纪80年代，第一个卷积神经网络（Convolutional Neural Network，CNN）被成功应用于手写字符的识别，取得了一定的成功，随着深度学习技术的快速发展，深度学习在计算机视觉领域也不断取得巨大的发展，现在卷积神经网络在计算机视觉领域应用得非常成功，循环神经网络和长短期记忆网络等深度模型在视觉识别领域也逐渐成为一种应用潮流，传统机器学习方法慢慢被弃之不用。

提到计算机视觉，人们通常还会想到机器视觉（Machine Vision，MV），两者一直没有明确的分界线，学术界通常把机器视觉作为计算机视觉的一个分支，一般认为计算机视觉更侧重于图像的内容，关注场景分析和图像解释的理论和方法，而机器视觉则更侧重于工程应用，关注通过视觉传感器获取环境的图像，构建具有视觉感知功能的系统。随着机器视觉技术的迅猛发展，近年来工业界甚至对于计算机视觉与机器视觉这两个术语不加区分了。本章对这两个概念也不进行严格区分。

6.1 计算机视觉与深度学习概述

本节介绍计算机视觉涉及的主要任务、传统算法所面临的技术挑战，以及深度学习技术在计算机视觉领域的发展和应用现状，让读者初步了解深度学习与计算机视觉的发展关系。

6.1.1 计算机视觉的任务

从广义上说，计算机视觉就是赋予机器自然视觉能力的学科，计算机视觉的根本任务是：让机器在无须人工干预的前提下，通过图像采集与分析，具备超过“人眼+人脑”对图像的理解能力，并具备不断改进的学习能力，以实现视觉的智能化。视觉智能处理模型如图 6.1 所示。

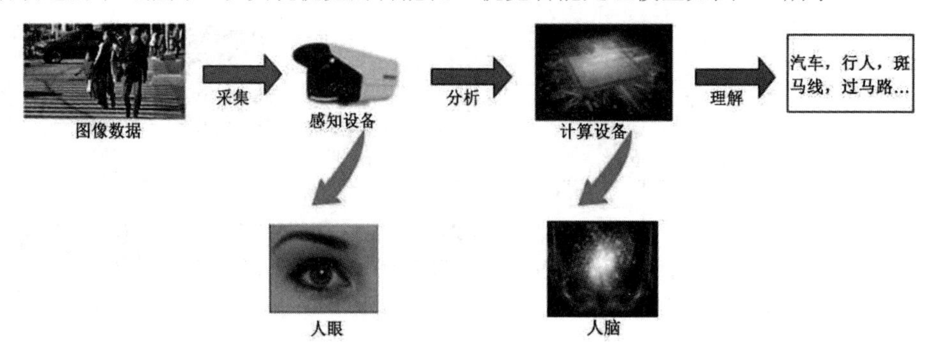

图 6.1 视觉智能处理模型

更形象地说，计算机视觉就是给计算机安装上“眼睛”和“大脑”，让计算机可以感知环境，其基本任务包括图像处理、模式识别（图像识别）、图像理解（景物分析）等。实现图像理解是计算机视觉的终极目标，包括：

- 让计算机理解图片中的场景（如办公室、客厅、公路等）。
- 让计算机识别场景中包含的物体（如树、交通工具、人等）。
- 让计算机定位物体在图像中的位置（如物体的大小、边界等）。
- 让计算机理解物体之间的关系或行为（如是在对话、比赛或吵架等），以及图像表达的意义（如喜庆的、悲伤的等）。

可见，图像理解技术是对图像内容所包含的信息的理解，不仅需要描述图像本身，还需要描述和解释图像所代表的景物，以便对图像传递的信息做出判定。图像理解一般涉及一些常见的任务，图像分类、目标检测、图像分割是其常见的三大核心任务。

1. 图像分类

计算机视觉中最知名的任务可能就是图像分类（Classification）了，即根据图像的主要内容进行分类，它将图像结构化为某一类别的信息，用事先确定好的类别（Category）来描述图片，常用的数据集有 MNIST、CIFAR、ImageNet。

下面来看一个简单的二分类例子：我们想根据图像是否包含旅游景点对其进行分类。假设我们为此任务构建了一个分类器，并提供了一幅图像，如图 6.2 所示。

图 6.2　埃菲尔铁塔

该分类器认为上述图像属于包含旅游景点的图像类别，但这并不意味着分类器认出埃菲尔铁塔了，它可能只是曾经见过这座塔的照片，并且当时被告知图像中包含旅游景点。

2. 目标定位

目标定位（Localization）用于预测包含主要物体的图像区域，以便识别区域中的物体。常用的数据集有 ImageNet。

例如，我们不仅想知道图像中出现的旅游景点名称，还对其在图像中的位置感兴趣。定位的目标就是找出图像中单个对象的位置。执行定位的标准方式是在图像中定义一个将目标对象围住的边界框，例如图 6.3 中埃菲尔铁塔的位置就被边界框标记出来了。

图 6.3　被定位的埃菲尔铁塔

定位是一个很有用的任务。比如，它可以对大量图像执行自动对象剪裁。将定位与分类任务结合起来，就可以快速构建著名旅游景点（剪裁）的图像数据集。

3. 目标检测

图像分类关心图像的整体内容，给出的是整幅图片的内容描述，但现实世界的很多图像通常包含不止一个物体，如果使用图像分类模型为图像分配一个单一的标签是非常粗糙的，并不准确，此时就需要进一步使用目标检测（Detection）模型。目标检测关注特定的物体目标，需要获取图片中所有目标的位置和类别，要把这些目标识别并定位出来，同时获得这一目标的类别信息（Classification）

和位置信息（Localization）。因此，目标检测的目标是找出图像中的所有对象，并进行分类。

在如图 6.1 所示的密集图像中，我们可以看到计算机视觉系统识别出了大量不同对象，如汽车、人、自行车，甚至包含文本的标志牌。

图 6.4　目标检测结果

目标检测在现实生活中应用广泛，它的一个直接应用是计数，从计算收获水果的种类到计算公众集会或足球赛等活动的人数，不一而足。无人驾驶也是目标检测的一个重要应用场景，在无人驾驶车上装载一个精确的目标检测系统，那么无人驾驶就能像人一样有了眼睛，可以快速识别并检测出周围的行人或车辆，做出正确的驾驶操作。

4. 目标识别

目标识别（Recognition）是定位并分类图像中出现的所有物体。这一过程通常包括划出区域，然后对其中的物体进行分类。常用的数据集有 PASCAL、COCO。

目标识别与目标检测略有不同，尽管它们使用非常类似的技术。给出一个特定对象，目标识别的目的是在图像中找出该对象的实例，这并不是分类，而是确定该对象是否出现在图像中，如果出现，则执行定位。例如搜索包含某公司 LOGO 的图像，监控安防摄像头拍摄的实时图像以识别某个人的面部。

5. 图像分割

图像分割（Segmentation）是对图像的像素级描述，即标注出图像中每像素所属的对象类别和所属的对称实例，如把马路上的汽车切分出来。常用的数据集有 PASCAL、COCO。

图像分割适用于理解要求较高的场景，如无人驾驶中对道路和非道路的分割、医学图像诊断、机器人视觉智能等。

我们可以把图像分割看作是目标检测的下一步，它不仅涉及从图像中找出对象，还需要为检测到的每个对象创建一个尽可能准确的掩码。

人工执行此类任务的成本很高，而图像分割技术使得此类任务的实现变得简单。例如在法国，法律禁止媒体在未经监护人明确同意的情况下暴露儿童形象，使用图像分割技术可以自动模糊电视或电影中的儿童面部。

6. 目标追踪

目标追踪（Tracking）旨在追踪随着时间不断移动的对象，它使用连续视频帧作为输入。该功能对于机器人来说是必要的，以守门员机器人为例，它们需要执行从追球到挡球等各种任务。目标追踪对于自动驾驶汽车而言同样重要，它可以实现高级空间推理和路径规划。类似地，目标追踪在多人追踪系统中也很有用，包括用于理解用户行为的系统（如零售店的计算机视觉系统），以及在游戏中监控足球或篮球运动员的系统。

执行目标追踪的一种相对直接的方式是，对视频序列中的每幅图像执行目标追踪并对比每个对象实例，以确定它们的移动轨迹。该方法的缺陷是为每幅图像执行目标检测通常成本高昂。另一种替换方式仅需捕捉被追踪对象一次（通常是该对象出现的第一次），然后在不明确识别该对象的情况下，在后续图像中辨别它的移动轨迹。最后，目标追踪方法未必就能检测出对象，它可以在不知道追踪对象是什么的情况下，仅查看目标的移动轨迹。

6.1.2　传统计算机视觉面临的挑战

相对于生物视觉系统漫长的进化历程，计算机视觉显然是非常年轻且稚嫩的，因为人们是从 20 世纪 50 年代才开始尝试赋予计算机系统这一重要的感知能力，而且这个学科的涉及面比较宽泛，它不止依赖于计算机科学知识，同时还需要我们在生物学、数学、神经科学等多个领域有所涉猎。

计算机视觉模拟人类生物视觉的道路依然是极其曲折的，对于人类而言非常简单的图像识别任务，对于计算机来讲却困难重重，因为人类和计算机对于视觉的感知在本质上存在差异，人类看到的是图像的整体“语义”，是抽象的，而对于计算机而言，看到的本质上还只是一个个像素，像素是没有抽象意义的，如图 6.5 所示。

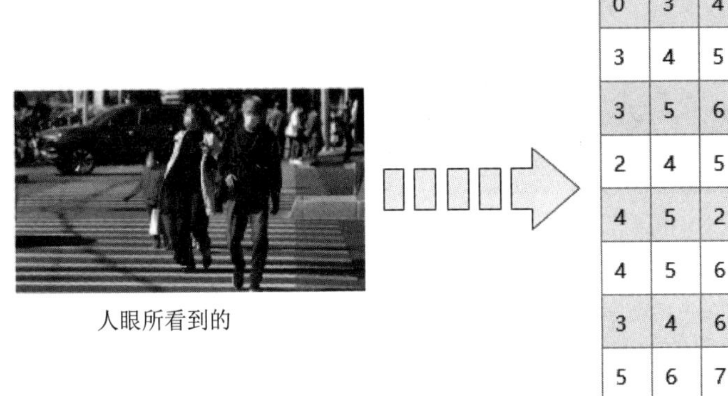

0	3	4	5	6	8	7	9
3	4	5	6	5	2	5	4
3	5	6	7	8	2	4	6
2	4	5	3	9	5	4	3
4	5	2	4	9	4	2	3
4	5	6	1	7	9	2	3
3	4	6	7	8	9	2	3
5	6	7	8	9	2	5	6

计算机所看到的

图 6.5　“语义”与“像素值”间的鸿沟

计算机视觉面对的对象、环境、干扰等的复杂性，使得图像具体的“像素值”与图像抽象的“语义”之间存在天然的鸿沟，单一的简单特征，如颜色、亮度等提取算法已难以满足当前计算机视觉任务对普适性和稳健性的要求。例如，同样是识别一只猫，对计算机视觉来说，如何准确地从图像中识别出来面临着如下一些典型的挑战。

- 典型难点：光照问题，如图 6.6 所示。

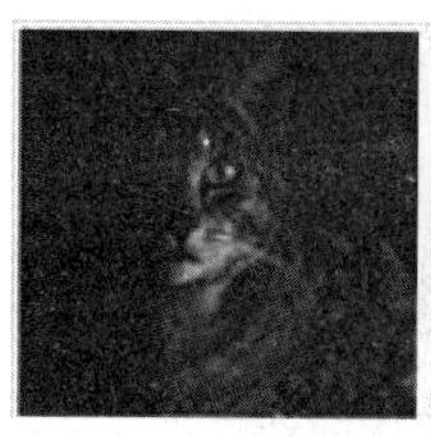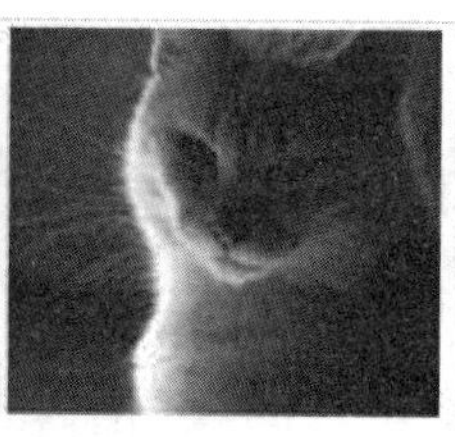

图 6.6　光照问题

可以看到，不同光照条件下的物体形态各异，这将大大增加计算机系统的识别难度，成为传统计算机视觉任务面临的挑战之一。

- 典型难点：遮挡问题，如图 6.7 所示。

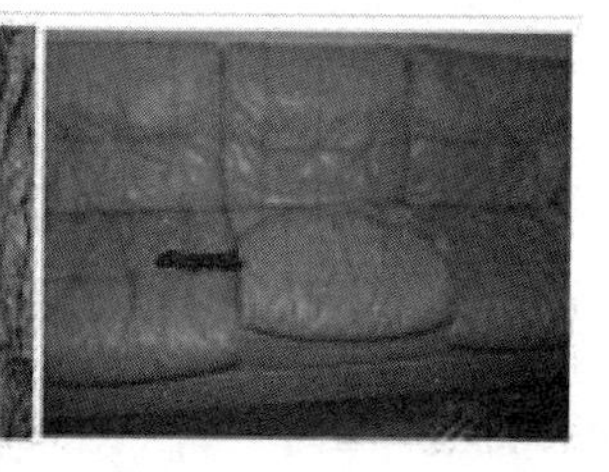

图 6.7　遮挡问题

遮挡在计算机视觉中也是一个常见的问题，对于人类而言，即便只能看到猫的身体的一部分（比如尾巴、头），他们也能够快速、准确地识别出来，但对于计算机视觉却是一个极大的挑战。

- 典型难点：背景干扰，如图 6.8 所示。

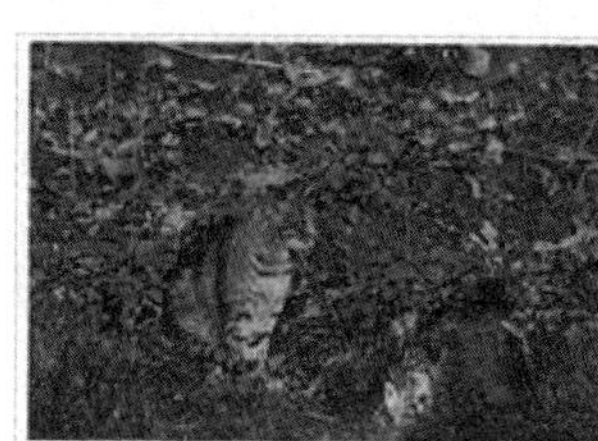

图 6.8　背景干扰

背景干扰作为一种常见的环境干扰因素，和遮挡问题一样，在人类视觉感知中也许并不困难，但对于计算机视觉而言是一个极大的挑战。

- 典型难点：姿势形态，如图 6.9 所示。

图 6.9　姿势形态

要解决上述面临的诸多挑战，就需要算法具有较好的泛化性和鲁棒性，深度学习方法得益于大数据样本和超强计算能力的支撑，正是解决上述问题的一种有效途径。

6.1.3 深度学习在计算机视觉领域的研究发展

随着当前计算机视觉任务对普适性和稳健性的要求不断提高，传统的计算机视觉处理技术在应用中面临许多技术的挑战，已难以满足任务的需求，需要创新和变革。深度学习的基本原理源于生物神经学系统中神经元的工作机理，随着网络深度的加深，神经网络对输入与输出间的复杂关系的描绘能力就越强，以实现从输入到输出的非线性变换，这是深度学习在众多复杂问题上取得突破的重要原因之一，为高性能计算机视觉提供了一条极佳的实现途径。

深度学习以多个隐藏层加上分类器作为输出层的神经网络结构，通过组合低层特征形成更加抽象的高层表示属性或特征，实现了端到端的学习。这样，既不用人为地分解或者划分子问题，也不需要人类专家手动设计特征，而是完全交给神经网络，达到最优的算法效果，从而完成相应的计算机视觉识别任务。同时，得益于数据积累和计算能力的提高，深度学习算法具有不断学习的能力，随着学习样本增多，网络性能会不断提高。

正是由于深度学习网络的出现与发展，使得计算机视觉在 2012 年以后经历了跨越式发展，深度学习在计算机视觉领域的应用条件已日趋成熟。

- 2009 年，李飞飞教授等在 CVPR 2009 上发表了一篇名为 *ImageNet: A Large-Scale Hierarchical Image Database* 的论文，发布了 ImageNet 数据集，这是为了检测计算机视觉能否识别自然万物，回归机器学习，克服过拟合问题。
- 2012 年，Alex Krizhevsky、Ilya Sutskever 和 Geoffrey Hinton 创造了一个大型的深度卷积神经网络，即现在众所周知的 AlexNet，赢得了当年的 ImageNet 大规模视觉识别挑战赛（ImageNet Large Scale Visual Recognition Challenge，ILSVRC），这个比赛被誉为计算机视觉的年度奥林匹克竞赛。AlexNet 采用 ReLU 激活函数，从根本上解决了梯度消失问题，并采用两台图形处理器（Graphics Processing Unit，GPU），极大地提高了模型的运算速度，其识别效果超过了当时所有浅层网络方法，首次实现 Top5 误差率（指给定一幅图像，识别其标签不在模型认为最有可能的 5 个结果中的概率）达到 15.4%，当时次优项误差率为 26.2%，开创了计算机视觉的新纪元。这是史上第一次有模型在 ImageNet 数据集上表现得如此出色，这一表现震惊了计算机视觉界，再一次吸引了学术界和工业界对于深度学习领域的关注，自那时起，CNN 也成了家喻户晓的名字，随后，一大批 CNN 模型，如 ZFNet（2013 年）、R-CNN（2014 年）、VGGNet（2015 年）、GoogLeNet（2015 年）、ResNet（2015 年）、YOLO（2015 年）等，如雨后春笋般不断被提出。
- 2014 年，蒙特利尔大学提出了生成对抗网络（Generative Adversarial Networks，GAN）：拥有两个相互竞争的神经网络可以使机器学习得更快。一个网络尝试模仿真实数据生成假的数据，而另一个网络则试图将假数据区分出来。随着时间的推移，两个网络都会得到训练，生成对抗网络被认为是计算机视觉领域的重大突破。
- 2018 年年末，英伟达发布了视频到视频生成（Video-to-Video Synthesis），它通过精心设计的发生器、鉴别器网络以及时空对抗物镜，合成高分辨率、照片级真实、时间一致的视频，实现了让 AI 更具物理意识、更强大，并能够推广到更多的场景。

- 2019 年，提出了一种新型的更强大的 GAN——BigGAN。BigGAN 是拥有了更聪明的学习技巧的 GAN，由它训练生成的图像连它自己都分辨不出真假，因为除非拿显微镜看，否则将无法判断该图像是否有任何问题，因而它更被誉为史上最强的图像生成器。

总之，经过近十年的研究发展，深度学习技术已经比传统方法体现出了巨大的优势，特别是 CNN 模型能够精确模拟人类视觉的理解过程，在计算机视觉领域变得无处不在。但深度学习技术在计算机视觉领域的研究探索之路一直没有停止过，随着 2017 年 Google 团队提出 Transformer 模型并在自然语言处理（Natural Language Processing，NLP）领域获得巨大成功，已有很多学者将 CV 和 NLP 领域知识结合，在 2020 年推出新的 Video Transformer（ViT）模型，已成功应用于图像分类、目标检测、图像分割等计算机视觉任务中。ViT 未来是否有可能替代 CNN，会不会如同 Transformer 在 NLP 领域的应用一样引起计算视觉领域的新一轮革新，尚待广大计算机视觉领域研究人员和从业人员的进一步研究探索。

6.1.4 深度学习在计算机视觉领域的应用

随着深度学习技术在计算机视觉研究领域的发展，其在工业界的应用也逐渐增多，以下是一些典型的应用场景。

1. 安防领域

利用计算机视觉技术来完成安防领域的解决方案，这是大多数视觉公司都会选择切入的一个领域，涉及的企业包括海康威视、商汤科技、依图科技、Face++，甚至互联网公司百度、腾讯、阿里巴巴等。其中，一个重要的应用就是人脸识别技术，自 2014 年的 DeepFace 开始至今，深度学习的方法在该领域几乎达到垄断地位。而人脸识别技术在安检、反恐等安防领域有着重要的意义。当然，除去人脸识别，近几年也开始研究从行人的角度出发的 ReID 技术，利用深度学习来进行人的检测并刻画目标的特征，为后续的跟踪、异常行为分析提供有效的支撑，如图 6.10 所示。

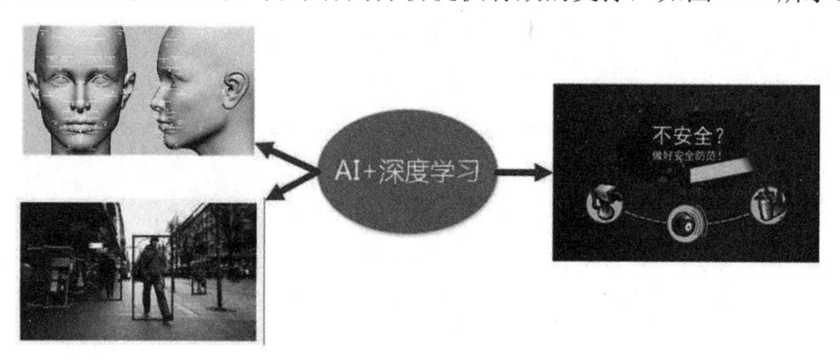

图 6.10　安防领域的应用

2. 无人驾驶领域

在无人驾驶领域，考虑到激光、雷达等传感器价格昂贵等特点，这使得基于计算机视觉的解决方案大受追捧。而对于无人驾驶的摄像机采集到的视频数据，需要机器对其中的内容进行理解、分析并用于后续的决策控制，比如前车碰撞预警等，如图 6.11 所示。因此，需要一系列的计算机视觉算法来完成其中涉及的任务，具体包括目标检测和识别、多目标跟踪、车道线检测分离等。而基于深度学习的目标检测和识别、基于深度学习的目标分割等方法相对于传统的方法同样有着明显的优势。目前越来越多的深度学习芯片，尤其关注无人驾驶领域的问题，对相关算法的支持也越来越好，这也使得深度学习技术对无人驾驶技术的发展起到了重要的推动作用。目前国内对无人驾驶领域的问题进行研究的机构同样非常多，包括 Google、百度、海康威视、Mobileye 等，可以说，深度学习是无人驾驶领域的一种重要的基础算法。

图 6.11　无人驾驶领域的应用

3. 智能家居领域

传统的智能家居产品更多的是采用手机端结合蓝牙或者 WiFi 等通信手段来完成对家居的控制和使用。虽然此类解决方案能够实现一定程度上的家居智能，但是我们依然觉得智能化的程度不够。而深度学习的方法对于智能家居的发展起到了重要的作用。除了语音识别、语音合成以外，另一个重要的应用场景就是利用视觉技术进行人机交互，比如手势识别等，如图 6.12 所示。

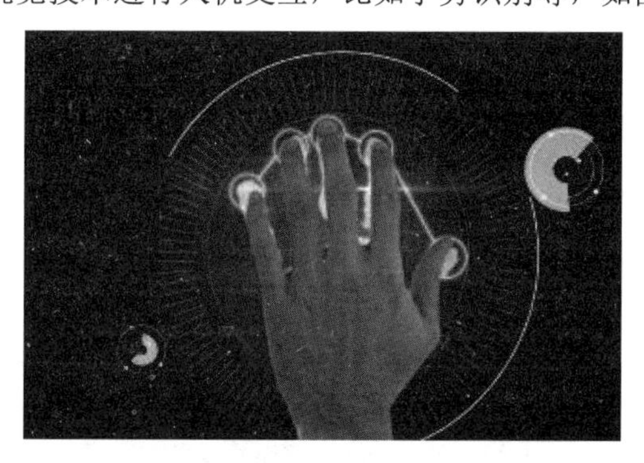

图 6.12　智能家居领域的应用

4. 智慧教育领域

在教育领域，目前比较火热的产品就是拍照搜题等 App，通过手机端输入一幅图片后，App 利用智能算法来对获取到的区域的内容进行理解和分析，同样涉及深度学习的方法，比如题目的检测、目标区域文字的检测与识别等，如图 6.13 所示。同样，深度学习的方法对于这类问题的解决，依然有着重大的性能优势。

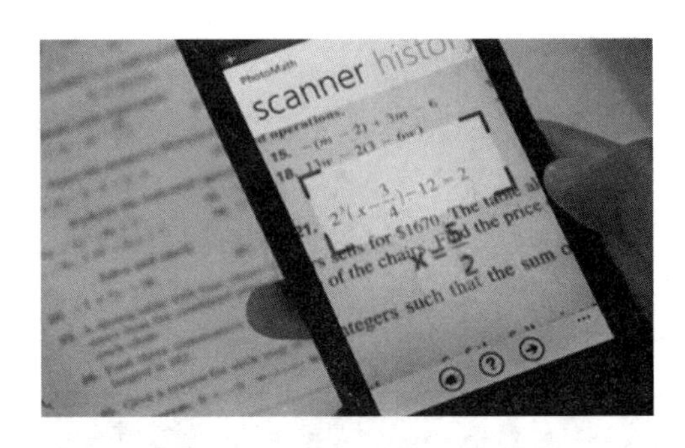

图 6.13　智慧教育领域的应用

5. OCR 领域

除了教育会涉及文字检测与识别外，在一些诸如简历的识别、文档的识别、身份证的识别等领域（见图 6.14），同样会存在一些关于图片中文字的内容理解和分析的部分，而对于这些任务而言，深度学习同样是一种更优的选择。此类问题其实可以直接概括为自然场景下的文本检测和识别任务。

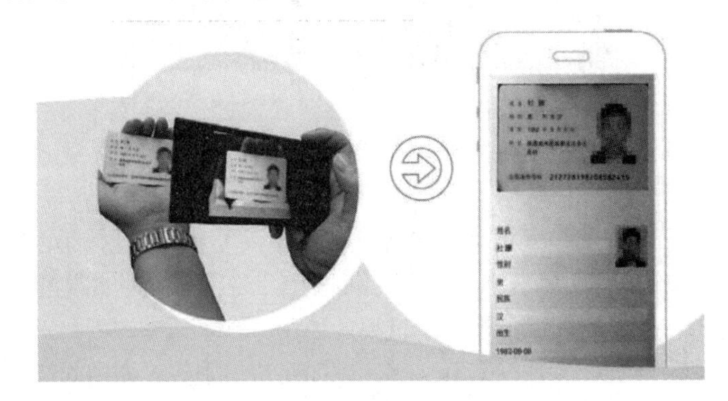

图 6.14　OCR 领域的应用

6. 图片检索领域

以图搜索图的目的是找到和原图相似的图片，它不仅涉及图像检索引擎的建立，而且依赖于一个较好的图像特征抽取的方法，如图 6.15 所示。而深度学习已然成为一种较为有效的技术手段和方法，并在众多的图像检测问题中起到了重要的作用。

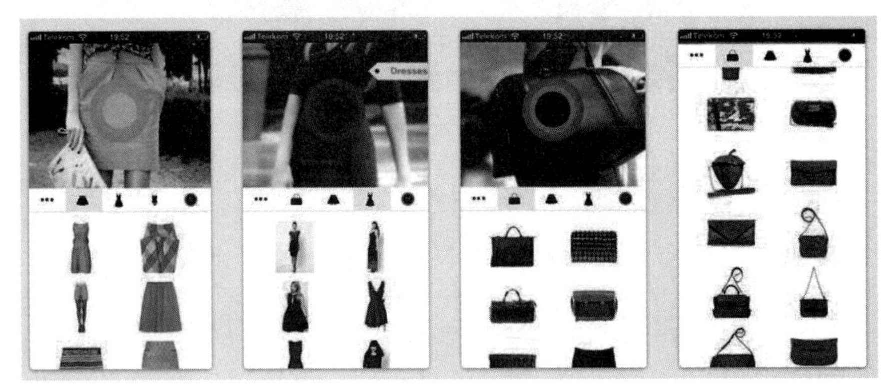

图 6.15　图片检索领域的应用

7. 医疗影像领域

深度学习在医疗健康领域的机遇主要有 7 大方向：一是提供临床诊断辅助系统等医疗服务，应用于早期筛查、诊断、康复、手术风险评估场景；二是医疗机构的信息化，通过数据分析帮助医疗机构提升运营效率；三是进行医学影像识别，帮助医生更快、更准地读取病人的影像所见（见图 6.16）；四是利用医疗大数据，助力医疗机构大数据可视化及数据价值提升；五是在药企研发领域，解决药品研发周期长、成本高的问题；六是健康管理服务，通过包括可穿戴设备在内的手段，监测用户个人健康数据，预测和管控疾病风险；七是在基因测序领域，将深度学习用于分析基因数据，推进精准医疗。

而医学影像是医生判断疾病的一个重要手段，放射科、病理科等擅长读图的医生的增长率和诊断效率急需提升，成为很多医疗机构的心病。目前，在人类医学专家的帮助下，国内外研究团队已经在心血管、肿瘤、神内、五官等领域建立了多个精准深度学习医学辅助诊断模型，并取得了良好的进展。其中，依图科技在深度学习医疗领域取得了不错的成绩。

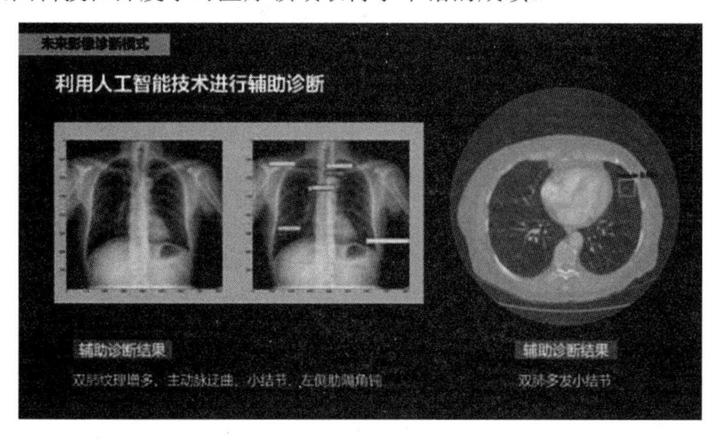

图 6.16　医疗影像领域的应用

8. 摄影领域

对于美颜相机，大家一定都不陌生。在美颜相机中会有哪些地方涉及深度学习的算法呢？其中最重要的就是人脸的关键点定位。只有找到关键点，才能有效地进行一些眼睛的修饰等操作，同样，相比于其他方法，基于深度学习的方法能够实现更优的性能，如图 6.17 所示。

图 6.17　摄影领域的应用

9. 服装领域

目前，阿里巴巴携手香港理工举办了 FashionAI 的比赛，旨在探索如何通过机器学习的方法来完成关于流行趋势的分析和预测，而深度学习无疑会成为众多方法中的宠儿，如图 6.18 所示。其中涉及服装关键点检测和定位、服装分类等问题。

图 6.18　服装领域的应用

10. 芯片领域

对于大多计算机视觉从业者而言，往往会更多地侧重于深度学习算法而忽略了深度学习芯片。大家也都知道，深度学习算法的火爆必然依托于深度学习芯片的发展。尤其最近的中兴事件暴露出的国产芯片的一系列问题，也使得越来越多的人开始关注芯片行业。而一项深度学习工程其实可以分为训练和推断两个环节，对于训练环节大多采用 GPU 来完成，而实际在使用的时候，考虑到功耗等问题，推断芯片的研发也变得尤为重要，除了 CPU 和 GPU 以外，FPGA、ASIC 等同样发挥着重要的作用。对于智能社会而言，深度学习芯片将会起到重要的基石作用。

当然，除上述应用领域外，深度学习在其他很多领域也有着重要的应用，比如车牌识别、图像质量恢复、自动图像描述等，在众多的计算机视觉领域中，深度学习已逐步占据了统治地位。

6.2　计算机视觉应用基础

6.2.1　图像数据的基本操作

深度学习非常善于处理非结构化的图像数据，本节将以 TensorFlow 框架为例介绍有关图像数据的基本操作。

本节所有代码都可在 image_operate.py 文件中获取。

1. 图像数据的表示

图像数据是一个 4 维张量，存储形状为（Samples, Height, Width, Channels），第 1 个参数代表样本数，第 2 个是图像的高度，第 3 个是图像的宽度，第 4 个是图像的深度（通道）。如果不关注第 1 个参数样本数，则一幅图像数据就是一个三维立体矩阵。

在计算机图像中，通常用图像的像素大小来表示图像的高度（Height）和宽度（Width），像素尺寸越大，图像包含的细节就越多。

图像的通道表示构成图像像素点颜色的组成部分个数，如对于常用的 RGB 图像，每个像素点的颜色由红（R）、绿（G）、蓝（B）三基色通道表示，而灰度图像则只有一个亮度通道。

在数字图像中，每个颜色通道上的值都必须是经过量化处理后的数值，一般用 8 位二进制数（1 字节）表示。

因此，对于 1 幅 32×32 像素的 RGB 图像，在参与深度计算之前，在 TensorFlow 框架中一般需要先转换为 shape=(1, 32, 32, 3)的 4 维张量来表示，如图 6.19 所示。

```
>>> img.shape
(1, 32, 32, 3)
>>> img
array([[[[  0,   0,   0],
         [  0,   0,   0],
         [  0,   0,   0],
         ...,
         [128, 128, 128],
         [128, 128, 128],
         [  0,   0,   0]],

        [[  0,   0,   0],
         [  0,   0,   0],
         [  0,   0,   0],
         ...,
         [192, 192, 192],
         [128, 128, 128],
         [  0,   0,   0]],

        [[  0,   0,   0],
         [  0,   0,   0],
         [  0,   0,   0],
         ...,
         [192, 192, 192],
         [128, 128, 128],
         [  0,   0,   0]],

        ...,

        [[  0,   0,   0],
         [  0,   0,   0],
         [  0, 128, 128],
         ...,
         [  0,   0,   0],
         [  0,   0,   0],
         [  0,   0,   0]],

        [[  0,   0,   0],
         [  0, 128, 128],
         [  0, 128, 128],
         ...,
         [  0,   0,   0],
         [  0,   0,   0],
         [  0,   0,   0]],

        [[  0,   0,   0],
         [  0, 128, 128],
         [  0, 128, 128],
         ...,
         [  0,   0,   0],
         [  0,   0,   0],
         [  0,   0,   0]]]], dtype=uint8)
```

图 6.19　4 维张量

2. 图像数据的读入

在当前目录下已存在 sample_cat.jpg 文件，使用如下 Tensorflow 代码可以将该图像文件的数据读入。

【示例 6.1】图像数据的读入。

```
import keras_preprocessing.image as k_img
import numpy as np
img = k_img.load_img("sample_cat.jpg") #从文件中读入数据
print("image size:", img.size)         #输出图像像素大小(宽，高)=(500,750)
img = img.resize((768, 1024))          #可以重新调整图像大小
print("image resize:", img.size)       #调整后的图像大小(宽，高)=(768,1024)
```

```
    img_data = np.array(img)                    #转为数组(张量)(高，宽，通道)
    print("img_data shape", img_data.shape)#输出维数(高，宽，通道)=(1024, 768, 3)
    img_data = np.expand_dims(img_data, axis=0)#增加样本数(Samples)维度
    print("img_data.shape:", img_data.shape)#输出维数(样本数，高，宽，通道)=(1, 1024,
768, 3)
```

代码输出结果如图 6.20 所示。

```
image size: (500, 750)
image resize: (768, 1024)
img_data shape (1024, 768, 3)
img_data.shape: (1, 1024, 768, 3)
```

图 6.20　输出结果

注意，上述代码中 load_img()函数返回的还是 Image，需要调用 numpy.array()函数将其转换为张量，转换后的张量并不包含样本数维度，需要增加一个维度或者与其他图像数据组合才能构成一个 4 维的张量数据。

3. 图像数据的展示

图像数据读入并经过处理后，已经转换为一个 4 维张量，可以方便地使用 matplotlib 模块进行展示。

【例 6.2】图像数据的展示。

```
#图像数据的展示
fig1, ax1 = plt.subplots(1,4)#将画板划分为 1 行 4 列 4 幅图像
ax1[0].imshow(img_data[0])#展示整个图像
ax1[1].imshow(img_data[0, :, :, 0])#展示红色通道
ax1[2].imshow(img_data[0, :, :, 1])#展示绿色通道
ax1[3].imshow(img_data[0, :, :, 2])#展示蓝色通道
fig1.savefig(fname="image_show.png", format='png')#保存展示结果为图片文件
```

输出结果如图 6.21 所示。

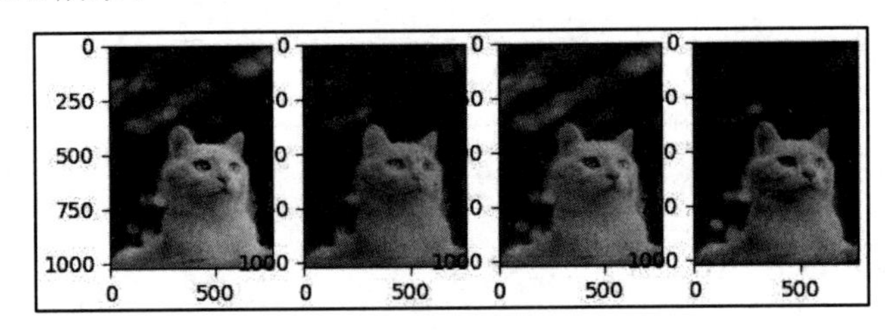

图 6.21　图像数据的展示

4. 图像数据的线性变换

线性变换是图像变换中最简单的运算之一，其理论基础就是将图像中所有像素颜色值按照一次线性变换函数$y = kx + b$进行变换。图像数据表示为 TensorFlow 中的张量后，图像的线性变换操作可以方便地使用张量的代数计算来完成。

【例 6.3】图像数据的线性变换。

```
#线性变换 y=2x+8
```

```
    img_data_01= img_data*2 + 8 #3个通道进行线性变换
    img_data_02 = img_data*1;  img_data_02[0, :, :, 0] = img_data_02[0, :, :, 0]*2+8
#红色通道进行线性变换
    img_data_03 = img_data_02*1; img_data_03[0, :, :, 1] = img_data_03[0, :, :, 1]*2+8
#绿色通道进行线性变换
    img_data_04 = img_data_03*1; img_data_04[0, :, :, 2] = img_data_04[0, :, :, 2]*2+8
#蓝色通道进行线性变换
    fig2,ax2 = plt.subplots(1,5)
    ax2[0].imshow(img_data[0])       #原始图像
    ax2[1].imshow(img_data_01[0])    #RGB3 通道同时变换
    ax2[2].imshow(img_data_02[0])    #变换红色通道
    ax2[3].imshow(img_data_03[0])    #变换绿色通道
    ax2[4].imshow(img_data_04[0])    #再变换蓝色通道
    fig2.savefig(fname="image_linear.png", format='png')#保存结果为图片文件
```

输出结果如图 6.22 所示。

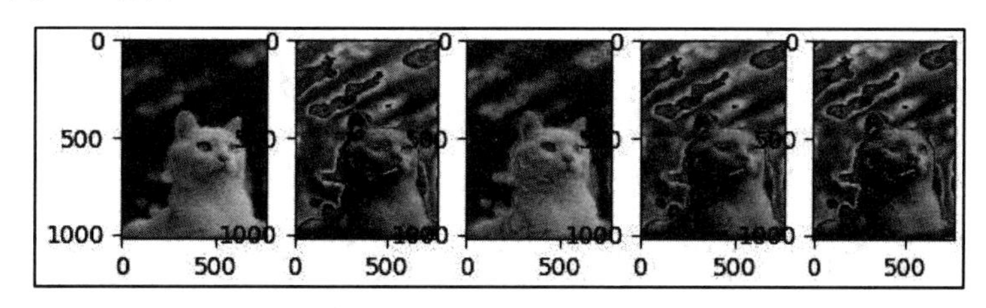

图 6.22　图像数据的线性变换

上述代码演示了对像素 3 个通道，或者分别对各个通道进行线性变换的操作方式，只是简单的乘法和加法，不具有实际的意义，仅为演示图像数据的线性变换方法。

5. 图像数据的几何变换

图像的几何变换也是一种基本变换，通常包括图像的平移、镜像、转置、缩放、旋转等操作，是图像标定、坐标变换等的基础。

图像的几何变换可能涉及图像尺寸的变化，需要相关的图像算法（如插值、重采样等），可以直接使用 Keras 框架中提供的函数来实现。

【例 6.4】Keras 提供的部分图像几何变换函数。

```
    #图像平移
    random_shift(x, wrg, hrg, row_axis=1, col_axis=2, channel_axis=0,
fill_mode='nearest', cval=0.0, interpolation_order=1)
    #图像缩放
    random_zoom(x, zoom_range, row_axis=1, col_axis=2, channel_axis=0,
fill_mode='nearest', cval=0.0, interpolation_order=1)
    #图像剪切
    random_shear(x, intensity, row_axis=1, col_axis=2, channel_axis=0,
fill_mode='nearest', cval=0.0, interpolation_order=1)
    #图像旋转
    random_rotation(x, rg, row_axis=1, col_axis=2, channel_axis=0,
fill_mode='nearest', cval=0.0, interpolation_order=1)
    ...
```

【例 6.5】图像数据几何变换函数。

```
import keras_preprocessing.image as k_img
#几何变换
img_data_11 = k_img.random_shift(img_data[0], 0.2, 0.3, row_axis=0, col_axis=1,
channel_axis=2)
img_data_12 = k_img.random_zoom(img_data[0], (0.5,0.5), row_axis=0, col_axis=1,
channel_axis=2)
img_data_13 = k_img.random_shear(img_data[0], 60,  row_axis=0, col_axis=1,
channel_axis=2)
img_data_14 = k_img.random_rotation(img_data[0], 90, row_axis=0, col_axis=1,
channel_axis=2)
fig3, ax3 = plt.subplots(1, 5)
ax3[0].imshow(img_data[0])
ax3[1].imshow(img_data_11)
ax3[2].imshow(img_data_12)
ax3[3].imshow(img_data_13)
ax3[4].imshow(img_data_14)
fig3.savefig(fname="image_geometric.png", format='png')
```

输出结果如图 6.23 所示。

图 6.23　图像数据的几何变换

6.2.2　常用的卷积神经网络的搭建

在第 4 章中介绍了卷积神经网络（CNN）以及几种典型的卷积神经网络的结构，本节将介绍这些网络模型在 Keras 框架中的代码实现，以便读者使用。

大多数已知的模型在 keras.applications 框架中已经集成并且经过了预训练，可以调用对应的函数直接使用，也可以重新训练后再使用。

【例 6.6】Keras 已集成的 ResNet 模型。

```
ResNet(stack_fn, preact, use_bias, model_name='resnet', include_top=True,
weights='imagenet', input_tensor=None, input_shape=None, pooling=None,
classes=1000, classifier_activation='softmax', **kwargs)
```

本节不介绍如何直接调用模型函数，从头开始，基于 Keras 框架中的 models 模块和 layers 模块自行搭建对应的模型，以加深读者对常用模型的理解，方便在这些模型的基础上进行扩展应用。

本节所有代码都可在 cnn_net.py 文件中获取。

1. LeNet-5 网络

LeNet 是用神经网络进行图像识别的开山之作。LeNet 网络由两个卷积层（Convenience Layer）、两个池化层（Pooling Layer）、两个全连接层（Fully Connected Layer）以及一个丢弃层（Dropout Layer）构成，整个网络大概有 6 万多个参数。

【例 6.7】用 Keras 实现 LeNet-5 网络。

```
    from keras import models
    from keras import layers
    #LeNet5
    def LeNet_5():
        model = models.Sequential()
        model.add(layers.Conv2D(filters=6,kernel_size=(5,5),padding="same",
activation='relu', input_shape=(28,28,1)))
        model.add(layers.MaxPooling2D(pool_size=(2,2)))
        model.add(layers.Conv2D(filters=16,kernel_size=(5,5),padding="valid",
activation='relu'))
        model.add(layers.MaxPooling2D(pool_size=(2,2)))
        model.add(layers.Flatten())
        model.add(layers.Dense(units=120,activation='relu'))
        model.add(layers.Dense(units=84,activation='relu'))
        model.add(layers.Dense(units=10,activation='softmax'))

        model.summary()

        return model
```

对应模型输出的概要表信息如图 6.24 所示，各层的具体解析参见应用案例章节。

```
Model: "sequential"
_________________________________________________________________
 Layer (type)                Output Shape              Param #
=================================================================
 conv2d (Conv2D)             (None, 28, 28, 6)         156

 max_pooling2d (MaxPooling2D  (None, 14, 14, 6)        0
 )

 conv2d_1 (Conv2D)           (None, 10, 10, 16)        2416

 max_pooling2d_1 (MaxPooling  (None, 5, 5, 16)         0
 2D)

 flatten (Flatten)           (None, 400)               0

 dense (Dense)               (None, 120)               48120

 dense_1 (Dense)             (None, 84)                10164

 dense_2 (Dense)             (None, 10)                850

=================================================================
Total params: 61,706
Trainable params: 61,706
Non-trainable params: 0
_________________________________________________________________
```

图 6.24　对应模型输出的概要表信息

2. AlexNet 网络

AlexNet 可以说是现代深度 CNN 的奠基之作，它可以算是 LeNet-5 的一种更深、更宽的版本。

AlexNet 网络共有 8 层，其中前 5 层为卷积层，后 3 层使用全连接层，最后一层全连接层的输出是具有 1000 个输出的 Softmax 值，最后的优化目标是最大化平均的多分类逻辑回归（Multinomial Logistic Regression）。

AlexNet 网络结构在整体上类似于 LeNet-5，都是先卷积后全连接，但在细节上有很大的不同，

AlexNet 网络更复杂，约有 6000 万个参数，远远多于 LeNet 网络的参数，同时 AlexNet 也有很多技术上的改进和创新：

- 在 AleNex 之前，神经网络一般选择 Sigmoid 或 Tanh 作为激活函数，AlexNet 成功使用 ReLU 激活函数，利用分片线性结构实现了非线性的表达能力，梯度消失现象相对减弱，有助于训练更深的网络。
- AlexNet 使用两个 GPU 来提升训练速度，每个 GPU 分别放置一半卷积核，并限制某些层之间进行 GPU 通信。
- AlexNet 使用了数据增强、重叠池化（Overlap Pooling）、局部响应归一化（Local Response Normalization，LRN）、Dropout 等技巧来减少模型过拟合和降低错误率。

【例 6.8】用 Keras 实现 AlexNet 网络。

```
from keras import models
from keras import layers
#Alex Net
def AlexNet():
    model = models.Sequential()
    #第一层卷积层
    model.add(layers.Conv2D(filters=96,kernel_size=(11,11),strides=(4,4),
input_shape=(227,227,3), padding='valid', activation='relu',
kernel_initializer='uniform'))
    model.add(layers.MaxPooling2D(pool_size=(3,3),strides=(2,2)))
    #第二层卷积层
    model.add(layers.Conv2D(filters=256,kernel_size=(5,5),strides=(1,1),
padding='same',activation='relu', kernel_initializer='uniform'))
    model.add(layers.MaxPooling2D(pool_size=(3,3),strides=(2,2)))
    #第三层卷积层
    model.add(layers.Conv2D(filters=384,kernel_size=(3,3),strides=(1,1),
padding='same',activation='relu', kernel_initializer='uniform'))
    #第四层卷积层
    model.add(layers.Conv2D(filters=384,kernel_size=(3,3),strides=(1,1),
padding='same',activation='relu', kernel_initializer='uniform'))
    #第五层卷积层
    model.add(layers.Conv2D(filters=256,kernel_size=(3,3),strides=(1,1),
padding='same',activation='relu', kernel_initializer='uniform'))
    model.add(layers.MaxPooling2D(pool_size=(3,3),strides=(2,2)))
    #第六层全连接层
    model.add(layers.Flatten())
    model.add(layers.Dense(units=4096,activation='relu'))
    model.add(layers.Dropout(0.5))
    #第七层全连接层
    model.add(layers.Dense(units=4096,activation='relu'))
    model.add(layers.Dropout(0.5))
    #输出层
    model.add(layers.Dense(units=1000,activation='softmax'))

    model.summary()
```

```
    return model
```

对应模型输出的概要表信息如图 6.25 所示。

```
Model: "sequential"
_________________________________________________________________
 Layer (type)                Output Shape              Param #
=================================================================
 conv2d (Conv2D)             (None, 55, 55, 96)        34944

 max_pooling2d (MaxPooling2D  (None, 27, 27, 96)       0
 )

 conv2d_1 (Conv2D)           (None, 27, 27, 256)       614656

 max_pooling2d_1 (MaxPooling  (None, 13, 13, 256)      0
 2D)

 conv2d_2 (Conv2D)           (None, 13, 13, 384)       885120

 conv2d_3 (Conv2D)           (None, 13, 13, 384)       1327488

 conv2d_4 (Conv2D)           (None, 13, 13, 256)       884992

 max_pooling2d_2 (MaxPooling  (None, 6, 6, 256)        0
 2D)

 flatten (Flatten)           (None, 9216)              0

 dense (Dense)               (None, 4096)              37752832

 dropout (Dropout)           (None, 4096)              0

 dense_1 (Dense)             (None, 4096)              16781312

 dropout_1 (Dropout)         (None, 4096)              0

 dense_2 (Dense)             (None, 1000)              4097000

=================================================================
Total params: 62,378,344
Trainable params: 62,378,344
Non-trainable params: 0
_________________________________________________________________
```

图 6.25　对应模型输出的概要表信息

由于 ImageNet 使用的图像为 224×224 像素，需要使用更大的卷积窗口来捕获目标，因此该网络的第一层中的卷积核是 11×11。第二层中的卷积核为 5×5，之后全采用 3×3 的网络，每个卷积层都使用了 ReLU 激活函数，第一、第二和第五个卷积层之后都使用了窗口大小为 3×3、步长为 2 的最大池化层。第五个卷积层后面接两个输出为 4096 的全连接层，每个全连接层后面再接上丢失率为 0.5 的丢弃（Dropout）层，以提高模型的泛化能力。

下面对 AlexNet 网络的各层进行简要的说明。

- 输入层：输入的原始数据为 224 × 224 × 3 的 RGB 图像，在训练时经过预处理调整为 227 × 227 × 3。
- 第一层卷积层：使用了 96 个 11 × 11 × 3 的卷积核。网络采用两个 GPU 并行运算，每个 GPU 分别负责 48 个卷积核的运算。首先，卷积核按 4 个像素的步长对输入进行卷积运算，得到两组 55 × 55 × 48 的卷积结果并进行 ReLU 激活，然后对两组结果使用核大小为 3 × 3、步长为 2 个像素的重叠最大池化，得到两组 27 × 27 × 48 的池化结果。最后对池化结果进行局部响应归一化（Local Response Normalization，LRN）操作，归一化运算的尺度为 5 × 5，得到两组 27 × 27 × 48 的归一化结果。
- 第二层卷积层：使用了 256 个 5 × 5 × 48 的卷积核。与第一层卷积层相同，首先将卷积核平均分为两组，按 1 个像素的步长对第一层的归一化结果进行 same 卷积运算，得到两组 27 × 27 × 128 的卷积结果并进行 ReLU 激活。然后对两组结果使用核大小为 3 × 3、步长为 2 个像素的重叠最大池化，得到两组 13 × 13 × 128 的池化结果。最后对池化结果进行局部响应归一化操作得到两组归一化结果。

- 第三层卷积层：使用了 484 个 3 × 3 × 256 的卷积核，将卷积核平均分为两组，按步长为 1 个像素对第二层的激活结果进行 same 卷积运算并进行 ReLU 激活，得到两组 13 × 13 × 192 的结果。
- 第四层卷积层：使用了 384 个 3 × 3 × 192 的卷积核，将卷积核平均分为两组，按步长为 1 个像素对第三层的激活结果进行 same 卷积运算并进行 ReLU 激活，得到两组 13 × 13 × 192 的结果。
- 第五层卷积层：使用了 256 个 3 × 3 × 192 的卷积核。与第一层卷积层相同，首先将卷积核平均分为两组，按 1 个像素的步长对第四层的结果进行 same 卷积运算，得到两组 13 × 13 × 128 的卷积结果并进行 ReLU 激活。然后对两组结果使用核大小为 3 × 3、步长为 2 个像素的重叠最大池化，得到两组 6 × 6 × 128 的池化结果。
- 第六层全连接层：使用了 4097 个 6 × 6 × 256 的卷积核，对第五层的池化结果进行卷积运算，由于卷积核的尺寸与输入特征图的尺寸相同，卷积核中的每个系数与特征图中的每个像素一一对应，因此该层被称为全连接层。卷积后的结果为 4096 × 1 × 1，接着对卷积结果使用 ReLU 激活函数，再对激活结果进行概率为 0.5 的 Dropout（丢弃）操作。
- 第七层全连接层：使用 4096 个神经元。首先将神经元平均分为两组，对第六层的 Dropout 结果进行全连接处理，得到全连接结果。接着对全连接结果使用 ReLU 激活函数，最后对激活结果进行概率为 0.5 的 Dropout 操作。
- 输出层：最后一层是 1000 维（units）的 Softmax 输出层，用来产生一个覆盖 1000 类的标签分布。

3. VGGNet 网络

VGGNet 网络结构是由牛津大学的视觉研究小组（Visual Geometry Group）与谷歌的 DeepMind 研究人员一起提出的，是继 AlexNet 网络后人工神经网络方面研究的又一里程碑网络。VGGNet 共有 6 种网络结构，其中最为流传的两种结构是 VGGNet 16 和 VGGNet 19，两者没有本质上的区别，只是网络深度不同，前者是 16 层，后者是 19 层，这里的 16 和 19 指的是卷积层和全连接层的数量。下面以 VGGNet 16 为例，它有 5 组卷积层和 3 个全连接层，整个网络大概有 1.38 亿个参数。

【例 6.9】用 Keras 实现 AlexNet 网络。

```
    #VGG-16 Net
    def VGGNet_16():
        model = models.Sequential()
        #第 1 组卷积层
        model.add(layers.Conv2D(64,(3,3),strides=(1,1),input_shape=(224,224,3),
padding='same',activation='relu', kernel_initializer='uniform'))
        model.add(layers.Conv2D(64,(3,3),strides=(1,1),padding='same',
activation='relu', kernel_initializer='uniform'))
        #第 1 个池化层
        model.add(layers.MaxPooling2D(pool_size=(2,2)))
        #第 2 组卷积层
        model.add(layers.Conv2D(128,(3,2),strides=(1,1),padding='same',
activation='relu', kernel_initializer='uniform'))
```

```
        model.add(layers.Conv2D(128,(3,3),strides=(1,1),padding='same',
activation='relu', kernel_initializer='uniform'))
        #第 2 个池化层
        model.add(layers.MaxPooling2D(pool_size=(2,2)))
        #第 3 组卷积层
        model.add(layers.Conv2D(256,(3,3),strides=(1,1),padding='same',
activation='relu', kernel_initializer='uniform'))
        model.add(layers.Conv2D(256,(3,3),strides=(1,1),padding='same',
activation='relu', kernel_initializer='uniform'))
        model.add(layers.Conv2D(256,(3,3),strides=(1,1),padding='same',
activation='relu', kernel_initializer='uniform'))
        #第 3 个池化层
        model.add(layers.MaxPooling2D(pool_size=(2,2)))
        #第 4 组卷积层
        model.add(layers.Conv2D(512,(3,3),strides=(1,1),padding='same',
activation='relu', kernel_initializer='uniform'))
        model.add(layers.Conv2D(512,(3,3),strides=(1,1),padding='same',
activation='relu', kernel_initializer='uniform'))
        model.add(layers.Conv2D(512,(3,3),strides=(1,1),padding='same',
activation='relu', kernel_initializer='uniform'))
        #第 4 个池化层
        model.add(layers.MaxPooling2D(pool_size=(2,2)))
        #第 5 组卷积层
        model.add(layers.Conv2D(512,(3,3),strides=(1,1),padding='same',
activation='relu', kernel_initializer='uniform'))
        model.add(layers.Conv2D(512,(3,3),strides=(1,1),padding='same',
activation='relu', kernel_initializer='uniform'))
        model.add(layers.Conv2D(512,(3,3),strides=(1,1),padding='same',
activation='relu', kernel_initializer='uniform'))
        #第 5 个池化层
        model.add(layers.MaxPooling2D(pool_size=(2,2)))
        #输出全连接层
        model.add(layers.Flatten())
        model.add(layers.Dense(4096,activation='relu'))
        model.add(layers.Dropout(0.5))
        model.add(layers.Dense(4096,activation='relu'))
        model.add(layers.Dropout(0.5))
        model.add(layers.Dense(1000,activation='softmax'))

        model.summary()

        return model
```

对应模型输出的概要表信息如图 6.26 所示。

```
Model: "sequential"
_________________________________________________________________
 Layer (type)                Output Shape              Param #
=================================================================
 conv2d (Conv2D)             (None, 224, 224, 64)      1792

 conv2d_1 (Conv2D)           (None, 224, 224, 64)      36928

 max_pooling2d (MaxPooling2D  (None, 112, 112, 64)     0
 )

 conv2d_2 (Conv2D)           (None, 112, 112, 128)     49280

 conv2d_3 (Conv2D)           (None, 112, 112, 128)     147584

 max_pooling2d_1 (MaxPooling  (None, 56, 56, 128)      0
 2D)

 conv2d_4 (Conv2D)           (None, 56, 56, 256)       295168

 conv2d_5 (Conv2D)           (None, 56, 56, 256)       590080

 conv2d_6 (Conv2D)           (None, 56, 56, 256)       590080

 max_pooling2d_2 (MaxPooling  (None, 28, 28, 256)      0
 2D)

 conv2d_7 (Conv2D)           (None, 28, 28, 512)       1180160

 conv2d_8 (Conv2D)           (None, 28, 28, 512)       2359808

 conv2d_9 (Conv2D)           (None, 28, 28, 512)       2359808

 max_pooling2d_3 (MaxPooling  (None, 14, 14, 512)      0
 2D)

 conv2d_10 (Conv2D)          (None, 14, 14, 512)       2359808

 conv2d_11 (Conv2D)          (None, 14, 14, 512)       2359808

 conv2d_12 (Conv2D)          (None, 14, 14, 512)       2359808

 max_pooling2d_4 (MaxPooling  (None, 7, 7, 512)        0
 2D)

 flatten (Flatten)           (None, 25088)             0

 dense (Dense)               (None, 4096)              102764544

 dropout (Dropout)           (None, 4096)              0

 dense_1 (Dense)             (None, 4096)              16781312

 dropout_1 (Dropout)         (None, 4096)              0

 dense_2 (Dense)             (None, 1000)              4097000

=================================================================
Total params: 138,332,968
Trainable params: 138,332,968
Non-trainable params: 0
```

图 6.26 对应模型输出的概要信息

- 输入层：224 像素 × 224 像素 × 3 通道的彩色图像。
- 第 1 组卷积层：2 次 same 卷积，64 个 3 × 3 的卷积核，步长为 1，使用 ReLU 激活，输出结果为 224 × 224 × 64。
- 第 1 个池化层：2 × 2 最大值池化，步长为 2，输出结果为 112 × 112 × 64。
- 第 2 组卷积层：2 次 same 卷积，128 个 3 × 3 的卷积核，步长为 1，使用 ReLU 激活，输出结果为 112 × 112 × 128。
- 第 2 个池化层：2 × 2 最大池化，步长为 2，输出结果为 56 × 56 × 128。
- 第 3 组卷积层：3 次 same 卷积，256 个 3 × 3 的卷积核，步长为 1，使用 ReLU 激活，输出结果为 56 × 56 × 256。
- 第 3 个池化层：2 × 2 最大值池化，步长为 2，输出结果为 28 × 28 × 256。
- 第 4 组卷积层：3 次 same 卷积，512 个 3 × 3 的卷积核，步长为 1，使用 ReLU 激活，输出结果为 28 × 28 × 512。

- 第 4 个池化层：2 × 2 最大值池化，步长为 2，输出结果为 14 × 14 × 512。
- 第 5 组卷积层：3 次 same 卷积，512 个 3 × 3 的卷积核，步长为 1，使用 ReLU 激活，输出结果为 14 × 14 × 512。
- 第 5 个池化层：2 × 2 最大值池化，步长为 2，输出结果为 7 × 7 × 512。
- 输出层：一个展平（Flatten）层，两个 4096 个神经元的全连接隐藏（Dense）层，每个全连接层后面接上丢失率为 0.5 的丢弃（Dropout）层，最后为 1000 个神经元的 Softmax 输出层，实现 1000 分类问题的处理。

4. GoogLeNet 网络

GoogLeNet 模型也来自 Google 团队，其最重要的特点就是引入了 Inception 单元，因此也称为 Inception 网络。前面介绍的 AlexNet、VGGNet 等网络都是通过增加网络深度（层数）来获得更好的训练效果，而 Inception 则通过增加网络的宽度（通道数）来提升训练效果。Inception 模型一共有 4 个版本，从 V1 到 V4，其中 V1 版本在 2014 年提出并获得了当年 ImageNet 的冠军。

【例 6.10】用 Keras 实现 Inception V1 单元。

```
#Inception_v1 used in googlenet
def inception_v1(x,f1,f2_1,f2_2,f3_1,f3_2,f4):
    #branch1（第 1 路）:1x1
    b1 = layers.Conv2D(filters=f1, kernel_size=1, activation='relu')(x)

    #branch2（第 2 路）:3x3
    b2 = layers.Conv2D(filters=f2_1, kernel_size=1, activation='relu')(x)
    b2 = layers.Conv2D(filters=f2_2, kernel_size=3, activation='relu',
padding="same")(b2)

    #branch3（第 3 路）:5x5
    b3 = layers.Conv2D(filters=f3_1, kernel_size=1, activation='relu')(x)
    b3 = layers.Conv2D(filters=f3_2, kernel_size=5,activation='relu',
padding="same")(b3)

    #branch4（第 4 路）:pool
    b4 = layers.MaxPooling2D(pool_size=(3,3), strides=1, padding="same")(x)
    b4 = layers.Conv2D(filters=f4, kernel_size=1, activation='relu')(b4)

    #4 路串联
    out = tf.concat([b1, b2, b3, b4], 3)

    return out
```

GoogLeNet 是由 9 个 Inception 单元堆叠而成的，整个网络结构比较庞大，共有 22 层，约有 800 万个训练参数，各层的配置信息如图 6.27 所示。

type	patch size/ stride	output size	depth	#1×1	#3×3 reduce	#3×3	#5×5 reduce	#5×5	pool proj	params	ops
convolution	7×7/2	112×112×64	1							2.7K	34M
max pool	3×3/2	56×56×64	0								
convolution	3×3/1	56×56×192	2		64	192				112K	360M
max pool	3×3/2	28×28×192	0								
inception (3a)		28×28×256	2	64	96	128	16	32	32	159K	128M
inception (3b)		28×28×480	2	128	128	192	32	96	64	380K	304M
max pool	3×3/2	14×14×480	0								
inception (4a)		14×14×512	2	192	96	208	16	48	64	364K	73M
inception (4b)		14×14×512	2	160	112	224	24	64	64	437K	88M
inception (4c)		14×14×512	2	128	128	256	24	64	64	463K	100M
inception (4d)		14×14×528	2	112	144	288	32	64	64	580K	119M
inception (4e)		14×14×832	2	256	160	320	32	128	128	840K	170M
max pool	3×3/2	7×7×832	0								
inception (5a)		7×7×832	2	256	160	320	32	128	128	1072K	54M
inception (5b)		7×7×1024	2	384	192	384	48	128	128	1388K	71M
avg pool	7×7/1	1×1×1024	0								
dropout (40%)		1×1×1024	0								
linear		1×1×1000	1							1000K	1M
softmax		1×1×1000	0								

图 6.27 各层的配置信息

【例 6.11】用 Keras 实现 GoogLeNet 网络。

```
    #GoogLeNet
    def googLeNet():
        x = layers.Input(shape=(224,224,3))
        #第一组卷积层
        conv1 = layers.Conv2D(filters=64, kernel_size=7, strides=2,
activation='relu', padding="same", name="conv1")(x)
        #第一个池化层
        pool1 = layers.MaxPooling2D(pool_size=(2,2), strides=2, padding="same",
name="pool1")(conv1)
        #第二组卷积层
        conv2_1 = layers.Conv2D(filters=64, kernel_size=1, strides=1,
activation='relu', padding="same", name="conv2_1")(pool1)
        conv2_2 = layers.Conv2D(filters=192, kernel_size=3, strides=1,
activation='relu', padding="same", name="conv2_2")(conv2_1)
        #第二个池化层
        pool2 = layers.MaxPooling2D(pool_size=(2,2), strides=2, padding="same",
name="pool2")(conv2_2)
        #第一组 Inception 层
        incpt1_1 = inception_v1(pool2, 64, 96, 128, 16, 32, 32)
        incpt1_2 = inception_v1(incpt1_1, 128, 128, 192, 32, 96, 64)
        #第三个池化层
        pool3 =layers.MaxPooling2D(pool_size=(3,3), strides=2,
name="pool3")(incpt1_2)
        #第二组 Inception 层
        incpt2_1 = inception_v1(pool3, 192, 96, 208, 16, 48, 64)
        incpt2_2 = inception_v1(incpt2_1, 160, 112, 224, 24, 64, 64)
        incpt2_3 = inception_v1(incpt2_2, 128, 128, 256, 24, 64, 64)
        incpt2_4 = inception_v1(incpt2_3, 112, 144, 288, 32, 64, 64)
        incpt2_5 = inception_v1(incpt2_4, 256, 160, 320, 32, 128, 128)
        #第四个池化层
```

```
        pool4 =layers.MaxPooling2D(pool_size=(3,3), strides=2,
name="pool4")(incpt2_5)
        #第三组 Inception 层
        incpt3_1 = inception_v1(pool4, 256, 160, 320, 32, 128, 128)
        incpt3_2 = inception_v1(incpt3_1, 384, 192, 384, 48, 128, 128)
        #第五个池化层
        pool5 = layers.GlobalAveragePooling2D(name="pool5")(incpt3_2)
        flatten = layers.Flatten(name="flatten")(pool5)
        #全连接层
        fc = layers.Dense(units=1000, activation='relu', name="fc")(flatten)
        #输出层
        out = layers.Dense(units=1000, activation='softmax', name="out")(fc)

        model = models.Model(x, out, name="googLeNet")
        model.summary()

        return model
```

对应模型输出的概要表信息截图如图 6.28 所示（完整信息请读者运行代码获取）。

```
Model: "googLeNet"
______________________________________________________________________________________________
Layer (type)                     Output Shape          Param #     Connected to
==============================================================================================
input_1 (InputLayer)             [(None, 224, 224, 3) 0
______________________________________________________________________________________________
conv1 (Conv2D)                   (None, 112, 112, 64) 9472        input_1[0][0]
______________________________________________________________________________________________
pool1 (MaxPooling2D)             (None, 56, 56, 64)   0           conv1[0][0]
______________________________________________________________________________________________
conv2_1 (Conv2D)                 (None, 56, 56, 64)   4160        pool1[0][0]
______________________________________________________________________________________________
conv2_2 (Conv2D)                 (None, 56, 56, 192)  110784      conv2_1[0][0]
______________________________________________________________________________________________
pool2 (MaxPooling2D)             (None, 28, 28, 192)  0           conv2_2[0][0]
______________________________________________________________________________________________
此处省略若干行运行结果
______________________________________________________________________________________________
pool5 (GlobalAveragePooling2D)   (None, 1024)         0           tf.concat_8[0][0]
______________________________________________________________________________________________
flatten (Flatten)                (None, 1024)         0           pool5[0][0]
______________________________________________________________________________________________
fc (Dense)                       (None, 1000)         1025000     flatten[0][0]
______________________________________________________________________________________________
out (Dense)                      (None, 1000)         1001000     fc[0][0]
==============================================================================================
Total params: 7,999,552
Trainable params: 7,999,552
Non-trainable params: 0
______________________________________________________________________________________________
```

图 6.28 概要表信息截图

6.3 应用案例：基于 LeNet-5 的手写数字识别

图像识别是计算机视觉最常用的任务之一，几乎所有的有关图像识别的教程都会将 MNIST 数据集作为入门数据集，因为 MNIST 数据集是图像识别问题中难度最小、特征差异较为明显的数据集，非常适合作为图像识别入门者的学习案例。本案例使用 MNIST 数据集，基于 LeNet-5 网络实现手写数字的识别任务。

本节中的所有代码在 Ubuntu 20.04+Python 3.8.10+TensorFlow 2.9.1+Keras 2.9.0 环境中实测通过，具体代码详见 LeNet_MNIST.py 文件，读者可以直接使用。

6.3.1 MNIST 数据集简介

MNIST 的全称是 Modified National Institute of Standards and Technology，其中美国国家标准与技术研究所（NIST）是美国商务部下属的一个研究机构，MNIST 数据集是这个机构通过收集不同人的手写数字进行整理得到的。

MNIST 数据集由训练集（Training Set）和测试集（Test Set）两部分构成，其中训练集有 60 000 幅手写数字图片和标签，由 250 个不同的人手写的数字构成，测试集有 10 000 幅手写数字图片和标签。这些手写数字图片的内容为 0~9 这 10 个数字，都是 28×28 像素大小的灰度图，灰度图中每个像素都是一个 0~255 的灰度值。

MNIST 数据集自 1998 年起，被广泛地应用于机器学习和深度学习领域，用来测试算法的效果，如果一个图像识别算法在 MNIST 数据集上效果差，那么在其他数据集上的表现效果也不会很好。

MNIST 数据集可以通过 MNIST 官网下载。当然，目前许多深度学习框架已经内置了 MNIST 数据集，并且有相关的函数直接读取并划分数据集。如图 6.29 所示为 MNIST 数据集中部分手写数字的可视化图像展示。

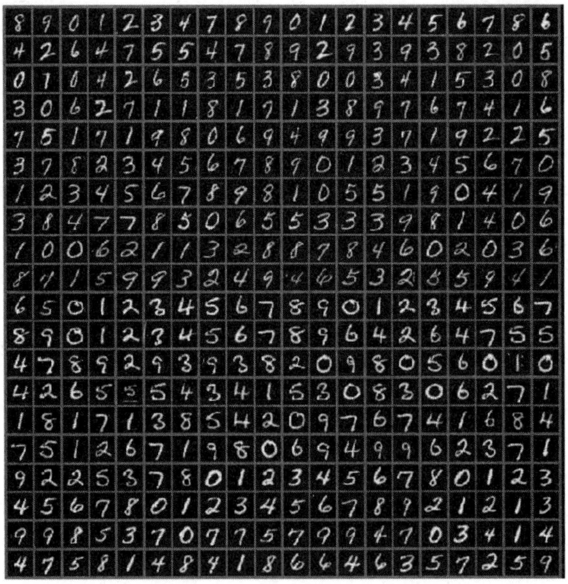

图 6.29 MNIST 数据集中部分手写数字的可视化图像能展示

本案例使用 LeNet-5 网络实现对上述 MNIST 数据集图片中数字 0~9 的识别。

6.3.2 加载和预处理数据

1. 数据加载

MNIST 数据集已经被集成在 TensorFlow Keras 框架中，可以使用 Keras 模块的 mnist.load_data() 函数直接加载，由于 MNIST 数据集由 TensorFlow 提前规划好，该函数会分别返回训练集数据和标签（train_images,train_labels）、测试集数据和标签（test_images,test_labels）。

其中，train_images 是一个 60 000×28×28 的三维矩阵，第一维 60 000 代表样本量，其余两维为图片长×宽的像素矩阵，因为只是灰度图，所以没有通道数。

其中，train_labels 是一个大小为 60 000 的一维数组，分别表示这 60 000 幅图片是数字 0~9 中的哪一个。

2. 数据预处理

数据加载之后需要进行必要的预处理，因为此时的 train_images、train_labels、test_images、test_labels 都不满足 LeNet-5 对 TensorFlow 的数据要求。

- LeNet-5 的每个输入数据应为 32 × 32 × 1 的三维数据，train_images 和 test_images 的每个样本数据没有通道数，需要扩展一个通道数，可以调用 reshape()函数扩展到需要的维度。
- train_images 和 test_images 每个像素灰度值是一个 0~255 的整数，为了使模型的优化算法更容易收敛，需要将其调整为 0~1 的浮点数。
- 本案例是一个多分类识别问题，LeNet-5 网络要求对应的分类标签使用 On-Hot 编码形式，需要将 train_labels 和 test_labels 从整数调整为 One-Hot 数组，可以调用内置于 Keras 的 to_categorical()函数实现 One-Hot 编码。

3. 代码示例

【例 6.12】MNIST 数据加载和预处理。

```
import tensorflow as tf
from keras.utils import np_utils
#加载和预处理数据
def load_images_data():
    #加载图像和标签数据
    (train_images,train_labels),(test_images,test_labels) =
tf.keras.datasets.mnist.load_data()
    print("train_images:", train_images.shape)
    print("train_labels:", train_labels.shape)
    print("test_images:", test_images.shape)
    print("test_labels:", test_labels.shape)
    #预处理数据
    N0 = train_images.shape[0]
    N1 = test_images.shape[0]
    print(N0,N1)
    train_images = train_images.reshape(N0,28,28,1)
```

```
    train_images = train_images.astype('float32') / 255
    train_labels = np_utils.to_categorical(train_labels)
    test_images = test_images.reshape(N1,28,28,1)
    test_images = test_images.astype('float32') / 255
    test_labels = np_utils.to_categorical(test_labels)
    return train_images,train_labels,test_images,test_labels
```

输出结果如图 6.30 所示。

```
train_images: (60000, 28, 28)
train_labels: (60000,)
test_images: (10000, 28, 28)
test_labels: (10000,)
60000 10000
```

图 6.30　输出结果

6.3.3 创建 LeNet-5 模型

完成了数据加载和预处理工作，接下来用代码实现 LeNet-5 模型的网络结构搭建。

1. 网络参数设计

参考上一节对 LeNet-5 网络结构的介绍，本案例对各层的参数设置如下：

- 输入层：一幅 28 × 28 的灰度图像，只有一个通道，输入矩阵大小为 28 × 28 × 1。
- 第一个卷积层：使用 6 个 5 × 5 × 1 的卷积核进行 same 卷积。由于输入的是灰度图，因此卷积核的深度是 1；又由于使用 same 卷积，因此卷积后的输出矩阵维度为 28 × 28 × 6（因为用了 6 个卷积核）。
- 第一个池化层：使用 6 个 2 × 2 大小的矩阵进行最大值池化处理，输出结果矩阵为 14 × 14 × 6。
- 第二个卷积层：使用 16 个 5 × 5 × 6 的卷积核进行 valid 卷积，输出结果矩阵为 10 × 10 × 6。
- 第二个池化层：同样使用 6 个 2 × 2 的最大值池化，输出矩阵的维度为 5 × 5 × 16。
- 全连接层：将上一个池化层输出的矩阵拉直成一维向量，向量大小为 5 × 5 × 16=400，第一个隐藏层使用 120 个神经元，第二个隐藏层使用 84 个神经元。
- 输出层：因为网络模型的目的是识别 0~9 的数字，处理的是一个 10 分类的问题，所以其输入层有 10 个神经元。

【例 6.13】网络参数和训练参数的定义。

```
#输入层大小
INPUT_SHAPE = (28,28,1)
#第一个卷积层的卷积核的大小和数量
CONV1_SIZE = 5
CONV1_NUM = 6
#第二个卷积层的卷积核的大小和数量
CONV2_SIZE = 5
CONV2_NUM = 16
#池化层窗口大小
POOL_SIZE = 2
#全连接层节点个数
FC1_SIZE = 120
```

```
FC2_SIZE = 84
#输出个数
OUT_SIZE = 10
#训练参数
EPOCH_SIZE = 20
BATCH_SIZE = 200
```

2. 构建 LeNet-5 网络模型

LeNet-5 是一个卷积神经网络，包含一些卷积、池化、全连接的简单线性堆积。我们知道多个线性层堆叠实现的仍然是线性运算，添加层数并不会扩展假设空间（从输入数据到输出数据的所有可能的线性变换集合），因此还需要添加非线性的激活函数。

两个卷积层 conv1 和 conv2 是图像与卷积核卷积后得到的特征图，激活函数可以理解为再对卷积结果进行一个范围限制，ReLU 是最常用的激活函数。

对于最后的输出层，我们需要从输出的 10 个特征维度中选取最大的那一个，为了达到这个目的，需要把它们转换为一个和为 1 的概率形式，以方便后续使用相应的损失函数，来评估模型预测结果的优劣以及与目标结果（标签）的差异，因此可以选择使用 Softmax 激活函数。

有了前面设计的网络结构参数，使用 TensorFlow 和 Keras 框架的 models 模块、layer 模块，可以非常方便、快速地构建网络。

【例 6.14】创建 LeNet-5 模型。

```
from keras import models
from keras import layers
#创建 LeNet-5 网络
def build_LeNet5():
    model = models.Sequential()
    #第一层：卷积层
    model.add(layers.Conv2D(filters=CONV1_NUM,kernel_size=(CONV1_SIZE,
CONV1_SIZE),padding="same",activation='relu',input_shape=INPUT_SHAPE,name="layer1-
conv1"))
    #第二层：最大池化层
    model.add(layers.MaxPooling2D(pool_size=(POOL_SIZE,POOL_SIZE),
name="layer2-pool"))
    #第三层：卷积层
    model.add(layers.Conv2D(filters=CONV2_NUM,kernel_size=(CONV2_SIZE,
CONV2_SIZE),padding="valid",activation='relu',name="layer3-conv2"))
    #第四层：最大池化层
    model.add(layers.MaxPooling2D(pool_size=(POOL_SIZE,POOL_SIZE),
name="layer4-pool"))
    model.add(layers.Flatten(name="layer4-flatten"))
    #第五层：全连接层

model.add(layers.Dense(units=FC1_SIZE,activation='relu',name="layer5-fc1"))

model.add(layers.Dense(units=FC2_SIZE,activation='relu',name="layer5-fc2"))
    #第六层：Softmax 输出层

model.add(layers.Dense(units=OUT_SIZE,activation='softmax',name="layer6-fc"))
    return model
```

创建完成后，可以使用 model.summary()函数输出模型的概要内容，输出结果如图 6.31 所示。

```
Model: "sequential"
_________________________________________________________________
 Layer (type)                Output Shape              Param #
=================================================================
 layer1-conv1 (Conv2D)       (None, 28, 28, 6)         156

 layer2-pool (MaxPooling2D)  (None, 14, 14, 6)         0

 layer3-conv2 (Conv2D)       (None, 10, 10, 16)        2416

 layer4-pool (MaxPooling2D)  (None, 5, 5, 16)          0

 layer4-flatten (Flatten)    (None, 400)               0

 layer5-fc1 (Dense)          (None, 120)               48120

 layer5-fc2 (Dense)          (None, 84)                10164

 layer6-fc (Dense)           (None, 10)                850

=================================================================
Total params: 61,706
Trainable params: 61,706
Non-trainable params: 0
_________________________________________________________________
```

图6.31　输出结果

上述概要中列出了各层中需要训练的参数个数，从中可以发现卷积层和池化层相较于全连接层来说，极大地减少了参数的数量。读者还可以自行画出上述网络并手工计算和理解所需的参数。

6.3.4　编译和训练模型

1. 模型编译

模型编译通过model.compile()函数实现。需要告诉TensorFlow这是一个多分类问题，它的损失函数（用于计算预测值与目标值之间的差距）使用categorical_crossentropy（交叉熵损失函数），优化器（用于指定梯度下降更新参数的具体方法）使用Adam（Adam是目前深度学习中图像分类相关任务中最常用的优化器算法，是一种优秀的自适应学习率的方法），需要监控预测精度以评价模型性能指标，因此评价指标（Metrics）（用于评价模型在训练和测试时的性能指标）设置为Accuracy（精度）。

2. 模型训练

模型训练（拟合）通过model.fit()函数实现。需要告诉TensorFlow使用的训练数据x和对应标签y、测试（验证）的数据和其对应标签validation_data，指定进行循环的次数epochs以及批量处理的批量数据大小batch_size。设置批量处理的意义在于，由于深度学习网络模型在单个数据上并不是特别稳定，为了保证训练出来的模型稳定，在数据上会进行批量归一化处理，每次选取一批数据进行归一化，弱化噪声数据对模型训练的影响。

3. 代码示例

【例6.15】编译和训练模型。

```
#模型训练
def train_LeNet5(model,train_data,train_labels,test_data,test_labels):
    model.compile(loss='categorical_crossentropy',optimizer='adam',
metrics=['accuracy'])
    history = model.fit(x=train_data,y=train_labels,epochs=EPOCH_SIZE,
batch_size=BATCH_SIZE,validation_data=[test_data,test_labels])
    return history
```

输出结果如图 6.32 所示。

```
2022-07-28 11:48:00.423570: W tensorflow/core/framework/cpu_allocator_impl.cc:82] Allocation of 188160000 exceeds 10% of free system memory.
Epoch 1/20
300/300 [==============================] - 14s 46ms/step - loss: 0.3900 - accuracy: 0.8867 - val_loss: 0.1045 - val_accuracy: 0.9711
Epoch 2/20
300/300 [==============================] - 14s 46ms/step - loss: 0.0946 - accuracy: 0.9715 - val_loss: 0.0604 - val_accuracy: 0.9802
Epoch 3/20
300/300 [==============================] - 14s 46ms/step - loss: 0.0680 - accuracy: 0.9789 - val_loss: 0.0452 - val_accuracy: 0.9858
Epoch 4/20
300/300 [==============================] - 14s 46ms/step - loss: 0.0543 - accuracy: 0.9834 - val_loss: 0.0422 - val_accuracy: 0.9863
Epoch 5/20
300/300 [==============================] - 14s 45ms/step - loss: 0.0446 - accuracy: 0.9864 - val_loss: 0.0384 - val_accuracy: 0.9877
Epoch 6/20
300/300 [==============================] - 14s 46ms/step - loss: 0.0383 - accuracy: 0.9883 - val_loss: 0.0428 - val_accuracy: 0.9849
Epoch 7/20
300/300 [==============================] - 14s 45ms/step - loss: 0.0318 - accuracy: 0.9901 - val_loss: 0.0394 - val_accuracy: 0.9867
Epoch 8/20
300/300 [==============================] - 14s 45ms/step - loss: 0.0298 - accuracy: 0.9906 - val_loss: 0.0362 - val_accuracy: 0.9892
Epoch 9/20
300/300 [==============================] - 14s 45ms/step - loss: 0.0261 - accuracy: 0.9914 - val_loss: 0.0347 - val_accuracy: 0.9882
Epoch 10/20
300/300 [==============================] - 14s 45ms/step - loss: 0.0222 - accuracy: 0.9931 - val_loss: 0.0379 - val_accuracy: 0.9878
Epoch 11/20
300/300 [==============================] - 13s 45ms/step - loss: 0.0213 - accuracy: 0.9933 - val_loss: 0.0301 - val_accuracy: 0.9895
Epoch 12/20
300/300 [==============================] - 13s 45ms/step - loss: 0.0180 - accuracy: 0.9940 - val_loss: 0.0365 - val_accuracy: 0.9881
Epoch 13/20
300/300 [==============================] - 13s 45ms/step - loss: 0.0160 - accuracy: 0.9948 - val_loss: 0.0320 - val_accuracy: 0.9892
Epoch 14/20
300/300 [==============================] - 13s 45ms/step - loss: 0.0146 - accuracy: 0.9952 - val_loss: 0.0374 - val_accuracy: 0.9875
Epoch 15/20
300/300 [==============================] - 14s 45ms/step - loss: 0.0126 - accuracy: 0.9958 - val_loss: 0.0339 - val_accuracy: 0.9900
Epoch 16/20
300/300 [==============================] - 13s 45ms/step - loss: 0.0115 - accuracy: 0.9962 - val_loss: 0.0362 - val_accuracy: 0.9889
Epoch 17/20
300/300 [==============================] - 13s 45ms/step - loss: 0.0105 - accuracy: 0.9967 - val_loss: 0.0355 - val_accuracy: 0.9893
Epoch 18/20
300/300 [==============================] - 13s 45ms/step - loss: 0.0096 - accuracy: 0.9970 - val_loss: 0.0363 - val_accuracy: 0.9901
Epoch 19/20
300/300 [==============================] - 14s 45ms/step - loss: 0.0087 - accuracy: 0.9968 - val_loss: 0.0386 - val_accuracy: 0.9892
Epoch 20/20
300/300 [==============================] - 13s 45ms/step - loss: 0.0082 - accuracy: 0.9973 - val_loss: 0.0486 - val_accuracy: 0.9864
```

图 6.32　模型训练

上述结果实时显示了每轮 epoch 执行时训练数据和验证数据的损失值（Loss）和预测精度（Accuracy），这些数据保存在 fit()返回的 history 数据中，可以通过如下代码直观地画出其曲线图并将图形保存为文件。

【例 6.16】图形化显示训练结果。

```
from matplotlib import pyplot as plt
#绘制 loss 和 accuracy
def draw_history(history):

    loss = history.history['loss']
    accuracy = history.history['accuracy']
    val_loss = history.history['val_loss']
    val_accuracy = history.history['val_accuracy']
    epochs = range(1, len(loss) + 1)

    #draw loss with epoch
    plt.subplot(2,2,1)
    plt.plot(epochs,loss,'bo')
    plt.title("Training loss")
    plt.xlabel('Epoch')
    plt.ylabel('Loss')

    #draw accuracy with epoch
    plt.subplot(2,2,2)
    plt.plot(epochs,accuracy,'bo')
    plt.title("Training accuracy")
    plt.xlabel('Epoch')
    plt.ylabel('Accuracy')

    #draw val_loss with epoch
```

```
plt.subplot(2,2,3)
plt.plot(epochs,val_loss,'bo')
plt.title("Validate loss")
plt.xlabel('Epoch')
plt.ylabel('Loss')

#draw val_accuracy with epoch
plt.subplot(2,2,4)
plt.plot(epochs,val_accuracy,'bo')
plt.title("Validate accuracy")
plt.xlabel('Epoch')
plt.ylabel('Accuracy')

plt.tight_layout()
plt.show()

#save to file
plt.savefig(fname="LetNet5-history.png",format='png')
```

执行结果如图 6.33 所示。

从执行结果可以看出，该模型经过训练（拟合）后，模型的识别精度（Accuracy）可以达到 99%。同时可以从曲线上大体看出，增加 epoch 循环次数时，随着在训练数据集上的精度（Training accuracy）不断提高，在验证数据集上的精度（Validate Accuracy）并没有不断提高，所以 Epoch 和 batch_size 会对模型的性能产生一定的影响，需要反复尝试选择合理的数值。

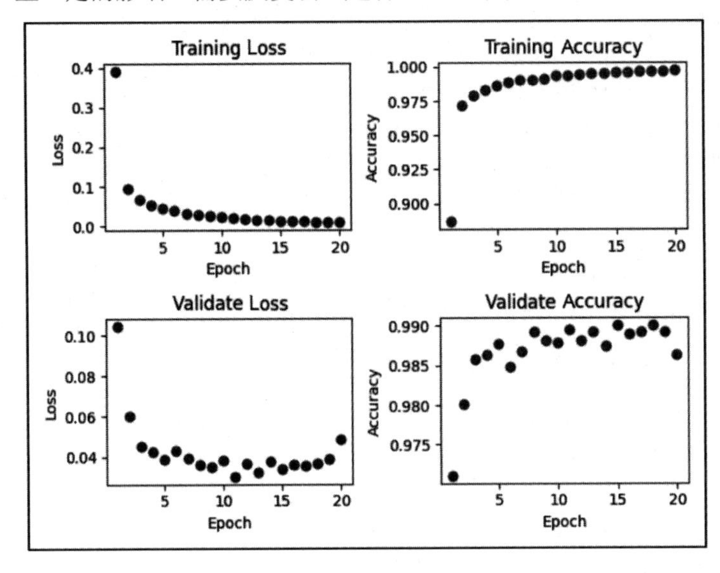

图 6.33　模型训练结果

6.3.5　使用模型进行预测

通过前面的步骤，反复调整模型参数和训练参数（Epoch 和 batch_size），确定模型已经达到理想的预测精度后，就可以使用训练好的模型进行图像识别了。

1. 预测图片准备

我们从网上下载了如图 6.34 所示的一幅手写图片，任意从中裁剪出一个数字（如 2，见图 6.35），另存为 mydigit.jpg 图片文件，作为本次测试的输入图片。读者也可自行选取其他数字进行预测检验。

图 6.34　从网上下载的手写数字图片

图 6.35　任意裁剪的待识别图片

2. 图片加载和预测

输入图片准备好后，需要将图片数据读入，并按上面的步骤创建的 LeNet-5 模型输入数据要求，对数据进行格式转换等数据预处理。

模型的预测可以调用 model.predict()函数进行，输入图片数据就会调用模型计算对应的 Softmax 输出，其中概率最高的一个神经元对应的类别就是最后的识别结果。

【例 6.17】使用模型进行预测。

```
import tensorflow as tf
import keras_preprocessing.image as k_img
import numpy as np
from matplotlib import pyplot as plt
#模型预测
def use_LeNet5(img_file, model):
    x0 = k_img.load_img(img_file)
    print("image size:", x0.size)

    #适配 LetNet-5 输入大小
    x1 = x0.resize((28,28))
    #转为数组
    x1 = np.array(x1)
    print("x1.shape:", x1.shape)

    #转为灰度图
    x2 = tf.image.rgb_to_grayscale(x1)
    print("x2.shape:", x2.shape)

    #转为 LeNet-5 的输入维度(None,28,28,1)
    x3 = np.expand_dims(x2, axis=0)
    print("x3.shape:", x3.shape)

    #预测结果
    y = model.predict(x3)
    print("predict result:", y)

    #可视化输出图片和预测结果
    plt.figure()
```

```
    fig,ax = plt.subplots(1,4)
    ax[0].imshow(x0)
    ax[1].imshow(x1)
    ax[2].imshow(x2[:,:,0],cmap='gray')
    plt.subplot(1,4,4)
    plt.plot(range(0,10), y[0],'bo')
    plt.tight_layout()
    plt.show()

    #save to file
    plt.savefig(fname="LetNet5-predict.png",format='png')

    return y
```

需要说明的是，为了满足我们在前面几节创建的 LeNet-5 模型的输入数据要求，上述代码中，对加载的图片文件数据进行了如下的格式转换和预处理：

- x0：使用 keras_preprocessing.image.load_img()函数直接加载的图像文件数据。
- x1：由于用来测试的图像长 × 宽像素值并不一定和模型要求的输入大小一致，因此使用 resize()函数将图像大小重新调整为 28 × 28 像素值，同时需要将该数据转换为 TensorFlow 的 array 类型才能进行后续的张量运算。
- x2：输入图像虽然呈现的是黑白字体，但实质上还是一个 RGB 3 通道的彩色图像，需要调用 tensorflow. image.rgb_to_grayscale()转换为灰度图像。
- x3：x2 虽然已经转为(28,28,1)的三维灰度数据，但还是不满足 LeNet-5 网络（None,28,28,1）的输入格式，需要将三维数据扩展为 4 维。

代码运行后输出结果如图 6.36 所示，从中也可以看出上述数据格式转换的过程。

```
image size: (217, 214)
x1.shape: (28, 28, 3)
x2.shape: (28, 28, 1)
x3.shape: (1, 28, 28, 1)
1/1 [==============================] - 0s 69ms/step
predict result: [[0. 0. 1. 0. 0. 0. 0. 0. 0. 0.]]
```

图 6.36　输出结果

上述输出结果中，predict result:即为使用我们训练好的模型计算的 Softmax 结果，可以看出在 2 所对应的神经元上输出的概率最大，即模型已经准确地识别该手字数字为“2”。

为了直观地了解数据转换过程和模型预测结果，代码中将原始图像、转换后的图像以及计算的 Softmax 值以图形的方式呈现如图 6.37 所示，其中第 1 幅图是原始图像数据 x0，第 2 幅图是重新调整大小后的图像数据 x1，第 3 幅图是转换为灰度图像的数据 x2，第 4 幅图是模型计算结果 Softmax 值，可以明显地看出在 2 所对应的位置输出的概率最高。

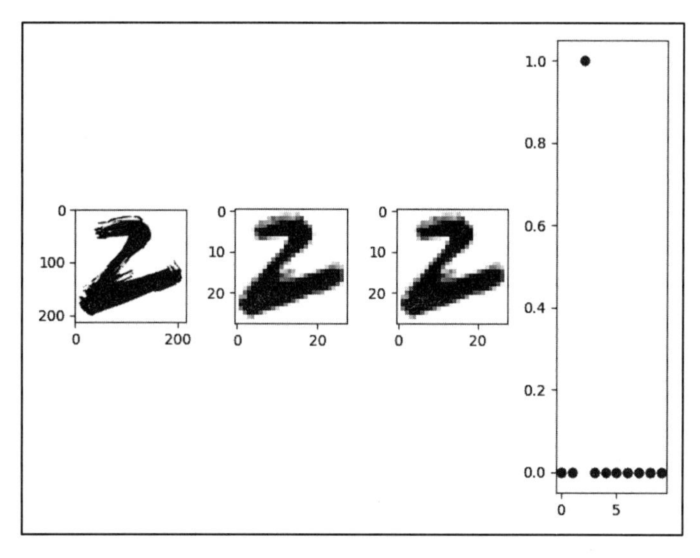

图 6.37　图像数据的预处理和识别结果

3. 识别效果对比

为了对比模型训练前后的效果，我们把上述流程中编译和训练模型（train_LeNet5）的步骤屏蔽不执行，使用同一幅输入图片重新执行预测代码，其输出结果如图 6.38 所示，从中可以看出此时计算的 Softmax 值并不能正确地在对应数字 2 处输出最大值，可见确实是经过大量数据的训练后，模型才能准确地从图像中学习到手写数字的特征，如图 6.39 所示。

```
image size: (217, 214)
x1.shape: (28, 28, 3)
x2.shape: (28, 28, 1)
x3.shape: (1, 28, 28, 1)
1/1 [==============================] - 0s 91ms/step
predict result:  [[0.0000000e+00 0.0000000e+00 3.1106929e-38 0.0000000e+00 1.0000000e+00
  0.0000000e+00 0.0000000e+00 0.0000000e+00 1.9026622e-36 0.0000000e+00]]
```

图 6.38　输出结果

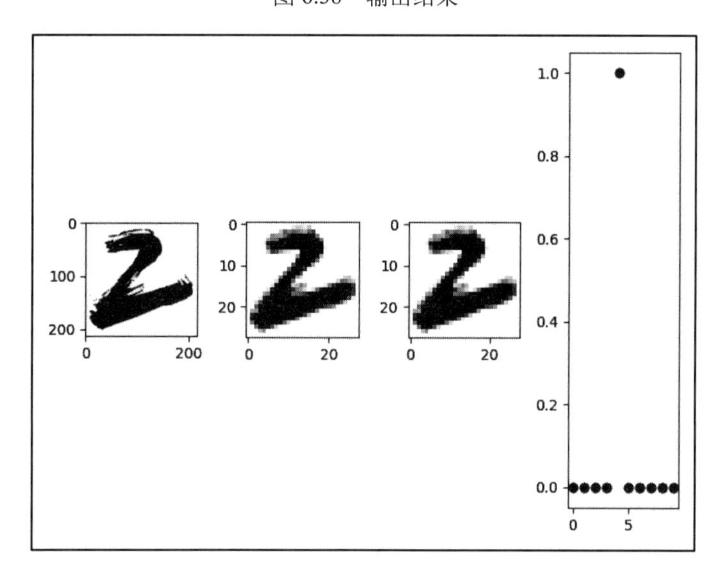

图 6.39　未经训练的模型的识别效果

6.3.6 主流程及完整代码

如下主流程代码依次调用上述各部分功能，完成数据的加载、模型创建、编译训练、模型预测，完整地实现 LeNet-5 模型对手写数字的识别功能。

【例 6.18】主流程。

```
    #主流程
    train_images,train_labels,test_images,test_labels =load_images_data() #加载和
预处理数据
    model = build_LeNet5() #创建网络模型
    model.summary() #输出模型概要信息
    history =
train_LeNet5(model,train_images,train_labels,test_images,test_labels) #训练模型
    draw_history(history) #图形化显示训练结果
    label = use_LeNet5("mydigit.jpg", model) #使用模型识别图片
```

完整代码请参考 LeNet_MNIST.py 文件。

6.4 本章小结

本章先简要介绍了计算机视觉的概念、主要的任务、当前面临的一些技术挑战，这些挑战正是深度学习技术得以发展应用的价值，因此也简单介绍了深度学习技术在计算机视觉领域的研究进展和应用状况，使读者对计算机视觉与深度学习的发展和关系有初步的了解；接着介绍了图像数据的基本操作在计算机中的实现方式，还以示例代码的形式介绍了几个常用的 CNN 模型在 Keras 框架中的实现方法，这部分内容虽然不能完全覆盖计算机视觉的所有操作和所有深度模型，但却能让读者了解图像数据处理的基本思路，了解深度学习模型搭建的基本方法，是读者将来自行设计、实现更复杂的深度学习模型的基础；最后以图像识别中入门级的 MNIST 数据集为例，演示了如何使用深度学习模型完成图像识别的方法，模型虽然相对简单，但可以让读者更好地理解掌握深度学习中数据准备、模型搭建、模型训练、模型应用的完整流程。

6.5 复习题

1. 计算机视觉有哪些常见的任务？图像理解中的 3 大核心任务有哪些？
2. 计算机视觉领域有哪些经典的 CNN 模型？在 Tensor 中如何实现？
3. 图像数据是如何在计算机中表示的？如何实现线性变换和几何变换？
4. 使用深度学习模型识别图像一般有哪些流程？在训练模型时需要输入哪些数据和参数？
5. 在 TensorFlow 中如何使用 Keras 搭建、训练一个深度学习模型？

参 考 文 献

[1]王汉生.深度学习从入门到精通[M]. 北京：人民邮电出版社，2021.

[2]丁少华，李维军，周天强. 机器视觉技术与应用战[M]. 北京：人民邮电出版社，2021.

[3]杨虹等.TensorFlow 深度学习基础与应用[M]. 北京：人民邮电出版社，2021.

[4]夏帮贵.OpenCV 计算机视觉基础教程[M]. 北京：人民邮电出版社，2022.

[5]周志华.机器学习[M]. 北京：清华大学出版社，2016.

[6]Y. Lecun,L. Bottou, Y. Bengio, P. Haffner. Gradient-Based Learning Applied to Document Recognition. Proceedings of the IEEE （Vol.86, Issue.11, November 1998）. 2278-2324.

第 7 章

深度学习用于目标检测

在前面的章节中提到，计算机视觉中有一类核心任务就是目标检测，本章将简要介绍目标检测领域常用的几种深度学习算法，并以其中的 YOLO 算法为例介绍深度学习模型在目标检测任务上的实际应用。

7.1 目标检测的概念

目标检测任务的目的是找出图像中所有感兴趣的目标（物体），并确定它们的类别和位置，因此目标检测需要解决目标定位和目标分类两个主要的问题：

（1）目标可能存在于图像中的任意位置，如何快速、准确地找到这些目标的位置（目标定位）是目标检测面临的第一大问题。

（2）目标形状不同、大小各异，如何对这些目标进行准确的分类（目标分类）是目标检测面临的第二大问题。

在深度学习出现之前，传统的目标检测方法分为区域选择、特征提取、分类器 3 个部分，存在的问题主要有两方面：一是区域选择策略没有针对性，时间复杂度高，窗口冗余；二是手工设计的特征健壮性较差。深度学习技术出现后，目标检测取得了巨大的突破。

基于深度学习算法的目标检测大致可以分为两大流派：

- 以 R-CNN 为代表的基于候选区域的深度学习目标检测算法，如 R-CNN、SPP-NET、Fast R-CNN、Faster R-CNN 等。
- 以 YOLO 为代表的基于回归方法的深度学习目标检测算法，如 YOLO、SSD 等。

目前深度学习目标检测算法主要围绕上述提到的目标定位和目标分类两大问题进行改进和优化，这些改进思路大致可以分为两类：一类是将目标定位与目标分类分开处理，这类算法称为两步目标检测算法；另一类是将目标定位与目标分类同时处理，这类算法称为单步目标检测算法。

两步目标检测算法主要是对前面提到的两个阶段分别进行操作，首先进行潜在区域的提取，再进行基于潜在区域的目标识别。两步目标检测算法的主要代表有 R-CNN、Fast R-CNN、Faster R-CNN 等。

单步目标检测算法将前面提到的两个问题整合在一起处理，通过同一个框架对潜在目标进行位置定位与目标识别。单步目标检测算法的主要代表有 YOLO、SSD 等。

接下来将对 Faster R-CNN、YOLO、SSD 网络进行简单的介绍，并对 YOLO 的原理进行详细的分析。

7.2 Faster R-CNN

Faster R-CNN 网络结构是基于 Fast R-CNN 框架的改进版，是从 R-CNN 网络演进而来的，具体的演进路线为 R-CNN→SPP-Net→Fast R-CNN→Faster R-CNN，如图 7.1 所示。

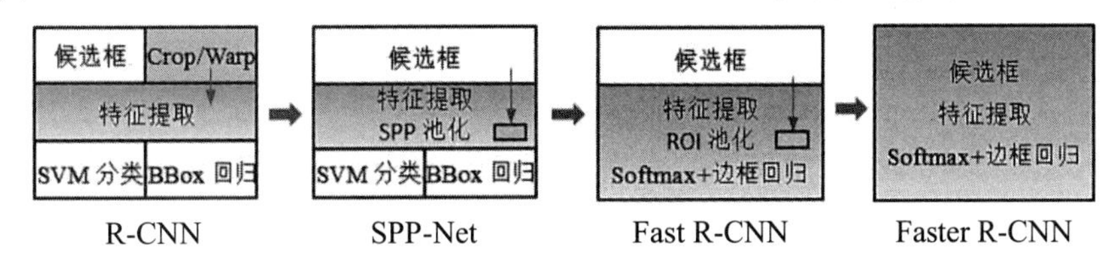

图 7.1　R-CNN 网络的演进

1. R-CNN

R-CNN（Regions with CNN）是第一个成功将深度学习应用到目标检测上的算法，R-CNN 基于卷积神经网络（CNN）、线性回归、支持向量机（SVM）等算法，借助 CNN 良好的特征提取和分类性能，通过 Region Proposal 方法实现目标检测问题的转化。

R-CNN 遵循传统目标检测的思路，同样采用候选区域选择、对每个候选区提取特征、图像分类、边界回归 4 个步骤进行目标检测，只不过在特征提取这一步，将传统的特征（如 SIFT、HOG 特征等）换成了卷积神经网络提取的特征，如图 7.2 所示。

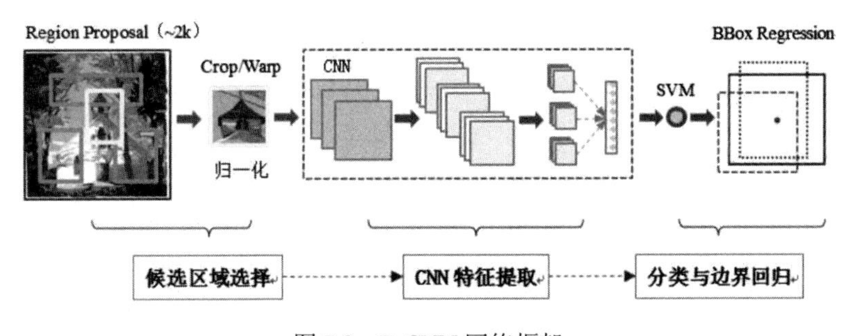

图 7.2　R-CNN 网络框架

1）候选区域选择

候选区域（Region Proposal）选择是一类传统的区域提取方法，候选区域可以看作不同宽高的滑动窗口，通过窗口滑动获得潜在的目标图像，再根据候选框提取的目标图像进行归一化（Crop 或 Wrap），作为 CNN 的标准输入。

2）CNN 特征提取

标准 CNN 过程根据输入进行卷积/池化等操作，以得到固定维度的输出。

3）图像分类

上一步的输出向量被送入一个多类别 SVM 分类器中，预测出候选区域中所含物体属于每个类的概率值。每个类别训练一个 SVM 分类器，从特征向量中推断其属于该类别的概率大小进行分类。

4）边界回归

为了提升定位的准确性，R-CNN 最后又训练了一个边界框回归（Bounding-Box Regression）模型，通过边界框回归模型对定位框的准确位置进行修正，以得到精确的目标区域。由于实际目标可能会产生多个子区域，边界回归旨在对完成分类的前景目标进行精确的定位与合并，避免同一目标检出多个结果。

R-CNN 存在 3 个明显的问题：

- 多个候选区域对应的图像需要预先提取，占用较大的磁盘空间。
- 传统 CNN 需要固定尺寸的输入图像，R-CNN 进行区域归一化（Crop 或 Wrap）会产生物体截断或拉伸，导致输入 CNN 的信息丢失。
- 每一个候选区域都需要进入 CNN 网络进行计算，大量区域存在范围重叠，重复的特征提取带来了巨大的计算浪费。

2. SPP-Net

SPP-Net（Spatial Pyramid Pooling Network）针对 R-CNN 存在的问题进行了改进，它不需要对每一个候选区域独立进行计算，而是提取图像的整体特征，仅在分类之前做一次区域截取，其基本思想是：输入整幅图像，提取出整幅图像的特征图，然后利用空间关系从整幅图像的特征图中，在空间金字塔池化（Spatial Pyramid Pooling，SPP）层提取各个候选区域的特征。

SPP-Net 在 R-CNN 的基础上做了实质性的改进：

- 取消了图像归一化（Crop/Warp）过程，以解决图像变形导致的信息丢失以及存储问题。
- 采用空间金字塔池化层替换了全连接层之前的最后一个池化层（见图 7.3 中的 Pool5），使用这种方式可以允许网络输入任意大小的图片，并且保证生成固定大小的输出。

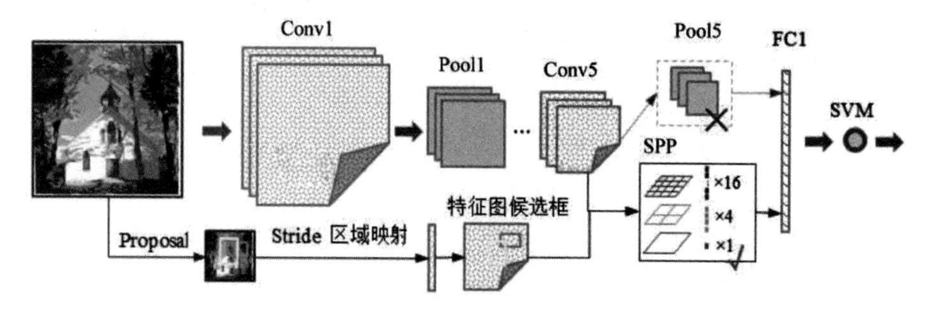

图 7.3 SPP-Net 网络框架

SPP-Net 创新性地提出了空间金字塔池化层，当网络输入的是一幅任意大小的图片时，可以一直进行卷积、池化，直到网络的倒数几层，也就是我们即将与全连接层连接的时候，就要使用金字塔池化，使得任意大小的特征图都能够转换成固定大小的特征向量，这就是空间金字塔池化的意义（多尺度特征提取出固定大小的特征向量）。

尽管 SPP-Net 贡献很大，仍然存在很多问题：

- 和 R-CNN 一样，训练过程仍然是隔离的，提取候选框、CNN 特征提取、SVM 图像分类、边界回归 4 步依然独立训练，大量的中间结果需要转存，无法整体训练参数。
- SPP-Net 无法同时调整在 SPP-Layer 两边的卷积层和全连接层，很大程度上限制了深度 CNN 的效果。
- 在整个过程中，候选区域选择仍然很耗时。

3. Fast R-CNN

Fast R-CNN 可以认为是 R-CNN 网络的加速版，它的主要贡献在于对 R-CNN 网络进行加速，其网络结构如图 7.4 所示。

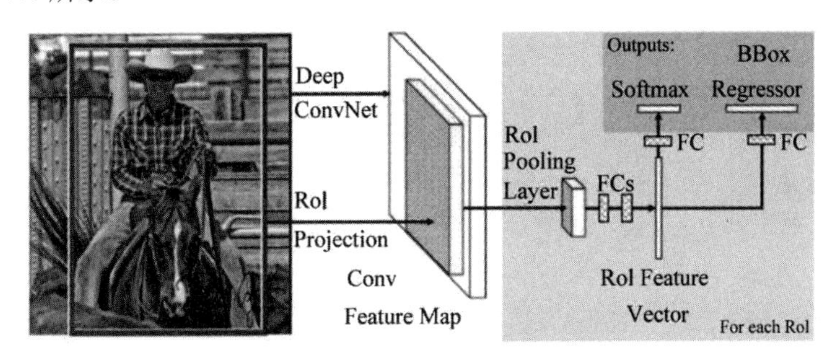

图 7.4　Fast R-CNN 网络框架

从图 7.4 可以看出，Fast R-CNN 网络的基本处理思想为：将一幅包含多个 RoI（Regions of Interest，感兴趣区域）的图片输入一个深度卷积网络（Deep ConvNet）中，获得 Conv Feature Map（特征图），然后每一个 RoI 经过 RoI 池化层（RoI Pooling Layer）被池化成一个固定大小的 RoI Feature Map（RoI 特征图），RoI Feature Map 被多个全连接层（FCs）拉伸成一个特征向量（Feature Vector）。对于每一个 RoI，经过 FCs 层后得到的 RoI 特征向量最终被分成两路：一路通过全连接层（FC）之后进行 Softmax 回归，用来对 RoI 区域进行物体识别（图像分类）；另一路通过全连接层（FC）之后送给 BBox Regressor（Bouding Box Regression，边界框回归）修正定位，使得定位框更加精准。

从上面的网络模型可以看出，Fast R-CNN 网络主要在以下两个方面提出了改进：

- 借鉴 SPP 思路，提出简化版的 RoI 池化层替代了 SPP 池化层，同时加入了候选框特征图（Feature Map）功能，使得网络能够反向传播，解决了 SPP-Net 的整体网络训练问题。
- 提出了多任务 Loss 层，一路使用 Softmax Loss 代替 SVM 图像分类预测目标类别，另一路使用 Smooth L1 Loss 取代边界回归（Bouding Box Regression）预测目标边界框，对两路预测分别建立损失函数，然后把两个损失函数相加，对最终的损失求梯度，一步优化整个网络。这是 Fast R-CNN 网络最突出的贡献点，将图像分类和边框回归任务进行合并，进一步整合深度网络，统一了训练过程，从而提高了算法效率和准确度。

通过上面的改进，Fast R-CNN 模型在训练时可对所有层进行更新，除了速度提升外，也得到了更好的检测效果。

4. Faster R-CNN

Fast R-CNN 提出了 RoI 层来解决之前的空间金字塔池化网络卷积层权重不能更新的问题，也使得检测速度更加快速了一些。但总体上而言，Fast R-CNN 的候选框生成策略仍然沿袭了之前的 R-CNN 和 SPP-Net 的选择性搜索（Selective Search）的方法，这使得网络检测的整体性能依然不是很高。经过 R-CNN 和 Fast RCNN 的积淀，2016 年 Faster R-CNN 网络被提出，该网络结构是基于 Fast R-CNN 框架的改进版，首次提出了候选区域网络（Region Proposal Network，RPN）结构，实现了基于网络特征的潜在候选区域的自提取方法，大大提升了目标检测的速度和准确率，如图 7.5 所示。

候选区域网络的基本思想为，候选框提取不一定要在原始图像上做，在特征图上同样也可以，在低分辨率特征图上做意味着更少的计算量，因此通过添加额外的 RPN 分支网络将候选框提取合并到深度网络中，以完善地解决候选区选择的性能问题，这正是 Faster R-CNN 里程碑式的贡献。

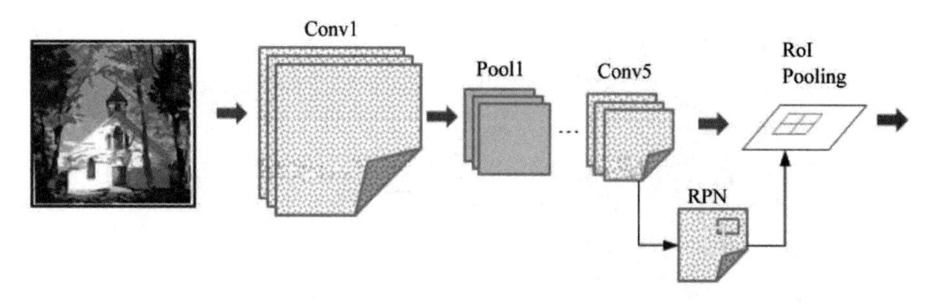

图 7.5 Faster R-CNN 网络框架

从图 7.5 可以看出，Faster R-CNN 网络大致上可以分为如下 4 个主要部分：

- Conv Layer: Faster R-CNN 作为一种 CNN 网络目标检测方法，首先依然使用一组基础的 Conv+ReLU+Pooling 层提取图像的特征图（Feature Maps）。该特征图被共享用于后续 RPN 层和 RoI Pooling 层。
- RPN（Region Proposal Network，区域建议网络）：RPN 是一个全卷积网络（Fully Convolutional Network，FCN），用于生成候选区（Region Proposal）。该层通过 Softmax 判断锚点(Anchors，实际上就是一组由 4 个坐标值组成的矩形位置)属于正例(Positive)或者反例（Negative），再利用边界回归（Bounding Box Regression）修正锚点以获得精确的候选区。
- RoI Pooling: 该层收集输入的特征图（Feature Map）和候选区（Proposal），综合这些信息后提取候选的特征图（Proposal Feature Map），送入后续的分类（Classification）层判定目标类别。
- Classification: 利用候选的特征图（Proposal Feature Map）计算各个候选特征的类别，同时再次使用边界回归（Bounding Box Regression）获得检测框最终的精确位置。

图 7.6 为 Python 版本中 VGG 16 模型中的 faster_rcnn_test.pt 网络结构。

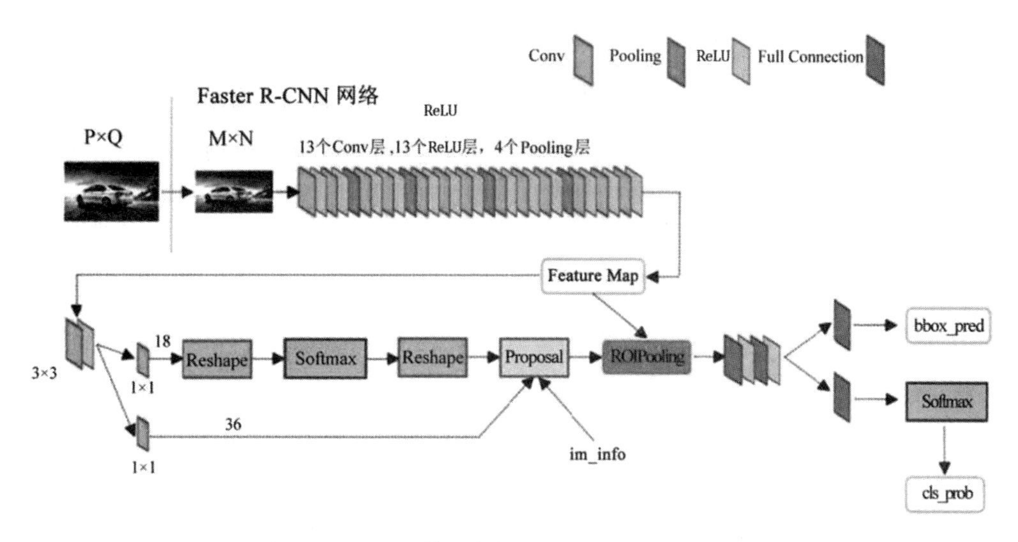

图 7.6 VGG 16 模型中的 faster_rcnn_test 网络结构

从图 7.6 中可以清晰地看到该网络的具体结构以及对于一幅任意大小为 P×Q 的输入图像的处理流程：

- 首先将图像缩放至固定大小 M × N，然后将图像送入卷积层（Conv Layers）。
- 卷积层（Conv Layers）中包含 13 个卷积（Conv）层、13 个 ReLU 层和 4 个池化（Pooling）层，提取出图像的特征图（Feature Map），该 Feature Map 共享输出给 RPN 网络和 RoI Pooling 层。
- RPN 网络实际上分为 2 条处理线，上面一条通过 Softmax 分类锚点（Anchors）获得正例（Positive）和反例（Negative）分类，下面一条用于计算对于锚点（Anchors）的边界回归（Bounding Box Regression）偏移量，以获得精确的候选区（Proposal）。最后的 Proposal 层则负责综合 Positive Anchors 和对应边界回归（Bounding Box Regression）偏移量获取候选区（Proposal），同时剔除太小和超出边界的候选区（Proposal）。
- RoI Pooling 层有两个输入，负责收集原始的特征图（Feature Map）和 RPN 输出的候选框（Proposal Boxes），并计算出候选的特征图（Proposal Feature Map），送入后续网络。
- Classification 部分利用已经获得的候选的特征图（Proposal Feature Map），通过链接层与 Softmax 计算每个候选区（Proposal）具体属于哪个类别，输出 Cls_prob 概率向量；同时再次利用边界回归（Bounding Box Regression）获得每个候选区（Proposal）的位置偏移量（bbox_pred），用于回归更加精确的目标检测框。

以上就是 Faster R-CNN 大体的流程阐述，其中每个部分还涉及相当复杂的算法细节，感兴趣的读者可以参考相关论文。通过以上流程，Faster R-CNN 可以实现图像目标的精准定位与识别，使这种基于 CNN 的 real-time 的目标检测方法看到了希望，在这个方向上有了进一步的研究思路，Faster R-CNN 作为两步目标检测算法的代表，是非常经典的目标检测算法。

7.3 YOLO

YOLO 在 2016 年提出，发表在计算机视觉和模式识别大会（Computer Vision and Pattern Recognition，CVPR）上。YOLO 是一种单步目标检测算法，将目标检测的定位与分类合二为一，统一成一个回归问题，只需要看一次就能知道目标的类别以及目标位置，它的提出带动了单步目标检测算法的发展。

1. 网络结构和总体流程

YOLO v1 网络结构如图 7.7 所示。

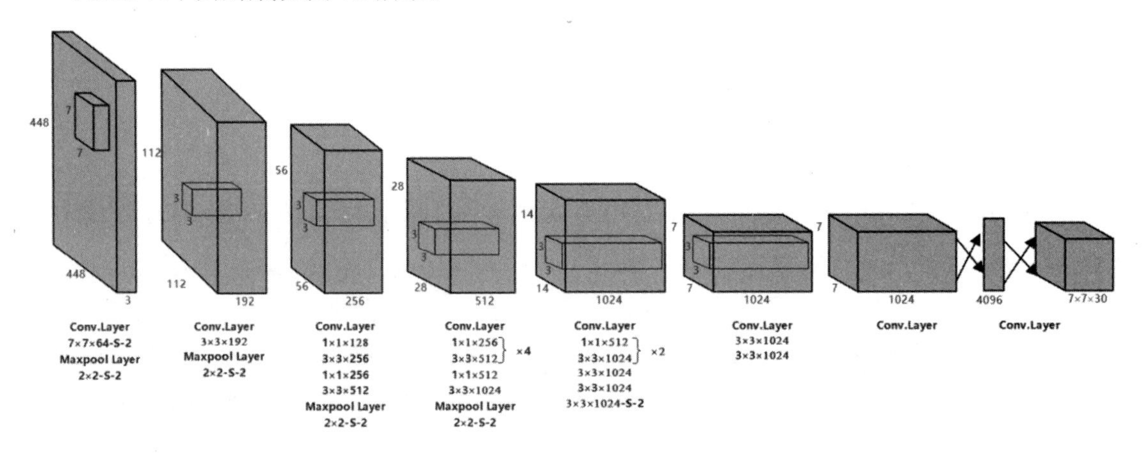

图 7.7 YOLO v1 网络结构

YOLO 网络的总体流程如下：

（1）将原始图像均匀地切分成 $S \times S$ 个网格（Grid Cell），如果一个目标的中心落在某个网格中，则由这个网格负责检测这个目标。每个网格产生 B 个预测框（Bounding Box），最终的目标边界由这 B 个预测框中置信度最高的预测框决定，一共有 $S \times S \times B$ 个预测框，并且每个预测框有一个置信度得分。

（2）根据交并比（Intersection over Union，IoU）算法，每个预测框会预测出 5 个值（x, y, w, h, confidence），其中（x, y）为预测框中心，（w, h）为预测框的宽度和高度，confidence 为置信度，反映这个预测框含有目标对象的可信程度和精确程度。

（3）每个网格还需要预测多个条件类别概率 $\Pr(\text{Class}_i \mid \text{Object})$，这些条件类别概率表示该网格包含目标对象的概率，如果数据集中的数据有 C 类，则需要预测 C 个条件概率。

（4）最后将 $S \times S \times B$ 个预测框送入 1×1 和 3×3 的卷积网络，提取每个边界框的特征图并送入两个全连接层，全连接层同时实现了目标位置与目标分类概率的预测。

2. 模型原理

下面我们具体分析 YOLO 模型中一些关键的算法原理，YOLO 的预测是基于整个图片的，并且它会一次性输出所有检测到的目标信息，包括类别和位置。

1）网格分割及预测框（Bounding Box）预测

YOLO 的第一步是分割图片，它将图片分割为 S^2 个网格（Grid），每个网格的大小都是相等的，如图 7.8 所示。

S×S Grid on Input

图 7.8　YOLO 算法的网格分割

YOLO 要求每个网格只能识别出一个物体，如果要求这个物体必须在这个网格之内，那么 YOLO 就变成了很愚蠢的滑窗法了，需要支持各种大小的网格，YOLO 的聪明之处在于，它只要求这个物体的中心落在这个网格之中，这意味着，它不用设计非常大的网格框，因为只需要让物体的中心在这个网格框中就可以了，而不是必须让整个物体都在这个框中。具体的算法实现如下：

- 让这 S^2 个网格每个都预测出 B 个预测框（Bounding Box）（注意：只要求预测框（Bounding Box）中心位于网格框中，大小可以超出这个网格），每个预测框（Bounding Box）预测 5 个参数，分别是物体的中心位置（x, y）和它的高（h）和宽（w），以及这次预测的置信度 C（Confidence）。
- 算法同时还要预测每个网格框中包含每类（Class）目标物体（Object）的概率。虽然每个网格有多个预测框（Bounding Box），但每个网格最终只识别出一个目标，因此算法只针对每个网格预测包含每类目标的条件类别概率 $\Pr(\text{Class}_i|\text{Object})$，条件类别概率表示当此网格中包含目标对象时，该对象属于某个类别的概率，有几个类别，就分别预测几个条件类别概率。

也就是说，如果有 S^2 个网格，每个网格的预测框（Bounding Box）个数为 B，可以识别的目标类别个数为 C，那么总共输出的预测参数（Tensor）大小为：

$$S \times S \times (B \times 5 + C)$$

这些预测框（Bounding Box）显示出来的效果如图 7.9 所示，可以看到图片被分成了 7×7 个网格，每个网格预测 2 个预测框（Bounding Box），大致上每个框里确实有两个预测框（Bounding Box）（说明：图中各个预测框（Bounding Box）的边框粗细不同，这是置信度不同的表现，置信度高的比较粗，置信度低的比较细）。

图 7.9　YOLO 算法的 Bounding Box

2）置信度和分类置信度（$Pr(Class_i)$）的计算

YOLO 算法针对每个预测框（Bounding Box）预测一个置信度（Confidence），置信度基于交并比算法进行计算，交并比通俗地讲就是两个框的交集（Intersection）与并集（Union）的比例，它反映了两个框的相似度，计算方式如图 7.10 所示。

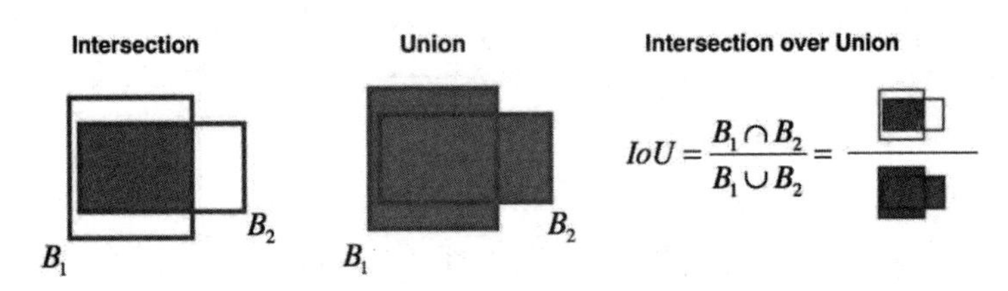

图 7.10　IoU 计算示意图

置信度的计算公式是：

$$c = \Pr(\text{obj}) \times \text{IoU}_{\text{truth}}^{\text{pre}}$$

其中，$\Pr(\text{obj})$ 是这个网格有目标物体的概率，有物体的时候为 1，没有物体的时候为 0；$\text{IoU}_{\text{truth}}^{\text{pre}}$ 是预测框与物体真实框（标注框）的交并比。

YOLO 算法还针对每一个网格预测 C 个条件类别概率（$\Pr(\text{Class}_i|\text{Object})$），在测试时，将网格的条件类别概率和单个 Bounding Box 的置信度相乘，如下面的公式所示：

$$C(\text{Class}_i) = \Pr(\text{Class}_i \mid \text{Object}) \times \Pr(\text{obj}) \times \text{IoU}_{\text{truth}}^{\text{pre}} = \Pr(\text{Class}_i) \times \text{IoU}_{\text{truth}}^{\text{pre}}$$

这个公式给出了每一个 Bounding Box 的特定类别的置信度分数 $C(\text{Class})$，这些分数反映了一个类别出现在这个 Bounding Box 的可能性，以及该预测框（Bounding Box）和真实物体的匹配程度。

3）非极大值抑制

当有多个预测框同时预测包含同一个目标对象时，即一个目标物体同时被多个预测框框住时，如何选择目标最终的预测框呢？如图 7.11 所示，*B*1、*B*2、*B*3、*B*4 这 4 个网格内的预测框可能都预测到目标（黑狗）包含在框里，但是最后的输出应该只有一个预测框，那么怎么把其他目标预测框淘汰掉呢？

S×S Grid on Input

图 7.11　多预测框筛选问题

YOLO 使用了对置信度的非极大值抑制（Non-Maximal Suppression，NMS）算法来去除非目标预测框，如图 7.12 所示。前面讲过，置信度反映了预测框与真实目标的相似程度，可用于预测目标包含在此预测框中的可能概率，因此，在多个预测框中，可以选择置信度最大的框，把其他的都淘汰。比如，在图 7.11 所示的情况下，$B1$ 的置信度最大，只保留 $B1$ 作为目标（狗）的预测框。

现在算法知道了哪个是应该保留的预测框了，但是还有一个问题，如何判断出这几个预测框识别的是同一个物体(类别相同且实例相同)呢？算法首先需要判断这几个网格的类别是不是相同的，假设上面的 $B1$、$B2$、$B3$ 和 $B4$ 识别的都是狗，那么下一步需要进一步判断是否是同一个目标实例，我们保留 $B1$，然后判断 $B2$、$B3$ 和 $B4$ 要不要淘汰。我们把 $B1$ 作为极大预测框，计算极大预测框和其他几个预测框的 IoU，如果超过某个阈值，例如 0.5，就认为这两个预测框的相似度较高，实际上预测的是同一个物体，应该把其中置信度比较小的预测框淘汰。最后，我们结合极大预测框和网格识别的目标种类，判断图片中有什么物体，它们分别是什么，以及区别在哪里。

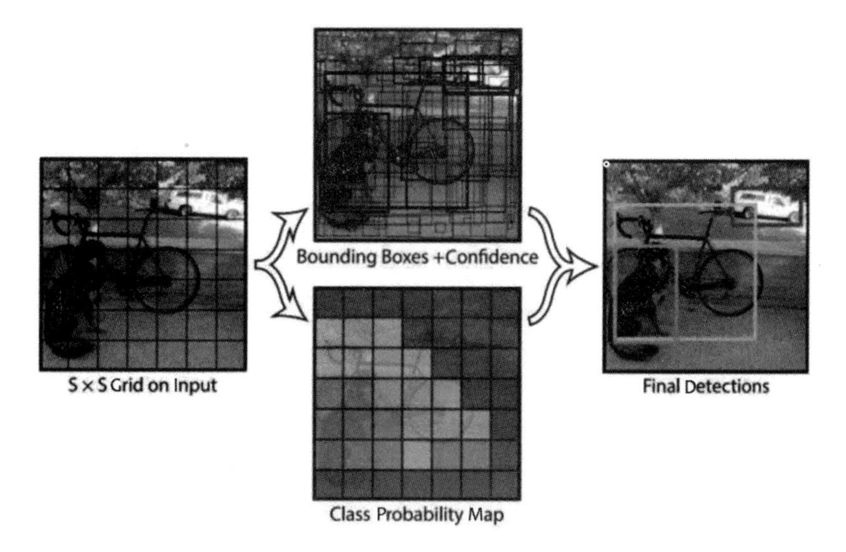

图 7.12　非极大值抑制算法

4）损失函数

YOLO 设计的损失函数如图 7.13 所示。

$$\lambda_{\text{coord}}\sum_{i=0}^{S^2}\sum_{j=0}^{B}\mathbb{1}_{ij}^{\text{obj}}\left[(x_i-\hat{x}_i)^2+(y_i-\hat{y}_i)^2\right]$$

预测框回归

$$+\lambda_{\text{coord}}\sum_{i=0}^{S^2}\sum_{j=0}^{B}\mathbb{1}_{ij}^{\text{obj}}\left[\left(\sqrt{w_i}-\sqrt{\hat{w}_i}\right)^2+\left(\sqrt{h_i}-\sqrt{\hat{h}_i}\right)^2\right]$$

$$+\sum_{i=0}^{S^2}\sum_{j=0}^{B}\mathbb{1}_{ij}^{\text{obj}}\left(C_i-\hat{C}_i\right)^2$$

置信度预测

$$+\lambda_{\text{noobj}}\sum_{i=0}^{S^2}\sum_{j=0}^{B}\mathbb{1}_{ij}^{\text{noobj}}\left(C_i-\hat{C}_i\right)^2$$

无目标置信度预测

$$+\sum_{i=0}^{S^2}\mathbb{1}_{i}^{\text{obj}}\sum_{c\in\text{classes}}(p_i(c)-\hat{p}_i(c))^2$$

类别预测

图 7.13　损失函数

从图 7.13 中可以看出，YOLO 的损失函数一共包含 5 项。

其中，$\mathbb{1}_{ij}^{\text{obj}}$代表在第 i 个网格的第 j 个预测框里有没有物体，如果这个网格里没有物体，则$\mathbb{1}_{ij}^{\text{obj}}=0$，反之$\mathbb{1}_{ij}^{\text{obj}}=1$；$\mathbb{1}_{ij}^{\text{noobj}}$则相反，如果没有物体，则$\mathbb{1}_{ij}^{\text{noobj}}=1$，反之$\mathbb{1}_{ij}^{\text{noobj}}=0$。那么当一个网格有物体的时候，损失函数只计算第 1、2、3、5 项，当网格里没有物体的时候，只计算第 4 项。

式中的λ_{coord}和λ_{noobj}两个系数用于调整各部分的权重，YOLO 论文中$\lambda_{\text{coord}}=5$、$\lambda_{\text{noobj}}=0.5$，也就是放大第 1 项和第 2 项的损失函数，缩小第 4 项的损失函数。这样做的原因是让梯度更稳定，如果网格中不含有物体，则它对 1、2、3、5 项没有影响，如果调节第 4 项，则会让含有物体的网格的置信度发生改变，这可能使其他项的梯度剧烈变化，从而带来模型上的不稳定，因此算法中选择放大第 1 项和第 2 项，缩小第 4 项。

以上介绍的是 YOLO v1 的算法流程，YOLO v1 虽然设计精巧、结构简单，但还是存在许多不足，比如一个网格只能识别一类物体，对尺度较小的目标检测效果也不太理想，因此后续基于 YOLO v1 又提出了 YOLO v2、YOLO v3 等版本，YOLO 系列一直在发展更新，目前已经更新到 YOLO v5。

7.4　SSD

发表于 ECCV-2016 的单发多框检测器（Single Shot MultiBox Detector，SSD）算法是继 Faster R-CNN 和 YOLO 之后又一个杰出的物体检测算法，是 YOLO v1 出来后、YOLO v2 出来前的一款单步目标检测算法。与 Faster R-CNN 和 YOLO 相比，它的识别速度和性能都得到了显著的提高。

SSD 的骨干网络是基于传统的图像分类网络，例如 VGG、ResNet 等。此处以 VGG 16 作为骨干网络为例进行分析。如图 7.14 所示，SDD 网络首先经过 VGG 16 网络的前 10 个卷积层（Con. layer）和 3 个池化层的处理，SSD 网络可以得到一个尺寸为 38×38×512 的特征图；下一步在这个特征图上进行回归，依次通过多个附加的卷积层，得到另外 5 个不同尺度下的特征图，综合这 6 个特征图可以获得大目标和小目标的特征，得到物体的位置和类别。

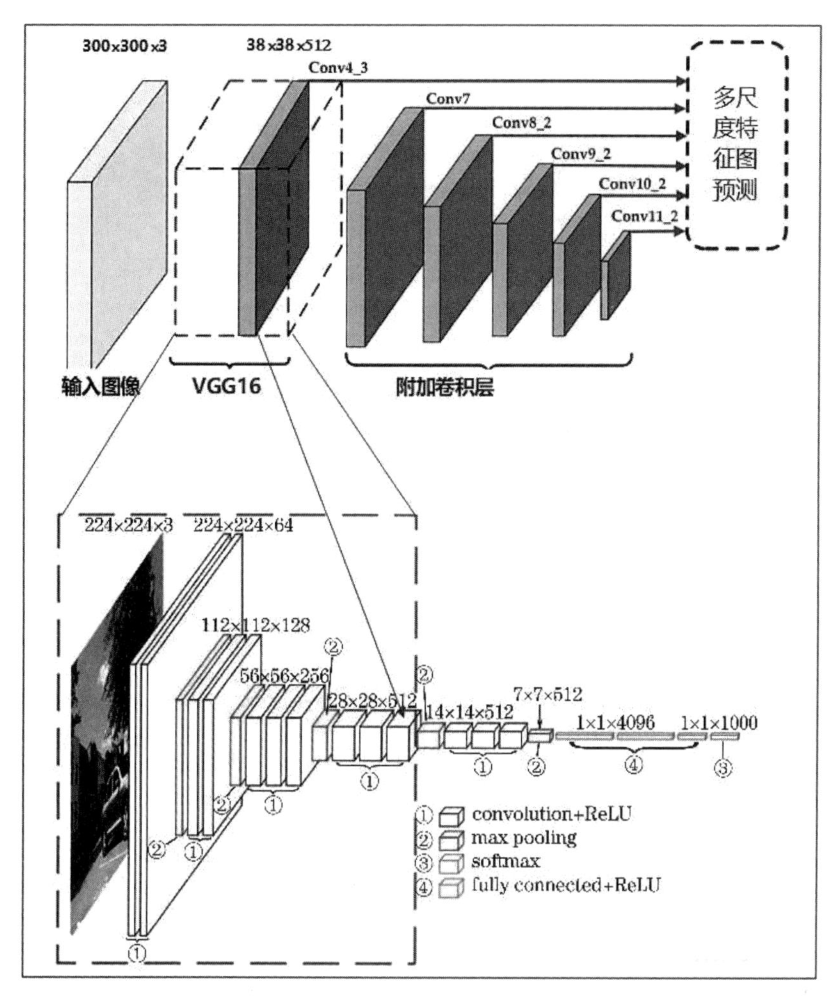

图 7.14　SSD 骨干网络

SSD 用到了多尺度特征图(Multiscale Feature Map)，这是 SSD 算法的核心之一。在之后的 YOLO v3 中，也用到了多尺度特征图的思想，如图 7.15 所示。原始图像经过卷积层转换后的数据称为特征图，特征图包含原始图像的信息。浅层的特征图包含较多的细节信息，更适合进行小物体的检测；而较深的特征图包含更多的全局信息，更适合大物体的检测。因此，通过在不同的特征图上对不同尺寸的候选框进行回归，可以对不同尺寸的物体都有更好的检测结果。

VGG 网络作为特征提取器，与两步目标检测算法不同的是，SSD 不再将最后一层特征图作为候选框生成的基础，而是直接从 VGG 网络的多层特征图上进行候选框的生成，每层特征图都会生成不同尺度的候选框。这些不同尺度的候选框最后会合并在一起，送入最后的损失函数进行目标框的回归，并对最后生成的所有目标框进行非极大值抑制，从而获得目标检测结果。

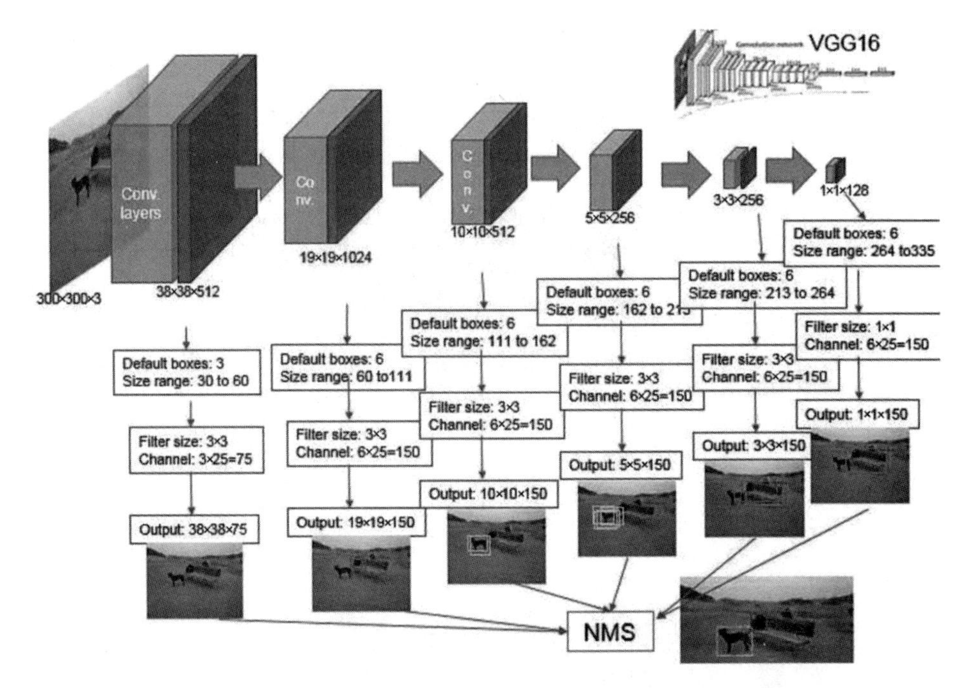

图 7.15　多尺度特征图

SSD 的最大优点就是速度快，因为整个检测过程不需要引入额外的分支网络进行单独的候选框生成操作，网络一次前向操作就完成了所有的特征提取和候选框生成。

7.5　应用案例：基于 YOLO 的目标检测

在 7.4 节中我们介绍了 YOLO v1 网络结构，本节将用实例演示如何使用 YOLO v3 网络完成目标检测任务。

YOLO v3 是 YOLO 算法的改进与完善，与 YOLO 系列算法相比，保持了 YOLO v2 阶段的不同分辨率适应等特性，在特征提取网络方面有相当大的改进。YOLO v3 的特征提取网络采用 Darknet-3 网络，这种网络兼顾了准确度和速度，是 Darknet-19 的改进，同时，它还在分类器网络上进行了改进，大量使用残差的跳层连接，并且降低了池化带来的梯度负面效果，摒弃了池化，用卷积的 Stride 来实现降采样。这使得 YOLO v3 模型在网络的分类和检测性能方面已经超越了 SSD 算法和以往的 YOLO 系列算法，并且还保持了较高的检测速度。

YOLO v3 的基本使用方法相当简便，虽然理解其原理需要一定的深度学习基础和数理知识，但大部分情况下，读者掌握如何使用它就能满足许多生产需要。在本案例中，基于 Darknet 预先训练好的 YOLO v3 网络，采用了简单和直观的数据和应用方法，不需要过多的数据量即可完成整个案例的演示效果。

本节中的案例在 Ubuntu 20.04+Python 3.8.10+TensorFlow 2.9.1+Keras 2.9.0 环境中实测通过。

7.5.1　基于 Darknet 的 YOLO 实现目标检测

在 Darknet 官方网站上可以下载已经预先训练好的基于 Darknet 的 YOLO 模型，直接使用该模型即可完成大多数的目标检测任务。具体步骤如下，读者也可以参考 Darknet 官方网站的相关说明。

1. 下载和编译安装 Darknet

执行如下命令下载 Darknet 项目代码并进行编译生成：

```
git clone https://github.com/pjreddie/darknet
cd darknet
make
```

2. 下载预先训练好的权重数据

在 Darknet 项目的 cfg/子目录下已经有了 YOLO 网络的配置参数，但还需要下载预先训练好的权重数据，执行如下命令。yolov3.weights 文件有点大，请耐心等待其下载完成，如图 7.16 所示。

```
wget https://pjreddie.com/media/files/yolov3.weights
```

```
root@jeffli-virtual-machine:/opt/JeffLi/python/DeepLearning/book/ch6# wget --timeout=300 https://pjreddie.com/media/files/yolov3.weights
--2022-08-01 13:26:46--  https://pjreddie.com/media/files/yolov3.weights
正在解析主机 pjreddie.com (pjreddie.com)... 128.208.4.108
正在连接 pjreddie.com (pjreddie.com)|128.208.4.108|:443... 已连接。
已发出 HTTP 请求，正在等待回应... 200 OK
长度： 248007048 (237M) [application/octet-stream]
正在保存至: "yolov3.weights"

yolov3.weights                     100%[==========================================================================

2022-08-01 17:56:55 (14.9 KB/s) - 已保存 "yolov3.weights" [248007048/248007048])
```

图 7.16　下载 yolov3.weights 文件

下载完成后，将此文件放到 Darknet 项目根目录下。

3. 执行检测任务

在 Darknet 目录下运行如下命令即可执行检测任务：

```
./darknet detector test cfg/coco.data cfg/yolov3.cfg yolov3.weights
data/person.jpg
```

上述命令中，data/person.jpg 是需要被检测的输入图像文件。

执行命令后，可以看到类似如图 7.17 所示的输出。

```
  82 yolo
  83 route  79
  84 conv    256  1 x 1 / 1    19 x  19 x 512   ->    19 x  19 x 256  0.095 BFLOPs
  85 upsample           2x    19 x  19 x 256   ->    38 x  38 x 256
  86 route  85 61
  87 conv    256  1 x 1 / 1    38 x  38 x 768   ->    38 x  38 x 256  0.568 BFLOPs
  88 conv    512  3 x 3 / 1    38 x  38 x 256   ->    38 x  38 x 512  3.407 BFLOPs
  89 conv    256  1 x 1 / 1    38 x  38 x 512   ->    38 x  38 x 256  0.379 BFLOPs
  90 conv    512  3 x 3 / 1    38 x  38 x 256   ->    38 x  38 x 512  3.407 BFLOPs
  91 conv    256  1 x 1 / 1    38 x  38 x 512   ->    38 x  38 x 256  0.379 BFLOPs
  92 conv    512  3 x 3 / 1    38 x  38 x 256   ->    38 x  38 x 512  3.407 BFLOPs
  93 conv    255  1 x 1 / 1    38 x  38 x 512   ->    38 x  38 x 255  0.377 BFLOPs
  94 yolo
  95 route  91
  96 conv    128  1 x 1 / 1    38 x  38 x 256   ->    38 x  38 x 128  0.095 BFLOPs
  97 upsample           2x    38 x  38 x 128   ->    76 x  76 x 128
  98 route  97 36
  99 conv    128  1 x 1 / 1    76 x  76 x 384   ->    76 x  76 x 128  0.568 BFLOPs
 100 conv    256  3 x 3 / 1    76 x  76 x 128   ->    76 x  76 x 256  3.407 BFLOPs
 101 conv    128  1 x 1 / 1    76 x  76 x 256   ->    76 x  76 x 128  0.379 BFLOPs
 102 conv    256  3 x 3 / 1    76 x  76 x 128   ->    76 x  76 x 256  3.407 BFLOPs
 103 conv    128  1 x 1 / 1    76 x  76 x 256   ->    76 x  76 x 128  0.379 BFLOPs
 104 conv    256  3 x 3 / 1    76 x  76 x 128   ->    76 x  76 x 256  3.407 BFLOPs
 105 conv    255  1 x 1 / 1    76 x  76 x 256   ->    76 x  76 x 255  0.754 BFLOPs
 106 yolo
Loading weights from yolov3.weights...Done!
data/person.jpg: Predicted in 23.667690 seconds.
horse: 100%
dog: 99%
person: 100%
```

图 7.17　输出内容

上述输出中，框内的信息表示模型已经从输入图像上识别出哪些目标以及其对应的置信度，同时该命令也会在 Darknet 目录下生成 predictions.png 文件，以图形化的方式显示识别结果，文件内容如图 7.18 所示（如果编译 Darknet 时选择了支持 OpenCV，则会直接显示图形化的识别结果）。

图 7.18　Darknet 生成的 predictions.png 文件

提示：Darknet 默认只输出置信度大于或等于 0.25 的目标，用户可以通过-thresh 参数修改该值：

```
./darknet detect cfg/yolov3.cfg yolov3.weights data/person.jpg -thresh 0.1
```

在 Darknet 项目的 data/子目录下还提供了其他样例文件可供测试，读者也可以指定自选的其他图像文件进行测试。

4. 模型的重新训练

如果用户修改了网络参数，需要使用不同的训练数据集，或使用不同的训练参数，Darknet 也支持重新训练网络，而不是直接使用预先训练的模型，官方网站上有重新训练的详细说明，有兴趣的读者可以参考官方网站中的相关文档，此处不再详述。

7.5.2　基于 Keras-YOLO 实现目标检测

Keras-YOLO 3 项目使用 Python 语言实现了 YOLO v3 网络模型，并且可以导入 Darknet 网络预先训练好的权重文件信息直接使用网络进行目标识别。

1. 下载 Keras-YOLO 3 项目

执行如下命令下载 Keras-YOLO 3 项目代码：

```
git clone https://github.com/qqwweee/keras-yolo3.git
```

2. 转换 Darknet 的 weights 文件格式为 Keras 支持的格式

将上一小节中从 Darknet 官方网站下载的权重文件 yolov3.weights 放到 Keras-YOLO 3 项目根目录下，执行如下命令将 Darknet 的权重文件转换为 Keras-YOLO 3 支持的.h5 格式：

```
python3 convert.py yolov3.cfg yolov3.weights model_data/yolo.h5
```

执行成功会输出类似如图 7.19 所示的信息和结果。

```
leaky_re_lu_57 (LeakyReLU)      (None, None, None,    0        ['batch_normalization_57[0][0]']
                                 1024)

leaky_re_lu_64 (LeakyReLU)      (None, None, None,    0        ['batch_normalization_64[0][0]']
                                 512)

leaky_re_lu_71 (LeakyReLU)      (None, None, None,    0        ['batch_normalization_71[0][0]']
                                 256)

conv2d_58 (Conv2D)              (None, None, None,    261375   ['leaky_re_lu_57[0][0]']
                                 255)

conv2d_66 (Conv2D)              (None, None, None,    130815   ['leaky_re_lu_64[0][0]']
                                 255)

conv2d_74 (Conv2D)              (None, None, None,    65535    ['leaky_re_lu_71[0][0]']
                                 255)

==================================================================================================
Total params: 62,001,757
Trainable params: 61,949,149
Non-trainable params: 52,608
__________________________________________________________________________________________________
None
WARNING:tensorflow:Compiled the loaded model, but the compiled metrics have yet to be built. `model.compile_metrics` will be empty until you train or evaluate the model.
Saved Keras model to model_data/yolo.h5
Read 62001757 of 62001757.0 from Darknet weights.
```

图 7.19　输出结果

执行完成后，Keras-YOLO 3 项目的目录结构如图 7.20 所示。

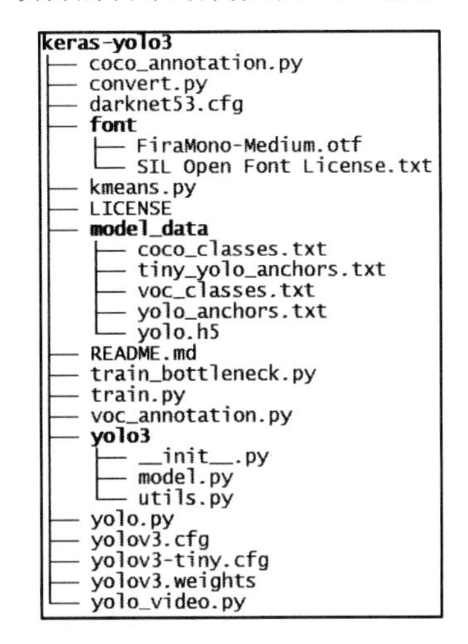

图 7.20　Keras-YOLO 3 项目的目录和文件结构

其中，各选项说明如下：

- yolo.py 实现了主要的使用功能。
- yolo_video.py 是整个项目的入口文件，调用了 yolo.py 文件。
- model.py 实现了 YOLO v3 算法框架。
- utils.py 封装了实现过程中需要的应用功能。
- kmeans.py 用于获取数据集的全部锚点边界框（Anchor Box），通过 K-Means 算法将这些边界框的宽和高聚类为 9 类，获取 9 个聚类中心，面积从大到小排列，作为 9 个锚点边界框（Anchor Box）。
- train.py 用于训练自己的数据集。
- coco_annotation.py 和 voc_annotation.py 用于在训练 COCO 以及 VOC 数据集时生成对应的 Annotation 文件。
- convert.py 用于将 Darknet 中 YOLO v3 的.cfg 模型文件和.weights 权重文件转换为 Keras 支持的.h5 文件，并存放于 model_data 子目录下。
- font 子目录中包含一些字体，model_data 子目录中包含 COCO 数据集和 VOC 数据集的类别及相关的 Anchors 文件。

- yolov3.weights 文件是从 Darknet 下载的预先训练好的权重文件。
- model_data/yolo.h5 是根据 yolov3.weight 文件转换生成的 Keras 格式的权重文件。

3. 执行 YOLO 目标检测任务

将待检测的输入文件提前准备在 Keras-YOLO 3 项目根目录下，本案例中我们依然使用了上一小节使用的 person.jpg 输入文件，然后在 Keras-Yolo 3 项目根目录下执行如命令启动 YOLO v3 模型的目标检测任务：

```
python3 yolo_video.py --image
```

yolo_video.py 更详细的使用说明如下：

```
usage: yolo_video.py [-h] [--model MODEL] [--anchors ANCHORS]
                     [--classes CLASSES] [--gpu_num GPU_NUM] [--image]
                     [--input] [--output]
positional arguments:
  --input        Video input path
  --output       Video output path
optional arguments:
  -h, --help         show this help message and exit
  --model MODEL      path to model weight file, default model_data/yolo.h5
  --anchors ANCHORS  path to anchor definitions, default
                     model_data/yolo_anchors.txt
  --classes CLASSES  path to class definitions, default
                     model_data/coco_classes.txt
  --gpu_num GPU_NUM  Number of GPU to use, default 1
  --image            Image detection mode, will ignore all positional arguments
```

输入待检测的图像文件名后，输出结果如图 7.21 所示。

```
2022-08-05 11:48:26.907449: I tensorflow/compiler/mlir/
model_data/yolo.h5 model, anchors, and classes loaded.
Input image filename:person.jpg
(416, 416, 3)
Found 3 boxes for img
horse 1.00 (394, 135) (604, 351)
dog 0.99 (63, 266) (207, 347)
person 1.00 (191, 93) (277, 371)
2.9054128360003233
```

图 7.21　Keras-YOLO 3 的输入和输出结果

输出结果显示已经成功检测出的目标数量、置信度、预测框的位置等信息，与 Darknet 网络一样，也会同时以可视化的图形方式显示检测结果，如图 7.22 所示。

图 7.22　Keras-YOLO 3 生成的检测结果

4. 错误提示和解决办法

由于 Keras-YOLO 3 项目代码基于 Python 3.5.2+Keras 2.1.5+TensorFlow 1.6.0 环境开发的，因此执行过程中可能会遇到一些因为版本差异引起的问题，下面列出编者在使用过程中出现的一些主要问题及解决办法供读者参考，在本书配套提供的代码中已合并这些修改。

1）convert.py

在运行 convert.py 文件的过程中，可能会遇到类似如图 7.23 所示的问题。

```
  File "convert.py", line 17, in <module>
    from keras.layers.advanced_activations import LeakyReLU
ModuleNotFoundError: No module named 'keras.layers.advanced_activations'
```

```
  File "convert.py", line 19, in <module>
    from keras.layers.normalization import BatchNormalization
ImportError: cannot import name 'BatchNormalization' from 'keras.layers.normalization'
```

图 7.23　可能会遇到的问题

这是由于 Keras 版本差异引起的模块划分变化，需要将 convert.py 中的如下代码：

```
from keras.layers.advanced_activations import LeakyReLU
from keras.layers.normalization import BatchNormalization
```

修改为：

```
from keras.layers import LeakyReLU #for keras 2.9.0
from keras.layers import BatchNormalization #for keras 2.9.0
```

2）model.py

同样需要将 yolo3/model.py 中的代码修改如下：

```
from keras.layers import LeakyReLU #for keras 2.9.0
from keras.layers import BatchNormalization #for keras 2.9.0
```

如果出现类似如图 7.24 所示的错误。

```
Traceback (most recent call last):
  File "yolo_video.py", line 73, in <module>
    detect_img(YOLO(**vars(FLAGS)))
  File "/opt/JeffLi/python/DeepLearning/book/ch6/keras-yolo3/yolo.py", line 45, in __init__
    self.boxes, self.scores, self.classes = self.generate()
  File "/opt/JeffLi/python/DeepLearning/book/ch6/keras-yolo3/yolo.py", line 97, in generate
    boxes, scores, classes = yolo_eval(self.yolo_model.output, self.anchors,
  File "/opt/JeffLi/python/DeepLearning/book/ch6/keras-yolo3/yolo3/model.py", line 203, in yolo_eval
    _boxes, _box_scores = yolo_boxes_and_scores(yolo_outputs[l],
  File "/opt/JeffLi/python/DeepLearning/book/ch6/keras-yolo3/yolo3/model.py", line 180, in yolo_boxes_and_scores
    box_xy, box_wh, box_confidence, box_class_probs = yolo_head(feats,
  File "/opt/JeffLi/python/DeepLearning/book/ch6/keras-yolo3/yolo3/model.py", line 142, in yolo_head
    box_xy = (K.sigmoid(feats[..., :2]) + grid) / K.cast(grid_shape[::-1], K.dtype(feats))
  File "/usr/local/lib/python3.8/dist-packages/tensorflow/python/util/traceback_utils.py", line 153, in error_handler
    raise e.with_traceback(filtered_tb) from None
  File "/usr/local/lib/python3.8/dist-packages/keras/layers/core/tf_op_layer.py", line 534, in handle
    return SlicingOpLambda(self.op)(*args, **kwargs)
  File "/usr/local/lib/python3.8/dist-packages/keras/utils/traceback_utils.py", line 67, in error_handler
    raise e.with_traceback(filtered_tb) from None
ValueError: Subshape must have computed start >= end since stride is negative, but is 0 and 2 (computed from start 0 and end 9223372036854775807 over shape
 with rank 2 and stride-1)
```

图 7.24　出现的错误

可以将第 142 行代码：

```
    box_xy = (K.sigmoid(feats[..., :2]) + grid) / K.cast(grid_shape[::-1],
K.dtype(feats))
    box_wh = K.exp(feats[..., 2:4]) * anchors_tensor / K.cast(input_shape[::-1],
K.dtype(feats))
```

修改为：

```
    box_xy = (K.sigmoid(feats[..., :2]) + grid) / K.cast(grid_shape[..., ::-1],
K.dtype(feats))
    box_wh = K.exp(feats[..., 2:4]) * anchors_tensor / K.cast(input_shape[..., ::-1],
K.dtype(feats))
```

如果出现类似如图 7.25 所示的错误。

```
Traceback (most recent call last):
  File "yolo_video.py", line 73, in <module>
    detect_img(YOLO(**vars(FLAGS)))
  File "yolo_video.py", line 15, in detect_img
    r_image = yolo.detect_image(image)
  File "/opt/JeffLi/python/DeepLearning/book/ch6/keras-yolo3/yolo.py", line 121, in detect_image
    feed_dict={
  File "/usr/local/lib/python3.8/dist-packages/keras/engine/keras_tensor.py", line 241, in __hash__
    raise TypeError(f'Tensors are unhashable (this tensor: {self}). '
TypeError: Tensors are unhashable (this tensor: KerasTensor(type_spec=TensorSpec(shape=(None, None, None, 3), dtype=tf.float32, name='inpu
t_1', description="created by layer 'input_1'")). Instead, use tensor.ref() as the key.
```

图 7.25　出现的错误

可以将如下代码：

```
from keras import backend as K
```

修改为：

```
import tensorflow._api.v2.compat.v1.keras.backend as K
tf.compat.v1.disable_eager_execution()
```

3）yolo.py

如果用户的环境没有安装 CUDA，执行时可能会遇到如图 7.26 所示的错误。

```
Traceback (most recent call last):
  File "yolo_video.py", line 3, in <module>
    from yolo import YOLO, detect_video
  File "/opt/JeffLi/python/DeepLearning/book/ch6/keras-yolo3/yolo.py", line 19, in <module>
    from keras.utils import multi_gpu_model
ImportError: cannot import name 'multi_gpu_model' from 'keras.utils' (/usr/local/lib/python3.8/dist-packages/keras/utils/__init__.py)
```

图 7.26　可能会遇到的错误

可以暂时注释掉 yolo.py 文件中的如下代码：

```
#from keras.utils import multi_gpu_model
```

并在命令中使用--gpu_num 0 指示来禁用 GPU 加速：

```
python3 yolo_video.py --image --gpu_num 0
```

5. 模型的重新训练

和 Darknet 一样，Keras-YOLO3 网络模型也支持训练自己的数据集以得到新的权重文件，实现对特定目标的检测。下面以 VOC 2007 数据集为例介绍训练过程如下：

1）建立 VOC 文件目录

在 Keras-YOLO 3 项目根目录下新建 VOCdevkit 子目录，其结构如图 7.27 所示。

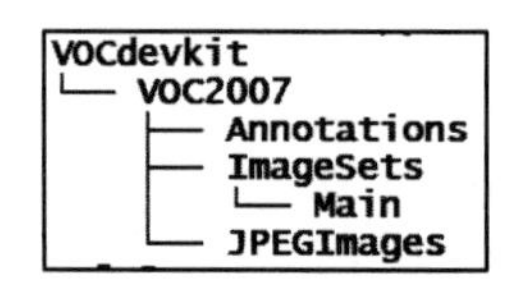

```
VOCdevkit
└── VOC2007
    ├── Annotations
    ├── ImageSets
    │   └── Main
    └── JPEGImages
```

图 7.27　VOCdevkit 目录结构

其中，各选项说明如下：

- Annotations 子目录用于存放 XML 格式的标签文件，每个 XML 文件都对应 JPEGImages 子目录中的一幅图片。
- ImageSets/Main 子目录用于存放训练集、测试集、验证集的文件列表。
- JPEGImages 子目录用于存放训练图片和测试图片。

2）制作数据集

创建完 VOC 文件目录后，接下来的工作是将自己准备的数据集放到对应的目录中去，并修改相关配置文件。

- 将训练和测试使用的图片文件放到 JPEGImages 子目录中。
- 将与图片文件对应的标注文件（XML 文件）放到 Annotations 子目录中。推荐使用 LabelImg 工具对 JPEGImages 子目录中的图片进行标注，并将保存路径设置为 Annotations 子目录，标注完成后会自动在 Annotations 子目录下生成图片文件对应的标注文件。
- 在 VOC 2007 子目录下新建 test.py 脚本文件，并在此目录下执行 python3 test.py 命令。执行该命令可以自动在 ImageSets/Main 子目录下生成训练集、测试集、验证集的文件列表文件（train.txt、test.txt、val.txt）。

【例 7.1】test.py。

```
import os
import random

trainval_percent = 0.1
train_percent = 0.9
xmlfilepath = 'Annotations'
txtsavepath = 'ImageSets\Main'
total_xml = os.listdir(xmlfilepath)

num = len(total_xml)
list = range(num)
tv = int(num * trainval_percent)
tr = int(tv * train_percent)
trainval = random.sample(list, tv)
train = random.sample(trainval, tr)

ftrainval = open('ImageSets/Main/trainval.txt', 'w')
ftest = open('ImageSets/Main/test.txt', 'w')
ftrain = open('ImageSets/Main/train.txt', 'w')
fval = open('ImageSets/Main/val.txt', 'w')

for i in list:
    name = total_xml[i][:-4] + '\n'
    if i in trainval:
        ftrainval.write(name)
        if i in train:
            ftest.write(name)
        else:
```

```
            fval.write(name)
        else:
            ftrain.write(name)

    ftrainval.close()
    ftrain.close()
    fval.close()
    ftest.close()
```

- 修改 Keras-YOLO 3 项目根目录下的 voc_annotaion.py 文件，classes 的取值要根据自己标注的类别进行修改，不然后续什么都检不出来：

```
    classes = ["aeroplane", "bicycle", "bird", "boat", "bottle", "bus", "car", "cat",
"chair", "cow", "diningtable", "dog", "horse", "motorbike", "person", "pottedplant",
"sheep", "sofa", "train", "tvmonitor"]
```

- 修改 model_data/voc_classes.txt 文件，同样根据自己标注的类别进行修改。
- 修改 Keras-YOLO 3 项目根目录下的 yolo3.cfg 文件，该文件中有 3 处[yolo]标签，每处[yolo]标签和它前面紧靠的[convolutional]标签中，如下所示加粗部分都需要修改：

```
    [convolutional]
    size=1
    stride=1
    pad=1
    filters=255 #修改为 3×(5 + voc_annotaion.py)中的 classes 类别个数
    activation=linear


    [yolo]
    mask = 3,4,5
    anchors = 10,13,  16,30,  33,23,  30,61,  62,45,  59,119,  116,90,  156,198,
373,326
    classes=80 #修改为 voc_annotaion.py 中的 classes 类别个数
    num=9
    jitter=.3
    ignore_thresh = .5
    truth_thresh = 1
    random=1 #修改为 0
```

- 运行 python3 voc_annotation.py，自动生成 2007_train.txt、2007_test.txt、2007_val.txt 文件。

3）训练模型

- 修改 Keras-YOLO 3 项目根目录下的 train.py 文件，将如下代码：

```
    def _main():
        annotation_path = 'train.txt'
```

修改为：

```
    def _main():
        annotation_path = 'VOCdevkit/VOC2007/ImageSets/Main/2007_train.txt'
```

- 执行如下命令转换预训练模型，将.weights 文件转换为 Keras 的.h5 文件：

```
python3 convert.py -w yolov3.cfg yolov3.weights model_data/yolo_weights.h5
```

- 最后，执行如下命令开始训练：

```
python3 train.py
```

7.6 本章小结

本章主要讲述了深度学习在目标检测任务中的应用知识。首先概要介绍了基于深度学习的目标检测算法及其类型。然后选择介绍了其中 3 种常用的深度学习网络模型，并重点介绍了 YOLO 网络结构及其关键算法的原理。最后以 YOLO v3 为例实际演示了如何使用深度学习模型完成目标检测任务，让读者大体了解深度学习模型的应用过程。

7.7 复习题

1. 目标检测任务的目的是什么？它主要解决哪两类问题？
2. 什么是单步目标检测法？什么是两步目标检测算法？
3. 有哪些基于深度学习算法的目标检测方法？
4. YOLO 算法中的置信度是什么概念？如何计算？
5. 如何使用 Keras-YOLO 3 预训练模型检测目标？

参考文献

[1]邓建华. 深度学习——原理、模型与实践.[M]. 北京：人民邮电出版社，2022.

[2]杨虹，谢显中，周前能等.TensorFlow 深度学习基础与应用[M]. 北京：人民邮电出版社，2021.

[3]吕云翔，刘卓然. Python 深度学习实战：基于 PyTorch[M]. 北京：人民邮电出版社，2022.

[4]雷明.机器学习与应用[M]. 北京：清华大学出版社，2018.

[5]本杰明・普朗什，艾略特・安德烈斯. 计算机视觉实战：基于 TensorFlow 2[M]. 北京：机械工业出版社，2021.

[6]Shaoqing Ren,Kaiming He, Ross Girshick, etal. Faster R-CNN: Towards Real-Time Object Detection with Region Proposal Networks，2016.

第 8 章 深度学习用于文本分析

深度学习模型算法除了能在计算机视觉、图像领域大放异彩外，在文本分析领域也展示出了非凡的能力。语音和文本是自然语言处理（Natural Language Process，NLP）任务的两个主要输入来源。最近几年，随着深度学习以及相关技术的发展，NLP 领域的研究取得了一个又一个突破，研究者们设计了各种模型和方法来解决 NLP 的各类问题。现如今，基于深度学习技术的 NLP 系统已经得到广泛应用，比如 Google 强大的搜索引擎、亚马逊的语音助手 Alexa 等。

本章将介绍使用深度学习模型处理自然语言文本分析的模型和算法，并以自然语言文本的机器翻译案例为例介绍具体应用的方法。

8.1 自然语言处理与文本分析

微软创始人比尔·盖茨曾说：“语言理解是人工智能皇冠上的明珠”。自然语言处理是人工智能领域中的重要一环，是感知智能的一部分，自然语言处理的进步将推动人工智能整体的发展。

自然语言处理的目标是让计算机处理、理解和应用我们人类的语言（声音、文字甚至肢体语言），以完成有意义的任务，比如订票、购物或者问答、聊天、语言翻译等，然而完全理解和表达语言是极其困难的，完美的语言理解是自然语言处理的终极目标。

自然语言处理的输入来源一般包括语音和文本两种，其中文本分析是其中应用极广泛的处理领域。

8.1.1 文本分析的常见任务

除了光学字符识别（Optical Character Recognition，OCR）、语音识别等大家耳熟能详的自然语言处理任务外，基于自然语言的文本分析处理还有如下 4 大类常见的任务。

- 第一类任务：序列标注，如分词、命名实体识别、语义标注、词性标注等。
- 第二类任务：分类任务，如文本分类、情感分析等。

- 第三类任务：句子关系判断，如自然语言推理、问答 QA、文本语义相似性等。
- 第四类任务：生成式任务，如机器翻译、文本摘要、写诗造句、图像描述生成等。

下面简单介绍几种常用的文本分析处理任务。

1. 分词

分词（Word Segmentation）就是将句子、段落、文章这种长文本分解为以字词为单位的数据结构，以方便后续的处理分析工作，这是文本分析最基本的任务。

对于拉丁语系的语言来说，单词之间有明显的空格作为分隔符，可以根据空格天然地进行分词，但对于中文来说，要正确地分词却并不是一件容易的事。

首先，中文词组之间并没有明显的分隔，没有天然的标准进行分词，不同分词粒度就可以产生不同的分词结果，例如：

- 中国 \ 科学技术 \ 大学
- 中国 \ 科学 \ 技术 \ 大学

同时，由于中文的博大精深，一词多义的情况非常多，导致很容易出现歧义，即使是同样的语句，不同的人也会有不同的理解，可以有不同的分词方法，产生的结果可能也是不同的，例如：

- 乒乓球 \ 拍卖 \ 完了
- 乒乓 \ 球拍 \ 卖 \ 完了

因此，如何结合语言的上下文环境进行正确地分词，特别是中文的分词，是自然语言处理中具有重要意义的一项基本任务。

2. 命名实体识别

命名实体识别（Named Entities Recognition，NER）又称作专名识别，也是自然语言处理的一个基础任务，甚至在某种程序上，我们可以认为命名实体识别是分词任务的进化版。命名实体识别技术是信息抽取、信息检索、机器翻译、问答系统等多种自然语言处理技术必不可少的组成部分。

不同于分词任务的任务目标，命名实体识别不需要对文本中的每一个字都进行分类，它只关注文本中特定类别实体的识别，即命名实体识别是识别文本中具有特定意义的实体名称的边界和类别。学术上，命名实体识别的命名实体分为 3 大类和 7 小类，3 大类指实体类、时间类、数字类，7 小类指人名、地名、组织机构名、时间、日期、货币、百分比。例如：

- [周一]$_{日期}$[12 点]$_{时间}$，[李强]$_{人名}$在[教育局]$_{组织机构名}$门口给了[王梅]$_{人名}$一本[书]$_{物名}$。

3. 词性标注

词性标注（Parts of Speech，PoS）就是在给定句子中判定每个词的语法范畴，确定其词性并加以标注的过程，这也是自然语言处理中一项非常重要的基础性工作，对于词性标注的研究已经有较长的时间，在研究者长期的研究总结中，发现汉语词性标注中面临许多棘手的问题。Jieba 库提供了词性标注功能。

4. 文本分类

文本分类是自然语言处理工业化应用最广泛的任务之一，譬如辨别垃圾信息或恶意评论、对文章进行政治倾向分类、对商品积极和消极的评论进行分类等。

5. 情感分析

情感分析又叫观点挖掘，该任务的目的是从文本中研究人们对实体及其属性所表达的观点、情绪、情感、评价和态度。这些实体可以是各种产品、机构、服务、个人、事件、问题或主题等。这一领域涉及的问题十分多样，包括很多研究任务，譬如情感分析、观点挖掘、观点信息提取、情感挖掘、主观性分析、倾向性分析、情绪分析以及评论挖掘等。

6. 机器翻译

机器翻译（Machine Translation，NT）又称为自动翻译，是利用计算机将一种自然语言（源语言）转换为另一种自然语言（目标语言）的过程。在自然文本处理中，机器翻译能够将文本由一种语言翻译成另一种语言，是非常具有挑战性的自然语言处理任务之一。2013 年，人工神经网络相关的方法开始在机器翻译领域得到应用，神经机器翻译（Neural Machine Translation，NMT）逐渐兴起。

7. 问答系统

问答系统（Question Answering System，QA）是自然语言处理领域中一个备受关注并具有广泛发展前景的研究方向，具有广泛的商业价值。问答系统技术是聊天机器人和虚拟助理（Virtual Assistant，VA）重要的技术支持，许多公司已经采用对话机器人来提供客户服务。

8.1.2 自然语言处理技术简介

长期以来，研究人员进行自然语言处理研究主要依赖各种机器学习模型，以及手工设计的特征，但这样做带来的隐患是由于语言信息被稀疏表征表示，会出现维度诅咒之类的问题。而随着近年来词嵌入（低维、分布式表征）的普及和成功，和传统机器学习模型（如 SVM、Logistic 回归）相比，基于神经网络的模型在各种语言相关任务上取得了优异的成果。下面简要介绍几种基于神经网络方法的自然语言处理技术。

1. 神经语言模型（2001 年）

语言建模是在给定先前单词的情况下预测文本中的下一个单词的任务。这可能是最简单的语言处理任务，具有具体的实际应用，如智能键盘和电子邮件回复建议（Kannan 等人，2016）。语言建模有着悠久的历史，经典的方法是基于 n 元语法，并使用平滑来处理看不见的 n 元语法（Kneser and Ney，1995）。

第一个神经语言模型（Neural Language Models）是 Bengio 等人在 2001 年提出的前馈神经网络，如图 8.1 所示。

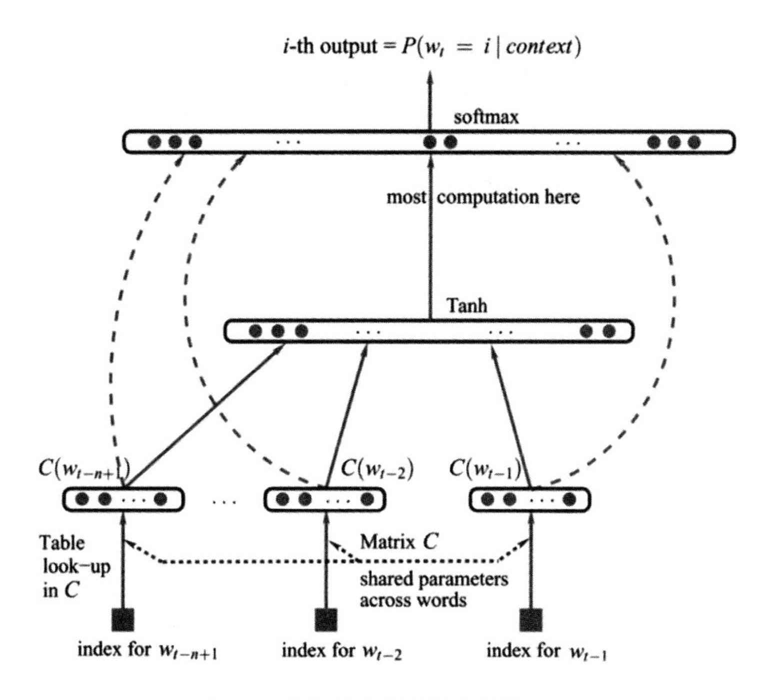

图 8.1　前馈神经网络语言模型

该模型用前 n 个单词的输入向量表示为输入，在表 C 中进行查找。现在，这样的向量被称为词嵌入。这些词嵌入级联后被输入一个隐藏层中，该隐藏层的输出又被输入 Softmax 层。

语言建模通常是应用 RNN 时的第一步，它是无监督学习的一种形式，也称为预测性学习。语言建模最值得注意的方面可能是，尽管它很简单，但它是后续许多技术发展的核心，例如：

- 词嵌入模型：Word2Vec 的目标是简化语言建模。
- 序列到序列（Sequence-to-Sequence）模型：这种模型通过一次预测一个单词来生成输出序列。
- 预先训练的语言模型：这些方法使用来自语言模型的表述进行迁移学习。

2. 多任务学习（2008 年）

多任务学习（Multi-Task Learning，MTL）是在多个任务上训练的模型之间共享参数的一种通用方法。在神经网络中，通过将不同层的权重捆绑在一起就可以很容易地做到这一点。多任务学习的思想最早是由 Rich Caruana 于 1993 年提出的，并被应用于道路跟踪和肺炎预测（Caruana，1998）。直观地说，多任务学习鼓励模型学习对许多任务有用的表示法。这对于学习常规的低级表示、集中模型的注意力或在训练数据数量有限的设置中特别有用。

2008 年，Collobert 和 Weston 将多任务学习首次应用于自然语言处理的神经网络，在它们的模型中，查询表（Lookup Tables）在两个接受不同任务训练的模型之间共享，如图 8.2 所示。

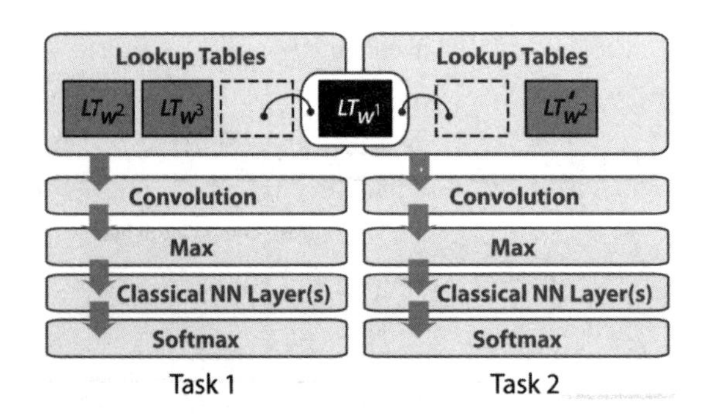

图 8.2 查询表的多任务学习

多任务学习现在被广泛用于各种自然语言处理任务，随着越来越多的人在多任务上对模型进行评估，以衡量其泛化能力，多任务学习变得越来越重要，最近提出了多任务学习的专用基准（Wang 等人，2018；McCann 等人，2018）。

3. 词嵌入（2013 年）

文本的稀疏向量表示，即所谓的词袋模型，在自然语言处理领域有着悠久的历史，基于词嵌入的密集向量表示法也早在 2001 年开始得到使用。

所谓词嵌入，通俗来讲，是指将一个词语（Word）转换为一个向量（Vector）表示，所以词嵌入有时又被叫作 Word2Vec。词嵌入是一种基于分布假设（出现在类似语境中具有相似含义的词）的分布向量，它的作用是把一个维数为所有词的数量的高维空间嵌入一个维数低得多的连续向量空间中。通常情况下，词嵌入会在任务上进行预训练，用浅层神经网络基于上下文预测单词。

2013 年，米科洛夫（Mikolov）等人提出连续词袋（Continuous Bag Of Words，CBOW）和跳过语法（Skip-Gram）模型，成为词嵌入模型中的两个主要模型，它的主要创新是通过去除隐藏层并接近目标来使这些词嵌入的训练更有效率，便能使大规模的词嵌入训练成为可能。

CBOW 模型的目标是基于给定上下文和给定窗口大小预测目标单词(Input Word)的条件概率，即用多个上下文单词来预测一个中心目标单词。而 Skip-Gram 模型则刚好相反，它的目标是在给定一个中心目标单词的情况下，预测多个上下文，如图 8.3 所示。

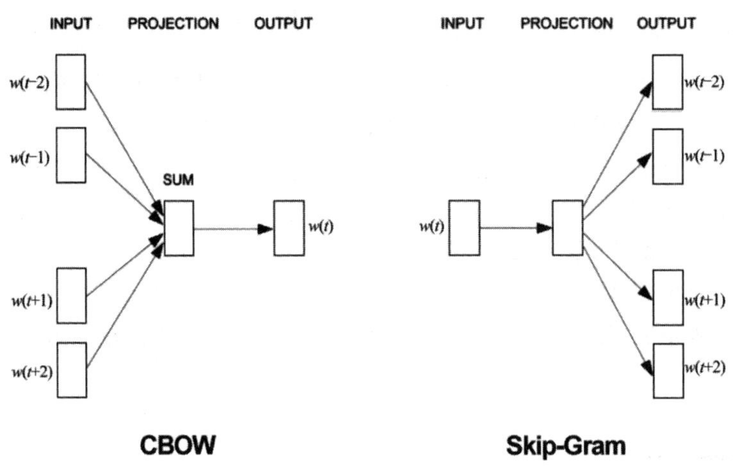

图 8.3 词嵌入的两种模型

虽然这些词嵌入模型在概念上与使用前馈神经网络学习的词嵌入在概念上没有区别，但是在一个非常大的语料库上训练之后，它们就能够捕获诸如性别、动词时态和国家-首都关系等单词之间的特定关系，如图 8.4 所示。

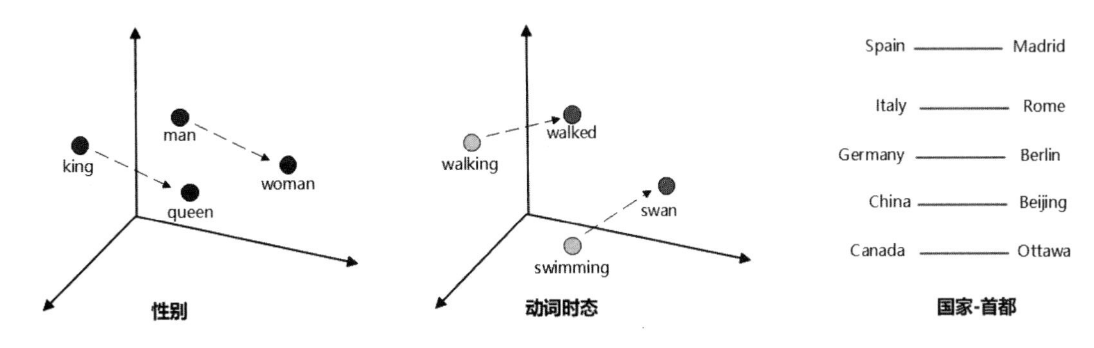

图 8.4　词嵌入捕获的关系

尽管 Word2Vec 捕捉到的关系具有直观且近乎神奇的性质，但后来的研究表明，Word2Vec 本身并没有什么特殊之处：词嵌入也可以通过矩阵因式分解来学习（Pennington 等人，2014；Levy and Goldberg，2014），经过适当的调整，SVD 和 LSA 等经典矩阵因式分解方法取得了类似的结果（Levy 等人，2015）。从那时起，人们在探索词嵌入的不同方面做了大量工作，尽管有了许多发展，Word2Vec 仍然是一个流行的选择，并在今天得到了广泛的使用。

4. 自然语言处理 NLP 的神经网络（2013 年）

2013 年和 2014 年是自然语言处理问题开始引入神经网络模型的时期，3 种主要类型的神经网络得到了广泛的应用：循环神经网络、卷积神经网络和递归神经网络。

1）循环神经网络

循环神经网络（RNN）是一种专门处理序列信息的神经网络，它循环往复地把前一步的计算结果作为条件，放进当前的输入中，这些序列通常由固定大小的标记向量表示，按顺序逐个输入循环神经元。RNNs 是处理自然语言处理中普遍存在的动态输入序列的一个最佳的技术方案，相比 CNN，RNN 的优势是能把之前处理好的信息并入当前计算，这使它适合在任意长度的序列中对上下文依赖性进行建模。

简单的 RNN 容易出现梯度消失和梯度爆炸现象，这意味着难以学习和难以调整较早层中的参数，存在长期依赖问题。为了解决这个问题，研究人员陆续提出了 LSTM、ResNets、门控循环单元（Gated Recurrent Unit，GRU）、独立 RNN（Independent RNN）等多种变体。在应用方面，简单循环网络（Simple Recurrent Network，SRN）从诞生之初就被应用于语音识别任务，但表现并不理想，因此在 20 世纪 90 年代早期有研究尝试将 SRN 与其他概率模型相结合以提升其可用性，随后双向 RNN（Bidirectional RNN，Bi-RNN）和双向 LSTM 的出现提升了 RNN 对自然语言处理的能力，2010 年以后，随着深度学习方法的成熟、数值计算能力的提升以及各类特征学习技术的应用，拥有复杂构筑的深度循环神经网络（Deep RNN，DRNN）开始在自然语言处理中展现出优势，成为语音识别、语言建模等应用的重要算法。目前，RNN 一直是各类自然语言处理研究的常规选择，比如机器翻译、图像字幕和语言建模等。

2）卷积神经网络

随着卷积神经网络（CNN）在计算机视觉中的广泛应用，它们也开始应用于自然语言处理。2014年，Yoon Kim 针对 CNN 的输入层做了一些变形，提出了文本分类模型 textCNN。与传统图像的 CNN 网络相比，textCNN 在网络结构上没有任何变化，甚至更加简单。自然语言是一维数据，用于文本的卷积神经网络其实只有一层卷积，过滤器（卷积核）只需要沿时间维度移动，并进行一维池化，最后将输出外接 Softmax 函数来分类。

CNN 的优点在于它比 RNN 更加可并行化，因为每个时间步的状态仅依赖于局部上下文（通过卷积运算），而不是 RNN 中的所有过去状态。CNN 可以用更广泛的接受域扩展，使用扩张的卷积来捕捉更广泛的上下文（Kalchbrenner 等人，2016）。

CNN 基本上就是一种基于神经的方法，它可以被看作是基于单词或 N-Gram 提取更高级别特征的特征函数。如今，CNN 提取的抽象特征已经被有效应用于情感分析、机器翻译和问答系统等更多的文本处理任务中。

但 CNN 的一个缺点是无法建模长距离依赖关系，而这些依赖关系对所有 NLP 任务都是很重要的。为了解决这个问题，现在研究人员已经把 CNN 和时延神经网络（TDNN）结合在一起，由后者在训练期间实现更大的上下文范围。另外，动态卷积神经网络（DCNN）也已经在不同任务上取得了成功，比如情绪预测和问题分类，它的特殊之处在于池化层，它用了一种动态 K-Max 池化，能让卷积核在句子建模过程中动态地跨越可变范围，使句子中相隔甚远的两个词之间都能产生语义联系。

总体而言，CNN 对于自然语言处理也是有用的，因为它可以在上下文窗口中挖掘语义线索，但它在处理连贯性和长距离语义关系时，还有一定欠缺。相较之下，RNN 是一个更好的选择。

3）递归神经网络

广泛地讲，递归神经网络（Recursive Neural Network）是两类人工神经网络的总称，分别是时间递归神经网络（Recurrent Neural Network，RNN）和结构递归神经网络（Recursive Neural Network），前者即循环神经网络。接下来所讲的递归神经网络专指后者。

与循环神经网络类似，递归神经网络也是对连续数据建模的一种机制。自然语言本质上是层次化的，恰好可以被看成是递归结构：单词被组合成高阶短语和从句，这些短语和从句本身可以根据一组生产规则递归地组合。受将句子视为树而不是序列的语言学思想启发，研究者们提出了递归神经网络。在这种结构中，通过自下而上地构建序列的表示形式，非终端节点由其所有子节点的表征来表示，如图 8.5 所示。

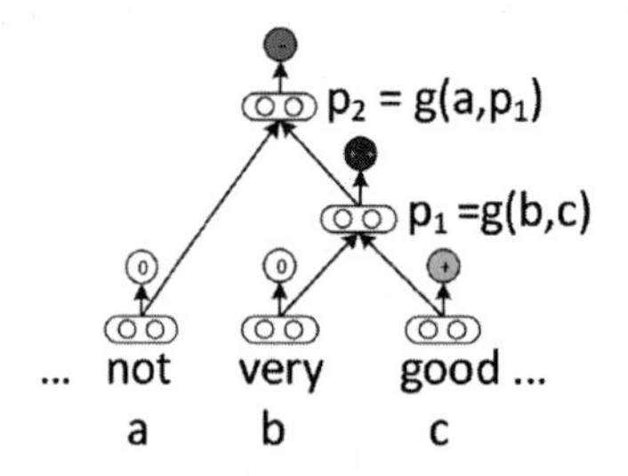

图 8.5 递归神经网络的表示形式

5. 序列到序列模型（2014 年）

2014 年，Sutskever 等人提出了序列到序列（Sequence-to-Sequence，Seq2Seq）学习模型，这是

使用神经网络将一个序列映射到另一个序列的通用框架。在该框架中，编码器神经网络逐个符号地处理句子符号，并将其压缩成矢量表示；然后解码器神经网络基于编码器状态逐个符号地预测输出符号，在每个步骤将先前预测的符号作为输入，如图 8.6 所示。

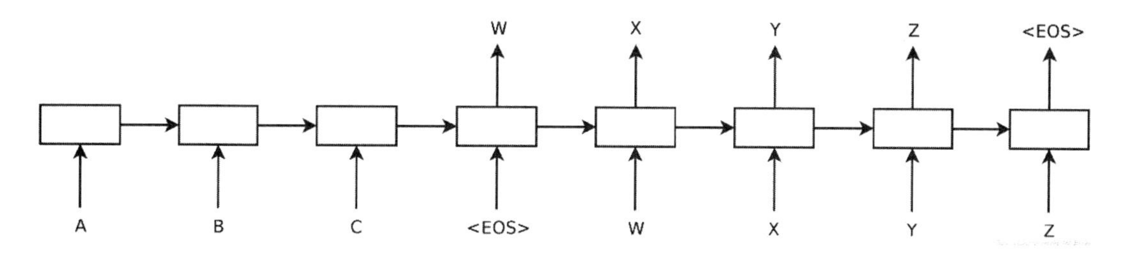

图 8.6 序列到序列模型框架

从广义上讲，序列到序列模型的目的是将输入序列（源序列）转换为新的输出序列（目标序列），这种方式不会受限于两个序列的长度，换句话说，两个序列的长度可以任意。

Seq2Seq 模型的思想最早由 Bengio 等人在论文 *Learning Phrase Representations using RNN Encoder－Decoder for Statistical Machine Translation* 中初次提出，随后 Sutskever 等人在文章 *Sequence to Sequence Learning with Neural Networks* 中提出改进模型，即为目前常说的 Seq2Seq 模型。

由于其灵活性，这个框架现在是自然语言生成任务的首选框架，机器翻译被证明是这个框架的杀手级应用。2016 年，谷歌宣布开始用神经机器翻译模型取代其基于短语的整体式机器翻译模型（Wu 等人，2016）。

6. 注意力机制（2015 年）

Seq2Seq 模型的主要瓶颈是需要将源序列的全部内容压缩为一个固定大小的向量，当输入序列的长度过大时，需要足够大的 RNN 和足够长的训练时间才能很好地实现，因此需要寻找一种更高效的实现方法，注意力机制的应用因此而生。

注意力机制的思想认为输出的目标序列的某个部分往往只与输入序列的部分特点相关，因此可以把注意力（Attention）集中到与当前输出相关的输入上。

注意力机制最早是在视觉图像领域提出来的，这方面的研究工作很多，研究历史也比较悠久。2015 年，Bahdanau 等人第一次提出将注意力机制应用到 NLP 领域中。

从本质上说，注意力机制的作用对象是基于编码器－解码器框架的 RNN，它能让解码器利用最后的隐藏状态，以及基于输入隐藏状态序列计算的信息（如上下文向量），这对于需要上下文对齐的任务特别有效。

当前注意力机制已经被成功应用于机器翻译、文本摘要、阅读理解、图像字幕、对话生成、情感分析、语篇分析等许多 NLP 领域。虽然已经有研究人员提出了各种不同形式和类型的注意力机制，但未来它仍然是 NLP 领域的重点研究方向之一。

7. 基于记忆的增强神经网络（2015 年）

注意力可以看作是模糊记忆的一种形式，记忆由模型过去的隐藏状态组成，模型选择从记忆中检索需要的内容。研究者们又进一步提出了许多具有更明确记忆的模型，引入结构化的记忆模块，将和任务相关的短期记忆保存在记忆中，需要时再进行读取，这种装备外部记忆的神经网络也称为记忆网络（MN）或记忆增强神经网络（MANN）。这些网络模型有不同的变体，如神经图灵机、记忆网络和端到端记忆网络、动态记忆网络、神经微分计算机和循环实体网络。在这些模型中，记忆的概念是非常通用的：知识库或表都可以充当记忆，而记忆也可以根据整个输入或它的特定部分去填充。

基于记忆的模型通常应用于一些特定任务中，它们在问答系统、语言建模、POS 标记和情感分析等任务上都有不错的表现。

8. 预训练模型（2018 年）

预训练模型最早于 2015 年被提出，直到 2018 年，它们才被证明在一系列不同的 NLP 任务中都是有益的。2018 年 6 月，OpenAI 上发表的 *Improving Language Understanding by Generative Pre-Training* 论文把预训练模型推向了一个新的高潮。2018 年 10 月，Google AI 在 Arxiv 上发表了 *BERT: Pre-training of Deep Bidirectional Transformers for Language Understanding* 论文，BERT 的全称是 Bidirectional Encoder Representation from Transformers，它是第一个用于预训练 NLP 模型的无监督方法、深度双向系统，可以支持用户在短短几个小时内（在单个 GPU 上）使用 BERT 训练出自己的 NLP 模型。BERT 是一个非常有用的框架，可以很好地在各种 NLP 任务中使用。随后，更多的 BERT 变种和预训练模型纷纷发布，如 Google 的 Transformer-XL、OpenAI 的 GPT、语言模型嵌入（Embeddings from Language Models，ELMO）、Stanford NLP 等。

预训练模型可以用较少的数据进行学习，在使用预训练模型时只需要使用未标记的数据，因此对于标记数据比较困难的低资源语言来说，预训练模型特别有用。这一突破使得每个人都能轻松地开启 NLP 任务，尤其是那些没有时间和资源从头开始构建 NLP 模型的人，所以使用预训练模型处理 NLP 任务是目前非常热门的研究方向。

9. 其他技术

1）变分自动编码器

现今，NLP 领域最流行的深度生成模型有变分自动编码器（Variational Auto-Encoder，VAE）和生成对抗神经网络（GAN），它们能在潜在空间生成逼真的句子，并从中发现丰富的自然语言结构。

VAE 作为一个生成模型，通过在隐藏的潜在空间上施加先验分布，能使生成的句子更接近人类自然语言表述。

2）对抗学习

对抗学习方法已经在机器学习领域掀起了风暴，在 NLP 中也有不同形式的应用。

对抗学习（Generative Adversarial Network，GAN）本身十分灵活，所以它在很多 NLP 任务上都有用武之地。比如，和标准自编码器相比，一个基于 RNN 的 VAE 生成模型可以产生形式更多样化、表述更规整的句子；而基于 GAN 的模型能把结构化变量（如时态、情绪）结合进来，生成更符合语境的句子。

3）强化学习

强化学习（Reinforcement Learning，RL）已被证明对具有时间依赖性的任务有效，近年来它在自然语言生成任务中崭露头角，在文本生成、图像字幕和机器翻译中表现出色。

以上我们简单介绍了基于神经网络的 NLP 应用模型，介绍了深度学习、强化学习在 NLP 任务上的可能性，也知道了注意力机制和记忆增强网络在提高 NLP 神经网络模型性能上的能力，通过结合这些技术，已经能够让计算机处理复杂的自然语言任务了。下面我们将结合文本序列处理中常见的机器翻译任务，介绍深度学习算法在文本序列处理中的具体应用。

8.2　应用案例：基于 Encoder-Decoder 模型的机器翻译

文本序列的一个最广泛的应用就是机器翻译，本节通过一个简单的例子，利用 TensorFlow 框架 Sequence to Sequence Model Architecture 中的 Encoder-Decoder 方法实现神经机器翻译（Neural Machine Translation，NMT），虽然模型比较简单，翻译的准确性不可能像 BERT 模型那么好，但可以作为一个入门实验，通过这个案例可以让读者快速了解背后的理论和实现的框架。

8.2.1　Encoder-Decoder 模型介绍

以前基于统计方法的翻译都是将句子分解成一段一段的，每一小段进行翻译，这样翻译出来的句子往往不够流畅。我们人类也不是这样翻译的，当人类把英文“I love china.”翻译成中文“我爱中国！”时，至少要完整地看完整个句子才开始翻译，先在头脑中加工信息，加工完成之后再说出中文。所以在深度学习的模型中，处理这类问题需要把翻译拆分成两个不同的过程：Encoder 和 Decoder。Encoder-Decoder 模型属于 Seq2Seq 模型中的一种，是目前基于深度学习的机器翻译的主要方法。

所以在机器翻译领域，一个最简单的框架结构如图 8.7 所示。

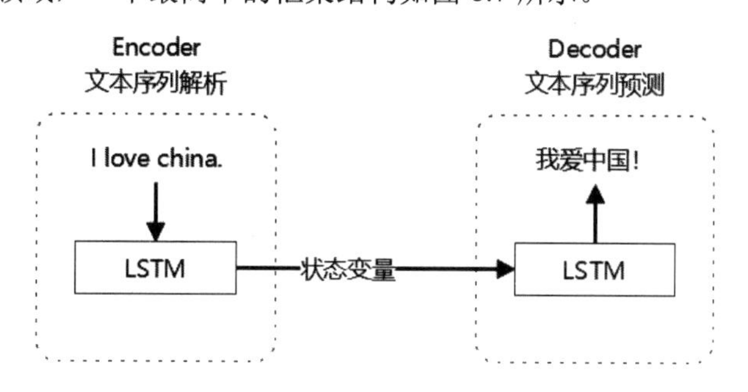

图 8.7　基于 Encoder-Decoder 的机器翻译结构

其中 Encoder 部分负责理解输入的文本序列，将其编码成状态空间的状态变量，而 Decoder 则在对状态变量再次充分理解的基础上重新编码出新的文本序列，实现把输入文本序列翻译成目标文本序列。理论上，无论是 Encoder 还是 Decoder 都可以使用任何非线性的模型，只要它能翻译出状态变量。在前面的章节中已经提到，LSTM 模型既能兼顾长期记忆（Long Term Dependency），又能兼顾短期记忆（Short Term Dependency），是一个非常优秀的 RNN 扩展模型，在自然语言处理中应用得非常广泛，所以本节的 Encoder 和 Decoder 都选择使用 LSTM 模型。其工作模型如图 8.8 所示。

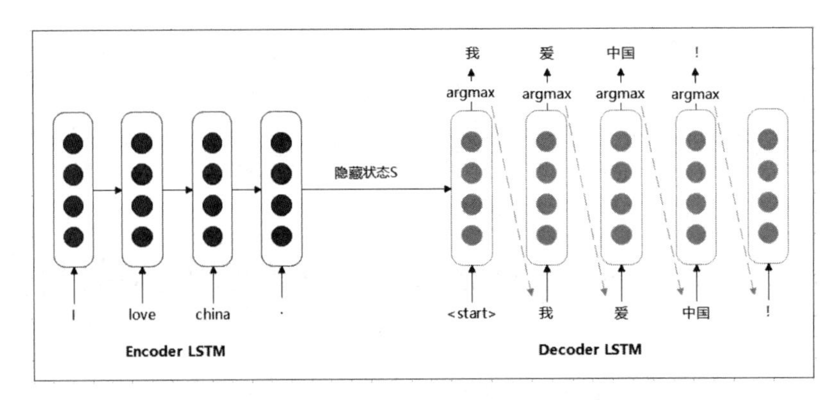

图 8.8　基于 Encoder-Decoder 的机器翻译模型

如图 8.8 所示，左边的 LSTM 模型作为 Encoder，右边的 LSTM 模型作为 Decoder，它们之间通过一个状态变量 *S* 连接起来。

对于左边的 Encoder LSTM 模型，它的输入就是待翻译的原始文本序列。基于 LSTM 模型，它会产生很多输出，但这些都不是机器翻译关心的，机器翻译只对隐含的状态变量 *S* 感兴趣。LSTM 模型有两个隐藏状态，一个是短期的，另一个是长期的，都包含在隐藏状态 *S* 中。

Encoder LSTM 把状态变量 *S* 传递给右边的 LSTM 模型，即 Decoder。Decoder 的过程与 Encoder 基本类似，但有两个输入，一个是 Encoder 输出的隐藏状态 *S*，同时 Decoder 输出的每个单词都会作为下一个时刻的输入来进行上下文依赖的翻译（如图 8.8 中的虚线所示）。在训练的时候，因为知道翻译出来的目标单词是什么，因此直接把目标单词作为输入。

8.2.2　训练数据准备

本案例使用的数据从如下网站中获取：

```
http://www.manythings.org/anki/
```

这个网站提供了很多语言转换的数据集，我们从中选择下载如图 8.9 所示的 cmn-eng.zip 数据集，用于实现中文与英文的机器翻译，读者如有兴趣，也可以下载其他语言的数据源进行训练。

- Mandarin Chinese - English cmn-eng.zip (29155)

图 8.9　cmn-eng.zip 数据集

所下载的 ZIP 压缩包中包括一个 cmn.txt 文本文件，该文件中的数据格式如图 8.10 所示。

cmn.txt - 记事本

文件(F)　编辑(E)　格式(O)　查看(V)　帮助(H)

Hi.	嗨。	CC-BY 2.0 (France) Attribution: tatoeba.org #538123 (CM) & #891077 (Martha)
Hi.	你好。	CC-BY 2.0 (France) Attribution: tatoeba.org #538123 (CM) & #4857568 (musclegirlxyp)
Run.	你用跑的。	CC-BY 2.0 (France) Attribution: tatoeba.org #4008918 (JSakuragi) & #3748344 (egg0073)
Stop!	住手!	CC-BY 2.0 (France) Attribution: tatoeba.org #448320 (CM) & #448321 (GlossaMatik)
Wait!	等等!	CC-BY 2.0 (France) Attribution: tatoeba.org #1744314 (belgavox) & #4970122 (wzhd)
Wait!	等一下!	CC-BY 2.0 (France) Attribution: tatoeba.org #1744314 (belgavox) & #5092613 (mirrorvan)
Begin.	开始!	CC-BY 2.0 (France) Attribution: tatoeba.org #6102432 (mailohilohi) & #5094852 (Jin_Dehong)
Hello!	你好。	CC-BY 2.0 (France) Attribution: tatoeba.org #373330 (CK) & #4857568 (musclegirlxyp)
I try.	我试试。	CC-BY 2.0 (France) Attribution: tatoeba.org #20776 (CK) & #8870261 (will66)

图 8.10　cmn.txt 的数据格式

数据中每一行就是一个样本数据，每一行被分为三列：第一列是英文；第二列是英文对应的中文翻译；第三列是文本序列的一些属性，本案例中暂时用不到，直接忽略即可。

我们将 cmn.txt 文件解压到当前案例项目的 dataset/cmn-eng/目录下。

8.2.3　数据预处理

数据预处理主要完成如下几项工作：

- 数据集加载：从准备好的训练数据文本文件中加载用于模型学习的中英文句子。
- 分词处理：对英文句子和中文句子进行分词处理。
- 字典编码：对分词后的单词进行字典编码，每个单词转换为确定维度的向量表示。
- 单词补齐：每个句子中的单词个数是不一样的，为了满足模型的输入要求，按最大支持的单词个数进行补齐。

1. 数据集加载

在上一小节中已经准备好了训练数据集，我们需要加载这些样本数据，从中获取中英文文本序列并分别进行分词处理。

【例 8.1】数据集加载和分词处理。

```
#加载数据集：从文本文件中读入指定数量的样本，分别返回处理之后的英文-中文句子列表
#file_path：数据集文件名（含路径）
# examples_num : 加载的最大样本数量
def load_dataset(file_path, examples_num=None) :
    f = open(file=file_path, mode='r', encoding='utf-8')
    lines = f.read().strip().split('\n')

    english = [] # 英文文本
    chinese = [] # 中文文本

    #数据集一行就是一个样本，每一行被分为三列
    #第一列是英文；第二列是对应的中文翻译；第三列不需要，直接丢弃
    for line in lines[: examples_num] :
        sentence_arrs = line.split('\t')
        if len(sentence_arrs) < 2 :
            continue
        english_words = preprocess_sentence_english(sentence_arrs[0])
        english.append(english_words)

        chinese_words = preprocess_sentence_chines(sentence_arrs[1])
        chinese.append(chinese_words)

    return english, chinese
```

在上述代码中，我们根据参数 examples_num 决定要从训练数据文件中加载多少条样例数据，并且分别调用 preprocess_sentence_english()函数和 preprocess_sentence_chines()函数进行英文和中文的分词处理。

对于英文的分词处理比较简单，直接按照空格进行分隔即可，但是为了将标点和单词有效地分

开，在进行分隔前，使用正则表达式库函数在标点符号的前后人为地添加了空格。

【例 8.2】英文分词处理。

```
import string
import re #使用正则表达式处理文本
#处理英文结构，以空格间隔
def preprocess_sentence_english(s) :
        #在单词和标点间添加空格，eg: "he is a boy." => "he is a boy ."
        w = re.sub(r"([?.!,:;])", r" \1 ", s) #标点符号前后加空格
        w = re.sub(r'[" "]+', " ", w) #空格去重
        #将 (a-z, A-Z, ".", "?", "!", ",", ":", ";")以外的字符替换为空格
        w = re.sub(r"[^a-zA-Z?.!,:;]+", " ", w)
        w = w.rstrip().strip() #去掉前后空格
        w = w.split(' ')

        return w
```

对于中文的分词，不能简单使用空格，Jieba 库实现了基本的中文分词功能，我们直接调用其 lcut() 函数完成中文分词（Jieba 不是 Keras 框架包含的库，需要下载安装，在 Linux 下可以使用 pip3 install jieba 下载安装）。需要注意的是，从前面对 Decoder 模型的介绍中可见，在训练阶段，中文单词会作为 Decoder 的一个输入，需要在第一个词前增加一个开始单词<start>，用于启动对第一个单词的预测。

【例 8.3】中文分词处理。

```
import jieba
#处理中文结构，进行分词
def preprocess_sentence_chines(s) :
    #直接使用 jieba 库进行分词
w = jieba.lcut(s)
#增加开始标签<start>
    return ['<start>'] + w
```

2. 字典编码和补齐

为了能够调用 TensorFlow 中的函数，需要对英文和中文建立字典编码，把它们变成编码后的正整数。在 Keras 框架中提供了 Tokenizer 模块可以实现字典编码功能，英文单词和中文单词需要分别编码，实现方式是一样的。

【例 8.4】字典编码和补齐。

```
from keras.preprocessing.text import Tokenizer
from keras.preprocessing.sequence import pad_sequences
#字典编码和补齐
def word_tokenizer(words, len) :
    tokenizer = Tokenizer()
    tokenizer.fit_on_texts(words)
    words_digit = tokenizer.texts_to_sequences(words)
    words_digit = pad_sequences(words_digit, maxlen=len, padding='post')

    return words_digit, tokenizer
```

上述代码中，输入参数 words 是已经进行分词处理的英文或中文单词，我们使用 fit_on_texts()函数建立字典列表，调用 texts_to_sequences()函数将各个单词按照字典列表方式编码为正整数，完成字典编码功能。

在字典编码完成后，还需要进行补零操作，因为后续 Encoder-Decoder 模型要求输入的单词个数是固定的，而每个实际句子的单词数又各不相同，因此只能按最大长度 len 进行补齐，对于长度不够 len 的句子进行补零处理，pad_sequences()函数的参数 padding='post'表示用 0 来补齐。

上述代码成功执行后，返回编码后的单词矩阵和对应字典（词汇表）tokenizer。

3. 数据预处理总流程

综合上述描述，数据预处理的整个过程如以下代码所示。经过此预处理后，(eng, chs)分别返回经过字典编码并补齐后的英文和中文单词编码矩阵，而(eng_size, chs_size)则返回对应的英文字典和中文字典大小，供后续建立模型时使用。

【例 8.5】数据预处理。

```
#数据预处理
#数据集已提前下载在如下目录中
data_file = './dataset/cmn-eng/cmn.txt'
max_samples = 5000
max_words = 20
def data_prepreprocessing() :
    eng, chs = load_dataset(data_file, max_samples)
    eng_digit, eng_tokenizer = word_tokenizer(eng, max_words)
    chs_digit, chs_tokenizer= word_tokenizer(chs, max_words)

    print("英文数据维度:", eng_digit.shape)
    print("中文数据维度", chs_digit.shape)
    print("英文字典大小:", len(eng_tokenizer.word_index) + 1)
    print("中文字典大小:", len(chs_tokenizer.word_index) + 1)

return eng_digit, chs_digit, eng_tokenizer, chs_tokenizer
```

由于作者硬件环境所限，上述代码中我们只加载了前面 5000 个样本的数据，每个句子最多也只支持 20 个单词，读者实际应用时应当选择加载更多的样本数据，并且支持更长的语句，以保证模型的应用效果。上述代码的运行结果如图 8.11 所示。

```
Prefix dict has been built successfully.
英文数据维度: (5000, 20)
中文数据维度 (5000, 20)
英文字典大小: 1947
中文字典大小: 3251
```

图 8.11 运行结果

8.2.4 模型创建

准备完数据后，接下来我们创建用于机器翻译的 Encoder-Decoder 学习模型。

【例 8.6】模型创建。

```
from keras.layers import Input, LSTM, Dense, Embedding
from keras.models import Model
```

```
    embedding_out_dim = 64 #词向量的维度
    LSTM_units = 128 #LSTM 输出空间的维度
    #建立 Encoder-Decoder 模型
    def model_create (src_vocab_size, dst_vocab_size) :
        #创建 Encoder
        encoder_input = Input(shape = (max_words,))
        x_e = Embedding(input_dim=src_vocab_size, output_dim=embedding_out_dim,
mask_zero=True, name='Src')(encoder_input)
        encoder_output, encoder_h, encoder_c = LSTM(units=LSTM_units,
return_state=True, name='Encoder')(x_e)
        encoder_state = [encoder_h, encoder_c] #Encoder 输出的状态变量

        #创建 Decoder
        decoder_input = Input(shape=(max_words - 1,))
        x_d = Embedding(input_dim=dst_vocab_size, output_dim=embedding_out_dim,
mask_zero=True, name='Dst')(decoder_input)
        decoder_output = LSTM(units=LSTM_units, return_sequences=True,
name='Decoder')(x_d, initial_state=encoder_state)
        #创建全连接输出层
        pred = Dense(units=dst_vocab_size, activation='softmax')(decoder_output)

        #创建机器翻译模型
        model = Model([encoder_input, decoder_input], pred)
        model.summary()

        return mode
```

整个模型对应由 Encoder 和 Decoder 两部分构成，两部分结构基本相似，主要由一个 Embedding 层和一个 LSTM 网络组成，其中 Embedding 层作为模型的第一层，负责将编码后的单词（正整数）转换为固定尺寸的稠密向量，例如将字典大小为 2 的两个单词[[4], [20]]转换为[[0.25, 0.1], [0.6, -0.2]]的两个向量。Embedding 层需要指定输入词汇表的大小和输出词向量的维度，词汇表的大小根据字典编码结果获取，而词向量维度在本代码中都统一设置为 embedding_out_dim = 64。

对于 Encoder 部分，其输入是英文单词向量，长度是英文单词个数 max_words，输入的结果赋值给 encoder_input；其后 Embedding 层对 encoder_input 进行 Embedding 操作，其中输入参数 src_vocab_size 代表英文词汇表的大小，embedding_out_dim 控制输出的词向量维度，mask_zero=True 表示把 0 看作应该被遮蔽的特殊的 padding 值，即忽略补齐的 0；Embedding 之后，得到一个新的向量 x_e，将其输入 LSTM 层，建立一个 LSTM 模型，LSTM 模型输出两个状态：一个是短期状态 s，另一个是长期状态 c，两个状态向量的维度要求一致，统一使用 LSTM_units 控制为 128，设定 return_state=True 表示需要返回这两个状态变量；LSTM 模型执行完成后，至少有 3 个输出，第 1 个输出是 output，在机器翻译模型中不需使用，无须关注，第 2 个和第 3 个输出分别是短期状态和长期状态，分别赋值给 encoder_h 和 encoder_c，并将两个状态变量用列表连在一起形成 encoder_state，输出给后续 Decoder 部分。

对于 Decoder 部分，它的代码与 Encoder 非常相似。其输入是中文单词向量，由于最后一个单词不用于输入，因此长度是 max_words-1；在 Decoder 部分中的 LSTM 模型中，除输入中文单词以外，还有一个参数是 initial_state=encoder_state，这是 Decoder 部分从 Encoder 部分继承的一个重要信息，即隐含的状态变量 s，Decoder 在进行 LSTM 时，不能从随机状态出发，而要从 Encoder 得到的状态变量 encoder_state 出发，由状态变量和中文单词两部分一起得到输出 decoder_output；最后全

连接 Dense 层用从 decoder_output 得到的所有中文词汇建立生成一个根据词汇多少决定的多分类神经网络，使用 Softmax 激活函数。

至此，Encoder 和 Decoder 两部分已经创建完成，并通过中间的隐藏状态建立了联系，最后用一个 Model 来整合为一个统一的深度学习模型，这个模型有两个输入和一个输出。

输入：一个是 Encoder 部分的输入 encoder_input，另一个是 Decoder 部分的输入 decoder_input。在训练的时候（train 阶段），encoder_input 即为输入的英文单词，decoder_input 为对应的中文单词（包含第一个起始单词<start>，不包含最后一个单词）；在预测的时候（Inference 阶段），encoder_input 还是输入的英文单词，但此时并不知道对应的中文，所以此时应将 Decoder 预测出来的单词作为下一个 decoder_input 输入。

输出：模型最后的输出是 Dense 层输出的 pred，在训练阶段，用此输出（预测单词）与对应的中文单词（目标单词）进行 loss 计算，在预测阶段即为预测结果。

代码运行结果如图 8.12 所示。

```
Model: "model"
________________________________________________________________________________________
 Layer (type)                Output Shape         Param #     Connected to
========================================================================================
 input_1 (InputLayer)        [(None, 20)]         0           []

 input_2 (InputLayer)        [(None, 19)]         0           []

 Src (Embedding)             (None, 20, 64)       124608      ['input_1[0][0]']

 Dst (Embedding)             (None, 19, 64)       208064      ['input_2[0][0]']

 Encoder (LSTM)              [(None, 128),        98816       ['Src[0][0]']
                              (None, 128),
                              (None, 128)]

 Decoder (LSTM)              (None, 19, 128)      98816       ['Dst[0][0]',
                                                               'Encoder[0][1]',
                                                               'Encoder[0][2]']

 dense (Dense)               (None, 19, 3251)     419379      ['Decoder[0][0]']

========================================================================================
Total params: 949,683
Trainable params: 949,683
Non-trainable params: 0
________________________________________________________________________________________
```

图 8.12　运行结果

8.2.5　模型训练

完成数据准备和模型创建后，就可以启动对模型的训练了。

【例 8.7】模型训练。

```
#模型训练
from keras.optimizers import Adam
from keras.utils import to_categorical
##准备输入数据
encoder_input = eng
decoder_input = chs[:, :-1] #最后一个单词不作为预测输入

##准备输出数据
out = chs[:, 1:] #第一个开始<start>不作为输出
out = to_categorical(out, num_classes=chs_vocab_size) #转换为One-Hot 编码

##模型编译拟合
```

```
    model.compile(loss='categorical_crossentropy',
optimizer=Adam(learning_rate=0.01), metrics=['accuracy'])
    model.fit([encoder_input, decoder_input], pre, epochs=10, batch_size=512,
validation_split=0.2)
```

根据前面对模型创建代码的分析，在模型训练阶段需要准备两个输入[encoder_input, decoder_input]和一个输出 pred，encoder_input 为前面编码的英文单词，相应的 decoder_input 则为编码的中文单词。Decoder 是根据当前输入的中文单词来预测下一个中文单词，当遇到最后一个单词时，整个预测已经结束，因此最后一个单词不需要作为输入。

整个模型的输出即为预测的中文句子，但中文单词中的第一个开始标志<start>不是输出的一部分，需要去除，最后还需要调用 categorical()函数将输出单词的编码转换为 One-Hot 编码形式，以方便每次预测时进行 loss 计算。

上述代码中，20%的样例作为验证样本，对训练样本按每批 512 个进行分批学习，总共进行了 10 轮学习，最终学习效果在验证集上的预测精度只有34%左右，虽然捕捉了一定的中英文对应关系，但实用价值不大，但可以作为案例学习其基本的流程和方法。运行结果如图 8.13 所示。

```
2022-08-22 17:51:44.669364: W tensorflow/core/framework/cpu_allocator_impl.cc:82] Allocation of 988304000 exceeds 10% of free system memory.
Epoch 1/10
8/8 [==============================] - 13s 1s/step - loss: 1.9577 - accuracy: 0.1499 - val_loss: 1.7631 - val_accuracy: 0.1995
Epoch 2/10
8/8 [==============================] - 6s 736ms/step - loss: 1.4012 - accuracy: 0.2212 - val_loss: 1.6941 - val_accuracy: 0.2313
Epoch 3/10
8/8 [==============================] - 6s 731ms/step - loss: 1.2896 - accuracy: 0.2591 - val_loss: 1.6444 - val_accuracy: 0.2280
Epoch 4/10
8/8 [==============================] - 6s 726ms/step - loss: 1.2400 - accuracy: 0.2782 - val_loss: 1.5979 - val_accuracy: 0.2615
Epoch 5/10
8/8 [==============================] - 6s 729ms/step - loss: 1.1929 - accuracy: 0.3284 - val_loss: 1.5417 - val_accuracy: 0.2915
Epoch 6/10
8/8 [==============================] - 6s 731ms/step - loss: 1.1287 - accuracy: 0.3728 - val_loss: 1.4832 - val_accuracy: 0.3206
Epoch 7/10
8/8 [==============================] - 6s 734ms/step - loss: 1.0836 - accuracy: 0.3858 - val_loss: 1.4708 - val_accuracy: 0.3243
Epoch 8/10
8/8 [==============================] - 6s 747ms/step - loss: 1.0491 - accuracy: 0.3938 - val_loss: 1.4740 - val_accuracy: 0.3304
Epoch 9/10
8/8 [==============================] - 6s 754ms/step - loss: 1.0196 - accuracy: 0.4052 - val_loss: 1.4717 - val_accuracy: 0.3353
Epoch 10/10
8/8 [==============================] - 6s 744ms/step - loss: 0.9916 - accuracy: 0.4161 - val_loss: 1.4777 - val_accuracy: 0.3417
```

图 8.13 运行结果

8.2.6 模型预测

在完成模型的训练后，可以使用模型进行翻译。以下代码中，我们任意编写了一个英文句子，调用预处理函数进行分词和编码作为模型预测时的 encoder_input，同时在预测阶段，由于并不知道英文对应的中文是什么，因此首先用开始标签'<start>'作为第一个中文的输入，然后依次循环将当前预测的中文作为下一个输入重新调用模型进行预测，直到预测结果为 0 表示整个句子预测结束。

【例 8.8】模型预测。

```
    #模型预测
    import numpy as np
    ##准备测试数据
    test = 'Are you a Chinese student?'
    test = [preprocess_sentence_english(test)] #调用预处理函数处理英文分词
    test = eng_tokenizer.texts_to_sequences(test)#编码
    test = pad_sequences(test, maxlen=max_words, padding='post') #补齐

    ##准备输出结果，初始化为'<start>'
    predict = np.ones((1, max_words - 1), dtype=int) *
chs_tokenizer.word_index['<start>'] #中文单词'<start>'的编码
    chinese = ''
```

```
##循环预测每个单词
for i in range(max_words) :
    output = model.predict([test, predict])
    predict[0, i + 1] = np.argmax(output[0, i])
    if predict[0, i + 1] == 0 :
        break
    chinese = chinese + chs_tokenizer.index_word[predict[0, i + 1]]

##输出预测结果
print(chinese)
```

代码运行结果如图 8.14 所示。

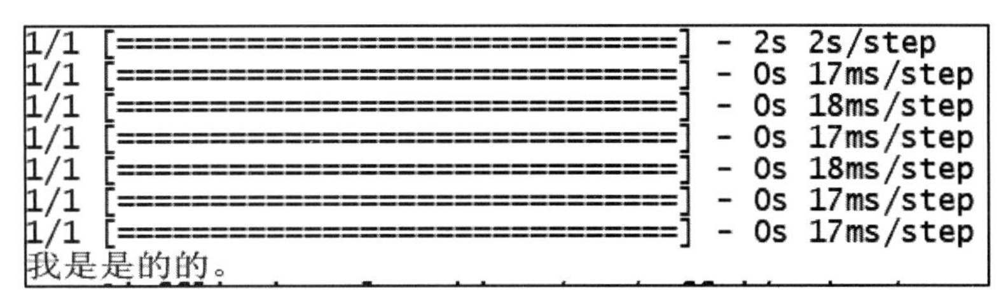

图 8.14　运行结果

从运行结果来看，该模型的预测结果很不理想，最主要的原因在于学习的样本个数太少，同时模型也只是使用了简单的 Encoder-Decoder 模型，记忆规模不够深，感兴趣的读者还可以尝试加入注意力机制，在此基础上进行进一步的优化验证。

8.2.7　主流程代码

本案例的完整代码参考配套资源的 encoder_decoder_nmt.py 文件，以下为其主流程代码，将上面各小节介绍的内容统一运行起来，以方便读者全面掌握整体的方法和流程。

【例 8.9】模型预测。

```
#主流程
#1.数据预处理
eng, chs, eng_tokenizer, chs_tokenizer = data_prepreprocessing()
eng_vocab_size = len(eng_tokenizer.word_index) + 1 #英文词汇表大小
chs_vocab_size = len(chs_tokenizer.word_index) + 1 #中文词汇表大小

#2.模型创建
model = model_create(eng_vocab_size, chs_vocab_size)

#3.模型训练
from keras.optimizers import Adam
from keras.utils import to_categorical
##准备输入数据
encoder_input = eng
decoder_input = chs[:, :-1] #最后一个单词不作为预测输入
##准备输出数据
out = chs[:, 1:] #第一个开始<start>不作为输出
out = to_categorical(out, num_classes=chs_vocab_size) #转换为One-Hot 编码
##模型编译拟合
```

```
    model.compile(loss='categorical_crossentropy',
optimizer=Adam(learning_rate=0.01), metrics=['accuracy'])
    model.fit([encoder_input, decoder_input], out, epochs=10, batch_size=512,
validation_split=0.2)

    #4.模型预测
    import numpy as np
    ##准备测试数据
    test = 'Are you a Chinese student?'
    test = [preprocess_sentence_english(test)]      #调用预处理函数处理英文分词
    test = eng_tokenizer.texts_to_sequences(test)  #编码
    test = pad_sequences(test, maxlen=max_words, padding='post') #补齐

    ##准备输出结果，初始化为'<start>'
    predict = np.ones((1, max_words - 1), dtype=int) *
chs_tokenizer.word_index['<start>'] #中文单词'<start>'的编码
    chinese = ''
    ##循环预测每个单词
    for i in range(max_words) :
        output = model.predict([test, predict])
        predict[0, i + 1] = np.argmax(output[0, i])
        if predict[0, i + 1] == 0 :
            break
        chinese = chinese + chs_tokenizer.index_word[predict[0, i + 1]]

    ##输出预测结果
    print(chinese)
```

8.3 本章小结

自然语言处理是深度学习技术一个非常重要的应用领域，文本序列是自然语言处理的重要输入来源。本章先简单介绍了自然语言处理的基本概念、文本分析的常见任务和基于深度神经网络方法的处理技术，让读者初步了解了深度学习与文本序列分析的发展关系。然后，简单介绍了一种序列到序列的深度学习模型：Encoder-Decoder 模型，并在 TensorFlow 框架下完成了基于此模型的机器翻译任务的应用，案例选用的模型较为简单直观，方便读者理解和掌握模型背后的原理，全面了解应用深度学习模型解决实际问题的完整流程和方法，为掌握复杂的文本分析模型和任务打下基础，想深入学习的读者可在理解此案例的基础上进一步进行优化调整。

8.4 复习题

1. 文本分析的主要任务包括哪些？
2. 文本分析中的分词和命名实体标记分别是什么？它们有什么区别？
3. 自然语言处理中有哪些基于深度学习方法的模型？
4. 文本序列分析与图像分析有什么不一样？RNN 模型和 CNN 模型哪个更适合进行文本序列分析？

5. Encoder-Decoder 模型用于文本序列分析的原理是什么？基于 Keras 框架如何实现一个 Encoder-Decoder 模型？

6. Encoder-Decoder 模型在训练（Training）阶段和预测（Inference）阶段有什么差别？如何理解例 8.9 中的循环预测？

参 考 文 献

[1]王汉生.深度学习从入门到精通[M]. 北京：人民邮电出版社，2021.

[2]邓建华. 深度学习——原理、模型与实践.[M]. 北京：人民邮电出版社，2022.

[3]杨虹等.TensorFlow 深度学习基础与应用[M]. 北京：人民邮电出版社，2021.

[4]吕云翔，刘卓然. Python 深度学习实战：基于 PyTorch[M]. 北京：人民邮电出版社，2022.

[5]周志华.机器学习[M]. 北京：清华大学出版社，2016.

[6] Ravali Boorugu, G. Ramesh. A Survey on NLP based Text Summarization for Summarizing Product Reviews. 2020 Second International Conference on Inventive Research in Computing Applications (ICIRCA). 2020.

第 9 章

深度强化学习的应用

强化学习，特别是深度强化学习，作为时下热门的人工智能技术之一，掀起了一轮技术热潮，从棋类到电子游戏再到无人驾驶，深度强化学习都有巨大的应用价值，可以说，时下几乎所有人工智能技术的研究者或使用者都听说过深度强化学习。作为人工智能领域的一个重要分支，深度强化学习领域的发展几乎时刻伴随着人工智能领域的发展。近年来，随着深度学习在人工智能领域的大规模应用，深度强化学习在吸收了深度学习领域的一些思想之后也取得了大规模的进步。

然而，深度强化学习往往具有较高的学习门槛。本章将带领读者初步了解强化学习和深度强化学习的概念、基本算法，并以实践案例帮助读者理解深度学习在强化学习领域的应用方法。

9.1 什么是深度强化学习

强化学习（Reinforcement Learning，RL）是机器学习的一个重要分支，机器学习可分为监督学习（Supervised Learning）、无监督学习（Unsupervised Learning）、半监督学习（Semi-Supervised Learning）三类主要的学习方法，强化学习即属于半监督学习方法的一种，三者之间的关系如图 9.1 所示。

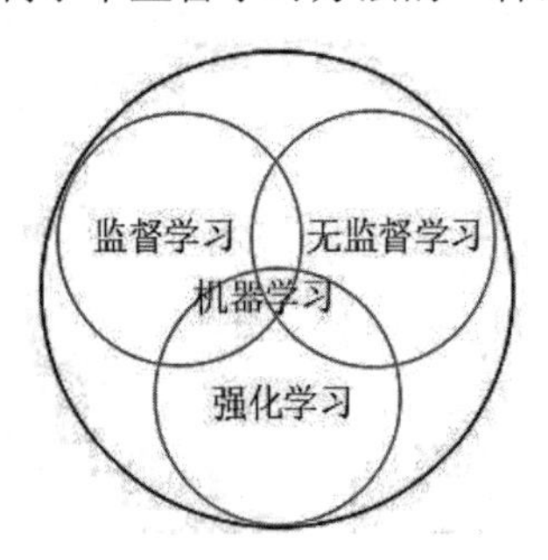

图 9.1 强化学习与其他机器学习方法的关系

监督学习是一种对所有输入数据（样本）使用已设定好的“答案”（标签）进行训练的方法，

无监督学习是在样本标签未知的情况下，根据样本间的相似性对样本集进行聚类的学习方法，半监督学习虽然没有给出明确的“答案”，但它可以根据通过某种训练后的模型是否进展顺利的信息来进行训练。前两种方法都会学习从输入到输出的映射，它们学习的是输入和输出之间的关系，可以告诉算法什么样的输入对应什么样的输出。而强化学习得到的是反馈在不断地尝试和调整中，算法学习到了在什么样的情况下选择什么样的行为可以得到最好的结果。此外，监督式学习的反馈是即时的，而强化学习的反馈是有延迟的，很可能需要走很多步以后才知道某一步的选择是对还是错。

强化学习是半监督学习的一种，具有其他大多数机器学习方法所没有的半监督学习的优势。强化学习用于解决诸如只需通过确定状态好坏并自动学习该过程来获得更适当的操作之类的问题。强化学习强调如何基于环境行动，以取得最大化的预期利益，所以强化学习可以被理解为决策问题，它是多学科、多领域交叉的产物，其灵感来源于心理学的行为主义理论，即有机体如何在环境给予的奖励或惩罚的刺激下，逐步形成刺激的预期，产生能获得最大利益的习惯行为。

深度强化学习（Deep Reinforcement Learning，DRL）则是一种结合了深度学习和强化学习两种学习方法的深度学习方法，深度强化学习和传统强化学习最大的区别在于各种深度学习模型的引入。由于结合了深度学习模型（比如深度卷积网络），强化学习不但可以处理一些简单的输入数值，更重要的是，还能够处理复杂的数据，比如图像和文本等。同时，由于深度学习使用的模型具有较大的参数，可以通过这些模型来更加精准地拟合对应的函数，这样又大大提高了算法的效率。因此，通过在强化学习中引入深度学习，可以说同时扩展了强化学习算法的应用边界和效率。

9.2　强化学习的应用实例

强化学习正在将其应用范围从计算机上的游戏策略扩展到现实社会的应用中，从棋类到电子游戏再到无人驾驶，不断应用于现实世界中的智能系统的构建中。

1. 交互性检索

交互性检索是在检索用户不能构建良好的检索式（检索关键词）的情况下，通过与检索平台交流互动并不断调整检索式，从而获得较为准确检索结果的过程。

在交互性检索中，机器作为智能体，在不断尝试的过程中（提供给用户可能的问题答案）接收来自用户的反馈（对答案的判断），最终找到符合要求的结果。

2. 新闻推荐

一次完整的新闻推荐过程一般包括以下几步：一个用户点击 App 底部或者下拉刷新，后台获取到用户请求，并根据用户的标签召回候选新闻；推荐引擎则对候选新闻进行排序，最终给用户推送几篇新闻，如此往复，直到用户关闭 App，停止浏览新闻。将上述用户持续浏览新闻的推荐过程看成一个决策过程，就可以通过强化学习学习每一次推荐的最佳策略，从而使得用户从开始打开 App 到关闭 App 这段时间内的新闻点击量最高。

在此应用中，推荐引擎作为智能体，通过连续的行动（反复推荐新闻）获得来自用户的反馈（点击），如果用户点击了新闻，则为正反馈，否则为负反馈，然后从中学习出使奖励最高（点击量最高）的策略。

3. 其他现实应用

在现实中，构建智能系统方面已经发表了诸如自动控制技术和空调系统高效控制等方法。开发AlphaGo的Google DeepMind首席执行官Demis Hassabis博士宣布，使用强化学习改善了放置Google服务器的数据中心的冷却效率，成功降低了功耗。展望未来，Google DeepMind还将使用强化学习开发虚拟个人助理，并将强化学习引入英国的智能电网系统中。

其他方面，最近的文献发表了如何使用深度强化学习来抑制建筑物的震动。这种技术通过主动移动安装在每层楼中的隔震和阻尼减震器来减少地震引起的高层建筑中长周期的震动的发生。在这种情况下，可尝试通过深度强化学习来学习如何移动阻尼器。

9.3 强化学习的基本概念

在强化学习的算法描述中，我们常常会碰到各种专有名词和概念。在大多数情况下，这些名词和概念是通用的。为了更好地了解强化学习算法的详细步骤，需要对这些基础概念有所了解。接下来对这些名词概念做简单介绍，以方便读者后续对算法理论的解读。

1. 智能体与环境

从广义的概念上说，人工智能指的是所谓的通用人工智能（Artificial General Intelligence, AGI），其定义是一个人造的智能体（Intelligent Agent），这个主体能够感知周围的环境，并且能够对周围环境做出一定的响应，从而完成人类为其设定的目标。这个概念和强化学习算法的基本思想非常接近，强化学习包括智能体和环境两大对象，智能体也称为学习者或玩家，是算法本身，环境是指与智能体交互的外部，强化学习方法通过智能体与环境的交互，学习状态到行为的映射关系。

如图9.2所示，强化学习包含4个主要元素：智能体（Agent）、环境（Environment）、行为（Action）和回报（Reward）。

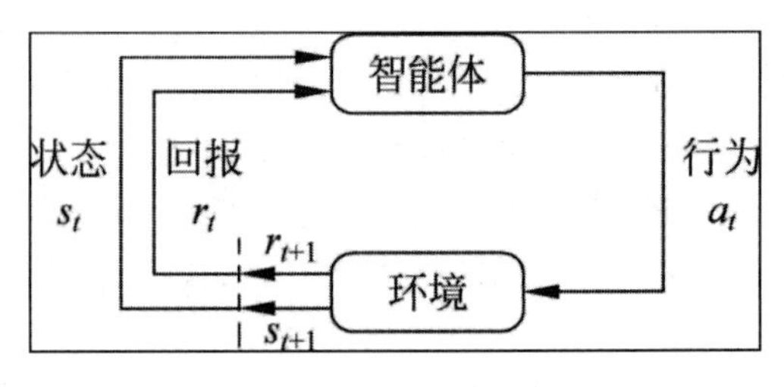

图9.2 强化学习的元素

- 智能体：智能体是执行任务的实体，能够与环境进行交互，自主采取行动以完成任务。
- 环境：与智能体交互的智能体以外的部分称为环境。在每一个时间节点 t，智能体所处环境的表示即为环境状态 S_t。
- 行为：在每一个环境状态 S_t，智能体可以采取的动作即为行为 a_t。
- 回报：在每一个环境状态 S_t，智能体采取的每一个行为 a_t 都可以从环境中获得一个回报 r_{t+1}。

智能体不会被告知在当前状态下应该采取哪一个动作，只能通过不断尝试每一个动作，依靠环境对动作的反馈改善自己的行为，以适应环境，经过数次迭代之后，智能体最终能学到完成相应任务的最优动作（最优策略）。

2. 智能体的主要组成

智能体是能够与环境进行交互，自主采取行动以完成任务的强化学习系统，它主要由策略、行为值函数、环境模型 3 个组成部分中的一个或多个组成。

1）策略 $\pi(a|s)$

策略是决定智能体行为的机制，是状态到行为的映射，用 $\pi(a|s)$ 表示，它定义了智能体在各个状态下的各种可能的行为及概率。

$$\pi(a|s)=P(A_t=a|S_t=s) \tag{9.1}$$

一个策略完整定义了智能体的行为方式，也就定义了智能体在各种状态下各种可能的行为方式及其概率大小。策略仅和当前的状态有关，与历史信息无关。同一个状态下，策略不会发生改变，发生变化的是依据策略可能产生的具体行为，因为具体的行为是有一定的概率的，策略就是用来描述各个不同状态下执行各个不同行为的概率。同时某一确定的策略是静态的，与时间无关，但是智能体可以随着时间更新策略。

策略分为两种：确定性策略和随机性策略。确定性策略会根据具体状态输出一个动作，如 $\mu(s)=a$。而随机性策略则会根据状态输出每个动作的概率（概率值大于或等于 0，小于或等于 1），输出值为一个概率分布。

2）值函数 $Q_\pi(s,a)$

值函数代表智能体在给定状态下采取某个行为的好坏程度，这里的好坏用未来的期望回报表示，而回报和采取的策略相关，值函数的估计都是基于给定的策略进行的。

行为值函数 $Q_\pi(s,a)$ 表示在执行策略 π 时，针对当前状态 s 执行某一具体行为 a 所获得的期望回报，也表示遵循策略 π 时，对当前状态 s 执行行为 a 的价值大小。行为值函数的数学表示如下：

$$Q_\pi(s,a)=E_\pi[G_t|S_t=s,A_t=a] \tag{9.2}$$

其中，回报 G_t 为从 t 时刻开始往后所有的回报的有衰减的总和，也称收益或奖励。公式如下：

$$G_t=R_{t+1}+\gamma R_{t+2}+\gamma^2 R_{t+3}+\cdots=\sum_{k=0}^{\infty}\gamma^k R_{t+k+1} \tag{9.3}$$

其中，折扣因子 γ（也称为衰减系数）体现了未来的回报在当前时刻的价值比例，在 k+1 时刻获得的回报 R 在 t 时刻体现出的价值是 γkR。γ 接近 0，表明趋向于“近视”性评估；γ 接近 1，表明偏重考虑远期的利益。

3）模型

在强化学习任务中，模型是智能体对环境的一个建模，即以智能体的视角来看待环境的运行机制，期望模型能够模拟环境与智能体的交互机制。模型至少要解决两个问题：一是状态转换概率，预测下一个可能的状态发生的概率；二是预测可能获得的立即回报。

如以下公式所示，$P_{ss'}^a$ 表征环境的动态特性，用以预测在状态 s 上采取行为 a 后，下一个状态 s' 的概率分布。R_s^a 表征在状态 s 上采取行为 a 后得到的回报。公式如下：

$$P_{ss'}^{a}=P(S_{t+1}=s \mid S_t=s, A_t=a) \tag{9.4}$$

$$R_s^a=E[R_{t+1} \mid S_t=s, A_t=a] \tag{9.5}$$

一般我们说模型已知，指的就是获得了状态转移概率 $P_{ss'}^{a}$ 和回报 R_s^a 。模型仅针对智能体而言，它是环境实际运行机制的近似。当然，模型并不是构建一个智能体所必需的组成部分，在很多强化学习算法中智能体并不试图构建一个模型。

9.4 强化学习的算法简介

在机器学习的所有方法中，强化学习最接近人类及其他动物在自然中学习的方法，许多强化学习的核心算法最初均是受动物学习系统的启发，通过研究动物的心理学模型（从经验中学习）和大脑回报系统（采取行为获取最大回报）而发展起来的。在求解强化学习问题时，智能体通常会建立策略、模型、值函数这 3 个组件中的一个或多个，通过与环境的交互来积累经验，形成记忆，并从这些记忆中提取经验，不断地试错学习来优化自身的策略、模型或值函数，逐渐逼近问题的最优解。

与监督学习和无监督学习均不同，强化学习没有监督数据，只有奖励信号。强化学习的训练样本（这里指的是智能体与环境交互产生的数据）没有任何标记，仅有一个回报信号，强化学习中的回报信号还不一定是实时的，很可能是延后的，甚至延后很多。强化学习必须通过对这些动态的交互数据进行学习，以期获得从状态到行为的映射。因此，强化学习是一个序贯决策（Sequential Decision Making）的过程，相比于监督学习和无监督学习，强化学习涉及的对象更多、更复杂，如动作、环境、状态转移概率和回报函数等。

9.4.1 算法分类

根据智能体在解决强化学习问题时是否建立环境动力学的模型，将其分为两大类：有模型（Model-Based）的方法和无模型（Model-Free）的方法。

根据智能体在解决强化学习问题时建立的组件的特点，还可以将其分为 3 类：基于值函数（Value Based）的方法、基于策略（Policy Based）的方法、行动者-评论家（Actor-Critic）方法，如图 9.3 所示，如图 9.3 所示。

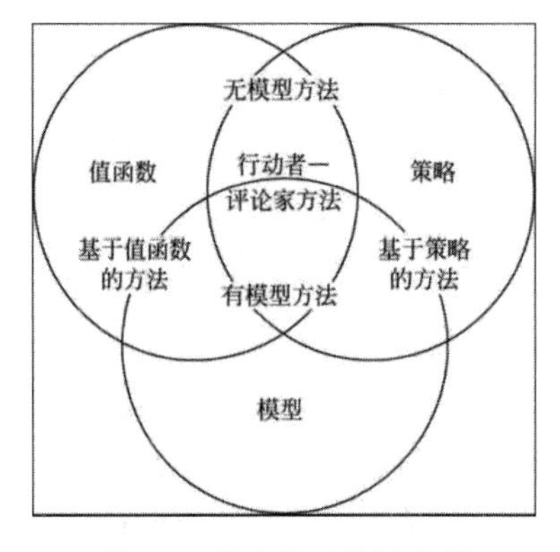

图 9.3　强化学习算法分类

1. 有模型和无模型

如果智能体不需要理解或计算环境模型，算法就是无模型的，如蒙特卡罗、时序差分法等；相应地，如果需要计算环境模型，算法就是有模型的，如动态规划法。这两种算法各有优劣。在有模型的算法中，智能体可以根据模型预测下一步的结果，并提前规划行动路径。但真实环境和学习到的模型是有误差的，这种误差会导致智能体虽然在模型中表现很好，但是在真实环境中可能达不到预期效果。无模型的算法看似随意，但这恰好更易于研究者去实现和调整。

在实际的强化学习任务中，很难知道环境的反馈机制，如状态转移的概率、环境反馈的回报等，这时候只能使用不依赖环境模型的无模型的方法。

2. 基于策略和基于值函数

基于策略的方法是指智能体的行为直接由策略函数产生，智能体并不去求解各状态值的估计函数。基于策略的方法的典型代表是策略梯度（Policy-Gradient）法，如蒙特卡罗策略梯度、时序差分策略梯度等方法。

基于值函数的方法是指智能体有对值函数的估计函数，但是没有直接的策略函数，策略函数由价值函数间接得到。算法求解时仅估计值函数，不去估计策略函数，最优策略在对值函数进行迭代求解时间接得到，即根据最高价值来选择动作。基于值函数的算法的典型代表是 Q-Learning 算法。

相比于基于策略的算法，基于值函数的方法决策部分更为“死板”，只选价值最高的行为；而基于策略的方法即使某个动作的概率最高，但还是不一定会选择它。

在行动者-评论家方法中，智能体既有值函数，也有策略函数，两者相互结合解决问题。如典型的行动者-评论家方法、优势行动者-评论家（Advantage Actor-Critic，A2C）方法、异步优势行动者-评论家（Asynchronous Advantage Actor-Critic，A3C）方法等。

9.4.2　问题求解步骤

求解强化学习问题的目标是求解每个状态下的最优策略。策略是指在每一时刻，某个状态下智能体采取所有行为的概率分布，策略的目标是在长期运行过程中接收的累积回报最大。为了获取更高的回报，智能体在进行决策时不仅要考虑立即回报，也要考虑后续状态的回报。所以解决强化学习问题一般需要两步，将实际场景抽象成一个数学模型，然后去求解这个数学模型，找到使得累积回报最大的解。

第一步：构建强化学习的数学模型——马尔可夫决策（Markov Decision Process，MDP）模型。分析智能体与环境交互的边界、目标，结合状态空间、行为空间、目标回报进行建模，生成覆盖以上 3 种元素的数学模型——马尔可夫决策模型。马尔可夫决策模型在目标导向的交互学习领域是一个比较抽象的概念。不论涉及的智能体物理结构、环境组成、智能体和环境交互的细节多么复杂，这类交互学习问题都可以简化为智能体与环境之间来回传递的 3 个信号：智能体的行为、环境的状态、环境反馈的回报。马尔可夫决策模型可以有效地表示和简化实际的强化学习问题，这样解决强化学习问题就转化为求解马尔可夫决策模型的最优解了。

第二步：求解马尔可夫决策模型的最优解。求解马尔可夫决策问题，是指求解每个状态下的行为（或行为分布），使得累积回报最大。可根据不同的应用场景选用不同的强化学习方法。例如，对于环境已知的情况可以选用基于模型的方法，如动态规划法；对于环境未知的情况可以选用无模型方法，如蒙特卡罗法、时序差分法，也可以选用无模型和有模型相结合的方法，如 Dyna 法。同时，可以根据问题的复杂程度进行选择，对于简单的问题，或者离散状态空间、行为空间的问题，可以采用基础求解法，如动态规划法、蒙特卡罗法、时序差分法。对于复杂问题，如状态空间、行为空间连续的场景，可以采用联合求解法，如多步时序差分法、值函数逼近法、随机策略梯度法、确定性策略梯度法、行动者-评论家方法、联合学习与规划的求解法等。

9.4.3 Q-Learning

Q-Learning 方法由 Watkins 和 Dayan 于 1992 年提出，是目前应用非常广泛的一种经典的强化学习方法。

Q-Learning 方法是一种基于值函数的强化学习算法，其基本思想是通过迭代来找到各个状态下各个行为的最大折现未来预期奖励 $Q(s,a)$ 值，如果该 Q 值存在的话，则每个状态的策略 $\pi(s)$ 就很简单：只要在每个状态选择 Q 值最大的行为即可。

$$\pi(s)=\max_{a} Q(s,a) \tag{9.6}$$

为此我们需要先定义一个表示最大折现未来奖励的 Q 值 $Q(s,a)$，它表示在状态 s 下，采取行为 a 后，到整个 episode（一轮学习）最后可能获得的最大奖励。但这个 Q 值的存在有点奇怪，如果只有现在的状态和行为，未来的状态和行为尚未发生，如何估计一轮结束时的奖励 Q 呢？答案是通过贝尔曼方程迭代得到，更新公式如下：

$$Q(S_t,A_t)\leftarrow Q(S_t,A_t)+\alpha[R_{t+1}+\gamma\cdot \max_a Q(S_{t+1},a)-Q(S_t,A_t)] \tag{9.7}$$

公式中的 α 可理解为学习率，折扣因子γ（也称为衰减系数）体现了未来的回报在当前时刻的价值比例，一般设置为 0~1 的值，设置为 0 时表示只关心即时回报，设置为 1 时表示未来的期望回报跟即时回报一样重要。

这个贝尔曼方程可以直观地理解为：当前状态和行为的 Q 值等于即时的奖励加上下一个状态可能的最大奖励，它的要点在于，更新一个状态行为对的 Q 值时，采用的不是当前遵循策略的下一个状态行为对的 Q 值，而是使用在状态 S_{t+1} 下动作价值函数值中的最大值来进行更新。

9.4.4 DQN

Q-Learning 方法解决了在整个状态集上迭代的问题，但是在可观察到的状态集数量很大的情况下仍然会遇到困难。Q-Learning 方法的实现依赖于 Q-Table，其中存在的一个问题就是当 Q-Table 中的状态比较多时，会让 Q-Table 的存储空间变得非常大，可能会导致整个 Q-Table 无法装下内存，同时 Q-Table 的估计将花费大量时间且很难收敛。况且，对大量未观察到的可能的状态，我们也希望能够进行 Q 值估计。

因此，DQN（Deep Q-Learning Network）被提了出来，Deep 指的是深度学习，其实就是通过神经网络来拟合整张 Q-Table，其核心就是用一个人工神经网络来代替行为价值函数。

在 DQN 模型中，使用深度神经网络来近似学习 $Q(s,a)$，两种网络结构如图 9.4 所示。

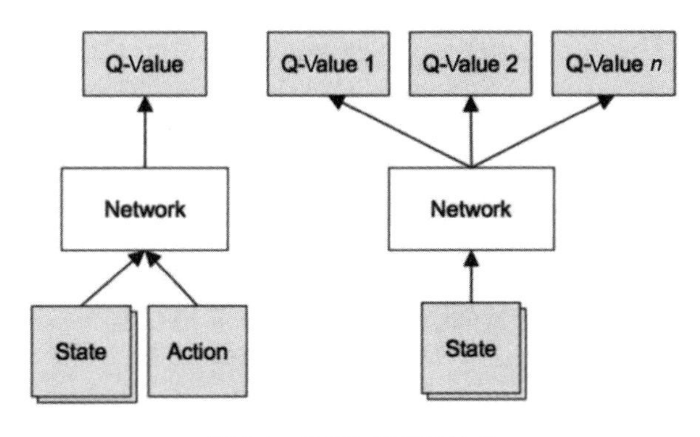

图 9.4　DQN 的两种结构

第一种结构中，以状态（State）和行为（Action）作为神经网络（Network）的输出，输出对应的 $Q(s,a)$值。第二种结构中，则只以状态（State）作为输入，输出每个行为的 Q 值。

DeepMind 的文章中所使用的正是第二种结构，它用一个关于 s 和 a 的连续函数 $Q_\theta(s,a)$去近似 $Q(s,a)$，$Q_\theta(s,a)$是一个参数为 θ 的函数，参数 θ 正好可以通过深度神经网络来学习。

9.5　应用案例：使用 DQN 算法学习玩 CartPole 游戏

在本节中，我们将实践编码使用 DQN 算法来学习玩 CartPole（倒立摆）游戏，全部代码在 Ubuntu 20.04+Python 3.8.10+TensorFlow 2.9.1+Keras 2.9.0+Gym 0.26.0 环境下实现并验证通过。

9.5.1　CartPole 游戏介绍

倒立摆是控制论中的经典问题。如图 9.5 所示，在 CartPole 这个游戏中，一根杆的底部与一个小车通过轴相连，杆的重心在轴之上，在重力的作用下，杆很容易倒下，我们需要控制小车在水平的轨道上进行左右运动，以使得杆一直保持竖直平衡状态。

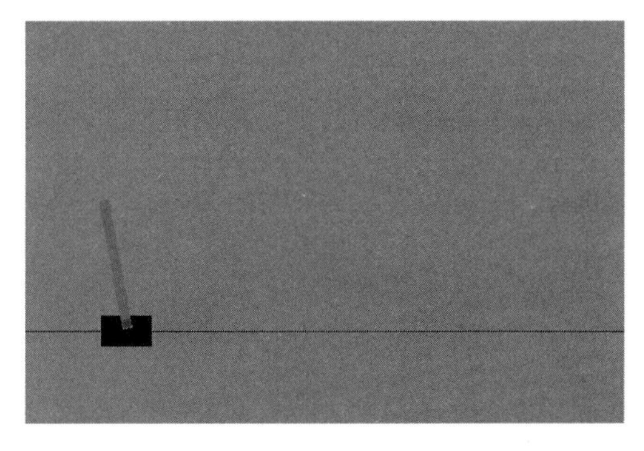

图 9.5　CartPole 游戏

在 CartPole 游戏中，环境的状态 S_t 由 4 个参数组成，包括小车位置、小车速度、杆的角度、杆的角速度，在每个状态下，智能体可以采取两种类型的行为：将小车推向右侧或将小车推向左侧。

那么，我们的任务就是训练出一个模型，能够根据当前的状态预测出应该进行的一个合适的动作。粗略地说，一个合适的动作应当能够最大化整个游戏过程中获得的奖励之和，这也是强化学习的目标。在 CartPole 游戏中，我们的目标是做出合适的动作使得杆一直不倒，使游戏交互的回合数尽可能地多。

CartPole 游戏可以使用 OpenAI Gym 的 CartPole 环境，CartPole 是 OpenAI Gym 库中广泛使用的经典任务，它就像编程世界里的“Hello World”，被用于强化学习的入门课。

9.5.2 OpenAI Gym 介绍

OpenAI 是一个旨在促进人工智能的研究机构，该机构于 2015 年年底成立，由特斯拉电动汽车公司和 Space X 创始人马斯克等人发起，OpenAI Gym 是 2016 年 4 月 OpenAI 发布的执行环境，用于强化学习算法的开发和评估。OpenAI Gym 包含各种经典的强化学习任务，例如玩电子游戏的智能体（太空侵略者等）、经典控制问题（倒立摆等）以及机械臂控制等模拟器，它能提供智能体统一 API 以及很多环境的库，有了 Gym 就可以不用写很多样板代码了。

本节的应用案例基于 OpenAI Gym 库实现，在 Ubuntu 环境下可以执行如下命令安装 Gym：

```
pip3 install gym
```

和 Gym 的交互过程很像是一个回合制游戏过程，我们首先获得游戏的初始状态（比如杆的初始角度和小车位置），然后在每个回合都需要在当前可行的动作中选择一个并交由 Gym 执行（比如向左或者向右推动小车），Gym 在执行动作后，会返回动作执行后的下一个状态和当前回合所获得的奖励值，比如我们选择向左推动小车并执行后，小车位置更加偏左，而杆的角度更加偏右，Gym 将新的角度和位置返回给我们。如果杆在这一回合仍没有倒下，Gym 同时还会返回给我们一个小的正奖励。这个过程可以一直迭代下去，直到游戏终止（杆倒下）。

9.5.3 基于 DQN 的智能体实现

为完成基于 DQN 算法的 CartPole 游戏的强化学习过程，我们实现了一个 Agent 类，完整代码参考 Agent.py 文件。该类封装了智能体对 DQN 算法模型的实现，主要包括如下几部分功能。

1. DQN 网络创建

在智能体的初始化部分，智能体创建了一个 DQN 网络，样例代码如下。

【例 9.1】智能体 DQN 网络的创建。

```
    def __init__(self, input_space, output_space, lr=0.001, exploration=0.9):
        self._model = keras.Sequential()
        self._model.add(keras.layers.Dense(input_shape=(input_space,), units=24, 
activation=tf.nn.relu))
        self._model.add(keras.layers.Dense(units=24, activation=tf.nn.relu))
        # 注意这里输出层的激活函数是线性的
        self._model.add(keras.layers.Dense(units=output_space, 
activation='linear'))
        self._model.compile(loss='mse', optimizer=keras.optimizers.Adam(lr))
```

从上述代码可以看出，该 DQN 网络模型由如下几层构成：

- 1 个输入层，输入神经元个数在智能体实例初始化时由输入参数 input_space 指定。在后面关于智能体强化训练的描述中可以看到，输入维数实际上设置为环境状态参数个数，即由小车位置、小车速度、杆的角度、杆的角速度组成的 4 个参数，代码中可从 env.observation_space.shape [0]中获得。
- 2 个全连接层，每层由 24 个神经元构成，使用 ReLU 激活函数。
- 1 个输出层，输出神经元个数同样在实例初始化时由参数 out_space 传入，实际上设置为行为个数，分别表示向左推和向右推，在代码中可由 env.action_space.n 获得。

2. 经验回放技术实现

DQN 算法中使用了一种称为经验回放（Experience Replay）的技术。不像表格表示的 Q-Learning 那样，DQN 不是每一步都学习当前步的经验（Experience），而是将每个步骤的内容存储在一个经验池中，并随机地从经验池中提取内容进行回放（Replay），让神经网络进行迭代学习。因为如果在每个步骤学习当前步骤的内容时，神经网络就会连续地学习时间上相关性极高的内容（时间 t 的学习内容和时间 t+1 的学习内容非常相似），从而出现参数难以稳定的问题。经验回放是一种解决此问题的策略。此外，借助经验回放，可以使用经验池中多个步骤的经验，这就可以充分地使用小批量学习来训练神经网络。

在智能体初始化时，同步初始化一个经验池，使用动态队列实现。

【例 9.2】经验池初始化。

```
MAX_LEN = 2000  #每个 episode 的最大回合数
def __init__(self, input_space, output_space, lr=0.001, exploration=0.9):
   self._replayBuffer = deque(maxlen=MAX_LEN) # replay buffer，最大容量为 2000
```

智能体提供 add_data 函数，可以在强化学习过程中将当前学到的一个经验数据存入经验池中，针对 CartPole 游戏的经验数据包括：当前状态（state）、在此状态下采取的行动（action）、采取该行动后获得的立即奖励（reward）、采取该行动后的下一个状态（state_next）、采取该行动后游戏是否结束（done）。

【例 9.3】经验放入经验池。

```
def add_data(self, state, action, reward, state_next, done):
   self._replayBuffer.append((state, action, reward, state_next, done))
```

3. 迭代学习

【例 9.4】从经验池中获取批量经验数据进行迭代学习。

```
BATCH_SIZE = 64      # 批次大小
GAMMA = 0.95         #折扣因子
def train_from_buffer(self):
   if len(self.replayBuffer) < BATCH_SIZE:
      return
   batch=random.sample(self._replayBuffer, BATCH_SIZE)#随机选取一个批次的数据
   for state, action, reward, state_next, done in batch:
      if done:  #对应论文中的 Q 值更新
         q_update = reward
      else:
```

```
            q_update = reward + GAMMA *
np.amax(self._model.predict(state_next)[0])
        q_values = self._model.predict(state)  #先赋值，为了减去不相关的行动得分
         q_values[0][action] = q_update#把采取了行动的分数更新，则只有这项在 MSE 中有效果
         self._model.fit(state, q_values, verbose=0)  #用 SGD 训练模型迭代参数
```

当智能体在与环境的交互中学习到的经验数据达到一定的数量后，就从经验池中获取批量数据进行迭代学习，当每一轮 episode 结束后，对 Q 值进行刷新，并以刷新后的 Q 值重新训练网络。

4. 策略 π

DQN 网络根据已经学习到的网络参数可以针对每个状态进行预测，根据输出结果即可确定当前最应该采取的行动，即为当前已学到的策略。在模型训练阶段，为了防止模型总是选择同样的行动，限制了策略的泛化能力，需要有一定概率让模型去做一些新的“探索”，随机地选择一个动作。

如以下代码所示，在 train_from_buffer 函数中，每次迭代网络后，同步按设定的下降率更新探索率，以保证模型训练得越成熟，探索率越低。在 act 函数中则实现了基于探索策略的行动选择策略。

【例 9.5】epsilon-greedy 探索策略的实现。

```
    EXPLORATION_DECAY = 0.995 #探索递减率
    EXPLORATION_MIN = 0.1 #最小探索概率
    #刷新探索率
    def train_from_buffer(self):
        batch = random.sample(self._replayBuffer, BATCH_SIZE)#随机选取一个批次的数据
        for state, action, reward, state_next, done in batch:
            self._exploration *= EXPLORATION_DECAY
            self._exploration = max(EXPLORATION_MIN, self._exploration)
    #使用探索策略随机选择行动
    def act(self, state):
        if np.random.uniform() <= self._exploration: #epsilon-greedy 探索策略，以
epsilon 的概率选择随机动作
            return np.random.randint(0, 2)
        action = self._model.predict(state)  #使用神经网络现有策略评估的选择
        return np.argmax(action[0])
```

9.5.4 智能体强化训练

在实现了具有 DQN 算法能力的智能体后，我们需要对其进行强化训练。训练方法就是将其与环境进行反复交互，从交互中收集经验数据，迭代学习最终的行动策略。以下代码中，train()函数演示基于 Gym 平台的 CartPole 环境的训练过程，完整代码参考 Train.py 文件。

【例 9.6】基于 Gym 的强化训练。

```
    MAX_EPISODES = 30             #最大训练回次 episode
    MAX_EPISODE_STEPS = 500       #每个回次最多执行的步数
    def train():
        env = gym.make("CartPole-v1", MAX_EPISODE_STEPS)
        input_space = env.observation_space.shape[0]
        output_space = env.action_space.n
        print(input_space, output_space)
        agent = Agent(input_space, output_space)
```

```
    episode = 0
    x = []
    y = []
    while episode < MAX_EPISODES:
        episode += 1
        state = env.reset()
        #state = np.reshape(state, [1, -1])
        state = np.expand_dims(state[0], axis=0)

        step = 0
        while True:
            step += 1  #步数越多，相当于杆站立的时间越长，游戏得分（score）越高
            print(str(step) + "/" + str(episode))
            #env.render()  #对当前帧进行渲染，绘图到屏幕
            action = agent.act(state)
            state_next, reward, done, truncated, info = env.step(action) #'当执
行步数超过每个回次最多执行步数时，游戏会结束，truncated返回True
            reward=reward if not done else -reward*10  #杆子倒了，分数肯定是负数了
            #state_next = np.reshape(state_next, [1, -1])
            state_next = np.expand_dims(state_next, axis=0)
            agent.add_data(state, action, reward, state_next, done) #将(state,
action, reward, next_state, done)放入经验回放池
            state = state_next #更新环境状态
            if done or truncated:
                print("Episode: " + str(episode) + ", exploration: " +
                      str(agent.exploration) + ", score:" + str(step))
                x.append(episode)
                y.append(step)
                break
            agent.train_from_buffer()  #每次都要执行训练

    plt.plot(x, y)
    plt.xlabel('Episode')
    plt.ylabel('Score')
    plt.show()
```

代码中首先创建了CartPole环境（env）和智能体（agent）的实例，然后进入一个智能体与环境不断交互反复训练智能体的过程。

1. 环境和智能体创建

gym.make()函数创建一个游戏实体，即为与智能体交互的环境，智能体输入和输出的维数由env.observation_space.shape[0]和env.action_space.n获得。

2. 反复训练

创建完环境和智能体后，就可以重复固定回次（MAX_EPISODES）的循环训练，当从环境返回的done标志为True时，表示本回次的训练结束。

1）环境初始化

在初始化时，重置倒立摆。env.reset()函数将CartPole游戏重置，并返回初始状态。

2）与环境反复交互

agent.act()函数基于策略获取下一个行动（action），然后调用 env.step（action）与环境交互，环境执行此动作推动小车。输入行动后，gym 环境会进行适当的模拟，除了状态（observation）和奖励（reward）外，当行动超出设定范围（杆倒下或者手推车移动到屏幕外）时，done 变为 True，同时返回包含调试信息的 info。

需要注意的是，环境总是会返回一个正的立即奖励（reward）。当杆倒下，游戏失败时，则设置为一个很大的负奖励（-reward×10），以便在训练时有效地抑制此行动。

3）批量训练

在智能体与环境交互后，将本次交互获得的经验数据调用 agent.add_data()放入经验池中，并调用 agent.train_from_buffer()函数从经验池中随机抽取一个批量的数据进行训练。

9.5.5 训练结果

基于上述代码，设置回次（MAX_EPISODES）为 100，每个回次最多执行的步数（MAX_EPISODE_STEPS）为 500，批量大小（BATCH_SIZE）为 64，折扣因子（GAMMA）为 0.9 进行训练，训练完成后输出的每回次游戏成绩（score，即 step 数）随训练回次（episode）的曲线如图 9.6 所示。

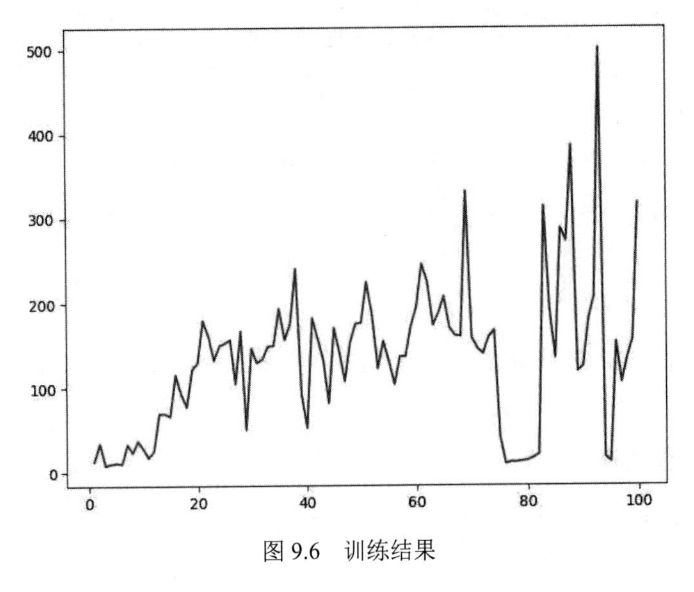

图 9.6 训练结果

从结果上看，曲线虽然有些较大的波动，但成绩大体上是上升的，表明智能体从与环境的交互中逐渐学习到了正确策略。

9.6 本章小结

本章前半部分简要介绍了强化学习和深度强化学习的基本概念和算法分类，并对经典的 Q-Learning 和 DQN 算法进行了总体描述，为读者理解后面的应用案例准备了必备的基础。在应用案例部分，作者选择了 OpenAI Gym 库中广泛使用的 CartPole 游戏为例，使得案例代码结构较为简单、清晰，便于读者理解深度强化学习中的智能体、环境、深度神经网络 3 个核心部分的功能和关系，为理解后续更复杂的强化学习方法打下基础。

当然，深度强化学习是一个很复杂的研究领域，不可能仅仅通过本章的内容，特别是本章入门级的案例就真正让读者全面地掌握，感兴趣的读者可以参考其他书籍更全面系统地学习。

9.7 复习题

1. 机器学习主要分为哪几个类别？请简述强化学习与监督学习的异同点。
2. 强化学习有哪些分类？
3. 请以一个恰当的例子解释什么是智能体，什么是环境，以及两者之间的界限。
4. 回报、行为值函数两个指标的定义是什么？
5. 请列举两个可以使用强化学习来解决的例子，并确定每个例子的状态、动作及相应的回报值。

参考文献

[1]周志华.机器学习[M]. 北京：清华大学出版社，2016.

[2]牧野浩二，西崎博光. Python 深度强化学习——基于 Chainer 和 OpenAI Gym[M]. 北京：机械工业出版社，2021.

[3]马克西姆•拉潘. 深度强化学习实践[M]. 北京：机械工业出版社，2021.

[4]张校捷.深度强化学习算法与实践[M]. 北京：电子工业出版社，2022.

[5]邹伟，鬲玲，刘昱杓. 强化学习[M]. 北京：清华大学出版社，2020.

[6]陈世勇，苏博览，杨敬文. 深度强化学习核心算法与应用[M]. 北京：电子工业出版社，2021.

第 10 章

TensorFlow 模型的应用

TensorFlow 是 Google 推出的一款面向机器学习以及深度学习的开源框架，其中最重要的特性是对神经网络和深度学习的强大支持。其最初是由 Google Brain（谷歌大脑）项目组开发的，用于对机器学习和深度学习网络进行研究以及模型部署。其代码现在已经在 GitHub 上开源，并且还将继续在 GitHub 上进行开发、问题收集、问题解决以及版本更新。获取方法为在 GitHub 官网上搜索 TensorFlow，然后选择 tensorflow/tensorflow 这个仓库。

10.1　TensorFlow 简介

TensorFlow 由 Tensor 和 Flow 组成。Tensor 是张量，是一个物理学和数学中常用的术语，用于表示多维向量（张量不仅表达了有多少个维度，还表达了每个维度上的方向性）；而 Flow 表示流动的意思，Tensor 和 Flow 合起来是张量流的意思。TensorFlow 的拓扑学解释为：一个个具有多维有向性表达的张量通过在拓扑图中沿着有向边流动，对这些张量进行线性或者非线性变换，从而获得新的张量。

这种使数据在拓扑图上流动的方式称为数据流图（Data Flow Graph，DFG）。大家一定要注意数据和流动这两个词汇，这是 TensorFlow 设计的精髓。这里引用 TensorFlow 中文社区官网的语言来解释 TonsorFlow 是如何定义数据流图的：数据流图用节点（Node）和边（Edge）的有向图来描述数学计算。节点一般用来表示施加的数学操作，但也可以表示数据输入的起点、数据输出的终点，或者读取/写入持久变量（Persistent Variable）的终点。边表示节点之间的输入输出关系。这些数据边可以输送大小可动态调整的多维数组，即张量。张量从图中流过的直观图像是这个工具取名为 TensorFlow 的原因。一旦输入端的所有张量准备好，节点将被分配到各个计算设备完成异步并行计算。

TensorFlow 和拓扑学不同的是，TensorFlow 将赋权重这一步骤也集合到了节点中，而不是在有向边中实现。这种工程化设计是为了方便并行计算和模块化设计。由于深度学习中大部分的设计都是通过神经单元层的堆叠（一层结果直接传到下一层）实现的，因此更容易模块化。

10.2　TensorFlow 入门

10.2.1　TensorFlow 的静态图模式

TensorFlow 的静态图模式是 TensorFlow 目前官方的默认模式，也是在 Python 中支持最全的模式。TensorFlow 代码从功能上可以分为前端和后端。用户一般使用 Python 进行前端代码编写，然后交由后端（以 C++语言编写）去执行。

1. TensorFlow 中的张量类型

张量数据输入 TensorFlow 中处理后，返回的结果依然是一个张量数据。在 TensorFlow 中，数据由张量类型来表示和存储，而操作就是将一个张量数据变为另一个张量数据。

张量有 3 种常用的类型和一种不太常用的特殊类型。3 种常用的张量类型为 tf.constant、tf.Variable、tf.placeholder，一种不太常用的特殊张量类型为 SparseTensor（稀疏张量），这里对它们做简单介绍。

1）tf.constant

tf.constant 用于告知 TensorFlow 后端我们需要一个常量参数。它有 5 个参数，格式如下：

```
const1=tf.constant(value,dtype=None,shape=None,name='const1',verify_shape=False)
```

- value：输入值，在 tf.constat 中必须声明为有意义的值，且后续使用时不能更改。
- dtype：输入值的数据类型。
- shape：输入值的形状大小，必须声明完整。由于我们初始化的常量 const1 可以理解为 C++语言中的一个索引，因此我们需要在索引中声明所占内存或者 GPU 的大小。这样才能在不越界的情况下获得完整的数据。此外，这里的 shape 要和输入数据的 shape 一致。
- name：张量的名字。由于 TensorFlow 前后端分离，因此我们只有两种方式根据索引来获得索引指向的内容：一种是通过类似张量 const1 定义的方式；另一种是在 Python 脚本中，通过和 TensorFlow 对话来根据名字获取对应的内容。因此，给 TensorFlow 中的张量取名字是很有必要的。
- verify_shape：如果为 True，则会验证输入的 value 值的形状大小和输入的 shape 值是否一致（推荐高为 True）。

2）tf.Variable

tf.Variable 用于告知 TensorFlow 后端我们需要一个变量参数。一般来说，变量就是我们所要训练的参数。tf.Variable 的用法非常灵活，我们先从初始化讲起：

```
var1 = tf.Variable(initial_value=None, trainable=True, collections=None,
   validate_shape=True, caching_device=None, name=None,
```

```
    variable_def=None,dtype=None, expected_shape=None,
    import_scope=None, constraint=None, use_resource=None)
```

- initial_value：初始变量值。不同于常量，变量是可以训练的，且一般都有一个初始化的值。初始值必须指定形状，除非 validate_shape 设置为 False。initial_value 也可以采用调用形式，在调用时返回初始值，在这种情况下，必须指定 dtype。在初始化该变量时，initial_value 不能为 None。
- trainable：如果为 True，则会将变量添加到图形集合 GraphKeys.TRAINABLE_VARIABLES 中进行更新，此集合为优化器 Optimizer 类的默认变量列表；如果为 False，则变量不会被更新。
- collections：一个图（Graph）集合列表的关键字。新变量将添加到这个集合中，默认为 GraphKeys.GLOBAL_VARIABLES，也可自己指定其他的集合列表。
- validate_shape：如果为 False，则允许使用未知形状的值初始化变量；如果为 True，则表示 initial_value 的形状已知。
- dtype：如果设置了类型，则 initial _value 值将转换为指定类型。如果为 None，则保留数据类型，默认为 DT_ FLOAT 类型。
- expected_shape：如果设置了该参数，则 initial_value 应具有指定的形状，默认为 None。
- caching_device：可选设备字符串，描述应该缓存变量以供读取的位置，默认为 None。
- name：变量的可选名称，默认为 None。
- variable_def：协议缓冲区。如果不为 None，则使用其内容重新创建变量对象，引用图中已存在的张量作为此变量，图表不会有更改。variable_def 和其他参数是互斥的，即 variable_ def 如果不为 None，则其他参数就没用了，默认为 None。
- import_scope：可选字符串，变量的域范围，仅在协议缓冲区初始化时使用（在一个域中，不允许有重名的张量，默认域是 Default），默认为 None。
- constraint：如果不为 None，则是一个映射函数（例如实现正则化和层权重的限制和裁剪）的实例。这个映射函数的输入和输出具有相同的形状，目前在异步分布式学习的场景中使用时并不安全，默认为 None。
- user_resource：如果不设置或设置为 False，则创建常规变量；如果设置为 True，则使用定义好的语义创建实验性 ResourceVariable(更好定义的 Variable 类)，默认为 False。在 Eager 模式（动态图模式）下，此参数始终强制为 True，默认为 None。

当我们想获取变量（注意，获取的是 TensorFlow 的张量，如果想要看到 NumPy（Python 中用于存储矩阵的第三方库）结果，需要调用 tensor.eval()的时候，可以使用 tf.get_variable(variable_name)。如果通过 variable_name 在命名集合中找不到某个命名的变量，则 tf.get_variable 会像 tf.Variable 一样初始化一个变量。

tf.get_variable 的参数列表如下：

```
var = ft.get_variable(name, shape=None, dtype=None, initializer=None,
    regularizer=None,trainable=None, colletion=None,
    caching_device=None,partitioner=None, validate_shape=Ture,
    use_resource=None,custom_getter=None,constraint=None)
```

- name：张量的名字。如果根据名字及其他参数找不到张量，则根据其他参数新建一个张量。如果 partitioner 不为 None，则返回一个根据 partitioner 得出的部分张量的结果。

- shape：在 name 能找到张量的情况下，向 TensorFlow 后端声明该张量的形状。若为 None（默认值），则在能找到张量的情况下自动选择找到张量的 shape。在新建张量的情况下，作用同 tf.Variable 的 expected_shape。
- dtype：作用同 tf.Variable 的 dtype。
- initializer：如果是 None 的话，则为 glorot_uniform_initializer()，即希尔分布（Xavier Uniform Initializer）。该分布是一种深度学习常用的均匀分布。
- regularizer：如果为 None，则是一个关于张量的正则化函数，其返回结果是一个经过正则化后的新张量。将这个正则化后的新张量加入 tf.GraphKey.REGULARIZATION_LOSSES 集合中，用来进行正则化相关的操作。
- trainable：作用同 tf.Variable 的 trainable。
- collection：如果不为 None，则会根据 name 找到该 collection 下是否存在该 name 的张量。如果找不到的话，作用同 tf.Variable 的 collection。
- caching_device：作用同 tf.Variable 的 caching_device。
- partitioner：如果不为 None，则会根据 partitioner 所提供的切分策略对张量进行切分。
- validate_shape：作用同 tf.Variable 的 validate_shape。
- use_resource：作用同 tf.Variable 的 user_resource。
- custom_getter：以一个简单的身份自定义 getter，可以简单地创建与修改变量名称。
- constraint：作用同 tf.Variable 的 constraint。

另外，对于一个变量对象，我们可以通过 tf.assign 来赋值：

```
tf.assign(ref, value, validate_shape=None, use_locking=None, name=none)
```

- ref：一个可被改变的张量，一般为变量。
- value：一个张量数据，必须和 ref 的形状（shape）相同，用来赋给 ref。
- validate_shape：如果为 True，则会检查 value 的 shape 和 ref 是否一致；如果为 False，则 ref 将使用 value 的 shape，默认为 True。
- use_locking：如果为 True，则这个赋值操作会加内存锁；否则不能保证这个赋值操作是安全的，默认为 True。
- name：这个赋值操作的名字。

注意，tf.assign 是一个操作符。TensorFlow 里面一共有两种类型需要命名，一种是张量（数据或者特征），另一种是操作符（对数据进行的动作）。

关于变量的名字，我们可以用 tf.variable_scope 拓展其名字的寻址范围。这样做的好处在于，一般我们在写网络层代码的时候会写很多层，并且每层都会产生不止一个变量，在不用命名空间时，TensorFlow 的自动命名方式非常难懂，所以我们有必要通过命令空间来拓展名字的寻址范围，这样更利于我们理解以及查找变量。下面是一个盒子：

```
with tf.variable_scope ("layer1"):
    with tf.variable_scope ("weight"):
    v =  tf.get_variable('v',[1])
    # assert 表示 v.name 的名字就是'layer1/weight/v:0'
```

```
assert v.name = 'layer1/weight/v:0'
```

从代码中可以看到：首先变量的命名是可以通过 tf.variable_scope 嵌套来拓展名字的寻址范围的；其次张量的名字最后一般有一个:0，我们可以理解为从这个名字的起始位置开始读数据。

3）tf.placeholder

tf.placeholder 是一种特殊的张量类型，它有一个不错的中文名字——占位符。顾名思义，占位符就是为了占位置。在深度学习中，一般需要占位置的只有输入数据。它包括输入数据特征 x，以及对应标签数据 y，它们都来自数据集本身。

tf.placeholder 另一个特殊的地方在于，某些 tf.placeholder 是静态图的起点，是驱动静态图做前向推理的第一源动力。其代码格式如下：

```
input_x = tf.placeholder(dtype, shape=None, nane="input_x")
```

- dtype：占位符的数据类型。
- shape：如果为 None, 则任意形状（shape）的数据都会被传入，但是不推荐这种用法。为了效率考虑，需要固定一个形状，一般为 None。通常来说，第一位是 BatchSize（表示多少个同类型数据被传入）大小，所以不指定大小是可以的，但是指定大小会提高训练速度和控制内存使用情况。
- name：可以为 None，但是一般推荐设置为张量的名字。

在后文介绍的 Session.run()、Tensor.eva()或 Operation.run()想要使用 tf.placeholder 数据的时候，会用到 feed_dict 参数。例如 Tensor.eval(feed_ dict={input_x:real_data})，这里的 input_x 就是上文例子中的占位符，而 real_data 为真实的数据，其形状要与 input_x 的相同。

4）SparseTensor

稀疏张量（SparseTensor）不同于稠密张量（DenseTensor，即我们通常使用的张量，前面介绍的 3 个张量都是稠密张量），稀疏张量中的大部分值都为 0。下面是一个例子：

```
tmp = tf.SparseTensor(indices=[[0, 0], [1, 2]], values=[1, 2], dense_shape=[3, 4])
```

上面的例子构造了一个简单的稀疏张量。

- indices：表示非零值的位置。
- values：输入长度和 indices 相等，表示对应的每一个位置的值。
- dense_shape：表示整个稀疏矩阵的大小。

例子构造出的矩阵如下：

```
tmp = [[1, 0, 0, 0]
       [0, 0, 2, 0]
       [0, 0, 0, 0]]
```

2. TensorFlow 的操作符简介

操作符的作用是告知 TensorFlow 后端对本操作符所获得的张量数据进行什么样的操作（例如两个张量数据相乘、两个张量数据相加等）。在深度学习中，操作符就是网络结构的“骨骼”和“血液”，我们平常所说的深度学习网络，实质上就是操作符以各种不同的顺序把输入的张量数据转变为一个个新的张量数据的过程。大部分操作符可以在 tensorflow.python.framework.ops 中找到，当然很多常用的操作符我们可以直接通过 tf.*的快捷调用方式来获得。

1）矩阵运算操作符

矩阵运算操作符中，最常见的就是加操作符和乘操作符，因为我们用矩阵做线性变换的时候只需要使用矩阵之间的加法操作和乘法操作。减法操作可以通过对矩阵取负数实现，而对矩阵取倒数就可以将除法操作转为乘法操作，所以我们知道这两种运算操作就足够了。需要注意的是，当我们使用加法操作符的时候，必须保证输入的两个张量数据的形状和数据类型是一样的，否则就会出错。

加法操作有 3 种实现方式：

```
# x、y 都是 tensor, shape 和 dtype 是一样的
add_tensor = tf.add(x,y, name="add")
add_tensor = tf.math.add(x,y, name="add")
add_tensor = x + y
```

这 3 种方式的效果是一样的，前两种的区别仅仅在于代码逻辑程度，tf.math.add 的代码本身表述逻辑要更优一些。前两种方式与第三种方式相比有以下两个好处：

（1）在非常大型的网络结构中，因为 TensorFlow 自己有一套 Python 解释器，*x*+*y* 本来是 Python 默认的加法操作，所以 TensorFlow 在后端会默认将它转为 tf.add(*x*,*y*)。但是这种转换不是 100%可行的，可能会失败。

（2）前两种方式可以自定义名字，对构造静态图的表述逻辑有一定的帮助。

加操作符只是对两个张量数据进行加法操作，当我们想要对多个张量数据进行操作的时候，加操作符就会显得非常麻烦。这里我们介绍一个专门处理多个张量数据的操作符——连加操作符 tf.add_n，其使用方式如下：

```
# x、y、z 都是 tensor, shape 和 dtype 一样
add_all_tensor = tf.add_n([x, y, z], name ="add_all")
add_all_tensor = tf.math.add_n([x, y, z], name = "add_all")
add_all_tensor =  x + y + z
```

这 3 种方式都可以实现连加操作。但是在日常应用中，前两种最普遍。因为我们很可能不知道一个张量的列表有多少个张量，所以我们只需要把整个张量数据所在的列表传入 tf.add_n 即可。

乘操作略有一些复杂。首先介绍我们最熟悉的行列式乘法：左行乘右列。例子如下：

```
# a、b 必须都大于一维，且左边的最后一维等于右边的倒数第二维，除最后两维之外，其他维度相等
# 即 (a.shape[-1] ==b.shape[-2])，并且(a.shape[:-#2]== b.shape[:-2])
matmul_tensor = tf.matmul(a,b, transpose_a=False, name="matmul"
    transpose_b=False,adjoint_a=False,adjoint_b=False,a_is_sparse=Flase,
    b_is_sparse=False)
matmul_tensor = tf.math.matmul(a,b, transpose_a=False, name= "matmul"
    transpose_b=False,adjoint_a=False,adjoint_b=False,a_is_sparse=Flase,
    b_is_sparse=False)
# 在 Python 3.5 之后，使用@符号做矩阵行列式乘法
matmul_tensor = a @ b
```

Python 自带的操作 *x*@*y* 虽然可以实现乘法操作，但是不推荐在 TensorFlow 中使用。另外，我们看到上面的实例代码中，tf.matmul 或者 tf.math.matmul 除了包含输入的 *a* 和 *b* 这两个张量数据之

外，还有其他可选参数，这些可选参数的作用分别如下：

- transpose_a：如果为 True，则在运算之前将 *a* 转置（行列互换），默认为 False。
- transpose_b：如果为 True，则在运算之前将 *b* 转置，默认为 False。
- adjoint_a：如果为 True，则在运算之前将 *a* 转为共轭矩阵再转置，默认为 False。
- adjoint_b：如果为 True，则在运算之前将 *b* 转为共轭矩阵再转置，默认为 False。
- a_is_sparse：如果为 True，将对 *a* 做稀疏矩阵处理（只做有值部分运算，以加快运算速度，而不是对整个矩阵做运算），默认为 False。
- b_is_sparse：如果为 True，将对 *b* 做稀疏矩阵处理，默认为 False。

下面是两个矩阵对应位置的各个元素相乘的例子：

```
# a、b 必须都大于两维，a、b 形状相等
# 即 a.shape = b.shape
mul_tensor = tf.multiply(a,b,name="mul" )
mul_tensor = tf.math.multiply(a,b,name="mul")
mul_tensor = a*b
```

这里需要注意的是，*a***b* 是对应位置的各个元素相乘（又称为点乘），而不是行列式乘法。读者在看别人的 TensorFlow 实现的时候一定要注意，否则可能会觉得别人写的模型有问题。这里举一个例子来加深读者对点乘的理解，为了方便起见，我们用 NumPy 进行讲解。因为 NumPy 的很多数学操作和 TensorFlow 是一样的，而且 NumPy 格式数据很容易转为 TensorFlow 的张量类型。示例如下。

【例 10.1】点乘。

```
import numpy as np
a = np.asmatrix([[1,2],[3,4]])
b = np.asmatrix([[5,6],[7,8]])
matmul_1 = np. matmul(a,b)
mul_1 = np.multiply(a,b)

"""
    matmul_1 结果：
    [[19, 22],
    [43, 50]]
    mul_1 结果：
    [[ 5,  12],
    [21, 32]]
"""
```

2）矩阵形状操作

矩阵形状操作这里不过多介绍，读者知道 tf.reshape 和 tf.transpose 即可。tf.reshape 的使用方式如下：

```
reshape_tensor = tf.reshape (tensor, shape, name=None)
```

tf.reshape 操作是把张量转为另一种形状，数据展开的顺序不变（数据按照第一维到最后一维的顺序展开）。简单例子如下：

```
a = tf.Tensor([[1,2,3],[4,5,6]])
```

```
"""
我们可以看到 a 数据:
第一维就是最外面的方括号表示的列表，里面有两个元素
第二维就是[1,2,3]和[4,5,6]里面有两个元素就是真实的数值。对一个矩阵来说，最后一维都是用来直接
存放真实数据的且最后一维列表的长度必须相等，这里都为 3
"""
a.shape == (2,3)
b = tf.reshape(a, (3,2))
"""
我们可以看到 b 数据改变了数据的维护展示方式，最后一维只有两个数值了，如果我们忽略方括号，然后从左
往右数，还是 1 到 6, tf.reshape 只改变维度展示方式，不改变 Tensor 数据的展开顺序
"""
b == tf.Tensor([[1,2],[3,4],[[5,6]])
```

而 tf.transpose 操作会改变数据的展开顺序。下面是一个例子：

```
a = tf.Tensor([[1,2,3],[4,5,6]]
b = tf.transpose(a,(1,0))
"""
第一维和第二维互换，即行列转置，如果我们忽略方括号，然后从左住右数，就不是 1 到 6 了，tf.transpose
会改变 Tensor 数据的展开顺序
"""
b == tf.Tensor([[4,5,6],[1,2,3]])
```

3）激活函数操作

激活函数操作是深度学习设计的一个重点。一般来说，激活函数都是非线性函数。它将一个实数域的矩阵通过某种非线性变换映射到某个固定域中，达到对特征扭曲的效果。

使用非线性操作的原因我们可以理解为：矩阵特征本身是一张平展的纸，做任何线性操作都是一个有角度的折叠或者旋转，而我们想要包裹一个球的话，任何有棱角的折叠或者旋转都不能满足要求，那么我们就要把平纸卷起、起褶皱，这样纸对球的接触面就会越来越大，而非线性操作就是这样的卷起和起褶皱操作。

常用的激活函数有 Sigmoid、Tanh 和 ReLU 等。

首先是神经网络激活单元函数 Sigmoid，它把一个实数域（x 轴）的数压缩到 0~1 范围内，若 x 为负数，则 y 的取值范围为 0~0.5，若 x 为正数，则 y 的取值范围为 0.5~1，若 x 为 0，则 y 为 0.5。该函数的 3 种调用方法没有任何区别：

```
sig_tensor = tf.sigmoid(x, name = "sig")
sig_tensor = tf.math.sigmoid(x, name = "sig")
sig_tensor = tf.nn.sigmoid(x, name = "sig")
```

下面是一个矩阵经过 Sigmoid 函数变换后的结果：

```
a = tf.Tensor([[-1,1],[-2,0]])
b = tf.sigmoid(a)
"""
b 的结果是:
    [[0.26894142 0.73105858]
    [0.11920292 0.5        ]]
"""
```

我们在输出层经常会见到 log_sigmoid 激活函数，该函数的作用是对 Sigmoid 函数的结果取对数。其调用方法如下：

```
log_sig_tensor = tf.log_sigmoid(x, name = "log_sig")
log_sig_tensor = tf.math.log.sigmoid(x, name = "log_sig")
log_sig_tensor = tf.nn.log_sigmoid(x, name = "log_sig")
```

通过 log_sigmoid 的公式 10.1 可以得知，log.sigmoid 的结果范围为负无穷到 0。再对结果取负，可以得到一个 0 到正无穷大的结果。这个结果很方便做 Softmax 操作。

$$\text{log\_sigmoid}(x) = \ln\left(\frac{1}{1+\exp(-x)}\right) \tag{10.1}$$

```
a = tf.Tensor([[-1,1],[-2,0]])
b = tf.log_sigmoid(a)
"""
b 的结果是:
    [[-1.31326169 -0.31326169]
    [-2.12692801 -0.69314718]]
"""
```

Sigmoid 激活函数是在全连接中比较常见的一类激活函数，另一类激活函数 Tanh 则经常在序列建模中见到。Tanh 函数在 TensorFlow 中同样有 3 种调用方法：

```
tanh_tensor = tf.tanh(x, name = "tanh")
tanh_tensor = tf.math.tanh(x, name = "tanh")
tanh_tensor = tf.nn.tanh(x, name = "tanh")
```

Tanh 函数是三角函数中的正切函数，其作用是将一个实数域的数映射到-1~1。在序列建模中，用到该函数是因为序列有上下文信息，我们需要获得上下文对当前数据或者当前数据对上下文正向干扰（支持）与负向干扰的数据表达。由于 Sigmoid 函数的范围为 0~1，因此只能单纯地表示数据更偏向于 0 还是 1。而 Tanh 函数可以很好地做到正向干扰（0~1）和负向干扰（-1~0），其使用示例如下：

```
a = tf.Tensor([[-1,1],[-2,0]])
b = tf.tanh (a)
"""
b 的结果是:
    [[-0.76159416 0.76159416]
    [-0.96402758 0.        ]]
"""
```

不论是 Sigmoid 还是 Tanh 函数，它们对逼近极值的部分反应都不敏感（y 值区别不大，Sigmoid 函数是对接近 0 和 1 的 y 值不敏感，Tanh 函数是对接近-1 和 1 的 y 值不敏感）。这样会导致我们做激活的时候很容易激活前后区别不大（改变不大）的值，这样在用梯度下降更新的时候会造成梯度爆炸或者梯度消失。

ReLU（线性整流单元，又称修正线性单元）就是解决这个问题的一种激活函数。

ReLU 函数有以下两个特点：

（1）单向抑制：对负信息直接过滤，以减少负信息的干扰。

（2）线性激活：保证 x 在激活后对 y 值的敏感性。

其在 TensorFlow 中使用的例子如下：

```
a = tf.Tensor([[-1,1],[-2,0]])
b = tf.nn.relu(a, name = "relu")
"""
b的结果是：
    [[    0.    1      ]
    [     0.    0.     ]]
"""
```

这里需要注意的是，ReLU 函数只在 tf.nn 中有实现。当然，激活函数推荐使用 tf.nn.*的调用方式，这样更加容易理解。

4）归一化、正则化和 Softmax 函数

常规的操作除了矩阵运算、形状操作，以及激活函数操作之外，还有一类操作可以方便运算和保证训练泛化。这类操作一般与数据紧密相关。

首先是归一化（Normalization）。归一化是指将数据缩放到0~1的范围内，常用的有12_ normalize，即基于欧式距离的归一化。其公式为：

$$\text{NORM}_{l2}(x)=\frac{x}{\sqrt{\text{sum}(x^2)}} \tag{10.2}$$

我们可以看到归一化操作是用来做数据缩放的，公式10.2将实数域数据除以所有数据平方和的开方。归一化还有一个作用是消除量纲，这样就可以消除单位之间的影响，使得归一化后的数据具有可比性。

在 TensorFlow 中进行归一化的代码为：

```
l2_norm = tf.nn.l2_normalize(x, name = "l2_norm")
l2_norm = tf.math.l2_normalize(x, name = "l2_norm")
```

而正则化（Regularization）经常用于损失函数中，一般常用的有 l1_regularization（基于曼哈顿距离）和 l2_regularization（基于欧氏距离），公式如下：

L1 正则化：

$$J=J_0+a\sum_{\omega}|\omega| \tag{10.3}$$

L2 正则化：

$$J=J_0+a\sum_{\omega}\omega^2 \tag{10.4}$$

在 TensorFlow 中，一般先构建正则化生成器 regularizer，然后将其用在计算中，其调用方法如下：

```
l1_reg = tf.contrib.layers.l1_regularizer(scale, scope=None)
l2_reg = tf.contrib.layers.l2_regularizer(scale, scope=None)
```

- scale：正则化程度，相当于正则化公式里面的 α。如果为 0.0，则正则化效果为 0（不需要进行正则化），scale 必须大于或等于 0。
- scope：作用于哪个命名域中。

正则化加入损失函数中的好处是可以降低模型的复杂度并防止过拟合（实质上可以理解为某种

程度上的降维，加入正则化后，权重ω为零的个数越多，变相等于最后权重ω不为 0 的个数越少，即权重ω形成的维度空间越少，这样提高了模型拟合的泛化能力以及稳定性）。

最后介绍分类任务中常用的 Softmax 函数。大部分网络的输出结果是实数域的数，我们想通过这个实数来获得分类结果是不现实的（无法定性定量分析）。这里介绍的 Softmax 函数是一种结果转换方案，Softmax 函数把实数域的数据映射到 0~1 内，并且保证各个维度的和为 1，从而将实数域的数据转为某种概率呈现方式，比较概率值即可判断分类结果。Softmax 函数的公式为：

$$\text{Softmax}(x_j \in x) = \frac{e_i^x}{\sum_j e_j^x} \tag{10.5}$$

转化为概率呈现方式之后，就可以用损失函数进行比较。Softmax 函数在 TensorFlow 中的两种调用方式为：

```
prob_tensor = tf.nn.softmax(logits, axis=None, name="softmax")
prob_tensor = tf.math.softmax(logits, axis=None, name="softmax")
```

- logits：一个实数域的张量，必须为浮点数相关数据类型，如 float32、float64。
- axis：需要进行 Softmax 的维度，如果为 None 的话，则选最后一维，默认为 None。
- name：操作符的名字。

下面是 Softmax 函数运算的例子。

```
a = tf.Tensor([[-1,1], [-2,1]])
b = tf.nn.softmax(a, axis=-1)
"""
b 的结果是：
    [[ 0.11920292  0.88079708 ]
    [  0.04742587 0.95257413 ]]
"""
```

10.2.2 TensorFlow 的 Graph 和 Session

在 TensorFlow 的静态图设计中，TensorFlow 前端通过 tf.Graph 来描述图结构，再通过 tf.Session 来构建与 TensorFlow 后端的会话，从而控制数据在图中的流动。

TensorFlow 后端的计算流程完全依赖于 tf.Graph 所提供的操作集合，而 TensorFlow 后端与前端（Python 代码）的交互以及张量数据的传输完全依赖于 tf.Session。

1. 构造静态图

在介绍完张量和操作符之后，我们将进入构造静态图（tf.Graph）的环节。在 TensoFlow 中构造静态图时首先要指定是哪个图，一般大部分任务只有一个静态图，所以不需要指定，但是为了安全起见，建议大家指定。下面是使用静态图的两个例子。

下面两个函数中，x、y 为张量，且 x、y 的 shape 一样，dtype 也一样。

```
def model1(x, y):
    g = tf.Graph()
    with g.as_default():
    a = tf.get_Variable(y,name='weights')
    b = tf.add(a+b)
```

```
    return b
def model2(x,y):
    a = tf.get_Variable(y,name='weights')
    b = tf.add(a+b)
    return b
```

上面的代码中，model1 和 model2 函数的效果在大部分情况下一致（如果我们把图的构造都写在这个函数中），通常情况下第一种略显啰唆，一般不会使用。

当我们要写比较复杂的模型时，可能会用第一种方法，在代码中夹杂一些图的命名域来增强可读性和构建成功后的静态图呈现（使用 TensorBoard 画图）效果，例如：

```
def model3(x,y):
    g = tf.Graph()
    with g.as_default():
        with g.name_scope("add") as scope:
            a = tf.get_Variable(y,name='weights', scope = scope)
            b = tf.add(a+b)
    return b
```

model3 函数的效果和前面两个没有区别，只是结果在图中更容易表示。注意，name_scope 是给操作增加上下文信息和层级的。

tf.Graph 中几个比较常用的方法如下：

（1）get_tensor_by_name：可以根据 name 获得张量，如果不存在，则返回空；如果 name 为 None 或者不输入 name，则获取当前图下面所有的张量。这个操作在多线程下是可以并发的。

（2）get_operation_by_name：可以根据 name 获得操作符，如果不存在，则返回空；如果 name 为 None 或者不输入 name，则获取当前图下面所有的操作符。这个操作在多线程下是可以并发的。

（3）get_operations：获得图中所有的操作，返回值是一个列表。

一般情况下，我们不会过多地使用 tf.Graph 的相关方法，因为大部分任务通过一个静态图就能完成。

下面我们结合 3 种常用的张量和一些常用的操作符来构建一个简单的静态图：

```
# 这段代码会在介绍会话时继续使用
# 占位符 input_x，一般设计中占位更偏向数据一侧，与模型函数分离
# 这里的 x 是占位符 input_x 所对应的真实数据
input_x = tf.placeholder(dtype=tf.float32,shape=(2,3), name="x")
def simple_model(x):
    const1=tf.constant([[1,2,3],[4,5,6],[7,8,9]],dtype=tf.float32,
name="const1")
    y = tf.matmul(input_x, const1, name="mat1")
    weight1 = tf.get_variable ("weight1",shape=(2,3))
    y = tf.add(y, weight1, name = "add1")
    y = tf.nn.softmax(y, name="softmax1")
    return y,weight1
```

我们可以看到上面的模型描述了一个数据流入模型到流出模型的过程，每个操作都是静态图中的一个节点：const1、mat1、add1、softmax1、weight1。从输入 x 到输出 y 的过程，就是所构建的边。图 10.1 所示为数据的流动过程。

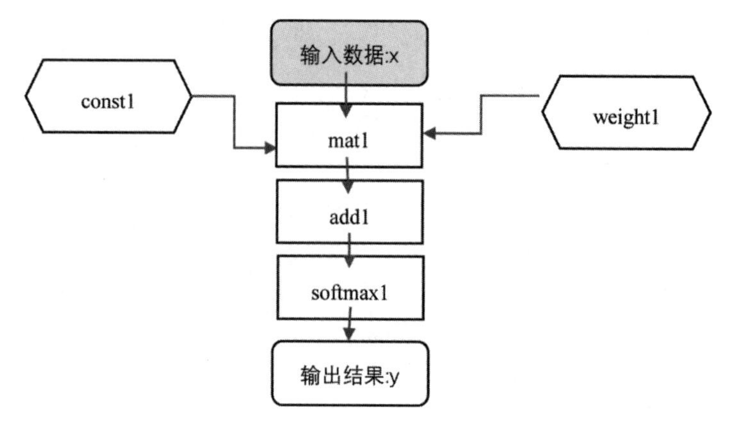

图 10.1 数据的流动过程

虽然我们没有看到 tf.Graph 的相关作用，但是它记录下了整个图的结构。因为在静态图模式下，TensorFlow 后端是在收到所有的代码之后再进行解释的，所以静态图的最大特点是在运行之前已经知道了构造图相关的所有前端代码，以及图的所有构造，这点读者要谨记。

2. 会话与运行 TensorFlow 样例

当我们构建好网络静态图之后，就可以用 tf.Session 来构建 TensorFlow 的前后端会话窗口了。通过这个会话窗口，我们可以在 Python 前端代码中告诉 TensorFlow 后端想要什么，TensorFlow 后端知道之后，将数据通过会话窗口传给前端。

会话方式有两种：一种是使用 sess=tf.Session()来获得一个默认的会话实例，一般脚本中都会用到；另一种是使用 sess=tf.InteractiveSession()。这两种方式最大的区别在于从 TensorFlow 后端获取张量的方式不同。

这两种会话方式在初始化之后可以通过张量的引用或者操作符的引用来获取张量或操作符。示例如下：

```
a = tf.constant(1)
b = tf.constant (2)
sess = tf.Session()      # 或者使用 tf.InteractiveSession()
a_tensor,b_tensor = sess.run(a,b)
print(a_tensor)
print(b_tensor)
```

从上面的例子可以看出，sess.run 函数将前端的 Python 代码交由后端 TensorFlow 去执行。张量类型对 Python 来说是信息不完全的，我们没办法在 Python 中不依赖 TensorFlow 的相关方法直接操纵张量。通过 sess.run 函数，可以将对应位置的张量或者操作符引用转为我们想要的张量内容或者操作符结果。

另外，sess.run 函数能够直接传入张量引用，但是不包括点位符 tf.placeholder。这是因为点位符所占的位置是实际的输入数据，一般我们用参数 feed_dict 来声明占位数据对应的真实数据：

```
input_x = tf.placeholder("x")
real_data = np.arange(2)
sess.run(feed_dict={input_x:real_data})
```

现在我们获得了一个 TensorFlow 的静态图 simple_model。可以发现，一般情况下，我们不需要对操作进行太多的控制，只需要控制边（张量的流动）就可以获得想要的结果。

【例 10.2】通过代码让模型真正运作起来，以获得前向传播的结果。

```
import tensorflow as tf
import numpy as np
# 占位符构建
input_x = tf.placeholder(dtype=tf.float32,shape=(2,3),name="x")
# 静态图构建，返回 weight1 和 y 的 Tensor 引用
def simple_model(x):
    const1 = tf.constant([[1,2,3],[4,5,6],[17,8,9]],
        dtype=tf.float32,name="const1")
    y = tf.matmul(input_x, const1, name="mat1")
    weight1 = tf.get_variable ("weight1", shape=(2,3) )
    y = tf.add(y, weight1, name = "add1")
    y = tr.nn.softmax(y, name="softmax1")
    return y, weight1
# 调用静态图
result,weight = simple_model(input_x)
# 构建会话并且对各变量进行初始化(input. x)
sess = tf.Session()
init = tf.global_variables_initializer()
sess.run(init)
# 获取初始化的 weight
random_weight = sess.run(weight)
# 构建真实数据
real_data = np.ones((2,3))
# 数据通过占位符进行流动，并且获得 y 的结果
result_data = sess.run(result, feed_dict={input_x:real_data})
"""一个样例结果为:
    random_weight = array([
        [ 0.6614102 , -0.5960887 , 0.47194147],
        [-0.22718966, -0.02053249,-0.35549504]], dtype=float32)
    result_data = array([
        [0.00293679, 0.01677381, 0.9802894 ],
        [0.0026278 , 0.06489724, 0.932475  ]], dtype=float32)
[注意] result_data 受 random_weight 的影响，每次都可能不同
"""
```

这里需要注意的是，当我们在静态图模型中设置变量的时候，只是设置了变量的随机数生成器。只有构建了会话实例 sess，让 sess 通知 TensorFlow 后端对变量进行初始化，才会有真正的变量产生。tf.global_variables_initializer 的作用是构建一个所有变量的初始化实例，sess.run 则把这个实例告知 TensorFlow 后端。一般情况下，读者使用 tf.global_variables_initializer 就足够了，可以一次性对所有的变量进行初始化。

10.2.3　TensorFlow 的动态图模式

随着 PyTorch（另一种基于 Python 的深度学习框架）的流行，使用动态图已经成为一种趋势，而 TensorFlow 中也增加了对动态图的支持（Eager Execution）。这可以让我们在 Python 执行器中直接运行代码，并立即获得操作结果，减少了代码冗余，并提高了开发效率。

首先需要在 TensorFlow 1.12.0 中打开动态图模式，这是由于 TensorFlow 1.12.0 默认是静态图模

式，因此需要强制告诉 TensorFlow 我们需要开启动态图模式。打开动态图模式的代码为 tf.enable_eager_execution()。这里需要强调的是，需要在 Python 文件尽量靠前的位置，最好在文件的前两行加入如下代码：

```
import tensorflow as tf
tf.enable_eager_execution()
```

这样就开启了动态图模式，动态图模式和静态图模式最大的区别是：动态图模式不需要 tf.Session 来做前后端的会话窗口，一切前后端的交互都是自动进行的。下面我们以两个例子来说明两者有何不同。

【例 10.3】静态图模式和动态图模式的例子。

```
# 静态图模式的例子
import tensorflow as tf
a = tf.constant([1,2,3])
print(a)
# a 的输出:Tensor("Const:0", shape=(3,), dtype=int32)
b = a + 1
print(b)
# b 的输出: Tensor("add:0", shape=(3,), dtype=int32)
with tf.Session() as sess:
    print(sess.run(a))
    print(sess.run(b))
"""
    a 和 b 的结果依次为:
    [1 2 3]
    [2 3 4]
"""
# 动态图模式的例子
import tensorflow as tf
tf.enable_eager_execution()
a = tf.constant([1,2,3])
print(a)
# a 的输出: tf.Tensor([1 2 3],  shape=(3,),  dtype=int32)
b = a + 1
print(b)
# b 的输出: tf.Tensor([2 3 4], shape=(3,),dtype=int32)
```

我们可以看到，使用动态图模式之后，不需要会话操作，代码变少了；而且在默认的静态图模式中，直接调用张量是看不到它的内容的，而使用动态图模式之后，我们可以直接调用张量来查看它的内容。

另外，当我们将静态图模式的代码改为动态图模式的代码时，由于不需要 TensorFlow 前后端会话窗口，因此需要把所有与会话有关的步骤删除。如果 Session.run 里面有额外的运行步骤，则直接把运行步骤删除即可，修改起来其实非常简单。一个简单的静态图模式例子如下：

```
sess.run(tf.global_variables_initializer())
```

转为动态图模式只需要进行如下修改：

```
tf.global_variables_initializer()
```

当然，动态图模式也有劣势，就是在部署的时候占用的内存和显存过大，运行速度缓慢。一般动态图模式只供研究使用，当模型没有问题的时候，读者还是尽量转为静态图模式进行训练，而且在部署的时候千万不要用动态图模式来提供服务。

10.2.4　TensorFlow 的损失函数

在我们了解了如何构建模型以及如何与 TensorFlow 后端进行会话之后，现在开始逐步进入实际任务。我们的数据分为两种：一种是特征数据，另一种是标签数据。在监督学习中，一般特征数据和标签数据是一对一或者 N 对 M 的关系；而在无监督学习中，我们不需要标签数据，而是需要一些提前设置好的终止条件。

无论哪种情况，我们都需要将模型结果（模型输出的结果特征）与目标数据或者终止条件进行化学反应来获知当前模型的缺陷在哪里，知道了缺陷才能改进。所以深度学习模型设计的 3 个重要工作如下：

（1）根据数据集的数据特征以及任务目标来设计合适的深度学习网络结构。

（2）根据任务描述和深度学习网络结构来选择合适的损失函数。

（3）根据数据集的数据特征、所选择的损失函数以及深度学习网络结构来选择合适的优化器。

下面我们会用一些篇幅来阐述 TensorFlow 做深度学习时常用的损失函数。

1. 交叉熵

交叉熵（Cross-Entropy）来自信息学中与编码相关的概念，常用在与监督学习相关的多分类问题中。为了方便读者理解交叉熵的概念，我们不妨换一种视角来看问题：模型的输出结果等于输入数据的某种编码形式。对于多分类问题，我们可以根据数据的分类数量获得编码长度，将其编码为独热（One-Hot）向量或者其他向量。那么就不难理解为什么使用交叉熵作为损失函数了，因为交叉熵表述的就是某种特征编码转换为另一种特征编码（两种编码的编码域和长度相同，即其特征向量长度相同，数值范围相同）而产生的不可逆的信息损失量。交叉熵公式为：

$$H(p,q) = -\sum_x p(x)\log_2 q(x) \tag{10.6}$$

其中，$p(x)$为输入数据 x 的某种分布，而 $q(x)$是目标编码的特征分布。

常用的方式是在获得模型的输出特征之后将其转为 Softmax 结果，让模型特征从实数域（或者其他域）转为 0~1 的概率表达，然后和标签结果比对来获得代价函数。在 TensorFlow 中，一般采用 Softmax 和交叉熵获取概率值，这样的操作一般对应着网络的输出层，代码如下：

```
loss=tf.losses.softmax_cross_entropy(softmax_y,label, weights=1.0)
```

softmax_*y* 是模型的输出结果，label 是目标标签值，这里 softmax_*y*.shape == label.shape。一般来说，label[*i*]是一个独热向量，长度为不同标签数量，0≤softmax_*y*[*i*]≤1。例如，数据为两个不同标签的 label[0]=0 或 1，weights 为获得 softmax 与交叉熵之后的结果的赋权。

其实这样写 label 是很麻烦的，通常使用 sparse_softmax_cross_entropy 来简化操作。其唯一不同的是 label 数据样式不同，每个目标数据不再是独热向量，而是一个数字，这样方便我们进行数据预处理。代码示例如下：

```
loss = tf.losses.sparse_softmax_cross_entropy(softmax_y,label,weight=1.0)
```

当然，我们也可以用 sigmoid 函数对结果进行激活，并认为激活结果为 $p(x)$的似然。这种情况虽然很少，但是偶尔也会遇到。

sigmoid_y 是模型的输出结果，label 是目标标签值，这里 sigmoid_y.shape == label.shape，且 label[i] in [0,1], 0≤sigmoid[i]≤1。weights 为获得 softmax 与交叉熵之后的结果的赋权。代码示例如下：

```
loss = tf.losses.sigmoid_cross_entropy(sigmoid_y,label,weights=1.0)
```

再次强调一下，交叉熵一般用在多分类问题上，可以使用它将问题转换为信息学中的编码问题。

2. 均方误差

均方误差（Mean Squared Error，MSE）也是在深度学习模型设计中经常使用的一种损失函数。我们可以将获得的模型结果理解为多维空间中的一个点，而我们的目标结果是另一个点，采用欧式距离衡量两个点之间的距离，这样我们就知道在这个多维空间中，需要最少经过多长距离才能到达目的地。其公式如下：

$$\text{MSE}(y, y_{\text{lable}}) = \frac{\sum_i^n (y - y_{\text{lable}})^2}{n} \quad (10.7)$$

这里 y 是模型输出结果，y_{lable} 是目标真实结果（标签数据），n 为数据维度，y 和 y_{lable} 必须具有相同的维度且它们各个维度的取值范围为实数域。在 TensorFlow 中，其调用方式如下：

```
loss = mean_squared_error(labels, predictions, weights=1.0)
# labels 为真实数据，即 ylable
# predictions 为预测数据，即目标输出结果
# weight 是 MSE 操作之后所要乘的权重
```

3. KL 散度

KL 散度（Kullback-Leibler Divergence）又称相对熵。交叉熵描述的是一种编码到另一种编码的不可逆损失（信息丢失），而相对熵描述的是一种分布到另一种分布的信息丢失（不可逆损失），这个概念同样来自信息学，KL 散度理解起来比较复杂，我们先看公式：

$$\text{KL}(p \| q) = \sum_x p(x) \log_2 \left(\frac{p(x)}{q(x)} \right) \quad (10.8)$$

这里面 p 是一种分布，一般是预测分布；q 是另一种分布。这个公式的含义可以简单理解为：对于同样的数据集，我们从预测分布 p 转为真实分布 q 会有多少不可逆损失。注意，这里 $p \| q$ 的位置不能互换，因为我们不需要关心目标数据分布如何转为预测分布，需要关心的是预测分布如何更好地转为目标数据分布。另外，它和交叉熵有一点相似，因为它实质上描述的是每个数据在分布上的结果比值 $p(x)/q(x)$上的损失程度。

在 TensorFlow 中并没有 KL 散度的实现，但是我们可以根据公式自己用代码写一个。代码示例如下：

```
# 这里 y 是预测结果，labels 是真实标签结果
def KL_loss(pred, label):
    loss = tf.reduce_sum(pred * tf.log(pred) - pred * tf.log(label))
```

```
    return loss
loss = KL_loss(pred=y,label=labels)
```

10.2.5 TensorFlow 的优化器

数据特征经过模型之后所产生的输出结果与我们想要的标签结果之间的差距称为损失，利用这些损失可以通过反向传播来对模型权重进行更新。

模型权重常采用优化器进行求解，TensorFlow 中的优化器指的是梯度算法。这里简单介绍应该怎么使用优化器，所有的优化器都可以在 tf.train 中找到，常见的有以下几个。

1. GradientDescentOptimizer

实现梯度下降的优化器，用法如下：

```
tf.train.GradientDescentOptimizer(learning_rate,use_locking=False,
    name="GradientDescent")
```

参数说明如下：

- learning_rate：学习率，用当前损失乘以学习率可以获得需要更新的损失部分。
- use_locking：如果为 True，则优化器不根据损失来更新变量。默认为 False。
- name：优化器名字，默认为"GradientDescent"。

2. AdagradDAOptimizer

实现 AdagradDA 的梯度优化方法，用法如下：

```
    tf.train.AdagradDAOptimizer(learning_rate,global_step,initial_gradient_squa
red_accumulator_value=0.1,l1_regularization_strength=0.0,l2_regularization_stre
ngth=0.0,use_locking=False,name="AdagradDA")
```

参数说明如下：

- learning_rate：学习率。
- global_step：本次训练到当前为止，模型中可训练变量的次数。
- initial_gradient_squared_accumulator_value：大于 0 的值，用来做积分的起始值。默认为 0.1。
- l1_regularization_strength:一个浮点数，必须大于或等于零，用来做 L1 正则化。默认为 0.0。
- l2_regularization_strength:一个浮点数，必须大于或等于 0，用来做 L2 正则化。默认为 0.0。
- use_locking：如果为 True，则优化器不根据损失来更新变量。默认为 False。
- name：优化器名字。默认为"AdagradDA"。

3. AdadeltaOptimizer

实现 Adadelta 的梯度优化方法，用法如下：

```
    tf.train.AdadeltaOptimizer(learning_rate=0.001,rho=0.95,epsilon=1e-8,use_lo
cking=False,name="Adadelta")
```

参数说明如下：

- learning_rate：学习率，用当前损失乘以学习率可以获得需要更新的损失部分。默认为 0.001。
- rho：退化值可以是一个张量或者数值。默认为 0.95。
- epsilon：一个很小的值，避免除法中分母为 0 的情况出现。默认为 1e-8。
- use_locking：如果为 True，则优化器不根据损失来更新变量 Variable。默认为 False。
- name：优化器名字。默认为"Adadelta"。

4. AdamOptimizer

实现 Adam 的梯度优化方法，用法如下：

```
tf.train.RMSPropOptimizer(learning_rate=0.001, beta1=0.9, beta2=0.999, epsilon=1e-8, use_locking=False, name="Adam")
```

参数说明如下：

- learning_rate：学习率，用当前损失乘以学习率可以获得需要更新的损失部分。默认为 0.001。
- beta1：预估的第一时刻指数化退化率，类型为浮点数。默认为 0.9。
- beta2：预估的第二时刻指数化退化率，类型为浮点数。默认为 0.999。
- epsilon：一个很小的值，避免除法中分母为 0 的情况出现。默认为 le-8。
- use_locking：如果为 True，则优化器不根据损失来更新变量。默认为 False。
- name：优化器名字。默认为"Adam"。

5. RMSPropOptimizer

实现 RMSProp 的梯度优化方法，用法如下：

```
tf.train.RMSPropOptimizer(learning_rate,decay=0.9,momentum=0.0,epsilon=le-10,use_locking=False,centered=False,name="RMSProp")
```

参数说明如下：

- learning_rate：学习率，用当前损失乘以学习率可以获得需要更新的损失部分。
- decay：对历史或者未来梯度的一个折扣度，即梯度结果乘以 decay。默认为 0.9。
- momentum：一个很小的值，作为冲量，可以理解为对梯度持续优化的一个催化剂。默认为 0.0，即不存在。
- epsilon：一个很小的值，避免除法中分母为 0 的情况出现。默认为 1e-10。
- use_locking：如果为 True，则优化器不根据损失来更新变量 Variable。默认为 False。
- centered：如果为 True，梯度结果将会根据其方差做标准化。默认为 False。
- name：优化器名字。默认为"RMSProp"。

从分类上来说，优化器都属于操作，我们通过下面的代码来展示如何使用它们（这里优化器采用 GradientDescentOptimizer，损失函数使用 sparse_softmax_cross_entropy）。

【例 10.4】优化器的使用。

```
import tensorflow as tf
import numpy as np
# 单网络模型构建，与上面的例子不同的是取消了 softmax
def simple_model (x):
    const1 = tf.constant([[1,2,3],[4,5,6],[7,8,9]],
    dtype=tf.float32,name="const1")
    y = tf.matmul(input_x, const1, name="mat1")
    weight1 = tf.get_variable("weight1", shape=(2,3))
    y = tf.add(y, weight1, name = "add1")
    return y, weight1
# 声明占位符，增加了 label 的占位符
input_x = tf.placeholder(dtype=tf.float32, shape=(2,3), name="input")
label = tf.placeholder(dtype=tf.int32, shape=(2,), name="label")
# 真实数据， real label = [0,1]
real_data = np.ones((2,3))
real_label = np.arange (2)
# 这里开始做优化
# 首先获得模型结果 result，以及我们想看的 Tensor: weight
result,weight = simple_model(input_x)
# 损失函数构建，这一步包括 softmax
loss=tf.losses.sparse_softmax_cross_entropy(labels=label, logits=result)
# 声明学习率，并且选择梯度下降优化器做优化，构建优化器操作符
learn_rate = 0.01
optimizer=tf.train.GradientDescentOptimizer(learn_rate).minimize(result)
# 开始构建会话运行
sess = tf.Session()
# 初始化全局变量
init = tf.global_variables_initializer()
sess.run(init)
# 获得初始化的变量
init_weight = sess.run(weight)
print("init_weight : %s\n" % init_weight)
# 获得模型推理结果
result_data = sess.run(result, feed_dict={input_x:real_data})
print("result_data : %s\n" % result_data)
# 更新全局变量
sess.run (optimizer)
new_weight = sess.run (weight)
print("new_weight : %s\n" % new_weight)
"""一个输出的例子为:
    init_weight  :  [[ 0.4533913  0.5029322  0.83601403]
    [ 0.9119222  0.8282287  -0.8072653 ]
    result.data  :   [[12.453391  15.502933  18.836014]
    [12.911922   15.828229  17.192734]]
    new_weight  :  [[ 0.44339132 0.4929322  0.82601404]
    [ 0.9019222  0.8182287  -0.8172653 ]]
"""
```

从上面的结果可以看出，init_weight 和 new_weight 是不同的。这就意味着损失函数和优化器的联合作用与反向传播使得权重（weight）有了更新，而我们训练模型实质上就是根据固定的模型结构和数据集来更新模型中的可训练参数变量。

10.2.6 TensorFlow 训练数据输入

我们在前面已经了解了如何构建模型。下面将简单介绍如何方便地从数据集中获取输入数据，使之用于模型训练。目前 TensorFlow 官方推荐使用的最新数据输入 API 是 tf.data。

tf.data 有两个重要的类：tf.data.Dataset 和 tf.data.Iterator。

1. tf.data.Dataset

tf.data.Dataset 用于在 TensorFlow 后端和输入数据之间建立数据管道，以方便数据高效、快速地输入。

如果数据在内存中的话，可以使用 tf.data.Dataset.from_tensors 或者 tf.data.Dataset.from_tensor_slices 来获取输入数据。

tf.dataDataset.from_tensor_slices 会根据第一个维度切分数据(默认第一个维度表示的是 BatchSize)，举个例子：

```
# dataset1[0]的结果和 dataset2 的结果相等
dataset1 = tf.data.Dataset.from_tensor_slices(
    np.arange(12).reshape((2,2,3)))
# print(dataset1)为: <TensorDataset shapes: (2, 3), types: tf.int32>
dataset2=tf.data.Dataset.from_tensors(np.arange(6).reshape((2,3)))
# print(dataset2)为:<TensorDataset shapes: (2, 3), types: tf.int32>
```

如果是 TensorFlow 推荐的 TFRecord 格式的文件的话，我们可以直接从文件中读取：

```
# TFRecordFileName 是 TFRecord 格式文件的路径
dataset = tf.data.TFRecordDataset(TFRecordFileName)
```

当然，我们的数据并非都是 TFRecord 格式的文件。tf.data.Dataset 还有一种初始化方法——tf.data.Dataset.from_generator，它很好地使用了 Python 的生成器特性。其语法如下：

```
    dataset=tf.data.Dataset.from_generator(generator,
output_types,output_shapes=None, args=None)
```

- generator：生成器函数。
- output_types：生成器每次输出数据的类型。
- output_shapes：生成器每次输出数据的形状。output_shapes 为 None 时，不改变生成器输出数据的形状。默认为 None。
- args：生成器函数所需要的输入参数。

下面是一个 generator 的简单例子：

```
def gen_data(x):
    for i in x:
    yield i
    data = np.arange(12).reshape((2,2,3))
    dataset = tf.data.Dataset.from_generator(gen_data,(tf.int32,
        tf.int32),args=(data,))
    print(dataset)
    return
    """输出为:
<FlatMapDataset shapes: (<unknown>, <unknown>), types: (tf.int32, tf.int32)>
```

"""

1）batch

我们训练数据的时候一般不会每次只放一个数据，而是会一批一批地放入数据，这样可以加快训练速度。一批一批地放入训练数据的同时对损失进行加权平均，这样可以增加模型的泛化能力。批量输入数据是依靠 tf.data.Dataset.bach 来实现的：

```
# 构建了一个有 batch size 的 Dataset，可以成批量地拿数据
batchDataset = tf.data.Dataset.batch(batch_size, drop_remainder = False)
```

另外，我们可以将 Dataset 的数据打乱，该操作通过 shuffle 来实现：

```
shuffleDataset = batchDataset.shuffle(buffer_size, seed=None,
    reshuffle_each_iteration=None)
```

- buffer_size：打乱后需要采样多少数据。
- seed：打乱时采用的随机种子。
- reshuffle_each_iteration: 是否每次迭代（Iteration）后都要重新拿回数据。默认为 True。

例子如下：

```
shuffleDataset = batchDataset.shuffle(20)
```

在构建了 Dataset 之后，我们需要拿出数据，这时就需要迭代器了。我们通过迭代器来获得数据。生成迭代器实例后，就可以用迭代器 get_next 来方便地获取数据了，通常这些输入数据都具有相同的结构。

2）make_one_shot_iterator

tf.dataDataset 自带了一个简单的迭代器——make_one_shot_iterator（单次迭代器），用于仅对数据进行依次迭代，简单例子如下：

```
dataset = tf.data.Dataset.range (50)
iterator = dataset.make_one_shot_iterator()
    #构造可迭代实例
next_element = iterator.get_next()
for i in range(50):
    value = sess.run(next_element)
```

3）make_initializable_iterator

make_initializable_iterator 允许 Dataset 中存在占位符，这样可以在需要输入数据的时候再进行 feed 操作，简单例子如下：

```
x = tf.placeholder(tf.int64, shape=[])
dataset = tf.data.Dataset.range(x)
iterator = dataset.make_initializable_iterator()
next_element = iterator.get_next()
with tf.Session() as sess:
    # 需要取数据的时候才将需要的参数 feed 进去
    sess.run(iterator.initializer, feed.dict={x: 10}
    for i in range(10):
    res = sess.run(next_element)
    assert i == res
```

2. tf.data.Iterator

tf.data.Iterator 中使用了两个复杂的迭代器：from_structure 和 from_string_handle。

1）from_structure

使用静态方法 tf.data.Iterator.from_structure(output_types)可以构建可复用的迭代器。

```
dataset = tf.data.Dataset.range(50)
dataset2 = tf.data.Dataset.range (100)
iterator = tf.data.Iterator.from_structure(dataset.output_types,
    output_shapes = dataset.output_shapes)
next_element = iterator.get_next ()
iter1 = iterator.make_initializer (dataset)
iter2 = iterator.make_initializer (dataset2)
# 先运行第一个数据集的迭代器
sess.run(iter1)
for i in range(50):
    res1 = sess.run(next_element)
# 再运行第二个数据集的迭代器
sess.run(iter2)
for i in range(100):
    sess.run(next_element)
```

2）from_ string_ handle

我们可以将 tf.placeholder 与这个静态方法结合起来使用。from_string_handle 的功能与 from_structure 的功能相同，不同之处在于，在迭代器之间切换时不需要从数据集的开头初始化迭代器。这种方法的灵活性更强。以下为具体例子：

```
dataset = tf.data.Dataset.range (50)
dataset2 = tf.data.Dataset.range (100)
handle = tf.placeholder(tf.string, shape=[])
iterator = tf.data.Iterator.from_string_handle (handle,
    dataset.output_types,output_shapes = dataset.output_shapes)
next_element = iterator.get_next()
iter1 = dataset.make_one_shot_iterator(dataset)
iter2 = dataset2.make_initializable_iterator(dataset2)
handle1 = sess.run(iter1.string_handle())
handle2 = sess.run(iter2.string_handle())
sess.run(iter1)
sess.run(iter2)
while True:
    # 第一个迭代器是 make_one_shot_iterator，直接运行
    for i in range (50):
    sess.run(next_element, feed_dict={handle: handle1})
    # 第二个迭代器是 make_initializable_iterator，需要初始化
    sess.run(iter2.initializer)
    for _ in range(100):
    sess.run(next_element, feed_dict={handle: handle2})
    # 不同于 from_structure，from_string_handle 的多个迭代器可以同时注册到会话中
    # 更便于用户使用
```

10.3　应用案例：基于 LeNet 的手写数字识别

几乎所有有关图像识别的教程都会将 MNIST 数据集作为入门首选数据集。如果一个图像识别算法在 MNIST 数据集上效果差，那么其在其他数据集上的表现效果也不会很好。由于 MNIST 数据集是图像识别问题中难度最小、特征差异较为明显的数据集，因此深受图像识别入门者的青睐。

本节将介绍 MNIST 数据集的一些背景，并且提供耳熟能详的 LeNet（深度学习网络图像识别问题中知名且鲁棒性好的网络）结构来做实验。本节会详细介绍这种网络设计的技巧和思路，并且随着代码的实现，还会讲解一些使用 TensorFlow 进行深度学习实战的要点。最后，本章会简单介绍与 MNIST 数据集相近的 FashionMNIST 数据集，并通过使用这些简单的数据集和 LeNet 网络结构真正地进入深度学习。

10.3.1　MNIST 数据集简介

MNIST 数据集是 28×28 像素大小的灰度图，灰度图的内容为 0~9 这 10 个数字，灰度图中每个像素都是一个 0~255 的整数。整个数据集由训练集（Training Set）和测试集（Test Set）两部分组成，其中训练集有 60 000 幅手写数字图片，测试集有 10 000 幅手写数字图片。这里简单介绍一下数据分布情况：在训练集中有 250 个人的手写字体数据，其中有 50%是高中生，这些人的手写字体数据称为 SD-1 数据，总共有 30 000 幅；剩下的 50%是美国人口普查局（The Census Bureau）的工作人员，这些人的手写字体数据称为 SD-3 数据，数目也是 30 000 幅。测试集中也是 50%为高中生的手写字体数据，50%为工作人员的手写字体数据。图 10.2 所示为 MNIST 数据集中部分手写字体数据可视化图像展示。

MNIST 数据集可以通过 MNIST 官网下载，共有 4 个压缩文件。表 10.1 所示为 MNIST 数据集中不同类型数据集的一些基本信息。

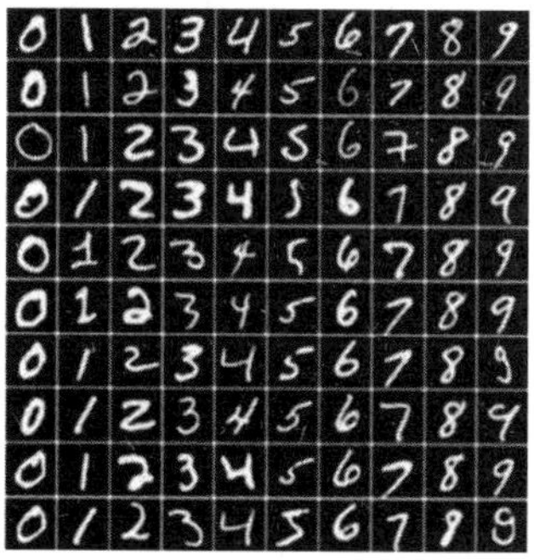

图 10.2　MNIST 数据集中部分手写字体数据可视化图像

表10.1　MNIST数据集简介

名　　称	性　　质	文 件 大 小
train-images-idx3-ubyte.gz	训练集图像数据	9 912 422 Byte
train-labels-idx1-ubyte.gz	训练集标签数据	28 881 Byte
t10k-images-idx3-ubyte.gz	测试集图像数据	1 648 877 Byte
t10k-labels-idx3-ubyte.gz	测试集标签数据	4 542 Byte

我们可以用 TensorFlow 中下载文件的函数将数据集下载到当前文件夹下（Windows 操作系统，UNIX 操作系统、Linux 操作系统或 macOS 操作系统都可以）。新建一个 download_mnist.py 文件，并将数据集下载到当前 download_mnist.py 所在的文件夹下。download_mnist.py 的代码如下：

```
#file : download_mnist.py
import tensorflow as tf
import os
# dirpath 为想要将数据集下载到的路径地址
dirpath = os.path.dirname( os.path.abspath(__file__))
# 这里就是下载文件
tf.contrib.learn.datasets.mnist.load_mnist(dirpath)
```

注意，下载的 4 个.gz 压缩文件解压后是二进制文件，不是可以直接打开的图片文件。

接下来，我们将使用 TensorFlow 代码来对 LeNet 网络结构进行实现，从而讲解基础的神经网络设计细节和更新方式，以及一些 TensorFlow 的使用方法和设计规则。

10.3.2 LeNet 的实现与讲解

LeNet 是用神经网络进行图像识别的开山之作。这个网络结构是由两个卷积层、两个池化层、两个全连接层以及一个丢弃层构成的。LeNet 结构如图 10.3 所示。

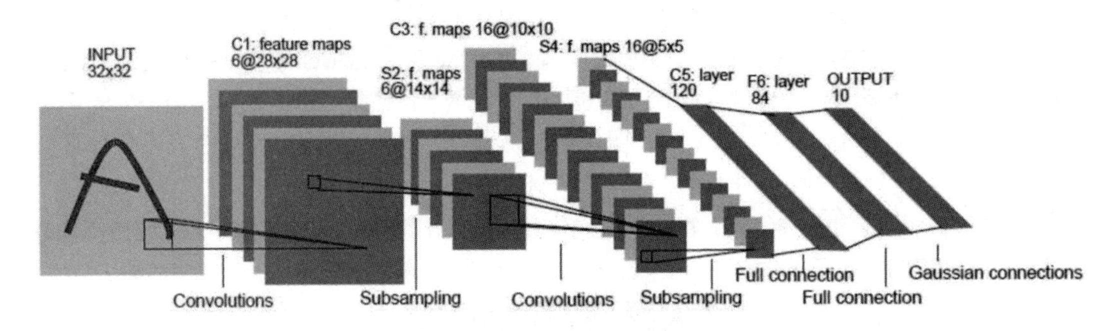

图 10.3 LeNet 结构

1. 网络参数设置和输入设置

在展示 LeNet 之前，首先需要定义一些网络单元的参数，代码如下：

```
# 定义神经网络相关的参数
# 输入图像的通道数
NUM_CHANNELS = 1
NUM_LABELS = 10
# 第一层卷积层的卷积核数量和卷积核大小
CONV1_NUM = 32
CONV1_SIZE = 5
# 第二层卷积层的卷积核数量和卷积核大小
CONV2_NUM = 64
CONV2_SIZE = 5
# 全连接层的节点个数
FC_SIZE = 512
```

然后需要定义网络所需要的输入数据。由于 TensorFlow 默认是静态计算图，因此涉及图计算的数据大小和数据类型都需要提前定义好。

TensorFlow 的输入一般是二维、三维、四维等的张量形式。一般来说，图像数据默认是一个四维张量，后三个维度分别为图片的长、宽和颜色通道数（如灰度图就是 1，彩色图就是 3）。第一个维度是批处理大小，即有多少个数据同时运行，一般是个固定数字。因为深度学习使用的是 NVIDIA 厂商的 GPU 和该厂商提供的 CUDA 深度学习驱动工具库，所以批处理大小一般为 32 的倍数（CUDA 进行计算时，每 32 个线程为一组，因此 32 的整数倍能够更好地利用 GPU 资源）。设置批处理的意义在于，由于深度学习网络模型在很多情况下并不是一个特别稳定的模型，因此为了保证训练出来的模型稳定，在数据上会进行批归一化（Batch Normalization，BN，每次选取一批数据进行归一化，弱化噪声数据对模型训练的影响）处理。这些都是为了使模型更加稳定，并且保证在同样的数据集下，每个数据被洗牌（Shuffle，打乱顺序）后，依然能够训练出一个效果一样或者近似的模型。

TensorFlow 中是通过一个占位符来定义需要的数据类型和大小的。占位符就是告诉 TensorFlow 的计算图输入数据有哪些，以及它们的大小和数据类型是什么样子的，让计算图通过占位一些内存空间来接收数据。MNIST 数据集的占位符有两个，一个是图像数据，另一个是标签数据，具体代码如下：

```
#  输入占位符(Input placeholders)的定义
with tf.name_scope ('input'):
    image = tf.placeholder(tf.float32, [None, 784], name='image')
    label = tf.placeholder(tf.int64, [None], name='label')
with tf.name_scope('input_reshape'):
    #  reshape 成 tensor:<batch_name,height,weight,channel>样式
    image_shaped_input = tf.reshape(image, [-1, 28, 28, 1])
    tf.summary.image('input', image_shaped_input, 10)
```

上面的代码中，tf.placeholder 函数的作用就是新建一个占位符。以 image 占位符为例，函数第一个参数是占位符的数据类型（tf.float32），第二个参数是数据大小（[None, 784]），这里 None 的意思是不知道批处理大小，我们可以指定为任意大小，而 784 表示图片一共有 28×28×1=784 个像素。我们可以看到紧接着的 input_reshape 的操作把输入 image 占位符的形状改为[-1,28,28,1]。注意，在 TensorFlow 中，计算图内部的操作一般都是用-1 表示不知道批处理的大小，而在设置占位符的时候才用 None 表示不知道批处理的大小。此外，使用 tf.reshape 的时候要把 None 换成-1，这是因为 tf.reshape 需要兼容 NumPy，在 NumPy 的接口中，不确定矩阵某一维大小的时候使用-1 表示。

2. LeNet 网络模型详解

定义好输入之后，就可以设计深度神经网络模型了。首先让我们来看一下 LeNet 网络结构的代码：

```
def LeNet (image, dropout_prob):
    """
    声明第一层神经网络的变量并完成前向传播过程
    使用不同的命名空间来隔离不同层的变量，这可以让每一层中的变量命名只需要考虑在当前层的作
    用，而不需要担心重名的问题和标准 LeNet-5 模型一样，这里定义卷积层的输入为 28×28×1 像
    素尺寸的原始 MINIST 图片，因为卷积层中使用了全 0 填充，所以输出为 28×28×32 的矩阵
    """
    with tf.variable_scope('layer1-conv1'):
        """
        这里使用 tf.get_variable 或 tf.Variable 没有本质区别，因为在训练或测试中没有在
```

```
    同一个程序中多次调用这个函数，如果在同一个程序中多次调用，则在第一次调用之后需要
    将 reuse 参数设置为 True
    """
    conv1_weights = tf.get_variable ("weight",
         [CONV1_SIZE, CONV1_SIZE, NUM_CHANNELS, CONV1_DEEP],
         initializer=tf.truncated_normal_initializer(stddev=0.1))
    conv1_biases = tf.get_variable("bias",
         [CONV1_DEEP], initializer=tf.constant_initializer(0.0))
    # 使用边长为 5、深度为 32 的过滤器，过滤器移动的步长为 1，且使用全 0 填充
    conv1 = tf.nn.conv2d(image, conv1_weights,
         strides=[1, 1, 1, 1], padding='SAME')
    relu1 = tf.nn.relu(tf.nn.bias_add(conv1, conv1_biases))
    """
    实现第二层池化层的前向传播过程
    这里选用最大池化层，池化层过滤器的边长为 2，使用全 0 填充且移动的步长为 2
    这一层的输入是上一层的输出，也就是 28×28×32 的矩阵，输出为 14×14×32 的矩阵
    """
with tf.name_scope('layer2-pool1'):
    pool1 = tf.nn.max_pool(
        relu1, ksize=[1, POOL_SIZE, POOL_SIZE, 1],
    strides=[1, POOL_SIZE, POOL_SIZE, 1, padding='SAME')
# 声明第三层卷积层的变量并实现前向传播过程
# 这一层的输入为 14×14×32 的矩阵，输出为 14×14×64 的矩阵
with tf.variable_scope('layer3-conv2'):
    conv2_weights = tf.get_variable ("weight",
        [CONV2_SIZE, CONV2_SIZE, CONV1_DEEP, CONV2_DEEP],
        initializer-tf.truncated_normal_initializer(stddev=0.1))
    conv2_biases = tf.get_variable("bias",[CONV2_DEEP],
        initializer = tf.constant_initializer(0.0))
    # 使用边长为 5、深度为 64 的过滤器，过滤器移动的步长为 1，且使用全 0 填充
    conv2 = tf.nn.conv2d(pool1, conv2_weights,
        strides=[1, 1, 1, 1, padding='SAME')
    relu2 = tf.nn.relu(tf.nn.bias_add(conv2, conv2_biases))
    """
    实现第四层池化层的前向传播过程
    这一层和第二层的结构是一样的
    这一层的输入为 14×14×64 的矩阵，输出为 7×7×64 的矩阵
    """
with tf.name_scope('layer4-pool2'):
    pool2 = tf.nn.max_pool(
        relu2, ksize=[1, POOL_IZE, POOL_SIZE, 1],
        strides=[1, POOL_SIZE, POOL_SIZE, 1],  padding= 'SAME')
"""
将第四层池化层的输出转换为第五层全连接层的输入格式
第四层的输出为 7×7×64 的矩阵，然而第五层全连接层需要的输入格式为向量，所以在这里需要将 7×
7×64 的矩阵拉直成一个向量
pool2.get_shape 函数可以得到第四层输出矩阵的维度而不需要手工计算
注意,因为每一层神经网络的输入和输出都为一个 batch 的矩阵,所以这里得到的维度也包含一个 batch
中数据的个数
"""
pool_shape = pool2.get_shape().as.list()
# 计算将矩阵拉直成向量之后的长度，这个长度就是矩阵长度及深度的乘积
# 注意这里 pool_shape[0]为一个 batch 中样本的个数
nodes = pool_shape[1] * pool_shape[2] * pool_shape[3]
# 通过 tf.reshape 函数将第四层的输出变成一个 batch 的向量
```

```
    reshaped = tf.reshape (pool2, [-1,nodes])
    """
    声明第五层全连接层的变量并实现前向传播过程
    这一层的输入是拉直之后的一组向量，向量长度为 7×7×64=3136
    输出是一组长度为 512 的向量
    dropout 在训练时会随机将部分节点的输出改为 0
    dropout 可以避免过拟合问题，从而使得模型在测试数据上的效果更好
    dropout 一般只在全连接层而不是卷积层或者池化层使用
    """
    with tf.variable_scope('layer5-tcl):
       fcl_weights = tf.get_variable( "weight", [nodes,FC_SIZE],
           initializer=tf.truncated_normal_initializer(stddev=0.1))
       fcl_bias = tf.ge_variable('bias',[FC_SIZE],
           initializer=tf.constant_initializer(0.1))
       fcl=tf.nn.relu(tf.matmul(reshaped,fcl_weights)+fcl_biases)
           dropout1 = tf.nn.dropout(fc1, dropout_prob)
    """
    声明第六层输出层的变量并实现前向传播过程
    这一层的输入是一组长度为 512 的向量，输出是一组长度为 10 的向量
    这一层的输出通过 softmax 之后就得到了最后的分类结果
    """
    with tf.variable_scope('layer6-fc2'):
       fc2_weights = tf.get_variable("weight",[FC_SIZE,NUM_LABELS],
           initializer=tf.truncated_normal_initializer(stddev=0.1))
       fc2_biases = tf.get_variable('bias', [NUM_LABELS],
           initializer=tf.constant_initializer(0.1))
       logit = tf.matmul(dropout1, fc2_weights) + fc2_biases
    #  返回第六层的输出
    return logit
```

接下来简单讲解一下代码。首先介绍输入是为了让读者在后面分析的时候知道输入数是什么，免得到时候一头雾水。上面代码中的 image 参数对应的是输入的图像数据。在深度学习模型中，模型通过网络结构去寻找可能的特征，并进行推理（Inference），来获得一个向量作为输出，所以模型只涉及前向传播过程。而模型参数的更新方式（在 TensorFlow 中称为优化器，英文为 Optimizer）将在后面进行讲解。image 在这里代表的是（batchSize,28,28,1）的一个张量，表示有 batchSize 幅尺寸为 28×28×1 像素的图片。在 TensorFlow 中，如果模型未对 batchSiee 做任何强制的定义，那么这个模型可以接受任意 batchSize 大小的数据，但是每个数据的大小必须是确定的；如果出现有大有小的情况，就需要做遮盖（Mask）或者填充（Padding）。

1）卷积层-池化层组合

image 参数将作为 LeNet 网络第一层的输入，通过下方的 TensorFlow 代码可以看到一层 layerl-conv1 是一个典型的卷积网络层，由 32 个 5×5 的卷积核构成，有时候我们也将这些卷积核称为特征图：

```
with tf.variable_scope('layer1-conv1'):
    conv1_weights = tf.get_variable("weight",
        [CONV1_SIZE,CONV1_SIZE, NUM_CHANNELS, CONV1_NOM],
        initializer=tf.truncated_normal_initializer(stddev=0.1))
    conv1_biases = tf.get_variable("bias", [CONV1_NOM],
        initializer=tf.constant_initializer(0.0))
    # 使用边长为 5、深度为 32 的过滤器，过滤器移动的步长为 1，且使用全 0 填充
```

```
    conv1 = tf.nn.conv2d(1mage, conv1_weights, strides=[1, 1, 1, 1],
        padding='SAME')
    relu1 = tf.nn.relu(tf.nn.bias.add(conv1, conv1_biases))
```

这是一个 with tf.variable scope 代码块，with 关键字是 Python 中的上下文管理器，而 tf.variable_scope 用于给这个代码块里的所有操作起一个名字。这样方便 TensorFlow 管理计算图，以及在 TensorBoard 中按照变量的层次关系绘制出这个网络的结构。

layerl-conv1 是一个标准的卷积核结构设置。首先声明卷积核的参数 conv1_weight，并使用 initializer=tf.truncated_normal_initializer(stddev=0.1)对其进行初始化，即采用均值为 0、标准差为 0.1 的高斯分布数据对 conv1_weigh 进行初始化。[CONV1_SIZE, CONV1_SIZE, NUM_CHANNELS, CONV1_NUM]是特征图四元组，前两位表示的是卷积核的大小（第一位是宽，第二位是高），第三位表示每个卷积核有多少个通道数输入（通道数大小一般为图像的颜色通道数，如灰度图为 1，RGB 图为 3，RGBA 图为 4），第四位是有多少个卷积后的张量数据输出。根据提前定义的参数可知，这个卷积层的特征图四元组为[5,5,1,32]。

另外，对于每一个卷积核，我们需要一个偏差项（Bias）来保证这个卷积核的泛化能力，偏差项采用常量 0 进行初始化。

conv1 是图像与卷积层卷积后得到的特征图。图像经过卷积后，还需要经过一个激活函数层。这一层我们可以理解为将卷积结果进行一个范围限制，通过这种操作来获得特征的某种共性。如上面代码块中的最后一行，使用 ReLU 函数对特征图进行非线性激活。

特征数据经过卷积核处理、激活函数激活之后，一个卷积层就完成了。

在 LeNet 网络结构设计中，一个比较有趣的点就是每个卷积层之后都会接一个池化层，这种设计是图像处理的一个小技巧。池化层的作用可归结为以下两点：

（1）保持甚至增强卷积特征的某些不变性，如平移（Translation）不变性、旋转（Rotation）不变性、尺度（Scale）不变性等。

（2）减少训练所需要的参数。

实际上，池化层的作用目前还没有数学上的确切定论，甚至有些人质疑池化层是没用的。不过从实践来看，卷积层后接池化层是一个很好用的小技巧。

在 TensorFlow 中，池化层的实现非常简单，我们以 LeNet 中第一个池化层为例，代码如下：

```
with tf.name_scope('layer2-pool'):
    pool1 = tf.nn.max_pool(relu1, ksize=[1, 2, 2, 1], strides=[1, 2, 2, 1],
padding='SAME')
```

上面的 TensorFlow 代码实现了一个最大池化层，这个池化窗口的大小是 2×2，且池化窗口不重叠。ksize 参数表示池化层的窗口大小，strides 参数表示池化层的扫描方式。

之后的第三层（layer3-conv1）也是一个卷积层，其实现逻辑和第一个卷积层没有区别，只有特征图四元组有所不同，第二个卷积层的特征图四元组为[5,5,32,64]。注意，第二层是池化层，并不会改变第一个卷积层的输出通道数，所以第二个卷积层的输出通道数就是第一个卷积层的输出通道数。

紧接着第四层（layer4-pool2）是一个池化层，这个层的设置和第二层是一样的。到此为止，LeNet 的网络结构就完成了。正如人们可以通过一个图片的局部内容猜测这个图片里有什么特征图，我们设计深度学习网络来解决一个图像识别问题的实质是希望通过一个个切分出来的图像区域信息特征来总结这个图片应该被识别成什么，LeNet 的前 4 层（卷积层-池化层-卷积层-池化层）可以理解为从输入图片来获得一个个有用的图像区域块特征的过程。

2）全连接层和输出层

接下来讲解深度学习模型是如何通过图像的局部特征信息识别出目标的。

在日常生活中，我们都喜欢用投票的方式来解决多选一的问题。举个例子，假设有 10 个人要一起从 A 地到 B 地，而 A 地到 B 地有 3 条路线（a、b、c），每个人利用自己的客观数据来帮助他们做决定，这些数据可以重合，也可以不重合。假设这 10 个人都是理性的（做决定遵循同样的思路），他们每个人都会根据手上持有的部分相关数据来对每条路线进行评分，最后汇总大家的评分（求和），获得总分最高的那条路线就是他们要走的路线。这个方案保证每个人手上的数据都利用上了。

深度学习中的全连接层可以理解为这样一个过程，即从当前网络层到下一个网络层可以理解为从 A 地到 B 地，当前网络的神经单元数可以理解为有多少个人，而下一个网络层的神经单元数可以理解为有多少条路线。当前网络每个神经单元的值可以理解为每个人手上现有的数据，与下一个网络层相连的中间部分（线路）可以理解为每个人的评分（权重），而下一个神经单元的值可以理解为当前每个人根据自己手上的数据对所有线路的综合评分值。

接下来，我们看一下这样的思路是如何在深度学习网络中实现的。从之前的代码可以知道，LeNet 第四层的输出结果是一个四维的张量。按照全连接层的逻辑，我们需要一个二维的向量（第一维是批处理大小，第二维可以理解为每个人的投票标准），因此需要将四维张量处理成二维向量，这样的步骤称为平坦化。如下面的代码所示，我们的处理方式为将四维向量的后三维进行合并：

```
poo_shape = pool2.get_shape().as_list()
nodes = pool_shape[1] * pool_shape[2] * pool_shape[3]
reshaped = tf.reshape(pool2, [-1,nodes])
```

处理后的数据就可以作为第五层全连接层的输入了。第五层全连接层代码中的 fcl_weights 就是每个人的投票权重。fcl_biases 是一个偏差项，用于保证泛化效果。全连接层和卷积层都需要训练 weights 和 biases，所以这些参数的声明需要初始化。现在回过去看池化层的实现时，可以发现池化层并没有训练参数。全连接层先进行一个多项式求解，然后将求解结果放到激活函数中去激活，最后的输出结果为下面的代码中的 fc1 张量：

```
with tf.variable_scope('layer5-fc1'):
    fcl_weights = tf.get_variable("weight", [nodes, PC_SIZE],
        initializer=tf.truncated_normal_initializer(stddev=0.1))
    fc1_biases = tf.get_variable('bias', [FC_SIZE],
        initializer=tf.constant_initializer(0.1) )
    fcl = tf.nn.relu(tf.matmul(reshape, fel_weights) + fe1_biases)
```

按照深度学习网络设计的逻辑来说，图片经过前 5 层之后的输出结果就是这个网络所能抽取的特征。最后一层输出层则可以理解为一种任务适配。例如图像分类任务，全连接层连接的是不同分类标签值；对于目标检测任务，全连接层连接的是不同目标的边界框等。

图像识别问题其实是一个监督学习问题，即所训练的样本有数据（data）和标签（label）。这样就可以将数据输入模型中，让模型输出一个标签。例如，输入手写数字 1 的图像，模型输出一个数字 1。那么这个数字 1 就代表数字 1 的图像。如果输出层要做到这一点，首先就要用一个全连接层将数据特征维度与标签值（MNIST 是 0~9 的手写数字，所以是 10 个不同的标签数）进行连接。其现过程和全连接层唯一的不同是没有激活函数进行激活。激活函数可以理解为一种非线性缩放，由于函数确定，因此在缩放前后并不改变其定性特性。例如 3 个变量 a、b、c，定性是指 $a>b>c$，那么经过激活函数激活或缩放后的值为 a_o、b_o、c_o，依然有 $a_o>b_o>c_o$。所以，当我们去取这 10 个标签中最可能的那个的时候，所取的应当是最大可能性，而这种定性的比较与是否使用激活函数无关。一般来说，输出层都不需要激活函数。其代码实现如下：

```
with tf.variable_scope('layer6-fc21'):
    fc2_weights = tf.get_variable("weight", [FC_SIZE, NUM_LABELS],
        initializer=tf.truncated_normal_initializer(stddev=0.1))
    fc2_biases = tf.get_variable('bias', [NUM_LABELS],
        initializer=tf.constant_initializer(0.1))
    logit = tf.matmul(dropout1, fc2_weights) + fc2_biases
```

3. 用更简洁的方式实现

之前所讲解的 LeNet 是用 TensorFlow 比较偏底层的 API 来实现的。当我们理解每一层的含义之后，就可以用更简洁的方式实现，即用 tf.layers 的相关函数直接声明每一层的网络结构。tf.layers 的实现方式灵活性低，但是更方便，而使用 tf.nn 声明神经单元的实现方式灵活性高（例如初始化参数的方式在同一层的不同步骤中可以有所不同），但是比较麻烦。读者在设计自己的神经网络的时候需要平衡简洁性和灵活性，这样网络的最终效果才会有更加明显的提升。下面便是用 tf.layers 实现 LeNet 网络结构的例子：

```
def LeNet_layer(img, dropout_prob):
    #  第一层，卷积层
    layer1_conv1 = tf.layers.conv2d(inputs=img, filters=CONV1_DEEP,
        kernel_size=[CONV1_SIZE, CONV1_SIZE],padding='same',
        activation=tf.nn.relu, name='layer1-conv1')
    #  第二层，池化层
    layer2_pool1 = tf.layers.max_pooling2d(inputs=layer1_conv1,
        pool_size=[POOL_SIZE, POOL_SIZE], strides=POOL_SIZE,
        name="layer2-pool1")
    #  第三层，卷积层
    layer3_conv2 = tf.layers_conv2d(inputs=layer2_pool1,
        filters=CONV2_DEEP, kernel_size=[CONV2_SIZE, CONV2_SIZE],
        padding='same', activation=tf.nn.relu, name='layer3-conv2')
    # 第四层，池化层
    layer4_pool2 = tf.layers.max_pooling2d(inputs=layer3_conv2,
        pool_size=[POOL_SIZE, POOL_SIZE],  strides=POOL_SIZE)
    #第五层，全连接层
    flat1 = tf.layers.flatten(inputs=layer4_pool2,name='layer4-pool2')
    layer5_dense1 = tf.layers.dense(inputs=flat1, units=FC_SIZE,
        activation=tf.nn.relu, name='layer5-fc1')
        dropout1 = tf.layers.dropout(layer5.dense1, dropout_prob)
    #  第六层，输出层
    logit = tf.layers.dense(inputs=dropout1, units=NUM_LABELS,
        name='layer6-fc2')
    return logit
```

4. Softmax 层和网络更新方式

输入的图像数据经过 LeNet 网络之后的每个特征维度的数据只能进行定性分析，而不能进行定量分析。一般来说，我们使用损失函数的时候用的是交叉熵，而交叉熵根据其定义是一个概率值。所以我们要从 LeNet 输出的 10 个特征维度的结果中选取最大的那一个。为了达到这个目的，第一步就是让它们转为一个和为 1 的概率形式，我们可以采用 Softmax 来实现。

有了概率化的输出结果之后，就可以使用相应的损失函数来评估模型预测结果的优劣以及与目标结果的差异。深度学习中的损失函数是用来衡量网络预测结果与真实结果的匹配程度的。一般来说，衡量标准有两种：一种是用量纲衡量，如均方误差（多用于回归模型）；另一种是分布衡量，如交叉熵（多用于分类模型）。而 MNIST 数据集是一个分类模型，因此使用交叉熵损失函数作为评估指标。

有了损失函数，就可以通过反向传播的方式，从输出层到输入层开始逐层更新网络参数，我们使用 Adam 来做损失传递。Adam 是目前深度学习中图像分类相关任务中最常用的优化器算法，是一种优秀的自适应学习率的算法。

在 TensorFlow 中可以用以下代码来简单地实现以上步骤：

```
with tf.name_scope('train'):
    train_step=tf.train.AdamOptimizer(FLAGS.learning_ rate).minimize(
        Cross_entropy, global_step=global_step)
```

5. 训练过程

当完成输入设置、网络设计、损失函数选取和更新方法之后，一个可被训练的网络就在 TensorFlow 中构造好了。但是请注意，通常我们都是使用 TensorFlow 的静态图模式。可以将 TensorFlow 理解成一个独立的进程，我们只是通过 Python 来和它进行交互，交互的窗口被称为 Session，通过 sess = tf.Session()进行初始化声明。

我们通过 sess.run(a,b)方法向 TensorFlow 后端发送数据和信息，并且声明想要得到的信息。这里 a 一般是一个 list，告诉我们需要数据流图的哪些节点的输出结果；b 一般是 feed_dict 字典，可以动态加载数据。下面是用 for 循环来实现模型训练更新和验证的代码，我们可以参考注释来理解。这里需要讲解的是，在源代码中，train_step 代表数据流图推断结果以及更新，而 accuracy 表示数据流图只是根据输入的数据进行推断，并不更新。

```
for i in range(FLAGS.max_steps):
    if i % 10 == 0: # 测试集验证，每 10 步进行一次验证
        xs, ys = feed_dict(mnist, False)
        summary, acc = sess.run([merged, accuracy),
            feed_dict={image: xs, label: ys})
        test_writer.add_summary(summary, i)
        print('Accuracy at step %s: %s' % (i, acc)
    else:  #  训练集更新模型
        xs, ys = feed_dict(mnist, False)
        if i %100 == 99:  #  每 100 步记录一次训练结果
        run_options = tf.RunOptions (
            trace_level=tf.RunOptions.FULL_TRACE)
        run_metadata = tf.RunMetadata()  #  汇总统计数据
        summary, _ = sess.run([merged, train_step],
            feed_dict={image: xs, label: ys},
```

```
        options=run_options,
        run_metadata=run_metadata)
    train_writer.add_run_metadata(run_metadata, 'step%03d' % i)
    print('Adding run metadata for', i)
else :
    summary, _ =  sess.run([merged, train_step],
        feed_dict={image: xs, label: ys})
train_writer.add_summary(summary, i)
```

10.3.3 FashionMNIST 数据集

Zalando（一家德国的时尚科技公司）旗下的研究部门提供了一个类似数据集 MNIST 的数据集 FashionMNIST。不同于手写数字，它们的图像是 10 种不同款式衣服的灰度图，尺寸与 MNIST 数据集一样（32×32×1 像素），且图片的数量也一样（70 000 幅图片，其中 60 000 幅用于训练，10 000 幅用于测试），甚至连下载的训练测试集图片和标签数据文件名字都一样。因此，我们可以直接使用 LeNet 模型运行 FashionMNIST 数据集。图 10.4 所示是 FashionMNIST 数据集部分图像可视化效果。

图 10.4　FashionMNIST 数据集部分图像可视化效果

将 FashionMNIST 数据集的文件下载到工作目录 data_fashion 中，执行以下命令：

```
Python LeNet.py -data_dir data_fashion
```

我们就可以训练 FashionMNIST 数据集了。

10.4　应用案例：图像多标签分类实例

接下来，我们将从零开始讲解一个基于 TensorFlow 的图像多标签分类实例，这里以图片验证码为例进行讲解。

在我们访问某个网站的时候，经常会遇到图片验证码。图片验证码的主要目的是区分爬虫程序和人类，并将爬虫程序阻挡在外。

下面的程序就是模拟人类识别验证码，从而使网站无法区分是爬虫程序还是人类在网站登录。

10.4.1　使用 TFRecord 生成训练数据

以图 10.5 所示的图片验证码为例，将这幅验证码图片标记为 label=[3,8,8,7]。我们知道分类网络一般一次只能识别出一个目标，那么如何识别这个多标签的序列数据呢？

通过下面的 TFRecord 结构可以构建多标签训练数据集，从而实现多标签数据识别。

图 10.5　图片验证码

以下为构造 TFRecord 多标签训练数据集的代码：

```
import tensorflow as tf
# 定义对整型特征的处理
def _int64_feature(value):
    return tf.train.Feature(int64_list=tf.train.Int64List(value=[value]))
# 定义对字节特征的处理
def _bytes_feature(value):
    return tf.train.Feature(bytes_list=tf.train.BytesList(value=[value]))
# 定义对浮点型特征的处理
def _floats_feature(value):
    return tf.train_Feature(float_list=tf.train.floatList(value=[value]))
# 对数据进行转换
def convert_to_record(name, image, label, map):
    filename = os.path.join(params.TRAINING_RECORDS_DATA_DIR,
        name + '.' + params.DATA_EXT)
    writer = tf.python_io.TFRecordWriter(filename)
    image_raw = image.tostring()
    map_raw = map.tostring()
    label_raw = label.tostring()
    example = tf.train.Example(feature=tf.train.Feature(feature={
        'image_raw': _bytes_feature(image_raw),
        'map_raw': _bytes_feature(map_raw),
```

```
        'label_raw': _bytes_feature(label_raw)
    }))
    writer.write(example.SerializeToString())
    writer.close()
```

通过上面的代码，我们构建了一条支持多标签的 TFRecord 记录，多幅验证码图片可以构建一个验证码的多标签数据集，用于后续的多标签分类训练。

10.4.2 构建多标签分类网络

通过前一步操作，我们得到了用于多标签分类的验证码数据集，现在需要构建多标签分类网络。

我们选择 VGG 网络作为特征提取网络骨架。通常越复杂的网络，对噪声的鲁棒性就越强。验证码中的噪声主要来自形变、粘连以及人工添加，VGG 网络对这些噪声具有好的鲁棒性，代码如下：

```
import tensorflow as tf
tf.enable_eager_execution ()
def model_vgg(x, training = False):
    # 第一组第一个卷积使用 64 个卷积核，核大小为 3
    conv1_1 = tf.layers.conv2d(inputs=x, filters=64,name="conv1_1",
        kernel_size=3, activation=tf.nn.relu, padding="same")
    # 第一组第二个卷积使用 64 个卷积核，核大小为 3
    conv1_2 = tf.layers.conv2d(inputs=conv1_1,filters=64, name="conv1_2",
        kernel_size=3, activation=tf.nn.relu,padding="same")
    # 第一个 pool 操作核大小为 2，步长为 2
    pool1 = tf.layers.max_pooling2d(inputs=conv1_2, pool_size=[2, 2],
        strides=2, name= 'pool1')
    # 第二组第一个卷积使用 128 个卷积核，核大小为 3
    conv2_1 = tf.layers.conv2d(inputs=pool1, filters=128, name="conv2_1",
        kernel_size=3, activation=tf.nn.relu, padding="same")
    # 第二组第二个卷积使用 64 个卷积核，核大小为 3
    conv2_2 = tf.layers.conv2d(inputs=conv2_1, filters=128,name="conv2_2",
        kernel_size=3, activation=tf.nn.relu, padding="same")
    # 第二个 pool 操作核大小为 2，步长为 2
    pool2 = tf.layers.max_pooling2d(inputs=conv2_2, pool_size=[2,  2],
        strides=2, name="pool1")
    # 第三组第一个卷积使用 128 个卷积核，核大小为 3
    conv3_1 = tf.layers.conv2d(inputs=pool2, filters=128, name="conv3_1",
        kernel_size=3, activation=tf.nn.relu, padding="same")
    # 第三组第二个卷积使用 128 个卷积核，核大小为 3
    conv3_2 = tf.layers.conv2d(inputs=conv3_1, filters=128, name="conv3_2",
        kernel_size=3, activation=tf.nn.relu, padding="same")
    # 第三组第三个卷积使用 128 个卷积核，核大小为 3
    conv3_3 = tf.layers.conv2d(inputs=conv3_2, filters=128, name="conv3_3",
        kernel_size=3, activation=tf.nn.relu, padding=" same")
    # 第三个 pool  操作核大小为 2，步长为 2
    pool3 = tf.layers.max_pooling2d(inputs=conv3_3, pool_size=[2, 2],
        strides=2,name='pool3')
    # 第四组第一个卷积使用 256 个卷积核，核大小为 3
    conv4_1 = tf.layers.conv2d(inputs-pool3, filters=256, name="conv4_1",
        kernel_size=3, activation=tf.nn.relu, padding="same")
    # 第四组第二个卷积使用 128 个卷积核，核大小为 3
    conv4_2 = tf.layers.conv2d(inputs=conv4_1, filters=128, name="conv4_2",
        kernel_size=3, activation=tf.nn.relu, padding="same")
```

```
    # 第四组第三个卷积使用 128 个卷积核，核大小为 3
    conv4_3 = tf.layers.conv2d(inputs=conv4_2, filters=128, name="cov4_3",
        kernel_size=3, activation=tf.nn.relu, padding="same" )
    # 第四个 pool 操作核大小为 2，步长为 2
    pool4 = tf.layers.max.pooling2d(inputs=conv4_3, pool_size=[2,2],
        strides=2, name='pool4')
    # 第五组第一个卷积使用 512 个卷积核，核大小为 3
    conv5_1 = tf.layers.conv2d(inputs=pool4, filters=512, name="conv5_1",
        kernel_size=3, activation=tf.nn.relu, padding=" same")
    # 第五组第二个卷积使用 512 个卷积核，核大小为 3
    conv5_2 = t.layers.conv2d(inputs=conv5_1, filters=512, name="conv5_2",
        kernel_size=3, activation=tf.nn.relu, padding="same")
    # 第五组第三个卷积使用 512 个卷积核，核大小为 3
    conv5_3 = tf.layers.conv2d(inputs-conv5_2, filters=512, name="conv5_3",
        kernel_size=3, activation=tf.nn.relu, padding="same"
        )
    # 第五个 pool 操作核大小为 2，步长为 2
    pool5 = tf.layers.max_pooling2d(inputs=conv5_3, pool_size=[2, 2],
        strides=2, name='pool5')
    flatten = tf.layers.flatten(inputs=poo15, name="flatten")
```

上面是 VGG 网络的单标签分类 TensorFlow 代码，但这里我们需要实现的是多标签分类，因此需要对 VGG 网络进行相应的改进，代码如下：

```
# 构建输出为 4096 的全连接层
fc6 = tf.layers.dense(inputs=flatten, units=4096,
    activation=tf.nn.relu, name='fc6')
# 为了防止过拟合，引入 dropout 操作
drop1 = tf.layers.dropout(inputs=fc6,rate=0.5, training=training)
# 构建输出为 4096 的全连接层
fc7 = tf.layers.dense(inputs=drop1, units=4096,
    activation=tf.nn.relu, name='fc7')
# 为了防止过报合，引入 dropout 操作
drop2 = tf.layers.dropout(inputs=fc7, rate=0.5, training=training)
# 为第一个标签构建分类器
fc8_1 = tf.layers.dense(inputs=drop2, units=10,
    activation=tf.nn.sigmoid, name='fc8_1')
# 为第二个标签构建分类器
fc8_2 = tf.layers.dense(inputs=drop2, units=10,
    activation=tf.nn.sigmoid, name='fc8_2')
# 为第三个标签构建分类器
fc8_3 = tf.layers.dense(inputs=drop2, units=10,
    activation=tf.nn.sigmoid, name='fc8_3')
# 为第四个标签构建分类器
fc8_4 = tf.layers.dense(inputs=drop2,units=10,
    activation=tf.nn.sigmoid, name='fc8_4')
# 将四个标签的结果进行拼接操作
fc8 = tf.concat([fc8_1,fc8_2,fc8_3,fc8_4], 0)
```

这里的 fc6 和 fc7 全连接层是对网络的卷积特征进行进一步的处理，在经过 fc7 层后，我们需要生成多标签的预测结果。由于一幅验证码图片中存在 4 个标签，因此需要构建 4 个子分类网络。这里假设图片验证码中只包含 10 个数字，因此每个网络输出的预测类别就是 10 类，最后生成 4 个预测类别为 10 的子网络。如果每次训练时传入 64 幅验证码图片进行预测，那么通过 4 个子网络后，

分别生成(64,10)、(64,10)、(64,10)、(64,10) 4 个张量。如果使用 Softmax 分类器的话，就需要想办法将这 4 个张量进行组合，于是使用 tf.concat 函数进行张量拼接操作。

以下是 TensorFlow 中 tf.concat 函数的传参示例：

```
tf.concat (
    values,
    axis,
    name='concat'
)
```

通过 fc8=tf.concat([fc8_1,fc8_2,fc8_3,fc8_4], 0)的操作，可以将前面的 4 个(64.10)张量变换成(256.10)这样的单个张量，生成单个张量后就能进行后面的 Softmax 分类操作了。

10.4.3 多标签训练模型

模型训练的第一个步骤就是读取数据，读取方式有两种：一种是直接读取图片进行操作，另一种是转换为二进制文件格式后再进行操作。前者实现起来简单，但速度较慢；后者实现起来复杂，但读取速度快。这里我们以后者二进制的文件格式介绍如何实现多标签数据的读取操作，下面是相关代码。

首先读取 TFRecord 文件内容：

```
tfr = TFrecorder()
def input_fn_maker(path, data_info_path, shuffle=False, batch_size = 1,
    epoch = 1, padding = None) :
    def input_fn():
        filenames = tfr.get_filenames(path=path, shuffle=shuffle)
        dataset=tfr.get_dataset(paths=filenames,
            data_info=data_info_path, shuffle = shuffle,
            batch_size = batch_size, epoch = epoch, padding = padding)
        iterator = dataset.make_one_shot_iterator ()
        return iterator.get_next()
    return input_fn
# 原始图片信息
padding_info = ({'image':[30, 100,3,], 'label':[]})
# 测试集
test_input_fn = input_fn_maker('captcha_data/test/',
    'captcha_tfrecord/data_info.csv',
    batch_size = 512, padding = padding_info)
# 训练集
train_input_fn = input_fn_maker('captcha_data/train/',
    'captcha_tfrecord/data_info.csv',
    shuffle=True, batch_size = 128,padding = padding_info)
# 验证集
train_eval_fn = input_fn_maker('captcha_data/train/',
    'captcha_tfrecord/data_info.csv',
    batch_size = 512,adding = padding_info)
```

然后是模型训练部分：

```
def model_fn(features, net, mode):
    features['image'] = tf.reshape(features['image'], [-1, 30, 100, 3])
    # 获取基于 net 网络的模型预测结果
```

```
predictions = net(features['image'])
# 判断是预测模式还是训练模式
if mode == tf.estimator.ModeKeys.PREDICT:
    return tf.estimator.EstimatorSpec(mode=mode,
        predictions=predictions)
# 因为是多标签的 Softmax，所以需要提前对标签的维度进行处理
lables = tf.reshape(features['label'], features['label'].shape[0]*4,))
# 初始化 softmaxloss
loss = tf.losses.sparse_softmax_cross_entropy(labels=labels,
    logits=logits)
# 训练模式下的模型结果获取
if mode ==tf.estimator.ModeKeys.TRAIN:
    # 声明模型使用的优化器类型
    optimizer = tf.train.AdamOptimizer(learning_rate=1e-3)
        train_op = optimizer.minimize(
            loss=loss,global_step=tf.train.get_global_step())
    return tf.estimator.EstimatorSpec(mode=mode,
        loss=loss, train_op=train_op)
# 生成评价指标
eval_metric_ops = {"accuracy": tf.metrics.accuracy(
    labels=features['label'],predictions=predictions["classes"]) }
return tf.estimator.EstimatorSpec(mode=mode, loss=loss,
    eval_metric_ops= eval_metric_ops)
```

多标签的模型训练流程与普通单标签的模型训练流程非常相似，唯一的区别就是需要将多标签的标签值拼接成一个张量，以满足 Softmax 分类操作的维度要求。

10.5 本章小结

本章主要介绍了 TensorFlow 的模型应用的具体实现，首先介绍了 TensorFlow 的入门知识，如静态图模式、动态图模式、损失函数、优化器等。让读者深入地了解了模型数据集 MNIST 的特点、优势和实现。最后使用案例讲解了 TensorFlow 的应用场景，如图像多标签分类实例展示。

10.6 复习题

1. 试定义一个形态为[3,2]的张量，并在 TensorFlow 中查看它与标量 7 相乘的结果。

2. 对上题中的张量进行 Softmax 计算操作后查看结果。

3. 编程生成 5 个[−20,20)范围内的随机数，并用 TensorFlow 设法求出这些数字进行 Sigmoid 操作后的结果。

4. 编程解决下述非线性问题：

输入数据：[1, 1, 1]，输出目标值：2
输入数据：[1, 0, 1]，输出目标值：1
输入数据：[1, 2, 3]，输出目标值：3

参 考 文 献

[1]杨虹等.TensorFlow 深度学习基础与应用[M]. 北京：人民邮电出版社，2021.
[2]谢琼.深度学习——基于 Python 语言和 TensorFlow 平台[M]. 北京：人民邮电出版社，2018.
[3]邓建华等.深度学习——原理、模型与实践[M]. 北京：人民邮电出版社，2021.
[4]丁少华，李雄军，周天强.机器视觉技术与应用实践[M]. 北京：人民邮电出版社，2022.

第 11 章

Transformer 模型的应用

Transformer 模型完全基于注意力机制，没有任何卷积层或循环神经网络层。尽管 Transformer 最初是应用于序列到序列的学习文本数据，但现在已经推广到各种现代的深度学习中，例如语言、视觉、语音和强化学习领域。

11.1 模　　型

Transformer 作为编码器－解码器结构的一个实例，其整体结构图如图 11.1 所示。正如所见到的，Transformer 是由编码器和解码器组成的。Transformer 的编码器和解码器是基于自注意力的模块叠加而成的，源（输入）序列和目标（输出）序列的嵌入（Embedding）表示将加上位置编码（Positional Encoding），再分别输入编码器和解码器中。

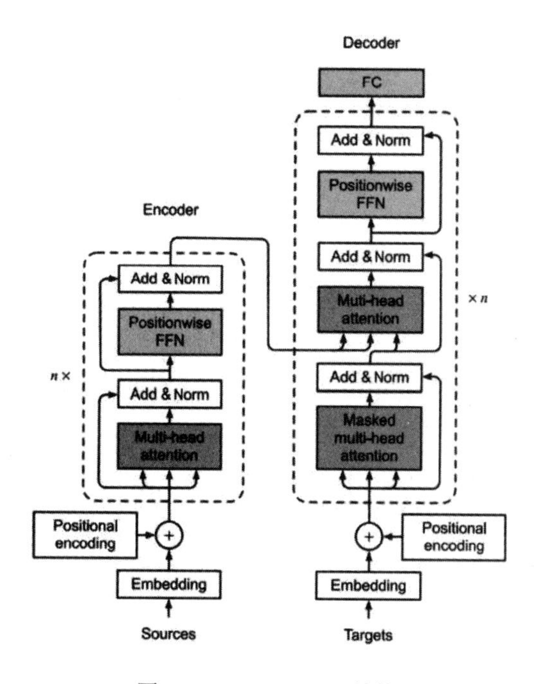

图 11.1　Transformer 结构

图 11.1 概述了 Transformer 的结构。从宏观角度来看，Transformer 的编码器是由多个相同的层叠加而成的，每个层都有两个子层（子层表示为 Sublayer）。第一个子层是多头自注意力（Multi-Head self-Attention）汇聚；第二个子层是基于位置的前馈网络（Positionwise Feed-Forward Network）。具体来说，在计算编码器的自注意力时，查询、键和值都来自前一个编码器层的输出。每个子层都采用残差连接（Residual Connection）。在 Transformer 中，对于序列中任何位置的任何输入 $x \in R^d$，都要求满足 $\text{sublayer}(x) \in R^d$，以便残差连接满足 $x+\text{sublayer}(x) \in R^d$。在残差连接的加法计算之后，紧接着应用层归一化（Layer Normalization）。因此，输入序列对应的每个位置，Transformer 编码器都将输出一个 d 维表示向量。

Transformer 解码器也是由多个相同的层叠加而成的，并且层中使用了残差连接和层归一化。除了编码器中描述的两个子层之外，解码器还在这两个子层之间插入了第三个子层，称为编码器－解码器注意力（Encoder-Decoder Attention）层。在编码器－解码器注意力层中，查询来自前一个解码器层的输出，而键和值来自整个编码器的输出。在解码器自注意力中，查询、键和值都来自上一个解码器层的输出。但是，解码器中的每个位置只能考虑该位置之前的所有位置。这种遮蔽（Masked）注意力保留了自回归（Auto-Regressive）属性，以确保预测仅依赖于已生成的输出词元。

接下来，我们将实现 Transformer 模型的剩余部分。

```
import math
import pandas as pd
import torch
from torch import nn
from d2l import torch as d2l
```

11.2 基于位置的前馈网络

基于位置的前馈网络对序列中的所有位置的表示进行变换时使用的是同一个多层感知机，这就是称前馈网络是基于位置（Position-wise）的原因。在下面的实现中，输入 X 的形状（批量大小，时间步数或序列长度，隐单元数或特征维度）将被一个两层的感知机转换成形状为（批量大小，时间步数，ffn_num_outputs）的输出张量。

```
#@save
class PositionWiseFFN(nn.Module):
    def__init__(self, ffn_num_input, ffn_num_hiddens, ffn_num_outputs,
     **kwargs):
        super(PositionWiseFFN, self).__init__(**kwargs)
        self.dense1 = nn.Linear(ffn_num_input, ffn_num_hiddens)
        self.relu = nn.ReLU()
        self.dense2 = nn.Linear(ffn_num_hiddens, ffn_num_outputs)
    def forward(self, X):
        return self.dense2(self.relu(self.dense1(X)))
```

下面的例子显示，改变张量的最里层维度的尺寸，会变成基于位置的前馈网络的输出尺寸。因为用同一个多层感知机对所有位置上的输入进行变换，所以当所有这些位置的输入相同时，它们的输出也是相同的。

```
ffn = PositionWiseFFN(4, 4, 8)
```

```
ffn.eval()
ffn(torch.ones((2, 3, 4)))[0]
```

结果如下：

```
tensor([[ 0.0860, 0.1906, 0.1094, -0.7480, -0.6123, 0.2456, -0.3660, -0.5613],
[ 0.0860, 0.1906, 0.1094, -0.7480, -0.6123, 0.2456, -0.3660, -0.5613],
[ 0.0860, 0.1906, 0.1094, -0.7480, -0.6123, 0.2456, -0.3660, -0.5613]],
grad_fn=<SelectBackward>)
```

11.3 残差连接和层归一化

现在让我们关注图 11.1 中的加法和归一化（Add and Norm）组件。正如前面所述，这是由残差连接和紧随其后的层归一化组成的。两者都是构建有效的深度结构的关键。

层归一化和批量归一化的目标相同，但层归一化是基于特征维度进行归一化。尽管批量归一化在计算机视觉中被广泛应用，但在自然语言处理任务（输入通常是变长序列）中批量归一化通常不如层归一化的效果好。以下代码对比不同维度的层归一化和批量归一化的效果。

```
ln = nn.LayerNorm(2)
bn = nn.BatchNorm1d(2)
X = torch.tensor([[1, 2], [2, 3]], dtype=torch.float32)
# 在训练模式下计算 X 的均值和方差
print('layer norm:', ln(X), '\nbatch norm:', bn(X))
```

结果如下：

```
layer norm: tensor([[-1.0000,  1.0000],
        [-1.0000,  1.0000]], grad_fn=<NativeLayerNormBackward0>)
batch norm: tensor([[-1.0000, -1.0000],
        [ 1.0000,  1.0000]], grad_fn=<NativeBatchNormBackward0>)
```

现在我们使用残差连接和层归一化来实现 AddNorm 类。Dropout 也被作为正则化方法使用。

```
#@save
class AddNorm(nn.Module):
    """残差连接后进行层规范化"""
    def __init__(self, normalized_shape, dropout, **kwargs):
        super(AddNorm, self).__init__(**kwargs)
        self.dropout = nn.Dropout(dropout)
        self.ln = nn.LayerNorm(normalized_shape)

    def forward(self, X, Y):
        return self.ln(self.dropout(Y) + X)
```

残差连接要求两个输入的形状相同，以便加法操作后输出张量的形状相同。

```
add_norm = AddNorm([3, 4], 0.5) # Normalized_shape is input.size()[1:]
add_norm.eval()
add_norm(torch.ones((2, 3, 4)), torch.ones((2, 3, 4))).shape
```

结果如下：

```
torch.Size([2, 3, 4])
```

11.4 编 码 器

有了组成 Transformer 编码器的基础组件，现在可以先实现编码器中的一个层。下面的 EncoderBlock 类包含两个子层：多头自注意力和基于位置的前馈网络，这两个子层都使用了残差连接和紧随的层归一化。

```
#@save
class EncoderBlock(nn.Module):
    """Transformer 编码器块"""
    def __init__(self, key_size, query_size, value_size, num_hiddens,
                 norm_shape, ffn_num_input, ffn_num_hiddens, num_heads,
                 dropout, use_bias=False, **kwargs):
        super(EncoderBlock, self).__init__(**kwargs)
        self.attention = d2l.MultiHeadAttention(
            key_size, query_size, value_size, num_hiddens, num_heads, dropout,
use_bias)
        self.addnorm1 = AddNorm(norm_shape, dropout)
        self.ffn = PositionWiseFFN(
            ffn_num_input, ffn_num_hiddens, num_hiddens)
        self.addnorm2 = AddNorm(norm_shape, dropout)
    def forward(self, X, valid_lens):
        Y = self.addnorm1(X, self.attention(X, X, X, valid_lens))
        return self.addnorm2(Y, self.ffn(Y))
```

正如我们所看到的，Transforme 编码器中的任何层都不会改变其输入的形状。

```
X = torch.ones((2, 100, 24))
valid_lens = torch.tensor([3, 2])
encoder_blk = EncoderBlock(24, 24, 24, 24, [100, 24], 24, 48, 8, 0.5)
encoder_blk.eval()
encoder_blk(X, valid_lens).shape
结果如下：
torch.Size([2, 100, 24])
```

在实现下面的 Transformer 编码器的代码中，我们堆叠了 num_layers 个 EncoderBlock 类的实例。由于我们使用的是值范围在-1 和 1 之间的固定位置编码，因此通过学习得到的输入的嵌入表示的值需要先乘以嵌入维度的平方根进行重新缩放，再与位置编码相加。

```
#@save
class TransformerEncoder(d2l.Encoder):
    """Transformer 编码器"""
    def __init__(self, vocab_size, key_size, query_size, value_size,
                 num_hiddens, norm_shape, ffn_num_input, ffn_num_hiddens,
                 num_heads, num_layers, dropout, use_bias=False, **kwargs):
        super(TransformerEncoder, self).__init__(**kwargs)
        self.num_hiddens = num_hiddens
        self.embedding = nn.Embedding(vocab_size, num_hiddens)
        self.pos_encoding = d2l.PositionalEncoding(num_hiddens, dropout)
        self.blks = nn.Sequential()
        for i in range(num_layers):
            self.blks.add_module("block"+str(i),
                EncoderBlock(key_size, query_size, value_size, num_hiddens,
```

```
                                norm_shape, ffn_num_input, ffn_num_hiddens,
                                num_heads, dropout, use_bias))

    def forward(self, X, valid_lens, *args):
        # 因为位置编码值在-1 和 1 之间,
        # 因此嵌入值先乘以嵌入维度的平方根进行缩放，再与位置编码相加
        X = self.pos_encoding(self.embedding(X) * math.sqrt(self.num_hiddens))
        self.attention_weights = [None] * len(self.blks)
        for i, blk in enumerate(self.blks):
            X = blk(X, valid_lens)
            self.attention_weights[
                i] = blk.attention.attention.attention_weights
        return X
```

下面我们指定超参数来创建一个两层的 Transformer 编码器。Transformer 编码器输出的形状是[批量大小，时间步的数目, num_hiddens]。

```
encoder = TransformerEncoder(
    200, 24, 24, 24, 24, [100, 24], 24, 48, 8, 2, 0.5)
encoder.eval()
encoder(torch.ones((2, 100), dtype=torch.long), valid_lens).shape
结果如下:
torch.Size([2, 100, 24])
```

11.5 解　码　器

如图 11.1 所示，Transformer 解码器也是由多个相同的层组成的。在 DecoderBlock 类中实现的每个层包含 3 个子层：解码器自注意力、编码器－解码器注意力和基于位置的前馈网络。这些子层也都被残差连接和紧随的层归一化围绕。

正如前面所述，在遮蔽多头解码器自注意力层（第一个子层）时，查询、键和值都来自上一个解码器层的输出。关于序列到序列模型，在训练阶段，其输出序列的所有位置（时间步）的词元都是已知的；然而，在预测阶段，其输出序列的词元是逐个生成的。因此，在任何解码器时间步中，只有生成的词元才能用于解码器的自注意力计算中。为了在解码器中保留自回归的属性，其遮蔽自注意力设定了参数 dec_valid_lens，以便任何查询都只会与解码器中所有已经生成词元的位置（直到该查询位置为止）进行注意力计算。

```
class AddNorm(nn.Module):
    def __init__(self, normalized_shape, dropout, **kwargs):
        super(AddNorm, self).__init__(**kwargs)
        self.dropout = nn.Dropout(dropout)
        self.ln = nn.LayerNorm(normalized_shape)

    def forward(self, X, Y):
        return self.ln(self.dropout(Y) + X)

class PositionWiseFFN(nn.Module):
    def __init__(self, ffn_num_input, ffn_num_hiddens, ffn_num_outputs,
**kwargs):
        super(PositionWiseFFN, self).__init__(**kwargs)
```

```
        self.dense1 = nn.Linear(ffn_num_input, ffn_num_hiddens)
        self.relu = nn.ReLU()
        self.dense2 = nn.Linear(ffn_num_hiddens, ffn_num_outputs)

    def forward(self, X):
        return self.dense2(self.relu(self.dense1(X)))

class DecoderBlock(nn.Module):
    """解码器中第 i 个块"""
    def __init__(self, key_size, query_size, value_size, num_hiddens,
                 norm_shape, ffn_num_input, ffn_num_hiddens, num_heads,
                 dropout, i, **kwargs):
        super(DecoderBlock, self).__init__(**kwargs)
        self.i = i
        self.attention1 = d2l.MultiHeadAttention(
            key_size, query_size, value_size, num_hiddens, num_heads, dropout)
        self.addnorm1 = AddNorm(norm_shape, dropout)
        self.attention2 = d2l.MultiHeadAttention(
            key_size, query_size, value_size, num_hiddens, num_heads, dropout)
        self.addnorm2 = AddNorm(norm_shape, dropout)
        self.ffn = PositionWiseFFN(ffn_num_input, ffn_num_hiddens,
                                   num_hiddens)
        self.addnorm3 = AddNorm(norm_shape, dropout)

    def forward(self, X, state):
        enc_outputs, enc_valid_lens = state[0], state[1]
        # 训练阶段，输出序列的所有词元都在同一时间处理，
        # 因此 state[2][self.i]初始化为 None
        # 预测阶段，输出序列是通过词元一个接着一个解码的，
        # 因此 state[2][self.i]包含着直到当前时间步第 i 个块解码的输出表示
        if state[2][self.i] is None:
            key_values = X
        else:
            key_values = torch.cat((state[2][self.i], X), axis=1)
        state[2][self.i] = key_values
        if self.training:
            batch_size, num_steps, _ = X.shape
            # dec_valid_lens 的开头:(batch_size,num_steps),
            # 其中每一行是[1,2,...,num_steps]
            dec_valid_lens = torch.arange(
                1, num_steps + 1, device=X.device).repeat(batch_size, 1)
        else:
            dec_valid_lens = None
        # 自注意力
        X2 = self.attention1(X, key_values, key_values, dec_valid_lens)
        Y = self.addnorm1(X, X2)
        # 编码器－解码器注意力
        # enc_outputs 的开头:(batch_size,num_steps,num_hiddens)
        Y2 = self.attention2(Y, enc_outputs, enc_outputs, enc_valid_lens)
        Z = self.addnorm2(Y, Y2)
        return self.addnorm3(Z, self.ffn(Z)), state
```

为了便于在编码器－解码器注意力中进行缩放点积计算和在残差连接中进行加法计算，编码器和解码器的特征维度都是 num_hiddens。

```
decoder_blk=DecoderBlock(24, 24, 24, 24, [100, 24], 24, 48, 8, 0.5, 0)
decoder_blk.eval()
X = torch.ones((2, 100, 24))
state = [encoder_blk(X, valid_lens), valid_lens, [None]]
decoder_blk(X, state)[0].shape
结果如下：
torch.Size([2, 100, 24])
```

现在我们构建了由 num_layers 个 DecoderBlock 实例组成的完整的 Transformer 解码器。最后，通过一个全连接层计算所有 vocab_size 个可能的输出词元的预测值。解码器的自注意力权重和编码器—解码器注意力权重都被存储下来，方便日后进行可视化。

```
class TransformerDecoder(d2l.AttentionDecoder):
    def __init__(self, vocab_size, key_size, query_size, value_size,
                 num_hiddens, norm_shape, ffn_num_input, ffn_num_hiddens,
                 num_heads, num_layers, dropout, **kwargs):
        super(TransformerDecoder, self).__init__(**kwargs)
        self.num_hiddens = num_hiddens
        self.num_layers = num_layers
        self.embedding = nn.Embedding(vocab_size, num_hiddens)
        self.pos_encoding = d2l.PositionalEncoding(num_hiddens, dropout)
        self.blks = nn.Sequential()
        for i in range(num_layers):
            self.blks.add_module("block"+str(i),
                DecoderBlock(key_size, query_size, value_size, num_hiddens,
                             norm_shape, ffn_num_input, ffn_num_hiddens,
                             num_heads, dropout, i))
        self.dense = nn.Linear(num_hiddens, vocab_size)

    def init_state(self, enc_outputs, enc_valid_lens, *args):
        return [enc_outputs, enc_valid_lens, [None] * self.num_layers]

    def forward(self, X, state):
        X = self.pos_encoding(self.embedding(X) * math.sqrt(self.num_hiddens))
        self._attention_weights = [[None] * len(self.blks) for _ in range (2)]
        for i, blk in enumerate(self.blks):
            X, state = blk(X, state)
            # 解码器自注意力权重
            self._attention_weights[0][
                i] = blk.attention1.attention.attention_weights
            # 编码器—解码器自注意力权重
            self._attention_weights[1][
                i] = blk.attention2.attention.attention_weights
        return self.dense(X), state

    @property
    def attention_weights(self):
        return self._attention_weights
```

11.6 应用案例：英语-法语机器翻译实例

依照 Transformer 结构来实例化编码器—解码器模型。在这里，指定 Transformer 编码器和解码器都是 2 层，都使用 4 头注意力。为了进行序列到序列的学习，我们在英语-法语机器翻译数据集上训练 Transformer 模型，如图 11.2 所示。

```
data_path = "weibo_senti_100k.csv"
data_list = open(data_path,"r",encoding='UTF-8').readlines()[1:]
num_hiddens, num_layers, dropout, batch_size, num_steps = 32, 2, 0.1, 64, 10
lr, num_epochs, device = 0.005, 200, d2l.try_gpu()
ffn_num_input, ffn_num_hiddens, num_heads = 32, 64, 4
key_size, query_size, value_size = 32, 32, 32
norm_shape = [32]

train_iter, src_vocab, tgt_vocab = d2l.load_data_nmt(batch_size, num_steps)

encoder = TransformerEncoder(
    len(src_vocab), key_size, query_size, value_size, num_hiddens,
    norm_shape, ffn_num_input, ffn_num_hiddens, num_heads,
    num_layers, dropout)
decoder = TransformerDecoder(
    len(tgt_vocab), key_size, query_size, value_size, num_hiddens,
    norm_shape, ffn_num_input, ffn_num_hiddens, num_heads,
    num_layers, dropout)
net = d2l.EncoderDecoder(encoder, decoder)
d2l.train_seq2seq(net, train_iter, lr, num_epochs, tgt_vocab, device)

loss 0.030, 5244.8 tokens/sec on cuda:0
```

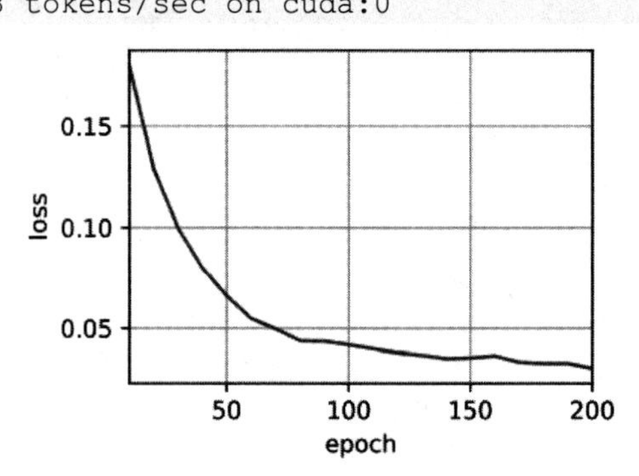

图 11.2 在英语-法语机器翻译数据集上训练 Transformer 模型

训练结束后，使用 Transformer 模型将一些英语句子翻译成法语，并且计算它们的 BLEU 分数。

```
engs = ['go .', "i lost .", 'he\'s calm .', 'i\'m home .']
fras = ['va !', 'j\'ai perdu .', 'il est calme .', 'je suis chez moi .']
for eng, fra in zip(engs, fras):
    translation, dec_attention_weight_seq = d2l.predict_seq2seq(
        net, eng, src_vocab, tgt_vocab, num_steps, device, True)
    print(f'{eng} => {translation}, ',
          f'bleu {d2l.bleu(translation, fra, k=2):.3f}')
```

结果如下：

```
go . => va !, bleu 1.000
i lost . => j'ai perdu ., bleu 1.000
he's calm . => il est calme ., bleu 1.000
i'm home . => je suis chez moi ., bleu 1.000
```

当进行最后一个英语到法语的句子翻译工作时，需要可视化 Transformer 的注意力权重。编码器自注意力权重的形状为[编码器层数，注意力头数，num_steps 或查询的数目，num_steps 或“键-值”对的数目]。

```
enc_attention_weights = torch.cat(net.encoder.attention_weights,
0).reshape((num_layers, num_heads,
    -1, num_steps))
enc_attention_weights.shape
```

结果如下：

```
torch.Size([2, 4, 10, 10])
```

在编码器的自注意力中，查询和键都来自相同的输入序列。由于填充词元是不携带信息的，因此通过指定输入序列的有效长度，可以避免查询与使用填充词元的位置计算注意力。接下来，将逐行呈现两层多头注意力的权重。每个注意力头都根据查询、键和值不同的表示子空间来表示不同的注意力，如图 11.3 所示。

```
d2l.show_heatmaps(
    enc_attention_weights.cpu(), xlabel='Key positions',
    ylabel='Query positions', titles=['Head %d' % i for i in range(1, 5)],
    figsize=(7, 3.5))
```

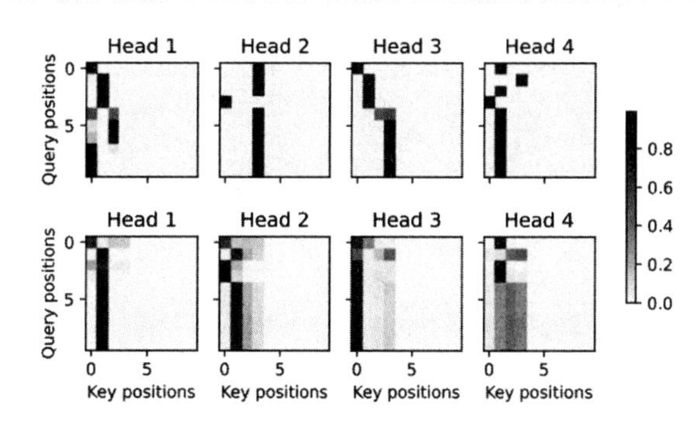

图 11.3 4 头注意力模型

为了可视化解码器的自注意力权重和编码器-解码器的注意力权重，我们需要完成更多的数据操作工作。

例如，用零填充被遮蔽住的注意力权重。值得注意的是，解码器的自注意力权重和编码器-解码器的注意力权重都有相同的查询，即以序列开始词元（Beginning-Of-Sequence，BOS）打头，再与后续输出的词元共同组成序列。

```
dec_attention_weights_2d = [head[0].tolist()
for step in dec_attention_weight_seq
for attn in step for blk in attn for head in blk]
```

```
    dec_attention_weights_filled = torch.tensor(
       pd.DataFrame(dec_attention_weights_2d).fillna(0.0).values)
    dec_attention_weights = dec_attention_weights_filled.reshape((-1, 2,
num_layers, num_heads, num_steps))
    dec_self_attention_weights, dec_inter_attention_weights = \
       dec_attention_weights.permute(1, 2, 3, 0, 4)
    dec_self_attention_weights.shape, dec_inter_attention_weights.shape
```

结果如下：

```
    (torch.Size([2, 4, 6, 10]), torch.Size([2, 4, 6, 10]))
```

由于解码器自注意力的自回归属性，查询不会对当前位置之后的键－值对进行注意力计算。结果如图 11.4 所示。

```
    # Plusonetoincludethebeginning-of-sequencetoken
    d2l.show_heatmaps(
       dec_self_attention_weights[:, :, :, :len(translation.split()) + 1],
       xlabel='Key positions', ylabel='Query positions',
       titles=['Head %d' % i for i in range(1, 5)], figsize=(7, 3.5))
```

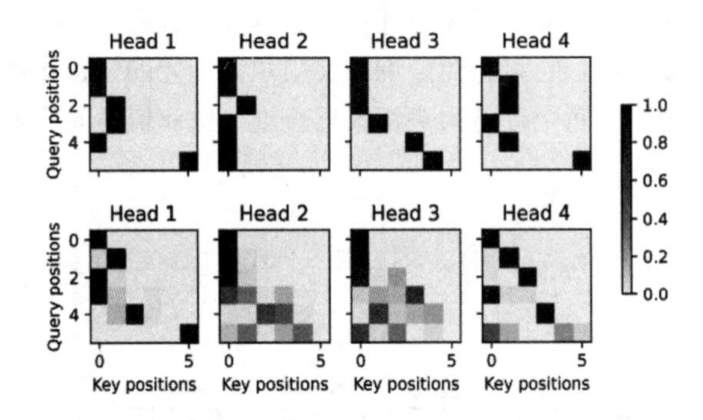

图 11.4　查询不会对当前位置之后的键－值对进行注意力计算

与编码器的自注意力的情况类似，通过指定输入序列的有效长度，输出序列的查询不会与输入序列中填充位置的词元进行注意力计算。结果如图 11.5 所示。

```
    d2l.show_heatmaps(
       dec_inter_attention_weights, xlabel='Key positions',
       ylabel='Query positions', titles=['Head %d' % i for i in range(1, 5)],
       figsize=(7, 3.5))
```

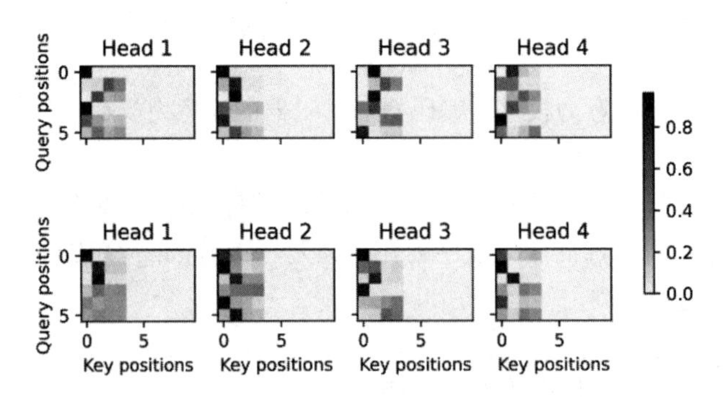

图 11.5　指定输入序列的有效长度的 4 头注意模型

尽管 Transformer 结构是为了序列到序列的学习而提出的，Transformer 编码器或 Transformer 解码器通常被单独用于不同的深度学习任务中。

11.7 本章小结

本章主要围绕如下内容展开：

- Transformer 是编码器－解码器结构的一个实践，尽管在实际情况中编码器或解码器均可以单独使用。
- 在 Transformer 中，多头自注意力用于表示输入序列和输出序列，不过解码器还必须通过遮蔽机制来保留自回归属性。
- Transformer 中的残差连接和层归一化是训练非常深度的模型的重要工具。
- Transformer 模型中基于位置的前馈网络使用同一个多层感知机，作用是对所有的序列位置的表示进行转换。

11.8 复习题

1. 在实验中训练更深的 Transformer 将如何影响训练速度和翻译效果？

2. 在 Transformer 中使用加性注意力（Additive Attention）取代缩放点积注意力（Scaled Dot-Product Attention）是不是个好办法？为什么？

3. 对于语言模型，我们应该使用 Transformer 的编码器还是解码器，或者两者都用？如何设计？

4. 如果输入序列很长，Transformer 会面临什么挑战？为什么？

参考文献

[1]Aston Zhang, Zachary C. Lipton, Mu Li, and Alexander J. Smola. 动手学深度学习 Release 2.0.0-alpha2.2021.

[2]https://discuss.d2l.ai/t/1652.

附录A

线 性 代 数

线性代数作为数学的一个分支，广泛应用于科学和工程中。然而，因为线性代数主要面向连续数学，而非离散数学，所以很多计算机科学家很少接触它。掌握线性代数对于理解和从事机器学习算法相关工作是很有必要的，尤其对于深度学习算法而言。因此，在开始介绍深度学习之前，我们集中探讨一些必备的线性代数知识。

线性代数主要包含向量、向量空间（或称线性空间）以及向量的线性变换和有限维的线性方程组。

A.1 标量、向量、矩阵和张量

1. 标量

一个标量就是一个单独的数，它不同于线性代数中研究的其他大部分对象（通常是多个数的数组），我们用斜体表示标量。标量通常被赋予小写的变量名称。当我们介绍标量时，会明确它们是哪种类型的数。比如，在定义实数标量时，我们可能会说令 $s \in \mathrm{R}$ 表示一条线的斜率；在定义自然数标量时，我们可能会说令 $n \in \mathrm{N}$ 表示元素的数目。

2. 向量

一个向量是一列数。这些数是有序排列的。通过次序中的索引，我们可以确定每个单独的数。通常我们赋予向量粗体的小写变量名称，比如 $\boldsymbol{x}$。向量中的元素可以通过带脚标的斜体表示。向量 x 的第一个元素是 x_1，第二个元素是 x_2，等等。我们也会注明存储在向量中的元素是什么类型的。如果每个元素都属于 R，并且该向量有 n 个元素，那么该向量属于实数集 R 的 n 次笛卡儿乘积构成的集合，记为 R_n。当需要明确表示向量中的元素时，我们会将元素排列成一个方括号包围的纵列：

$$\boldsymbol{x} = \begin{bmatrix} \boldsymbol{x}_1 \\ \boldsymbol{x}_2 \\ \vdots \\ \boldsymbol{x}_n \end{bmatrix} \tag{A.1}$$

我们可以把向量看作空间中的点，每个元素是不同坐标轴上的坐标。有时我们需要索引向量中的一些元素。在这种情况下，我们定义一个包含这些元素索引的集合，然后将该集合写在脚标处。比如，指定 x_1、x_3 和 x_6，我们定义集合 $S=\{1,3,6\}$，然后写作 $\boldsymbol{x}_S$。我们用符号－表示集合的补集中的索引。比如 $\boldsymbol{x}_{-1}$ 表示 $\boldsymbol{x}$ 中除 x_1 外的所有元素，$\boldsymbol{x}_{-S}$ 表示 $\boldsymbol{x}$ 中除 x_1、x_3、x_6 外所有元素构成的向量。

3. 矩阵

矩阵是一个二维数组，其中的每一个元素被两个索引（而非一个）所确定。我们通常会赋予矩阵粗体的大写变量名称，比如 $\boldsymbol{A}$。如果一个实数矩阵高度为 m，宽度为 n，那么我们说 $\boldsymbol{A}\in \mathbb{R}_{m\times n}$。我们在表示矩阵中的元素时，通常以不加粗的斜体形式使用其名称，索引用逗号间隔。比如，$\boldsymbol{A}_{1,1}$ 表示 $\boldsymbol{A}$ 左上的元素，$\boldsymbol{A}_{m,n}$ 表示 $\boldsymbol{A}$ 右下的元素。我们通过用“:”表示水平坐标，以表示垂直坐标 i 中的所有元素。比如，$\boldsymbol{A}_{i,:}$表示 A 中垂直坐标 i 上的横排元素。这也被称为 $\boldsymbol{A}$ 的第 i 行（Row）。同样地，$\boldsymbol{A}_{:,j}$ 表示 $\boldsymbol{A}$ 的第 j 列（Column）。当我们需要明确表示矩阵中的元素时，将它们写在用方括号括起来的数组中：

$$\begin{bmatrix} \boldsymbol{A}_{1,1} & \boldsymbol{A}_{1,2} \\ \boldsymbol{A}_{2,1} & \boldsymbol{A}_{2,2} \end{bmatrix} \tag{A.2}$$

有时我们需要矩阵值表达式的索引，而不是单个元素。在这种情况下，在表达式后面接下标，但不必将矩阵的变量名称小写化。比如，$f(\boldsymbol{A})_{i,j}$ 表示函数 f 作用在 $\boldsymbol{A}$ 上输出矩阵的第 i 行第 j 列元素。

4. 张量

在某些情况下，我们会讨论坐标超过两维的数组。一般情况下，一个数组中的元素分布在若干维坐标的规则网格中，我们称之为张量。我们使用字体 $\boldsymbol{A}$ 来表示张量“A”。张量 $\boldsymbol{A}$ 中坐标为(i,j,k) 的元素记作 $\boldsymbol{A}_{i,j,k}$。

5. 转置

转置（Transpose）是矩阵的重要操作之一。矩阵的转置是以对角线为轴的镜像，这条从左上角到右下角的对角线被称为主对角线（Main Diagonal）。图 A.1 显示了这个操作。我们将矩阵 $\boldsymbol{A}$ 的转置表示为 $\boldsymbol{A}^{\mathrm{T}}$，定义如下：

$$(\boldsymbol{A}^{T})i,j=\boldsymbol{A}_{j,I} \tag{A.3}$$

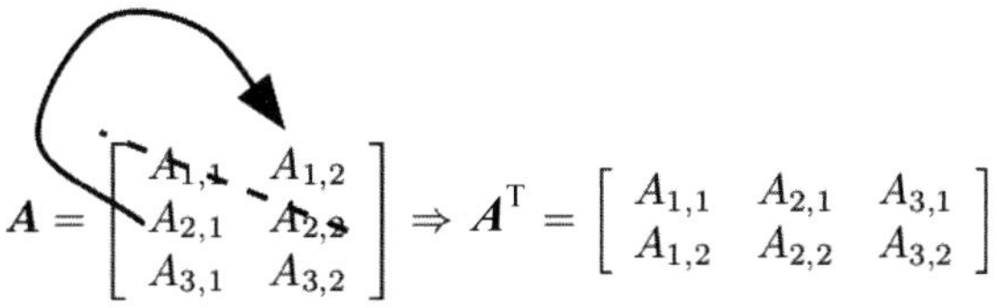

$$\boldsymbol{A}=\begin{bmatrix} A_{1,1} & A_{1,2} \\ A_{2,1} & A_{2,2} \\ A_{3,1} & A_{3,2} \end{bmatrix} \Rightarrow \boldsymbol{A}^{\mathrm{T}}=\begin{bmatrix} A_{1,1} & A_{2,1} & A_{3,1} \\ A_{1,2} & A_{2,2} & A_{3,2} \end{bmatrix}$$

图 A.1　矩阵的转置示例

向量可以看作只有一列的矩阵。对应地，向量的转置可以看作是只有一行的矩阵。有时，我们通过将向量元素作为行矩阵写在文本行中，然后使用转置操作将其变为标准的列向量，来定义一个向量，比如 $\boldsymbol{x}=[x_1,x_2,x_3]^{\mathrm{T}}$。

标量可以看作是只有一个元素的矩阵。因此，标量的转置等于它本身，$a=a^{\mathrm{T}}$。只要矩阵的形状一样，我们可以把两个矩阵相加。两个矩阵相加是指对应位置的元素相加，比如 $\boldsymbol{C}=\boldsymbol{A}+\boldsymbol{B}$，其中 $C_{i,j}=A_{i,j}+B_{i,j}$。

标量和矩阵相乘，或是和矩阵相加时，我们只需将其与矩阵的每个元素相乘或相加，比如 $\boldsymbol{D}=a\cdot\boldsymbol{B}+c$，其中 $D_{i,j}=a\cdot B_{i,j}+c$。

在深度学习中，我们也使用广播（Broadcasting）的方式允许矩阵和向量相加，产生另一个矩阵：$\boldsymbol{C}=\boldsymbol{A}+\boldsymbol{b}$，其中 $C_{i,j}=A_{i,j}+b_j$。换言之，向量 $\boldsymbol{b}$ 和矩阵 $\boldsymbol{A}$ 的每一行相加。这个简写方法使我们无须在加法操作前定义一个将向量 $\boldsymbol{b}$ 复制到每一行而生成的矩阵。

6. 常见的向量

（1）全 0 向量指所有元素都为 0 的向量，用 0 表示。全 0 向量为笛卡儿坐标系中的原点。

（2）全 1 向量指所有元素都为 1 的向量，用 1 表示。

（3）One-Hot 向量为有且只有一个元素为 1，其余元素都为 0 的向量。One-Hot 向量是在数字电路中的一种状态编码，指对任意给定的状态，状态寄存器中只有 1 位为 1，其余位都为 0。

A.2 向 量 空 间

向量空间（Vector Space）也称线性空间（Linear Space），是指由向量组成的集合，并满足以下两个条件：

（1）向量加法：向量空间 $\boldsymbol{V}$ 中的两个向量 $\boldsymbol{a}$ 和 $\boldsymbol{b}$，它们的和 $\boldsymbol{a}+\boldsymbol{b}$ 也属于空间 $\boldsymbol{V}$。

（2）标量乘法：向量空间 $\boldsymbol{V}$ 中的任一向量 $\boldsymbol{a}$ 和任一标量 c，它们的乘积 $c\cdot\boldsymbol{a}$ 也属于空间 $\boldsymbol{V}$。

1. 欧氏空间

一个常用的线性空间是欧氏空间（Euclidean Space）。一个欧氏空间通常表示为 R_n，其中 n 为空间维度（Dimension）。欧氏空间中的向量加法和标量乘法定义为：

$$[a_1,a_2,\cdots,a_n]+[b_1,b_2,\cdots,b_n]=[a_1+b_1,a_2+b_2,\cdots,a_n+b_n] \tag{A.4}$$

$$\boldsymbol{c}\cdot[a_1,a_2,\cdots,a_n]=[ca_1,ca_2,\cdots,ca_n] \tag{A.5}$$

其中，$a,b,c\in\mathrm{R}$ 为标量。

2. 线性子空间

向量空间 $\boldsymbol{V}$ 的线性子空间 $\boldsymbol{U}$ 是 $\boldsymbol{V}$ 的一个子集，并且满足向量空间的条件（向量加法和标量乘法）。

3. 线性无关

已知线性空间 $\boldsymbol{V}$ 中的一组向量 $\{v_1,v_2,\cdots,v_n\}$，如果对任意的一组标量 $\lambda_1,\lambda_2,\cdots,\lambda_n$，满足 $\lambda_1v_1+\lambda_2v_2+\cdots+\lambda_nv_n=0$，则必然 $\lambda_1=\lambda_2=\cdots=\lambda_n=0$，那么 $\{v_1,v_2,\cdots,v_n\}$ 是线性无关的，也称为线性独立的。

4. 基向量

向量空间 $\boldsymbol{V}$ 的基（Base）$\boldsymbol{B}=\{e_1,e_2,\cdots,e_n\}$ 是 $\boldsymbol{V}$ 的有限子集，其元素之间线性无关。向量空间 $\boldsymbol{V}$

中所有的向量都可以按唯一的方式表达为 $\boldsymbol{B}$ 中向量的线性组合。对任意 $v\in\boldsymbol{V}$，存在一组标量 $(\lambda_1,\lambda_2,\cdots,\lambda_n)$使得：

$$\boldsymbol{v}=\lambda_1 e_1+\lambda_2 e_2+\cdots+\lambda_n e_n \tag{A.6}$$

其中，基 $\boldsymbol{B}$ 中的向量称为基向量（Base Vector）。如果基向量是有序的，则标量$(\lambda_1,\lambda_2,\cdots,\lambda_n)$称为向量 $\boldsymbol{v}$ 关于基 $\boldsymbol{B}$ 的坐标（Coordinates）。

n 维空间 $\boldsymbol{V}$ 的一组标准基（Standard Basis）为：

$$e_1=[1,0,0,\cdots,0] \tag{A.7}$$

$$e_2=[0,1,0,\cdots,0] \tag{A.8}$$

$$\vdots \tag{A.9}$$

$$e_n=[0,0,0,\cdots,1] \tag{A.10}$$

$\boldsymbol{V}$ 中的任一向量 $\boldsymbol{v}=[v_1,v_2,\cdots,v_n]$可以唯一地表示为：

$$[v_1,v_2,\cdots,v_n]=v_1 e_1+v_2 e_2+\cdots+v_n e_n \tag{A.11}$$

$v_1,v_2,\cdots,v_n$ 也称为向量 $\boldsymbol{v}$ 的笛卡儿坐标。向量空间中的每个向量可以看作是一个线性空间中的笛卡儿坐标。

5. 内积

一个 n 维线性空间中的两个向量 $\boldsymbol{a}$ 和 $\boldsymbol{b}$，其内积为：

$$\langle a,b\rangle=\sum_{i=1}^{n}a_i b_i \tag{A.12}$$

6. 正交

如果向量空间中两个向量的内积为 0，则称它们正交（Orthogonal）。如果向量空间中一个向量 $\boldsymbol{v}$ 与子空间 $\boldsymbol{U}$ 中的每个向量都正交，那么向量 $\boldsymbol{v}$ 和子空间 $\boldsymbol{U}$ 正交。

A.3 范　　数

范数(Norm)是一个表示向量长度的函数，为向量空间内的所有向量赋予非零的正长度或大小。对于一个 n 维向量 $\boldsymbol{v}$，一个常见的范数函数为 L_p 范数：

$$L_p(v)\equiv\|v\|_p=\left(\sum_{i=1}^{n}|v_i|^p\right)^{\frac{1}{p}} \tag{A.13}$$

其中，$p\geqslant 0$ 为一个标量的参数。常用的 p 的取值有 1、2、∞等。

1. L_1 范数

L_1 范数为向量的各个元素的绝对值之和：

$$\|v\|_1 = \sum_{i=1}^{n} |v_i| \tag{A.14}$$

2. L_2 范数

L_2 范数为向量的各个元素的平方和再开平方：

$$\|v\|_2 = \sqrt{\sum_{i=1}^{n} v^2} = \sqrt{v^{\mathrm{T}} v} \tag{A.15}$$

L_2 范数又称为 Euclidean 范数或者 Frobenius 范数。从几何角度，向量也可以表示为从原点出发的一个带箭头的有向线段，其 L_2 范数为线段的长度，也常称为向量的模。

3. L_∞范数

L_∞范数为向量的各个元素的最大绝对值：

$$\|\boldsymbol{v}\|_\infty=\max\{v_1,v_2,\cdots,v_n\} \tag{A.16}$$

图 A.2 给出了常见范数的示例，其中红线表示不同范数的 L_p=1 的点。

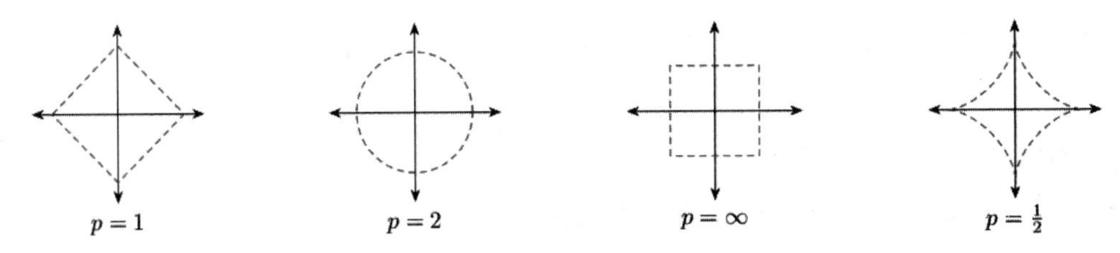

图 A.2　常见的范数

A.4　矩　　阵

A.4.1　线性映射

线性映射（Linear Mapping）是指从线性空间 V 到线性空间 W 的一个映射函数 f:V→W,并满足：对于 V 中任何两个向量 $\boldsymbol{u}$ 和 $\boldsymbol{v}$ 以及任何标量 c，有：

$$f(\boldsymbol{u}+\boldsymbol{v}) = f(\boldsymbol{u}) + f(\boldsymbol{v}) \tag{A.17}$$

$$f(c\boldsymbol{v}) = cf(\boldsymbol{v}) \tag{A.18}$$

两个有限维欧氏空间的映射函数 f：$\mathrm{R}^n \to \mathrm{R}^m$ 可以表示为：

$$y = Ax \triangleq \begin{bmatrix} a_{11}x_1 + a_{12}x_2 + \cdots + a_{1n}x_n \\ a_{21}x_1 + a_{22}x_2 + \cdots + a_{2n}x_n \\ \vdots \\ a_{m1}x_1 + a_{m2}x_2 + \cdots + a_{mn}x_n \end{bmatrix} \tag{A.19}$$

其中，$\boldsymbol{A}$ 定义为 $m \times n$ 的矩阵，是一个由 m 行 n 列元素排列成的矩形阵列。一个矩阵 $\boldsymbol{A}$ 从左上

角数起的第 i 行第 j 列上的元素称为第 i,j 项，通常记为$[A]_{ij}$或 a_{ij}。矩阵 $\boldsymbol{A}$ 定义了一个从 R^n 到 R^m 的线性映射；向量 $\boldsymbol{x}\in\mathrm{R}^n$ 和 $\boldsymbol{y}\in\mathrm{R}^m$ 分别为两个空间中的列向量，即大小为 $n\times 1$ 的矩阵。

$$X=\begin{bmatrix} x_1 \\ x_2 \\ \vdots \\ x_n \end{bmatrix}, \qquad Y=\begin{bmatrix} y_1 \\ y_2 \\ \vdots \\ y_n \end{bmatrix} \tag{A.20}$$

为简化书写、方便排版起见，本书约定逗号隔离的向量表示$[x_1,x_2,\cdots,x_n]$为行向量；列向量通常表示为分号隔开的向量 $x=[x_1;x_2;\cdots;x_n]$，或表示为行向量的转置$[x_1,x_2,\cdots,x_n]^{\mathrm{T}}$。

A.4.2 矩阵操作

1. 加

如果 $\boldsymbol{A}$ 和 $\boldsymbol{B}$ 都为 $m\times n$ 的矩阵，则 $\boldsymbol{A}$ 和 $\boldsymbol{B}$ 的加也是 $m\times n$ 的矩阵，其每个元素是 $\boldsymbol{A}$ 和 $\boldsymbol{B}$ 相应元素相加。

$$[\boldsymbol{A}+\boldsymbol{B}]_{ij}=a_{ij}+b_{ij} \tag{A.21}$$

2. 乘积

假设有两个矩阵 $\boldsymbol{A}$ 和 $\boldsymbol{B}$ 分别表示两个线性映射 g：$\mathrm{R}^m\rightarrow\mathrm{R}^k$ 和 f：$\mathrm{R}^n\rightarrow\mathrm{R}^m$，则其复合线性映射：

$$(g\circ f)(x)=g(f(x))=g(Bx)=A(Bx)=(AB)x \tag{A.22}$$

其中，AB 表示矩阵 $\boldsymbol{A}$ 和 $\boldsymbol{B}$ 的乘积，定义为：

$$[AB]_{ij}=\sum_{k=1}^{m}a_{ik}b_{kj} \tag{A.23}$$

两个矩阵的乘积仅当第一个矩阵的列数和第二个矩阵的行数相等时才能定义。例如 $\boldsymbol{A}$ 是 $k\times m$ 的矩阵，$\boldsymbol{B}$ 是 $m\times n$ 的矩阵，则乘积 $\boldsymbol{AB}$ 是一个 $k\times n$ 的矩阵。

矩阵的乘法满足结合律和分配律：

$$\text{结合律：}(AB)C=A(BC) \tag{A.24}$$

$$\text{分配律：}(A+B)C=AC+BC，C(A+B)=CA+CB \tag{A.25}$$

3. Hadamard 积

$\boldsymbol{A}$ 和 $\boldsymbol{B}$ 的 Hadamard 积也称为逐点乘积，为 $\boldsymbol{A}$ 和 $\boldsymbol{B}$ 中对应的元素相乘。

$$[\boldsymbol{A}\odot\boldsymbol{B}]_{ij}=a_{ij}b_{ij} \tag{A.26}$$

一个标量 c 与矩阵 $\boldsymbol{A}$ 的乘积为 $\boldsymbol{A}$ 的每个元素（$\boldsymbol{A}$ 的相应元素）与 c 的乘积：

$$[c\boldsymbol{A}]_{ij}=ca_{ij} \tag{A.27}$$

4. 转置

$m \times n$ 矩阵 $\boldsymbol{A}$ 的转置是一个 $n \times m$ 的矩阵，记为 $\boldsymbol{A}^{\mathrm{T}}$，$\boldsymbol{A}^{\mathrm{T}}$ 的第 i 行第 j 列的元素是原矩阵 $\boldsymbol{A}$ 的第 j 行第 i 列的元素：

$$[\boldsymbol{A}^{\mathrm{T}}]_{ij}=[\boldsymbol{A}]_{ji} \tag{A.28}$$

5. 向量化

矩阵的向量化是将矩阵表示为一个列向量。vec 是向量化算子。设 $\boldsymbol{A}=[a_{ij}]m \times n$，则：

$$\mathrm{vec}(\boldsymbol{A})=[a_{11},a_{21},\cdots,a_{m1},a_{12},a_{22},\cdots,a_{m2},\cdots,a_{1n},a_{2n},\cdots,a_{mn}]^{\mathrm{T}} \tag{A.29}$$

6. 迹

方块矩阵 $\boldsymbol{A}$ 的对角线元素之和称为它的迹（Trace），记为 $tr(\boldsymbol{A})$。尽管矩阵的乘法不满足交换律，但它们的迹相同，即 $tr(\boldsymbol{AB})=tr(\boldsymbol{BA})$。

7. 行列式

方块矩阵 $\boldsymbol{A}$ 的行列式是一个将其映射到标量的函数，记作 $\det(\boldsymbol{A})$或$|\boldsymbol{A}|$。行列式可以看作是有向面积或体积的概念在欧氏空间中的推广。在 n 维欧氏空间中，行列式描述的是一个线性变换对“体积”所造成的影响。

一个 $n \times n$ 的方块矩阵 $\boldsymbol{A}$ 的行列式定义为：

$$\det(\boldsymbol{A})=\sum_{\sigma \in S_n}\mathrm{sgn}(\sigma)\prod_{i=1}^{n}a_{i,\sigma(i)} \tag{A.30}$$

其中，S_n 是$\{1,2,\cdots,n\}$的所有排列的集合，σ 是其中一个排列，$\sigma(i)$是元素 i 在排列 σ 中的位置，$\mathrm{sgn}(\sigma)$表示排列 σ 的符号差，定义为：

$$\mathrm{sgn}(\sigma)=\begin{cases}1 & \sigma\text{中的逆序对有偶数个}\\ -1 & \sigma\text{中的逆序对有奇数个}\end{cases} \tag{A.31}$$

其中逆序对的定义为：在排列 σ 中，如果有序数对(i,j)满足 $1 \leqslant i \leqslant j \leqslant n$ 但 $\sigma(i)>\sigma(j)$，则其为 σ 的一个逆序对。

8. 秩

一个矩阵 $\boldsymbol{A}$ 的列秩是 $\boldsymbol{A}$ 的线性无关的列向量数量，行秩是 $\boldsymbol{A}$ 的线性无关的行向量数量。一个矩阵的列秩和行秩总是相等的，简称为秩（Rank）。

一个 $m \times n$ 的矩阵 $\boldsymbol{A}$ 的秩最大为 $\min(m,n)$。若 $\mathrm{rank}(\boldsymbol{A})=\min(m,n)$，则称矩阵为满秩的。如果一个矩阵不满秩，说明其包含线性相关的列向量或行向量，其行列式为 0。

两个矩阵的乘积 $\boldsymbol{AB}$ 的秩 $\mathrm{rank}(\boldsymbol{AB}) \leqslant \min(\mathrm{rank}(\boldsymbol{A}),\mathrm{rank}(\boldsymbol{B}))$。

9. 范数

矩阵的范数有很多种形式，其中常用的 L_p 范数定义为：

$$\|A\|_p=\left(\sum_{i=1}^{m}\sum_{j=1}^{n}|a_{ij}|^p\right)^{\frac{1}{p}} \tag{A.32}$$

A.4.3 矩阵类型

1. 对称矩阵

对称矩阵（Symmetric Matrix）指其转置等于自己的矩阵，即满足 $\boldsymbol{A}=\boldsymbol{A}^{\mathrm{T}}$。

2. 对角矩阵

对角矩阵（Diagonal Matrix）是一个主对角线之外的元素皆为 0 的矩阵。对角线上的元素可以为 0 或其他值。一个 $n\times n$ 的对角矩阵 $\boldsymbol{A}$ 满足：

$$[\boldsymbol{A}]_{ij}=0 \quad \text{if } i=j \quad \forall i,j\neq\{1,\cdots,n\} \tag{A.33}$$

对角矩阵 $\boldsymbol{A}$ 也可以记为 $\mathrm{diag}(\boldsymbol{a})$，$\boldsymbol{a}$ 为一个 n 维向量，并满足：

$$[\boldsymbol{A}]_{ii}=\boldsymbol{a}_i \tag{A.34}$$

$n\times n$ 的对角矩阵 $\boldsymbol{A}=\mathrm{diag}(\boldsymbol{a})$和 n 维向量 $\boldsymbol{b}$ 的乘积为一个 n 维向量：

$$\boldsymbol{Ab}=\mathrm{diag}(\boldsymbol{a})\boldsymbol{b}=\boldsymbol{a}\odot\boldsymbol{b} \tag{A.35}$$

其中，$\odot$表示点乘，即$(\boldsymbol{a}\odot\boldsymbol{b})_i=a_ib_i$。

3. 单位矩阵

单位矩阵（Identity Matrix）是一种特殊的对角矩阵，其主对角线元素为 1，其余元素为 0。n 阶单位矩阵 $\boldsymbol{I}_n$ 是一个 $n\times n$ 的方块矩阵，可以记为 $I_n=\mathrm{diag}(1,1,\cdots,1)$。

一个 $m\times n$ 的矩阵 $\boldsymbol{A}$ 和单位矩阵的乘积等于其本身：

$$\boldsymbol{AI}_n=\boldsymbol{I}_m\boldsymbol{A}=\boldsymbol{A} \tag{A.36}$$

4. 逆矩阵

对于一个 $n\times n$ 的方块矩阵 $\boldsymbol{A}$，如果存在另一个方块矩阵 $\boldsymbol{B}$ 使得：

$$\boldsymbol{AB}=\boldsymbol{BA}=\boldsymbol{I}_n \tag{A.37}$$

其中，$\boldsymbol{I}_n$ 为单位矩阵，则称 $\boldsymbol{A}$ 是可逆的。矩阵 $\boldsymbol{B}$ 称为矩阵 $\boldsymbol{A}$ 的逆矩阵（Inverse Matrix），记为 $\boldsymbol{A}^{-1}$。一个方阵的行列式等于 0 当且仅当该方阵不可逆。

5. 正定矩阵

对于一个 $n\times n$ 的对称矩阵 $\boldsymbol{A}$，如果对于所有的非零向量 $x\in\mathbb{R}^n$ 都满足：

$$\boldsymbol{x}^{\mathrm{T}}\boldsymbol{Ax}>0 \tag{A.38}$$

则 $\boldsymbol{A}$ 为正定矩阵（Positive-Definite Matrix）。如果 $\boldsymbol{x}^{\mathrm{T}}\boldsymbol{Ax}\geqslant 0$，则 $\boldsymbol{A}$ 是半正定矩阵（Positive-Semidefinite Matrix）。

6. 正交矩阵

正交矩阵（Orthogonal Matrix）$\boldsymbol{A}$ 为一个方块矩阵，其逆矩阵等于其转置矩阵。

$$\boldsymbol{A}^{\mathrm{T}}=\boldsymbol{A}^{-1} \tag{A.39}$$

等价于 $\boldsymbol{A}^{\mathrm{T}}\boldsymbol{A}=\boldsymbol{A}\boldsymbol{A}^{\mathrm{T}}=\boldsymbol{I}_n$。

7. Gram 矩阵

向量空间中一组向量 $\boldsymbol{v}_1,\boldsymbol{v}_2,\cdots,\boldsymbol{v}_n$ 的 Gram 矩阵（Gram Matrix）$\boldsymbol{G}$ 是内积的对称矩阵，其元素 G_{ij} 为 $v_i^{\mathrm{T}} v_j$。

8. 特征值与特征向量

对于一个矩阵 $\boldsymbol{A}$，如果存在一个标量 λ 和一个非零向量 $\boldsymbol{v}$ 满足：

$$\boldsymbol{A}\boldsymbol{v}=\lambda\boldsymbol{v} \tag{A.40}$$

则 λ 和 $\boldsymbol{v}$ 分别称为矩阵 $\boldsymbol{A}$ 的特征值（Eigenvalue）和特征向量（Eigenvector）。

A.4.4 矩阵分解

一个矩阵通常可以用一些比较简单的矩阵来表示，称为矩阵分解（Matrix Decomposition，或 Matrix Factorization）。

1. 奇异值分解

一个 $m\times n$ 的矩阵 $\boldsymbol{A}$ 的奇异值分解（Singular Value Decomposition，SVD）定义为：

$$\boldsymbol{A}=\boldsymbol{U}\sum\boldsymbol{V}^{\mathrm{T}} \tag{A.41}$$

其中，$\boldsymbol{U}$ 和 $\boldsymbol{V}$ 分别为 $m\times m$ 和 $n\times n$ 的正交矩阵，Σ 为 $m\times n$ 的对角矩阵，其对角线上的元素称为奇异值。

2. 特征分解

一个 $n\times n$ 的方块矩阵 $\boldsymbol{A}$ 的特征分解（Eigendecomposition）定义为：

$$\boldsymbol{A}=\boldsymbol{Q}\boldsymbol{\Lambda}\boldsymbol{Q}^{-1} \tag{A.42}$$

其中，$\boldsymbol{Q}$ 为 $n\times n$ 的方块矩阵，其每一列都为 $\boldsymbol{A}$ 的特征向量，Λ 为对角阵，其每一个对角元素分别为 $\boldsymbol{A}$ 的一个特征值。

如果 $\boldsymbol{A}$ 为对称矩阵，则 $\boldsymbol{A}$ 可以被分解为：

$$\boldsymbol{A}=\boldsymbol{Q}\boldsymbol{\Lambda}\boldsymbol{Q}^{\mathrm{T}} \tag{A.43}$$

其中，$\boldsymbol{Q}$ 为正交矩阵。

附录 B

概　率　论

B.1　概　率　论

概率论是研究随机现象数量规律的数学分支，是一门研究事情发生的可能性的学问。

样本空间是一个随机试验所有可能结果的集合。例如，如果抛掷一枚硬币，那么样本空间就是集合{正面，反面}。如果投掷一个骰子，那么样本空间就是{1,2,3,4,5,6}。随机试验中的每个可能结果称为样本点。

有些试验有两个或多个可能的样本空间。例如，从 52 张扑克牌中随机抽出一张，样本空间可以是数字（*A*~*K*），也可以是花色（黑桃、红桃、梅花、方块）。如果要完整地描述一张牌，就需要同时给出数字和花色，这时样本空间可以通过构建上述两个样本空间的笛卡儿积来得到。

在数学中，两个集合 X 和 Y 的笛卡儿积又称直积，在集合论中表示为 $X\times Y$，是所有可能的有序对组成的集合，其中有序对的第一个对象是 X 中的元素，第二个对象是 Y 中的元素。

$$X\times Y=\{\langle x,y\rangle | x\in X\wedge y\in Y\} \tag{B.1}$$

B.2　事件和概率

随机事件（或简称事件）指的是一个被赋予概率的事物集合，也就是样本空间中的一个子集。概率表示一个随机事件发生的可能性大小，为 0~1 的实数。比如，一个 0.5 的概率表示一个事件有50%的可能性发生。

对于一个机会均等的抛硬币动作来说，其样本空间为“正面”或“反面”。我们可以定义各个随机事件，并计算其概率。比如:

（1）{正面}，其概率为 0.5。

（2）{反面}，其概率为 0.5。

（3）空集 ∅，不是正面，也不是反面，其概率为 0。

（4）{正面|反面}，不是正面就是反面，其概率为 1。

B.2.1 随机变量

在随机试验中，试验的结果可以用一个数 X 来表示，这个数 X 是随着试验结果的不同而变化的，是样本点的一个函数。我们把这种数称为随机变量（Random Variable）。例如，随机掷一个骰子，得到的点数就可以看成一个随机变量 X，X 的取值为{1,2,3,4,5,6}。

如果随机掷两个骰子，整个事件空间 Ω 可以由 36 个元素组成：

$$\Omega=\{(i,j)|i=1,\cdots,6;j=1,\cdots,6\} \tag{B.2}$$

一个随机事件也可以定义多个随机变量。比如在掷两个骰子的随机事件中，可以定义随机变量 X 为获得的两个骰子的点数和，也可以定义随机变量 Y 为获得的两个骰子的点数差。随机变量 X 可以有 11 个整数值，而随机变量 Y 只有 6 个整数值。

$$X(i,j):=i+j,\qquad x=2,3,\cdots,12 \tag{B.3}$$

$$Y(i,j):=|i-j|,\qquad y=0,1,2,3,4,5 \tag{B.4}$$

其中，i,j 分别为两个骰子的点数。

B.2.2 离散随机变量

如果随机变量 X 所可能取的值为有限可列举的，有 n 个有限取值$\{x_1,\cdots,x_n\}$，则称 X 为离散随机变量。一般用大写字母表示一个随机变量，用小写字母表示该变量的某个具体的取值。

要了解 X 的统计规律，就必须知道它取每种可能值 x_i 的概率，即：

$$P(X=x_i)=p(x_i),\qquad \forall i\in\{1,\cdots,n\} \tag{B.5}$$

$p(x_1),\cdots,p(x_n)$称为离散随机变量 X 的概率分布（Probability Distribution）或分布，且满足：

$$\sum_{i=1}^{n}p(x_i)=1 \tag{B.6}$$

$$p(x_i)\geqslant 0,\qquad \forall i\in\{1,\cdots,n\} \tag{B.7}$$

常见的离散随机变量的概率分布如下。

1. 伯努利分布

在一次试验中，事件 A 出现的概率为 μ，不出现的概率为 $1-\mu$。若用变量 X 表示事件 A 出现的次数，则 X 的取值为 0 和 1，其相应的分布为：

$$p(x)=\mu^x(1-\mu)^{(1-x)} \tag{B.8}$$

这个分布称为伯努利分布（Bernoulli Distribution），又名两点分布或者 0-1 分布。

2. 二项分布

在 n 次伯努利试验中，若以变量 X 表示事件 A 出现的次数，则 X 的取值为$\{0,\cdots,n\}$，其相应的分布为二项分布（Binomial Distribution）。

$$P(X=k)=\binom{n}{k}\mu^k(1-\mu)^{n-k},\quad k=1,\cdots,n \tag{B.9}$$

其中，$\binom{n}{k}$为二项式系数（这就是二项分布的名称的由来），表示从 n 个元素中取出 k 个元素，而不考虑其顺序的组合的总数。

B.2.3 连续随机变量

与离散随机变量不同，一些随机变量 X 的取值是不可列举的，由全部实数或者由一部分区间组成，比如：

$$X=\{x|a\leqslant x\leqslant b\},\quad -\infty<a<b<\infty \tag{B.10}$$

则称 X 为连续随机变量。连续随机变量的值是不可数及无穷尽的。

对于连续随机变量 X，它取一个具体值 x_i 的概率为 0，这和离散随机变量截然不同。因此，用列举连续随机变量取某个值的概率来描述这种随机变量不但做不到，也毫无意义。连续随机变量 X 的概率分布一般用概率密度函数（Probability Density Function，PDF）$p(x)$来描述。$p(x)$为可积函数，并满足：

$$\int_{-\infty}^{+\infty}p(x)\mathrm{d}x=1 \tag{B.11}$$

$$p(x)\geqslant 0 \tag{B.12}$$

给定概率密度函数 $p(x)$，便可以计算出随机变量落入某一个区间的概率，而 $p(x)$本身反映了随机变量取落入 x 的非常小的邻近区间中的概率大小。常见的连续随机变量的概率分布如下。

1. 均匀分布

若 a,b 为有限数，$[a,b]$上的均匀分布（Uniform Distribution）的概率密度函数定义为：

$$p(x)=\begin{cases}\dfrac{1}{b-a}, & a\leqslant x\leqslant b\\ 0, & x<a\text{或}x>b\end{cases} \tag{B.13}$$

2. 正态分布

正态分布（Normal Distribution）又名高斯分布（Gaussian Distribution），是自然界最常见的一种分布，并且具有很多良好的性质，在很多领域都有非常重要的影响力，其概率密度函数为：

$$p(x)=\frac{1}{\sqrt{2\pi\sigma}}\exp(-\frac{(x-\mu)^2}{2\sigma^2}) \tag{B.14}$$

其中，σ>0，μ 和 σ 均为常数。若随机变量 X 服从一个参数为 μ 和 σ 的概率分布，简记为：

$$X \sim N(\mu,\sigma^2) \tag{B.15}$$

当 μ=0，σ=1 时，称为标准正态分布（Standard Normal Distribution）。

B.2.4 累积分布函数

对于一个随机变量 X，其累积分布函数（Cumulative Distribution Function，CDF）是随机变量 X 的取值小于等于 x 的概率：

$$\mathrm{cdf}(x) = P(X \leqslant x) \tag{B.16}$$

以连续随机变量 X 为例，其累积分布函数定义为：

$$\mathrm{cdf}(x) = \int_{-\infty}^{x} p(t)\mathrm{d}t \tag{B.17}$$

其中，$p(x)$为概率密度函数。

B.2.5 随机向量

随机向量是指一组随机变量构成的向量。如果 $X_1,X_2,\cdots,X_n$ 为 n 个随机变量，那么称$[X_1, X_2,\cdots,X_n]$为一个 n 维随机向量。一维随机向量称为随机变量。随机向量也分为离散随机向量和连续随机向量。

离散随机向量的联合概率分布（Joint Probability Distribution）为：

$$P(X_1=x_1,X_2=x_2,\cdots,X_n=x_n)=p(x_1,x_2,\cdots,x_n) \tag{B.18}$$

其中，$x_i \in \omega_i$ 为变量 X_i 的取值，ω_i 为变量 X_i 的样本空间。

和离散随机变量类似，离散随机向量的概率分布满足：

$$p(x_1,x_2,\cdots,x_n) \geqslant 0, \quad \forall x_1 \in \omega_1, x_2 \in \omega_2, \cdots, x_n \in \omega_n \tag{B.19}$$

$$\sum_{x_1 \in \omega_1} \sum_{x_2 \in \omega_2} \cdots \sum_{x_n \in \omega_n} p(x_1,x_2,\cdots,x_n) = 1 \tag{B.20}$$

一个常见的离散向量概率分布为多项分布（Multinomial Distribution）。多项分布是二项分布在随机向量的推广。假设一个袋子中装了很多球，总共有 K 个不同的颜色。我们从袋子中取出 n 个球。每次取出一个球时，就在袋子中放入一个同样颜色的球。这样保证同一颜色的球在不同试验中被取出的概率是相等的。令 X 为一个 K 维随机向量，每个元素 $X_k(k=1,\cdots,K)$为取出的 n 个球中颜色为 k 的球的数量，则 X 服从多项分布，其概率分布为：

$$p\left(x_1,\cdots,x_K \mid \mu\right) = \frac{n!}{x_1!\cdots x_K!}\mu_1^{x_1}\cdots\mu_K^{x_K} \tag{B.21}$$

其中，$\mu=[\mu_1,\cdots,\mu_K]^{\mathrm{T}}$ 分别为每次抽取的球的颜色为 1,$\cdots$,K 的概率；$x_1,\cdots,x_K$ 为非负整数，并且满足 $\sum_{k=1}^{K} x_k = n$。

多项分布的概率分布也可以用 Gamma 函数表示：

$$p\left(x_1,\cdots,x_K \mid \mu\right)=\frac{\Gamma\left(\sum_k x_k+1\right)}{\prod_k \Gamma\left(x_k+1\right)} \prod_{k=1}^K \mu_k^{x_k} \tag{B.22}$$

其中，$\Gamma(z)=\int_0^{\infty} \frac{t^{z-1}}{\exp(t)} \mathrm{d} t$ 为 Gamma 函数。这种表示形式和狄利克雷分布（Dirichlet Distribution）类似，而狄利克雷分布可以作为多项分布的共轭先验。

B.2.6 连续随机向量

连续随机向量的联合概率密度函数（Joint Probability Density Function）满足：

$$p(\boldsymbol{x})=p(x_1,\cdots,x_n)\geqslant 0 \tag{B.23}$$

$$\int_{-\infty}^{+\infty} \cdots \int_{-\infty}^{+\infty} p(x_1,\cdots,x_n) \mathrm{d} x_1 \cdots \mathrm{d} x_n=1 \tag{B.24}$$

1. 多元正态分布

一个常见的连续随机向量分布为多元正态分布（Multivariate Normal Distribution），也称为多元高斯分布（Multivariate Gaussian Distribution）。若 n 维随机向量 $\boldsymbol{X}=[X_1,\cdots,X_n]^{\mathrm{T}}$ 服从 n 元正态分布，则其密度函数为：

$$p(x)=\frac{1}{2\pi^{n/2} \mid \sum\mid^{1/2}} \exp(-\frac{1}{2}(x-\mu)^{\mathrm{T}} \sum^{-1}(x-\mu)) \tag{B.25}$$

其中，μ 为多元正态分布的均值向量，Σ 为多元正态分布的协方差矩阵，$|\Sigma|$表示 Σ 的行列式。

2. 各向同性高斯分布

如果一个多元高斯分布的协方差矩阵简化为 $\Sigma=\sigma^2 I$，即每一维随机变量都独立且方差相同，那么这个多元高斯分布称为各向同性高斯分布（Isotropic Gaussian Distribution）。

3. 狄利克雷分布

一个 n 维随机向量 $\boldsymbol{X}$ 的狄利克雷分布为：

$$p(x \mid \alpha)=\frac{\Gamma(\alpha_0)}{\Gamma(\alpha_1) \cdots \Gamma(\alpha_n)} \prod_{i=1}^n x_i^{\alpha_i-1} \tag{B.26}$$

其中，$\alpha=[\alpha_1,\cdots,\alpha_K]^{\mathrm{T}}$ 为狄利克雷分布的参数。

B.2.7 边际分布

对于二维离散随机向量(X,Y)，假设 X 取值空间为 Ω_x，Y 取值空间为 Ω_y，则其联合概率分布满足：

$$p(x,y)\geqslant 0, \qquad \sum_{x\in\Omega}\sum_{y\in\Omega} p(x_i,y_j)=1 \tag{B.27}$$

对于联合概率分布 $p(x,y)$，我们可以分别对 x 和 y 进行求和。

对于固定的 x：

$$\sum_{y\in\Omega_y} p(x,y)=P(\boldsymbol{X}=x)=p(x) \tag{B.28}$$

对于固定的 y：

$$\sum_{x\in\Omega_x} p(x,y)=P(\boldsymbol{Y}=y)=p(y) \tag{B.29}$$

由离散随机向量$(\boldsymbol{X},\boldsymbol{Y})$的联合概率分布，对 $\boldsymbol{Y}$ 的所有取值进行求和得到 $\boldsymbol{X}$ 的概率分布，而对 $\boldsymbol{X}$ 的所有取值进行求和得到 $\boldsymbol{Y}$ 的概率分布。这里 $p(x)$和 $p(y)$就称为 $p(x,y)$的边际分布（Marginal Distribution）。

对于二维连续随机向量$(\boldsymbol{X},\boldsymbol{Y})$，其边际分布为：

$$\begin{aligned} p(x)&=\int_{-\infty}^{+\infty} p(x,y)\mathrm{d}y \\ p(y)&=\int_{-\infty}^{+\infty} p(x,y)\mathrm{d}x \end{aligned} \tag{B.30}$$

一个二元正态分布的边际分布仍为正态分布。

B.2.8 条件概率分布

对于离散随机向量$(\boldsymbol{X},\boldsymbol{Y})$，已知$\boldsymbol{X}=x$的条件下，随机变量$\boldsymbol{Y}=y$的条件概率（Conditional Probability）为：

$$p(y\mid x)=P(\boldsymbol{Y}=y\mid \boldsymbol{X}=x)=\frac{p(x,y)}{p(x)} \tag{B.31}$$

这个公式定义了随机变量 $\boldsymbol{Y}$ 关于随机变量 $\boldsymbol{X}$ 的条件概率分布，简称条件分布。

对于二维连续随机向量$(\boldsymbol{X},\boldsymbol{Y})$，已知 $\boldsymbol{X}=x$ 的条件下，随机变量 $\boldsymbol{Y}=y$ 的条件概率密度函数（Conditional Probability Density Function）为：

$$p(y\mid x)=\frac{p(x,y)}{p(x)} \tag{B.32}$$

同理，已知 $\boldsymbol{Y}=y$ 的条件下，随机变量 $\boldsymbol{X}=x$ 的条件概率密度函数为

$$p(x\mid y)=\frac{p(x,y)}{p(y)} \tag{B.33}$$

B.2.9 贝叶斯定理

通过公式 B.32 和公式 B.33，我们可以得到两个条件概率 $p(y|x)$和 $p(x|y)$之间的关系。

$$p(y\mid x)=\frac{p(x\mid y)p(y)}{p(x)} \tag{B.34}$$

这个公式称为贝叶斯定理（Bayes' Theorem），或贝叶斯公式。

B.2.10 独立与条件独立

对于两个离散（或连续）随机变量 X 和 Y，如果其联合概率（或联合概率密度函数）$p(x,y)$满足：

$$p(x,y)=p(x)p(y) \tag{B.35}$$

则称 X 和 Y 互相独立（Independence），记为 $X \perp\!\!\!\perp Y$。

对于 3 个离散（或连续）随机变量 X、Y 和 Z，如果条件概率（或条件概率密度函数）$p(x,y|z)$满足：

$$p(x,y|z)=P(X=x,Y=y|Z=z)=p(x|z)p(y|z) \tag{B.36}$$

则称在给定变量 Z 时，X 和 Y 条件独立（Conditional Independence），记为 $X \perp\!\!\!\perp Y|Z$。

B.2.11 期望和方差

1. 期望

对于离散变量 X，其概率分布为 $p(x_1),\cdots,p(x_n)$，X 的期望（Expectation）或均值定义为：

$$\mathrm{E}(X)=\sum_{i=1}^{n} x_i p(x_i) \tag{B.37}$$

对于连续随机变量 X，其概率密度函数为 $p(x)$，则其期望定义为：

$$\mathrm{E}[X]=\int_{\mathrm{R}} xp(x)\mathrm{d}x \tag{B.38}$$

2. 方差

随机变量 X 的方差（Variance）用来定义它的概率分布的离散程度，定义为：

$$\mathrm{var}(X)=\mathrm{E}\left[X-\mathrm{E}[X]^2\right] \tag{B.39}$$

随机变量 X 的方差也称为它的二阶矩。$\sqrt{\mathrm{var}(X)}$ 则称为 X 的根方差或标准差。

3. 协方差

两个连续随机变量 X 和 Y 的协方差（Covariance）用来衡量两个随机变量的分布之间的总体变化性，定义为：

$$\mathrm{cov}(X,Y)=\mathrm{E}\left[(X-\mathrm{E}[X])(Y-\mathrm{E}[Y])\right] \tag{B.40}$$

协方差也经常用来衡量两个随机变量之间的线性相关性。如果两个随机变量的协方差为 0，那么称这两个随机变量是线性不相关的。两个随机变量之间没有线性相关性，并非表示它们之间是独立的，可能存在某种非线性的函数关系。反之，如果 X 与 Y 是统计独立的，那么它们之间的协方差一定为 0。

4. 协方差矩阵

两个 m 和 n 维的连续随机向量 $\boldsymbol{X}$ 和 $\boldsymbol{Y}$，它们的协方差为 $m \times n$ 的矩阵，定义为：

$$\mathrm{cov}(\boldsymbol{X},\boldsymbol{Y})=\mathrm{E}\left[(\boldsymbol{X}-\mathrm{E}[\boldsymbol{X}])(\boldsymbol{Y}-\mathrm{E}[\boldsymbol{Y}])^{\mathrm{T}}\right] \tag{B.41}$$

协方差矩阵 $\mathrm{cov}(\boldsymbol{X},\boldsymbol{Y})$的第$(i,j)$个元素等于随机变量 X_i 和 Y_j 的协方差。两个随机向量的协方差$\mathrm{cov}(\boldsymbol{X},\boldsymbol{Y})$与 $\mathrm{cov}(\boldsymbol{Y},\boldsymbol{X})$互为转置关系。

如果两个随机向量的协方差矩阵为对角矩阵，那么称这两个随机向量是无关的。单个随机向量$\boldsymbol{X}$的协方差矩阵定义为：

$$\mathrm{cov}(\boldsymbol{X})=\mathrm{cov}(\boldsymbol{X},\boldsymbol{X}) \tag{B.42}$$

5. Jensen 不等式

如果$\boldsymbol{X}$是随机变量，g 是凸函数，则：

$$g(\mathrm{E}[X])\leqslant \mathrm{E}[g(X)] \tag{B.43}$$

等式当且仅当X是一个常数或g是线性时成立，这个性质称为 Jensen 不等式。

6. 大数定律

大数定律（Law of Large Numbers）是指n个样本$X_1,\cdots,X_n$是独立同分布的，即$\mathrm{E}[X_1]=\cdots=\mathrm{E}[X_n]=\mu$，那么其均值：

$$\bar{X}_n=\frac{1}{n}(X_1+\cdots+X_n) \tag{B.44}$$

收敛于期望值μ。

$$\bar{X}_n\to\mu \quad for \quad n\to\infty \tag{B.45}$$

B.3 随机过程

随机过程（Stochastic Process）是一组随机变量X_t的集合，其中t属于一个索引（index）集合T。索引集合T可以定义在时间域或者空间域，但一般为时间域，以实数或正数表示。当t为实数时，随机过程为连续随机过程；当t为整数时，为离散随机过程。日常生活中的很多例子，包括股票的波动，语音信号、身高的变化等都可以看作是随机过程。常见的和时间相关的随机过程模型包括伯努利过程、随机游走（Random Walk）、马尔可夫过程等。和空间相关的随机过程通常称为随机场（Random Field）。比如一幅二维的图片，每个像素点（变量）通过空间的位置进行索引，这些像素就组成了一个随机过程。

B.3.1 马尔可夫过程

在随机过程中，马尔可夫性质（Markov Property）是指一个随机过程在给定现在状态及所有过去状态的情况下，其未来状态的条件概率分布仅依赖于当前状态。以离散随机过程为例，假设随机变量 $X_0,X_1,\cdots,X_t$ 构成一个随机过程。这些随机变量的所有可能取值的集合被称为状态空间（State Space）。如果X_{t+1}对于过去状态的条件概率分布仅是X_t的一个函数，则：

$$P(X_{t+1}=x_{t+1}|X_{0:t}=x_{0:t})=P(X_{t+1}=x_{t+1}|X_t=x_t) \tag{B.46}$$

其中，$X_{0:t}$表示变量集合$X_0,X_1,\cdots,X_t$，$x_{0:t}$为在状态空间中的状态序列。

马尔可夫性质也可以描述为给定当前状态时，将来的状态与过去的状态是条件独立的。

B.3.2 马尔可夫链

离散时间的马尔可夫过程也称为马尔可夫链（Markov Chain）。如果一个马尔可夫链的条件概率：

$$P(X_{t+1}=s_i|X_t=s_j)=\boldsymbol{T}(s_i,s_j) \tag{B.47}$$

在不同时间都是不变的，即和时间t无关，则称为时间同质的马尔可夫链（Time Homogeneous Markov Chain）。如果状态空间是有限的，$T(s_i,s_j)$也可以用一个矩阵T表示，称为状态转移矩阵（Transition Matrix），其中元素t_{ij}表示状态s_i转移到状态s_j的概率。

平稳分布假设状态空间大小为M，向量$\boldsymbol{\pi}=[\pi_1,\cdots,\pi_M]^T$为状态空间中的一个分布，满足$0\leqslant\pi_i\leqslant1$和$\sum_{i=1}^{M}\pi_i=1$。对于状态转移矩阵为$\boldsymbol{T}$的时间同质的马尔可夫链，如果存在一个分布$\pi$满足：

$$\boldsymbol{\pi}=\boldsymbol{T}\pi \tag{B.48}$$

分布$\boldsymbol{\pi}$就称为该马尔可夫链的平稳分布（Stationary Distribution）。根据特征向量的定义可知，π为矩阵$\boldsymbol{T}$（归一化）的对应特征值为1的特征向量。

如果一个马尔可夫链的状态转移矩阵$\boldsymbol{T}$满足所有状态可遍历性以及非周期性，那么对于任意一个初始状态分布$\pi^{(0)}$，将经过一定时间的状态转移之后，都会收敛到平稳分布，即：

$$\boldsymbol{\pi}=\lim_{N\to\infty}T^N\boldsymbol{\pi}^{(0)} \tag{B.49}$$

B.3.3 高斯过程

高斯过程（Gaussian Process）也是一种应用广泛的随机过程模型。假设有一组连续随机变量$X_0,X_1,\cdots,X_T$，如果由这组随机变量构成的任一有限集合：

$$X_{t_1,\cdots,t_k}=\left[X_{t_1},\cdots,X_{t_n}\right]^{\mathrm{T}}$$

都服从一个多元正态分布，那么这组随机变量为一个随机过程。高斯过程也可以定义为：如果$X_{t_1,\cdots,t_n}$的任一线性组合都服从一元正态分布，那么这组随机变量为一个随机过程。

高斯过程回归（Gaussian Process Regression）是利用高斯过程来对一个函数分布进行建模。和机器学习中的参数化建模（比如贝叶斯线性回归）相比，高斯过程是一种非参数模型，可以拟合一个黑盒函数，并给出拟合结果的置信度。

假设一个未知函数$f(x)$服从高斯过程，且为平滑函数。如果两个样本x_1、x_2比较接近，那么对应的$f(x_1)$、$f(x_2)$也比较接近。假设从函数$f(x)$中采样有限个样本$X=[x_1,x_2,\cdots,x_N]$，这N个点服从一个多元正态分布：

$$[f(x_1),f(x_2),\cdots,f(x_N)]^{\mathrm{T}}\sim N(\mu(X),K(X,X)) \tag{B.50}$$

其中，$\mu(X)=[\mu(x_1),\mu(x_2),\cdots,\mu(x_N)]^{\mathrm{T}}$ 是均值向量，$K(X,X)=[k(x_i,x_j)]_{N\times N}$ 是协方差矩阵，$k(x_i,x_j)$为核函数，可以衡量两个样本的相似度。

在高斯过程回归中，一个常用的核函数是平方指数（Squared Exponential）函数：

$$k(x_i,x_j)=\exp\left(\frac{-\|x_i-x_j\|^2}{2l^2}\right) \tag{B.51}$$

其中，l 为超参数。x_i 和 x_j 越接近，其核函数的值越大，表明 $f(x_i)$和 $f(x_j)$越相关。

假设 $f(x)$的一组带噪声的观测值为 $\{(x_n,y_n)\}_{n=1}^{N}$，其中 $y_n \sim N(f(x_n),\sigma^2)$为正态分布，$\sigma$ 为噪声方差。

对于一个新的样本点 x^*，我们希望预测函数 $y^*=f(x^*)$。令 $\boldsymbol{y}=[y_1,y_2,\cdots,y_n]$为已有的观测值，根据高斯过程的假设，$[\boldsymbol{y};y^*]$满足：

$$\begin{bmatrix} y \\ y^* \end{bmatrix} \sim N\left(\begin{bmatrix} \mu(X) \\ \mu(x^*) \end{bmatrix},\begin{bmatrix} K(X,X)+\sigma^2 I & K(x^*,X)^{\mathrm{T}} \\ K(x^*,X) & k(x^*,x^*) \end{bmatrix}\right) \tag{B.52}$$

其中，$K(x^*,X)=[k(x^*,\boldsymbol{x}_1),\cdots,k(x^*,\boldsymbol{x}_n)]$。

根据上面的联合分布，y^*的后验分布为：

$$p(y^* \mid X,y)=N(\hat{\mu},\hat{\sigma}^2) \tag{B.53}$$

其中，均值 $\hat{\mu}$ 和方差 $\hat{\sigma}$ 为：

$$\hat{\mu}=K(x^*,X)(K(X,X)+\sigma^2 I)^{-1}(y-\mu(X))+\mu(x^*) \tag{B.54}$$

$$\hat{\sigma}^2=k(x^*,x^*)-K(x^*,X)(K(X,X)+\sigma^2 I)^{-1}K(x^*,X)^{\mathrm{T}} \tag{B.55}$$

从公式 B.54 可以看出，均值函数 $\mu(x)$可以近似地互相抵消。在实际应用中，一般假设 $\mu(x)=0$，均值 $\hat{\mu}$ 可以简化为：

$$\hat{\mu}=K(x^*,X)(K(X,X)+\sigma^2 I)^{-1}y \tag{B.56}$$

高斯过程回归可以认为是一种有效的贝叶斯优化方法，其广泛地应用于机器学习中。

附录 C

信　息　论

信息论是运用概率论与数理统计的方法研究信息、信息熵、通信系统、数据传输、密码学、数据压缩等问题的应用数学学科。

在机器学习相关领域，信息论也有着大量的应用，比如特征抽取、统计推断、自然语言处理等。

C.1　熵

熵（Entropy）最早是物理学的概念，用于表示一个热力学系统的无序程度。在信息论中，熵用来衡量一个随机事件的不确定性。

C.1.1　自信息和熵

自信息（Self Information）表示一个随机事件所包含的信息量。一个随机事件发生的概率越高，其自信息越低。如果一个事件必然发生，则其自信息为 0。对于一个随机变量 X（取值集合为 X，概率分布为 $p(x),x\in X$），当 $X=x$ 时的自信息 $I(x)$定义为：

$$I(x)=-\log p(x) \tag{C.1}$$

在自信息的定义中，对数的底可以使用 2、自然常数 e，或是 10。当底为 2 时，自信息的单位为 bit；当底为 e 时，自信息的单位为 nat。

对于分布为 $p(x)$的随机变量 X，其自信息的数学期望，即熵 $H(X)$定义为：

$$\begin{aligned} H(X) &= \mathrm{E}_X[I(x)] \\ &= \mathrm{E}_X[-\log p(x)] \\ &= -\sum_{x\in X} p(x)\log p(x) \end{aligned} \tag{C.2}$$

其中，当 $p(x_i)=0$ 时，我们定义 0log0=0，这与极限一致，$\lim_{p\to 0+}p\log p=0$。

熵越高，则随机变量的信息越多；熵越低，则随机变量的信息越少。如果变量 X 当且仅当 $p(x)=1$，则熵为 0。也就是说，对于一个确定的信息，其熵为 0，信息量也为 0。如果其概率分布为一个均匀分布，则熵最大。

C.1.2 熵编码

信息论的研究目标之一是如何用最少的编码表示传递信息。假设我们要传递一段文本信息，这段文本中包含的符号都来自一个字母表 A，我们就需要对字母表 A 中的每个符号进行编码。以二进制编码为例，我们常用的 ASCII 码就是用固定的 8bits 来编码每个字母。但这种固定长度的编码方案不是最优的。一种高效的编码原则是字母的出现概率越高，其编码长度越短。比如将字母 a,b,c 分别编码为 0,10,110。

给定一串要传输的文本信息，其中字母 x 的出现概率为 $p(x)$，其最佳编码长度为$-\log_2 p(x)$，整段文本的平均编码长度为 $-\sum_x p(x)\log_2 p(x)$，即底为 2 的熵。

在对分布 $p(x)$的符号进行编码时，熵 $H(p)$也是理论上最优的平均编码长度，这种编码方式称为熵编码（Entropy Encoding）。

由于每个符号的自信息通常都不是整数，因此在实际编码中很难达到理论上的最优值。哈夫曼编码（Huffman Coding）和算术编码（Arithmetic Coding）是两种常见的熵编码技术。

C.1.3 联合熵和条件熵

对于两个离散随机变量 X 和 Y，假设 X 取值集合为 X，Y 取值集合为 Y，其联合概率分布满足为 $p(x,y)$，则 X 和 Y 的联合熵（Joint Entropy）为：

$$H(X,Y)=-\sum_{x\in X}\sum_{y\in Y}p(x,y)\log p(x,y) \tag{C.3}$$

X 和 Y 的条件熵（Conditional Entropy）为：

$$\begin{aligned}H(X,Y)&=-\sum_{x\in X}\sum_{y\in Y}p(x,y)\log p(x\mid y)\\&=-\sum_{x\in X}\sum_{y\in Y}p(x,y)\log\frac{p(x,y)}{p(y)}\end{aligned} \tag{C.4}$$

根据其定义，条件熵也可以写为：

$$H(X|Y)=H(X,Y)-H(Y) \tag{C.5}$$

C.2 互 信 息

互信息（Mutual Information）是衡量已知一个变量时，另一个变量不确定性的减少程度。两个离散随机变量 X 和 Y 的互信息定义为：

$$I(X;Y)=\sum_{x\in X}\sum_{y\in Y}p(x,y)\log\frac{p(x,y)}{p(x)p(y)} \tag{C.6}$$

互信息的一个性质为：

$$\begin{aligned}I(X;Y)&=H(X)-H(X|Y)\\&=H(Y)-H(Y|X)\end{aligned} \tag{C.7}$$

如果变量 X 和 Y 互相独立，则它们的互信息为零。

C.3 交叉熵和散度

C.3.1 交叉熵

对于分布为 $p(x)$的随机变量，熵 $H(p)$表示其最优编码长度。交叉熵（Cross Entropy）是按照概率分布 q 的最优编码对真实分布为 p 的信息进行编码的长度，定义为：

$$\begin{aligned}H(p,q)&=\mathrm{E}_p[-\log q(x)]\\&=-\sum_x p(x)\log q(x)\end{aligned} \tag{C.8}$$

在给定 p 的情况下，如果 q 和 p 越接近，交叉熵越小；如果 q 和 p 越远，交叉熵就越大。

C.3.2 KL 散度

KL 散度，也叫 KL 距离或相对熵，是用概率分布 q 来近似 p 时所造成的信息损失量。KL 散度是按照概率分布 q 的最优编码对真实分布为 p 的信息进行编码，其平均编码长度（交叉熵）$H(p,q)$ 和 p 的最优平均编码长度（熵）$H(p)$之间的差异。对于离散概率分布 p 和 q，从 q 到 p 的 KL 散度定义为：

$$\begin{aligned}D_{\mathrm{KL}}(p\|q)&=H(p,q)-H(p)\\&=\sum_x p(x)\log\frac{p(x)}{q(x)}\end{aligned} \tag{C.9}$$

其中，为了保证连续性，定义 $0\log 0/0=0$、$0\log 0/q=0$。

KL 散度可以衡量两个概率分布之间的距离。KL 散度总是非负的，$D_{\mathrm{KL}}(p\|q)\geqslant 0$。只有当 $p=q$ 时，$D_{\mathrm{KL}}(p\|q)=0$。两个分布越接近，KL 散度就越小；两个分布越远，KL 散度就越大。但 KL 散度并不是一个真正的度量或距离，原因有两个：一是 KL 散度不满足距离的对称性，二是 KL 散度不满足距离的三角不等式性质。

C.3.3 JS 散度

JS 散度（Jensen–Shannon Divergence）是一种对称地衡量两个分布相似度的度量方式，定义为：

$$D_{\mathrm{JS}}(p\,\|\,q)=\frac{1}{2}D_{\mathrm{KL}}(p\,\|\,m)+\frac{1}{2}D_{\mathrm{KL}}(q\,\|\,m) \tag{C.10}$$

其中，$m=1/2(p+q)$。

JS 散度是 KL 散度的一种改进，但两种散度都存在一个问题，即如果两个分布 p、q 没有重叠或者重叠非常少，则 KL 散度和 JS 散度都很难衡量两个分布的距离。

C.3.4 Wasserstein 距离

Wasserstein 距离（Wasserstein Distance）也用于衡量两个分布之间的距离。对于两个分布 q_1、q_2，p^{th}-Wasserstein 距离定义为：

$$W_p(q_1,q_2)=\left(\inf_{\gamma(x,y)\Gamma(q_1,q_2)}\mathrm{E}_{(x,y)\sim\gamma(x,y)}\left[d(x,y)^p\right]\right)^{\frac{1}{p}} \tag{C.11}$$

其中，$\Gamma(q_1,q_2)$是边际分布为 q_1 和 q_2 的所有可能的联合分布集合，$d(x,y)$为 x 和 y 的距离，比如 L_p 距离等。

Wasserstein 距离相比 KL 散度和 JS 散度的优势在于：即使两个分布没有重叠或者重叠非常少，Wasserstein 距离仍然能反映两个分布的远近。

对于 $\mathbb{R}_n$ 空间中的两个高斯分布 $p=N(\mu_1,\Sigma_1)$和 $q=N(\mu_2,\Sigma_2)$，它们的 2nd-Wasserstein 距离为：

$$D_W(p\,\|\,q)=\|\mu_1-\mu_2\|_2^2+\mathrm{tr}\left(\Sigma_1+\Sigma_2-2\left(\Sigma_2^{\frac{1}{2}}\Sigma_1\Sigma_2^{\frac{1}{2}}\right)^{1/2}\right) \tag{C.12}$$

当两个分布的方差为 0 时，2nd-Wasserstein 距离等价于欧氏距离。